北京休闲农业升级研究

Research on Upgrading of Leisure Agriculture in Beijing

范子文 著

中国农业科学技术出版社

图书在版编目（CIP）数据

北京休闲农业升级研究 / 范子文著. —北京：中国农业科学技术出版社，2014. 8

ISBN 978-7-5116-1769-9

Ⅰ. ①北… Ⅱ. ①范… Ⅲ. ①观光农业—研究—北京市 Ⅳ. ①F327. 1

中国版本图书馆CIP数据核字(2014)第172558号

责任编辑 李 雪 穆玉红

责任校对 贾晓红

出　　版 中国农业科学技术出版社

北京市中关村南大街 12 号　　　　邮编：100081

电　　话 （010）82109707　82106626（编辑室）（010）82109702（发行部）

（010）82109709（读者服务部）

传　　真 （010）82106650

网　　址 http://www.castp.cn

经　　销 各地新华书店

印　　刷 北京富泰印刷有限责任公司

开　　本 787mm×1092mm　1/16

印　　张 32

字　　数 508 千字

版　　次 2014 年 8 月第 1 版　2014 年 8 月第 1 次印刷

定　　价 49.00 元

北京市社会科学基金重点项目（10AaJG349）

北京市哲学社会科学规划办公室资助出版

序

一

休闲农业是符合我国国情、体现时代特点、拥有深厚基础的乡村产业。

说它是符合我国国情的产业，因为在我国大多数农村地区都有农民多、农地少、户营规模微小的特点，仅仅靠土里刨食，很难达到跟经营非农业同等水平的收入。反观那些经营休闲农业的地区，农民将农地产物、乡村景观、农业文化、乡情民俗等多种资源聚合起来，让那些尽享城市文明之利、同时也饱受城市喧嚣之累的城里人，换一个环境，体验慢节奏、静谧、绿色的乡村生活，农民则可以“坐在家里收银子”，无疑是增强农村活力、提高农业效益、增加农民收入的良方。

说它是体现时代特点的产业，因为随着我国城镇化水平不断提高，各类城市的人口越来越多，城市的面积和半径越来越大。从空间距离、社会距离和心理距离来看，这就使越来越多居住在城市里的居民，越来越远地脱离了乡村生活、乡村文化和乡村景观。更不用说，对从小就生长在城市的新生代而言，乡村和农业变得越来越神奇，守护大自然的那些农业工作者也越来越可爱和可敬。这成为人们向往乡村、向往荒野、向往异域生活的越来越强烈的内在动因。

说它是拥有深厚基础的产业，因为农村作为城市文明的摇篮，作为大自然的载体，从来就不缺少其内在的引人爱恋的品位。只是在农业社会，人们对这种资源熟视无睹且不觉稀缺，再加上各种对农民的盘剥与轻视，使农村和农业似乎成为一类无足轻重的场所和职业。但是，一旦当社会跨入城乡一体化的时代，当人们在更高的城镇化条件下突然发觉久违的乡村和荒野竟如此“稀缺”之时，千年积淀下来的乡村资源才被社会赋予了“资产”的价值，并且不断升值。

说它是乡村产业，因为休闲农业位处目前被称为“农村”的广大地区；作为一种新的农业经营形式，它已经成长为农村经济的新的增长点，并呈现出促进产业、资源、区域、城乡等融合的蓬勃旺盛的生命力。休闲农业就其服务对象而言，其实属于为城市服务的产业，是为城市人观光游览、休闲度假、生活体验的产业。在农村人与城市人之间频繁的、深度的、互动的接触中，这些农村地区被更快地带入了城市文明的生活方式；也是在城乡之间经由市场经济机制的这种自觉的社会交往过程中，潜移默化地实现了城乡之间多方面的融合，实现了这些地区的“乡村城镇化”。

二

休闲农业在我国至少已经有20年的发展历史。北京是较早由省级政府倡导开展观光休闲农业的地区。北京之所以最早倡导发展这个产业，从客观上说，是因为在20世纪90年代形成了市场的需求，出现了农民的探索，也潜藏着改革的动因；从主观上说，是因为有一批研究者敏感地意识到了它的意义，于是先行总结经验，深入调查研究，策划行动方案，制定推进政策。所以，休闲农业作为大城市地区都市型农业的一个相近的“代用语”或者一种重要的经营形态，得到了迅速而广泛的发展。休闲农业的发展，使城市和乡村、居民和农民都获益匪浅。

休闲农业现在已经到了一个需要转型升级的拐点，到了一个面临着多方面深度调整的时期。休闲农业最早是从观赏农田景、品尝农家饭、采摘农产品、体验农家乐开始的。最初开展休闲农业的那些村落，往往是在近城地区。在休闲农业经营中，农民以足够的勤劳与智慧不断地改变着自己、改变着村庄，改变着乡村的生活条件：原先城市人最不习惯的“不卫生”设施，改善成了城市人习惯的盥洗间；在原先简陋的农家饭基础上，创造出了更具特色、更显精细、更富变化的菜肴体系；让原先单一的或吃、或住、或垂钓、或采摘，逐步演化成为集吃、住、行、游、购、娱为一体的综合性项目；让一次性的、偶然性的市民活动，成为重复性、经常性的城市活动。总之，旅游消费需求正在从“观光”走向“休闲”，从“休闲”走向“度假”。

农家乐不是市民的唯一追求，农家饭也不会一成不变。农民需要增加收入，市民需要提升消费，相应的产业也需要进步。本书应时地提出，休闲农业升级的方向是发展乡村度假，应以景观升级为前提，产品升级为核心，文化升级为灵魂，规模升级为基础，组织升级为保障，营销升级为统领，全面促进休闲农业的提档升级。这是对休闲农业所做出的富有新意的探索。这种探索体现了对市场经济机制的深度把握，体现了对中国农民创新实践的及时总结。

三

休闲农业的发展，始终蕴含着改革。休闲农业的发展过程，是农民不断改变自己、提高自己的过程。从事休闲农业的许多农民，从原先只会种养的农业劳动者，变成为能生产、会经营、善服务、勤学习的多技能经营者，实际上已经自然地融入了城市生活和城市产业。开展休闲农业的许多村庄，农民的生活条件得到了改善，有些甚至从只有农民居住的“农村”变成了有农民、有非农民共同居住的“乡村”。休闲农业对于改造传统农民、改造传统农村，无疑是一种深刻的改革。这个改革的实质，就是让城市资源进入农村，让农民不动产成为致富的资本。

休闲农业的提升，迫切地需要改革的支持。改革的根本支持，就在于打破城乡二元体制机制对于城市资源进入农村、农民财产成为致富要素的制约。必须解决现行体制机制所显露出的问题，主要是：首先，在农村地区属于集体所有制性质的土地上，能不能为那些非本村外来者建造房屋，包括临时居住、短期居住、甚至长期居住和休闲的房屋？其次，如果农户经营休闲农业的规模需要不断扩大，如何才能够突破所受到的用地面积的限制，比如其宅基地与其他经营性建设用地之间能否融通？第三，已经趋于老龄化、空心化的许多村庄内现存的大量闲置住宅，是一定要拆除并“被集约”利用，还是可自主地用于休闲产业经营？是否允许引进外来资本经营这些闲置住房，为农民创造财产性收入？第四，在农村地区，休闲农业的经营主体是否必须为在村庄内有地有房的村民？是否允许社会力量参与乡村休闲产业？如果由外来人经营，这种“人—房—地”的关系如何解决？应该说，在休闲农业实践中农民所遇到的这些难题，目前的规制都还没有给出现成的答案。无规无划的农民，仍然处在动辄就有可能“违规”的尴尬境地。

让农民摆脱这种困境，让休闲农业在合法的环境下放心地发展，应加快农村土地制度改革完善的步伐。党的“十八大”指出，“解决好农业农村农民问题是全党工作重中之重，城乡发展一体化是解决‘三农’问题的根本途径。要加大统筹城乡发展力度，增强农村发展活力，逐步缩小城乡差距，促进城乡共同繁荣”。只有通过统筹城乡的改革，才能为农民创造出一个发展产业、增加收入、改换面貌、融入现代的有利环境。展望休闲农业发展前程，越来越需要有一个新型的乡村空间。新型乡村空间的特点，就是将农业生产空间、乡土生活空间与绿色生态空间交集于一点，将“城市人”与“乡村人”多种形式的交往也聚合在一体，而无论被这个点被称为是“村”还是“镇”。这样，不但打破了农民进入城市创业的壁垒，也打破了城市人进入农村创业的藩篱。这是实现城乡发展一体化的必由之路，也是休闲农业提档升级的必要保障。

实现休闲农业的提档升级，有许多课题需要研究，有许多工作需要创新。现在看到的这部专著，就是范子文博士10余年来在工作之余深入研究和不懈笔耕的成果。正如鉴定时专家们评价所说，本书在系统地研究国内外成果、全面总结提炼北京经验的基础上，对休闲农业升级的方向和目标，尤其是景观、产品、文化、规模、组织和营销6个主要方面升级的路径，都做了深入而扎实的研究；在研究的思路和框架方面独树一帜，提出了具有很强针对性和操作性的对策建议，是一部不可多得的理论联系实际的论著。

我相信，本书的出版，将对休闲农业在中国的进一步发展，具有新的启示。

是为序。

张　强

2014年7月5日

张强：北京市人民政府参事，中国农学会都市农业与休闲农业分会副会长，首都经济贸易大学教授，博士生导师

前　言

休闲农业是贯穿农村一、二、三产业，融合生产、生活和生态功能，紧密连结农业、农产品加工业、农村服务业的新型农村产业形态和新型消费业态。休闲农业是市场化的产物，也必将随着市场需求的发展而发展。

近年来，在政策引导、需求拉动、供给推动的合力作用下，北京郊区的休闲农业取得了长足发展，走在了全国的前列，对于促进农民就地就业、增加农民收入、提升城市居民的幸福指数、促进城乡交流等发挥了积极作用，已经成为北京都市型现代农业的重要组成部分、旅游业发展的战略空间、美丽乡村建设的产业基础、农民就业增收的重要载体、统筹城乡发展的重要抓手。但面对市民消费需求的提升和周边地区的激烈竞争，京郊休闲农业存在着诸多的不适应，亟须转变发展方式，进行提档升级，实现由量的扩张向质的提高转变。遵循休闲农业发展规律，从北京郊区的实际出发，应把景观升级、产品升级、文化升级、规模升级、组织升级、营销升级作为重点，争取有所突破。其中景观升级是前提，产品升级是核心，文化升级是灵魂，规模升级是基础，组织升级是保障，营销升级是统领。

景观升级。景观是重要的旅游吸引物。乡村景观是休闲农业的载体，也是游憩功能实现的保障。为建设魅力乡村，改善休闲农业与乡村旅游环境，亟须从村落景观、廊道景观、农田景观建设入手，开展景观建设与培育，提升乡村景观。要学习欧洲经验，开展景观特征评价，编制乡村景观建设规划，制订技术规程，建立以农民为主体的乡村景观培育和管理体系。

产品升级。休闲农业与乡村旅游产品是乡村旅游供给的核心，也是休闲农业升级的主要内容。要结合休闲农业市场需求研究的成果，以首都市民和旅游者需求为出发点，从“吃、住、行、游、购、娱”六个方面，改变产品设计，丰富产品内容，提升文化内涵，延伸休闲农业产业链条，提高游客单体消费值。一是以增加体验性、参与性项目为重点，推进休闲农业园、民俗旅游村等传统产品的升级，延长游客逗留时间；二是以让游客住下来为重点，积极开发居住类、度假类休闲产品，巩固提升特色业态，发展乡村度假；三是以引导消费潮流为重点，培育时尚消费、高端消费新业态，适度开发乡村旅游高端产品，提高休闲农业产品附加值。

文化升级。农业因创意而精彩，创意因与农业结合而丰富。实现休闲农业的文化升级，一是要挖掘和活化利用农业文化遗产，展示乡土文明，传承农耕文化；二是要积极发展创意农业，以产品创意、节庆创意、园区创意、产业创意、功能创意为载体，提高农业的文化附加值和休闲农业项目的吸引力；三是要开发利用农村民俗文化资源，逐步使京郊民俗文化成为休闲农业与乡村旅游项目的一大卖点与核心吸引物。

规模升级。休闲农业与乡村旅游的“小散低”，是一大诟病。解决这一问题，需要从两个方面取得突破：一是提高休闲农业与乡村旅游龙头项目的单体规模，只有把“龙头”做大，使“龙头”舞起来，才能更好地带动“龙身”和“龙尾”；二是提高休闲农业与乡村旅游产业的集群规模，通过政策引导和机制创新，实现休闲农业与乡村旅游企业在一个区域的集群发展和产业链的延长，提高区域规模和产业集中度。

组织升级。产品的创新、规模的升级、管理的加强等都需要组织结构的调整和运行机制的完善。要通过优化配置乡村旅游资源，调整休闲农业与乡村旅游组织结构、体制机制和发展模式，促进休闲农业由个体经营向规模经营转变，由分散经营向集约经营转变，由独立经营向分工合作转变，由散状经营向乡村旅游带转变，形成以利益为纽带的产业共同体。

营销升级。营销是联结需求与供给的关键环节，是实现休闲农业产品价值的重要手段。应实施整合营销战略，创新营销模式。通过采取“城乡社区，互动营销；虚拟社区，网络营销；舞台社区，节庆营销；主题社区，体验营销；掌上社区，微媒体营销；目的地社区，品牌营销”等措施，提高营销效果。

围绕休闲农业升级这一主题，全书共分14章，有六部分内容。其中，第一部分包括第一章，是全文的导论部分，也是研究的基础。首先，明确了研究背景，本研究是在城乡一体化建设深入推进、休闲农业发展徘徊不前、“美丽乡愁”定位提出的背景下展开的。其次，从理性的角度，对休闲、休闲农业、产业升级等有关概念进行了辨析，提出了作者的看法。再次，对休闲农业升级所赖以支撑的有关理论进行了概述。这些理论包括：需求层次理论、体验经济理论、产业一体化与产业融合理论、生命周期理论、比较优势理论、增长极理论、产业集群理论、逆城市化理论、外部性理论、可持续发展理论。

第二部分包括第二章，为现状研究。首先，对京郊休闲农业发展的历程进行了简要回顾和阶段划分，以便更清晰地把握休闲农业发展的历史脉络。其次，对北京市休闲农业重点园区进行了典型调研，对46个休闲农业园区的经营情况进行了统计分析，从而有利于从微观上掌握京郊休闲农业的经营情况。再次，对京郊休闲农业政策进行了绩效分析，以便从宏观上把握政策的效果。最后，基于上述几方面，对京郊休闲农业发展状况进行了综合评估，提炼和概括出了基本经验和发展态势。

第三部分包括第三章，为需求研究。选取北京市民为调研对象，采用随机抽样的问卷调查法，对目标消费群体的消费需求特征、需求意愿等进行了调研，并对调研数据进行了统计分析。在此基础上，开展了满意度评价，并提出了应对策略。

第四部分包括第四至第十二章，共9章，为提档升级研究，是本书的重点。第四章在对京郊休闲农业升级的必要性、可行性进行系统分析的基础上，提出了休闲农业升级的思路、方向、目标、内容和路径。从第五章开始到第十章，用6章的篇幅，对休闲农业升级的内容进行了展开论述，包括景观升级、产品升级、文化升级、规模升级、组织升级、营销升级等。每一章都从升级的必要性、升级的原则、升级的内容、升级的路径、升级的策略等方面进行研究探讨，力图把握规律性，所得结论对实践有一定的指导作用。第十一章为休闲农业升级的支撑体系，从休闲农业投融资、休闲农业用地、休闲农业标准化、休闲农业培训等方面入手，研究制约休闲农业升级的主要问题与关键环节，争取有所突破，努力改善休闲农业升级的外部环境。第十二章为案例研究，选取在北京郊区有代表性的两个休闲农业园区、两个市级民俗旅游村、一个乡村旅游带，进行案例解剖，以便把休闲农业升级的思路与措施落到实处。

第五部分包括第十三章，为海外休闲农业发展规律研究。欧美一些发达国家的休闲农业开发较早，日韩等亚洲国家的农业生产经营模式与我国相近，对北京具有借鉴意义。特别是北京与台湾同属于一个中国，由于语言、文化相通，发展阶段较为接近，台湾休闲农业的经验对北京郊区的指导作用更大。因此，本书选取德国、法国、美国、日本、韩国、新加坡等国家和我国台湾省的休闲农业为研究对象，对其发展历程、做法、经验进行了总结，对休闲农业发展的一般规律进行了梳理，并提出了对北京市的启示、借鉴意义。

第六部分包括第十四章，为政策建议，也是本书的总结。在研究的基础上，从休闲农业的地位、休闲农业升级的方向、产业结构、区域布局、品牌培训、宣传推介、人员培训、机制创新、组织领导等方面提出了对策建议，同时对京郊休闲农业未来发展进行了展望，供有关部门和人员参考。

目　录

第一章 研究背景与理论基础

第一节 研究背景

休闲农业与乡村旅游是符合我国国情、北京市情，体现时代特点，具有深厚基础的乡村产业，已经成为城乡统筹的重要抓手和农村经济新的增长点。休闲农业与乡村旅游是市场化的产物，也必将随着市场需求的发展而发展。城乡融合、城乡一体化发展呼唤休闲农业与乡村旅游的升级，“美丽乡愁”为休闲农业与乡村旅游的升级指明了方向。

一、城乡分割：休闲农业与乡村旅游的诞生

国际经验与国内实践表明，工业化、城市化的推进，城市居民生活节奏的加快和城市生态环境的恶化，导致城市居民对乡村环境和田园生活的向往，而城市与乡村的割裂，城市文明与乡土文明的巨大反差，乡村基础设施与交通条件的改善，农业多功能的属性，导致农业与乡村对城市居民形成强大的引力。伴随着“一推一拉”两种力量，休闲农业与乡村旅游应运而生。

从国外看，休闲农业与乡村旅游起源于19世纪中叶的欧洲（王云才等，2006），因城市居民逃避工业污染、大城市病和快节奏生活方式而发展起来。由于铁路等交通设施的发展，改善了乡村的通达性，使阿尔卑斯山区成为早期欧洲重要的乡村旅游目的地。20世纪70年代后，乡村旅游在

美国和加拿大得到了蓬勃发展，显示出极强的生命力和巨大的发展潜力。80 年代以来，人们对生态环境关注程度的提高，掀起了世界范围的“绿色运动”，推动了休闲农业与乡村旅游的发展。进入 90 年代，在世界旅游组织（World Tourism Organization，简称 WTO）和其他国际组织的推动下，乡村旅游作为生态旅游的重要组成部分之一，开始向发展中国家推广。目前，休闲农业与乡村旅游在德国、奥地利、英国、法国、西班牙等欧洲国家，美国、加拿大等北美大陆和以日本、韩国等为代表的亚洲国家，已具有相当规模，走上了规范发展的轨道。

从我国来看，休闲农业与乡村旅游起源于 20 世纪 80 年代末 90 年代初，是在市场需求的拉动下，在农业亟须调整产业结构、寻找新的经济增长点的情况下产生的，是需求与供给共同推动的结果。从需求的角度看，随着城市化进程的加快，一直占主导地位的城市旅游在走向成熟的同时，也逐渐带来了旅游者的视觉趋同和审美疲劳，人们返璞归真、亲近自然、回归自然的旅游需求不断上升，而且很多热点旅游城市的人满为患也在一定程度上让旅游者望而却步，因此，拥有丰富、独特、原始资源的乡村逐渐进入旅游者的视野，引起旅游者特别是城市旅游者的兴趣。从供给的角度看，主要是农村产业结构调整和农民增加收入的需要。我国的基本国情是人多、地少。人多，导致了农业发展到一定阶段，农民在向非农产业转移就业并遇到暂时困难的时候，转而向农业和农地进一步要就业、要收入、要效益；地少，就是农民人均占有农地资源少，尤其是在都市郊区和山区，这就更需要集约利用土地（张强等，2008）。休闲农业一般是把农业的产销环节与旅游业的食、住、行、游、购、娱环节结合起来，融通农业用地与居住用地，利用乡土景观、文化、活动等特色体验，吸引游客购买农民所提供的服务。这样就使农户能够充分利用极为有限的乡土资源（包括农地和宅地），获得农业生产、销售、服务等多种收入，提高土地产出效益。另外，从政府的角度，为促进农民就业，增加收入，制定并实施了产业促进政策，加快了休闲农业与乡村旅游的发展步伐。

二、城乡统筹：休闲农业与乡村旅游发展的契机

长期以来，受历史政策和城乡发展普遍规律的影响，我国城乡形成了严重的二元结构，农业和农村为工业和城市提供资源，资本、土地、劳动力等要素大量从农业和农村流出。与突飞猛进的工业和日新月异的城市相比，农业现代化进程显得极其缓慢。城乡分割，城乡差距不断扩大，影响了中国经济社会的可持续发展。正是在这一背景下，2006 年中央提出了实施城乡统筹战略，加快推进社会主义新农村建设。

城乡统筹是指把农村经济与社会发展纳入整个国民经济与社会发展全局之中进行通盘筹划，综合考虑，以城乡经济社会一体化发展为最终目标，统筹城乡物质文明、政治文明、精神文明和生态环境建设，统筹解决城市和农村经济社会发展中出现的各种问题，打破城乡界限，优化资源配置，把解决好“三农”问题放在优先位置，更多地关注农村，关心农民，支持农业，实现城乡共同繁荣。其实质是给城乡居民平等的发展机会，促进城乡分割的传统“二元经济社会结构”向城乡一体化的现代“一元经济社会结构”转变。

城乡统筹为休闲农业与乡村旅游的发展提供了契机。通过调整城乡布局规划、产业政策、国民收入分配方向等，促进城乡各种资源要素的合理流动和优化配置，不断增强城市对农村的带动作用和农村对城市的促进作用，缩小城乡差距、工农差距和地区差距，也促进了休闲农业与乡村旅游的发展。从北京来看，通过新农村建设和城乡统筹战略的实施，促进了生产要素从城市向郊区的合理流动，改善了乡村的基础设施状况、交通条件和生态环境。①政府投资向北京郊区倾斜。北京市发展改革部门安排的政府投资中，郊区与城区的比例 2003 年为 1∶4，2004 年为 2∶3，2005 年为 1∶1，2006 年首次发生逆转，政府固定资产投资用于郊区的比例达到 52%，比城区多了 4 个百分点，此后连续 3 年对郊区的投资超过全市投资的 50%。②北京郊区旅游公路升级，提高了乡村旅游可进入性。“十一五”期间，北京市郊区乡村公路总里程达到 13 434 千米，占全市公路里程的

63.6%，其中，乡道7 991千米，村道5 443千米，在全国率先实现了“村村通油路”“村村通公交”。③村庄“五项基础设施”建设全面覆盖，改善了乡村旅游环境。3 300多个行政村的街坊路得到硬化、绿化，实现了安全饮水，生活污水妥善处理，厕所得以新修、改造，垃圾实现无害化处理。农村基础设施是农村经济社会发展和农民生产生活改善的物质基础，也是推动乡村旅游快速发展的基础。④农村生态环境质量稳步提升。“十一五”期间，按照“干净、整洁、路畅、村绿、建制”的标准，累计完成3 500个村的绿化美化，新增绿化面积近4 000万平方米。到“十一五”末，全市林木绿化率达到了53%，山区林木绿化率达到了71%。所有这些，都有力地促进了休闲农业与乡村旅游的发展。2010年，北京市1 303个观光休闲农业园和7 979个实际经营的市级民俗旅游户共接待游客达到3 328.5万人次，比2005年的1 651.4万人次翻了一番。

三、城乡一体化：呼唤休闲农业与乡村旅游的升级

城乡统筹是实现城乡一体化的具体途径和措施，城乡一体化是城乡统筹发展的基本目标和方向。党的“十八大”关于推进城乡发展一体化战略和总布局的提出表明，我国城乡关系已经走过政策性调整阶段，进入布局性和制度性建设阶段；走过了着力于解决城乡关系的矛盾和危机阶段，进入主动地根据我国全面建成小康社会目标而正确处理城乡关系的新阶段。

休闲农业与乡村旅游作为一种新的农业经营形式与乡村产业形态，在我国发达的都市地区已经表现出了蓬勃旺盛的生命力。伴随着这些地区城市化、工业化、现代化水平提升到城乡一体化阶段，一方面，休闲农业与乡村旅游对于促进经济社会发展产生了重要作用，呈现出促进城乡融合、产业融合、区域融合等多种趋势，另一方面，城乡一体化也对休闲农业与乡村旅游提出了更高的要求，呼唤休闲农业与乡村旅游的升级。

（一）休闲农业与乡村旅游的发展，促进了城乡融合

研究表明，在城市化工业化之后，市民入乡、乡民入市是“常事”。

城里人通过旅游、休闲、度假等活动，把城市文明的信息带给乡村，造成城乡之间在社会、经济、文化、情感等多方面的沟通；在相对于城市而言地广人稀、更为宜居的一部分乡村地区，城里人由临时休闲居住、短期度假居住进而产生了长期居住的要求，形成了村民与非村民在居住层面的融合；村民与非村民的居住融合，带动了农村的物质生活、精神生活、交往生活等生活方式的变化，实现了城乡生活方式层面的融合；随着村民与非村民之间的长期融合，进一步出现了社区管理及其体制向城市化转型的需要，出现了城乡管理层面的融合。从这种意义上说，休闲农业的发展将内在地带动农村社会的变迁（张强等，2008）。而适应城乡融合趋势的多方面改革，也应顺理成章地展开。

（二）城乡一体化发展，呼唤休闲农业与乡村旅游产业的升级

城乡一体化是我国现代化和城市化发展的一个新阶段，它要求改变长期形成的城乡二元经济结构，实现城乡在政策上的平等、产业发展上的互补、国民待遇上的一致，让农民享受到与城镇居民同样的文明和实惠，使整个城乡经济社会全面、协调、可持续发展。城乡一体化发展对休闲农业与乡村旅游提出了更高的要求。

1. 资源的整合

发展休闲农业使农村和农户的多种资源得以充分利用，缓解了乡土资源越来越多地存在的季节性、甚至是长期性的闲置问题。农户可以最大限度地把自家的房屋、院落、设施等各种原本为自身生活服务的不动产变为生产要素，把承包农地、家庭物业、闲暇时间、富余人口等资源融为一体用于接待游客，增加收入。这些都对现行的农宅、农地等管理办法提出了新的需求。如何从制度、政策等方面完善农村资源配置机制，从制度和政策上支持农民，充分利用这些资源招引服务对象和外来要素，同时又维护好双方的权益，已经成为发展休闲农业中政策制定面临的新课题。

2. 经营模式的转变

休闲农业项目具有多主体经营的特点。目前，大量民俗旅游较多地采取“户经营、村服务”的形式，以农户为经营主体，由社区经济组织提

供相应的服务，其好处是农户得到了实惠，达到了农民增收的效果。但是随着休闲农业的客流规模扩大、活动内容增多和逗留时间加长，部分地区农户接待能力不足的矛盾逐渐显现出来。尤其是在旅游旺季、节假日、双休日等客流骤然增多的时候，交通、就餐、住宿、娱乐等接待能力明显不足，甚至出现拥挤、降低服务质量等情况，影响了农村休闲产业的发展。这种情况必然导致其产业集散性的变化，即农户分散接待服务与适度规模接待服务相结合，在改善农户分散接待能力与质量的同时，适当发展一些具有一定规模的集中接待服务设施，形成分散与集中的优势互补。而乡村旅游业发展自身也存在着从富民、到富地方经济的阶段性规律。这也对政府引导服务工作提出了新的需求，特别是要对提升休闲农业的社会服务能力加以必要的支持。

3. 文化的融合

我国乡村文化重点表现在以农耕文化为核心的传统乡土文化。它经过数千年的历史传承，根深蒂固，深深沉淀于民众的思想之中，成为国民性格的核心因素。乡土文化是以顺从自然、与自然和谐相处为前提而演化的，其与城市文化在对待自然、对待生活、对待物产等层面，有诸多的不一致。传统乡土文化有糟粕的因素，但更有精华的元素，并且是中华子孙得以传承延续的文化之本。在新的时期，如何在保护的前提下，实现传统乡土文化与现代城市文明的完美融合，是城乡一体化发展的重要命题。

4. 空间的集聚

休闲农业的发展带动了区域经济的统筹发展。一批乡村和农业以园区的形式加以规划、组合和整治，成为设施较为完善、服务较为配套、管理较为严密、技术较为密集、布局较为紧凑的区域农业空间组织形式。有的地方突破了园区和乡村的界限，形成了跨行政区域的路域经济、流域经济、沟域经济等休闲产业空间形态。休闲农业这种跨行政区划发展模式，对于农村区域规划、产业结构调整、集体土地流转乃至社区治理方式等都提出了新的要求。

5. 产业的升级

综观休闲农业与乡村旅游产业的发展，大致经历了3个阶段（杨振之，

2012）：第一阶段为农家乐阶段。发端于20世纪80年代中期，主要产品为农家乐，形式单一、消费低廉、自发形成、缺乏规划。第二阶段开始于20世纪90年代中后期，以成都的“五朵金花”（花香农居、幸福梅林、江家菜地、东篱菊园、荷塘月色）为代表。此时的乡村旅游开始统一规划、统一建设、统一管理、统一营销，乡村环境得到了整治，基础设施得到了改善。但受土地制度的限制，休闲农业的规模化、集约化程度不高，乡村旅游的市场也局限在本地消费者。第三阶段为乡村度假阶段。其标志是2007年国家有关部门批复同意成渝设立“全国统筹城乡综合配套改革试验区”，成都市在土地流转方面进行了大胆探索与创新，为发展休闲度假类乡村旅游高级产品打开了大门。但从北京来看，受建设用地等因素的制约，第三阶段的发展并不快，进展也不平衡。今后应按照城乡一体化的要求，积极推进休闲农业与乡村旅游产品的转型、乡村旅游产业的升级和乡村治理水平的提高。

四、美丽乡愁：休闲农业与乡村旅游升级的方向

2013年年底，中央城镇化工作会议提出：“要传承文化，发展有历史记忆、地域特色、民族特点的美丽城镇。要体现尊重自然，顺应自然，天人合一的理念，依托现有的山水脉络等独特风光，让城市融入大自然，让居民望得见山、看得见水、记得住乡愁。”这个论断不仅为我国的城镇化，也为休闲农业与乡村旅游的发展指明了方向。

乡愁是什么？乡愁是人们对自然的渴望与回归（蒋培玲，2014）。具有集聚效应的城市虽然极大方便了人们的生产生活，但拥挤的空间、阻塞的交通、污浊的空气、充耳的噪音，这些都让长期受工业文明熏陶的城市人群更加向往体验农村生活，渴望亲近自然，释放工作压力。“记住乡愁”是铭记历史的精神坐标，是构建区域特色的文化符号，是乡村旅游差异化发展的魅力所在，是休闲旅游时代的文化体验。在美丽中国、美丽乡村建设的旗帜下，如何发展休闲农业与乡村旅游，如何实现产业的升级？“美丽乡愁”是一把标尺（朱至珍，2014）。鉴于此，休闲农业与乡村旅游提

升的方略有以下几个方面。

（一）把科学发展的理念贯彻到休闲农业与乡村旅游产业发展的始终

曾经许多人认为，工业文明代表着更先进的生产力，应该取代“落后”的农业文明。然而，在城镇化快速推进、工业文明高速发展的当下，缘何代表农耕文明的乡愁却“卷土重来”，让人们更加向往那逝去的村庄？这是因为，在工业化深入发展的今天，越来越多的人发现工业文明和农业文明应该是一种互促互补、共生共荣的关系。因此，在发展休闲农业与乡村旅游的过程中，要牢固树立科学发展观，把科学发展的理念渗透进乡村旅游的发展战略，坚守科学的定位、科学的规划、科学的管理，始终坚持以人为本，追求人与自然的和谐、景观与环境的和谐、开发项目与当地经济社会的和谐、城市居民与农民的和谐。

（二）把“顺应自然、天人合一”作为营造乡村景观的统领

休闲农业与乡村旅游的升级，要以乡村景观的提升为基础。美丽的乡村景观和良好的乡村环境，是乡村区别于城市的重要特征。要按照“尊重自然、顺应自然、天人合一”的理念，营造自然、独特、美丽、协调、多样的乡村景观。要合理利用既有的山水资源，以体现当地田园景观的自然、恬静和空阔为主，充分保护既有农田、山地、河流、林网等景观的整体性和连续性；要充分挖掘利用当地的乡土文化、民族文化，搞好历史文化的保护与传承，突出地方文化特色；要因地制宜、因时制宜，充分尊重自然，构建山、水、林、田、路和村落多位一体、协调发展的乡村景观格局。

（三）把保留乡村文化符号作为产品开发的原则

综观各地休闲农业与乡村旅游的现状，不同程度地存在着产业结构雷同、产品同质性强、千村一面等问题，致使游客重游率低。究其原因，是缺少对地方文化的挖掘，缺乏文化内涵，缺乏产品特色。发展乡村旅游，“要融入现代元素，更要保护和弘扬优秀传统文化，延续城市历史文脉。”

特色是休闲农业与乡村旅游的生命，支撑特色的根基是乡土文明和乡村文化。因此，要在休闲农业与乡村旅游产品开发中，因地制宜发挥自己的资源优势，保留乡村文化符号。在村容村貌、生态环境、历史文化、地域特色、建筑风格、农业生产、旅游商品等方面挖掘和体现自己的特点，展现不同的特色。要学习外地的一些好做法、好典型，如江西婺源的良好生态和徽派建筑特色、浙江安吉的特产白茶和竹林文化、江苏江阴的长江三鲜和水乡文化、浙江德清的"洋家乐"等。

（四）把"见山、见水"作为生态保护的遵守

乡村旅游对于外地游客而言是旅游，对于当地城市居民来说是休闲。乡村旅游既要满足外地人旅游、观光、购物的需要，也要满足本地人休闲、参与、体验的需要。无论是满足哪种需要，都应以保护好生态环境、建设好休闲乡村为前提。因此，中央城镇化工作会议提出，"要注意保留村庄原始风貌，慎砍树，不填湖，少拆房，尽可能在原有村庄形态基础上改善居民生活条件"；"让居民望得见山、看得见水、记得住乡愁"。

（五）把"美丽乡愁"作为品牌塑造的标志

"乡愁"是忧伤的，也是温暖的；是怀旧的，也是美丽的。"乡愁"是乡村旅游最重要的文化体验，没有文化的旅游是没有灵魂的。休闲农业与乡村旅游品牌的塑造，来源于特色"乡愁"的挖掘。只有这样才能从"小、散、低"，走向"大、聚、高"，才可能从产品创新走向业态多元，进而实现产业融合与升级。

第二节　概念界定与辨析

在对休闲农业升级研究展开之前，有必要把本书涉及的主要概念进行界定，并对休闲农业的相关理论进行阐释。

一、休 闲

休闲之事古已有之。“休闲（Leisure）”一词来源于法语，法语来源于希腊语和拉丁语。休闲在希腊语中为“Skole”，拉丁语为“Scola”，意为休闲和教育，认为发展娱乐，从中得益，并与文化水平的提高相辅相成。这种含义以一定的受教育程度为前提，至今还存在，并将有社会价值的娱乐区别于其他娱乐。但真正意义上的现代休闲发端于工业革命之后，直至19世纪末才开始引起人们的广泛关注，并且随着休闲产业的发展成为学术界和产业界关注的焦点。从国外有关休闲研究的文献资料看，现代意义上的休闲研究最早是法国保尔·格法格（Boyet P.）的《有权获得闲暇》（1883）和美国凡勃伦（Veblen T.）的《有闲阶级论》（1899）。其中，代表性的是世界旅游组织（WTO）制定的《消遣宪章》（1970），文中指出：“消遣时间是个人完成工作和满足生活要求以后，完全由本人支配的一段时间。”

我国国情与西方不同，休闲思想的发展历程也不同。《中国大百科全书》把休闲定义为：“休闲（Fellow）是指农田在可种作物的季节耕而不种，或不耕不种，使土地暂时空闲的一种措施。根据耕地空闲时间的长短，可分为全年休闲、多年休闲和季节休闲三类。”这个定义基于中国传统农耕文化的理念，把休闲局限在农业这个狭窄的范围内，没有涉及休闲的核心内涵。现今我国学术界对于休闲的界定较权威的观点是由马惠娣提出的，她认为，休闲应包括两方面意思：一是消除体力上的疲劳；二是获得精神上的慰藉。

随着实践的发展，人们对休闲的认识也在深化。将休闲上升到文化范畴则是指人的闲情所致，为不断满足人的多方面需要而处于的文化创造、文化欣赏、文化建构的一种生存状态或生命状态。它通过人类群体共有的行为、思维、感情，创造文化氛围，传递文化信息，构筑文化意境，从而达到个体身心和意志的全面、完整的发展。休闲发端于物质文明，物质文明又为人类提供了闲暇、伴生了闲情逸致。休闲反映时代的风貌，是整个社会发展与变革的缩影。透过休闲，可以了解其他文化形式，当然也能了解整个人世沧桑的变化。因此，休闲总是与一定历史时期的政治、经济、文化、道德、伦理水平紧密相连，并相互作用。

从我国来说，随着国民收入的提高和闲暇时间的延长，人们对休闲提出了更高的要求。特别是随着《国民旅游休闲纲要》（2013—2020 年）的颁布实施，政府、企业、国民个人等各个层面都对休闲给予了更多的关注，也催生了闲暇经济。

二、休闲农业

休闲农业有多种称谓。从北京来说，最早的提法是观光农业。1992 年，由北京市农业与农村资源区划办公室主持，北京师范大学资源与环境科学系参加，开展了《北京市大兴、房山沙地观光农业开发项目规划》的调研与编制工作。规划内容连同当时对观光农业的理论研究、实证分析等阶段性成果，汇集成了一本书《观光农业》，1995 年由北京出版社出版，这是我国第一部关于观光农业的专著。1998 年，北京市计划委员会、北京市人民政府农林办公室、北京市农业与农村资源区划委员会印发了《北京市观光农业发展规划》（京计农字〔1998〕第 0497 号），这是我国第一个省（区、市）级观光农业规划。之后，随着实践的发展和理论研究的深入，基层单位和学者们又提出了观赏农业、旅游农业、观光休闲农业、休闲农业、体验农业、民俗旅游、乡村旅游等名称，但行业内部和主管部门用得较多的是观光休闲农业、休闲农业。比如，2009 年北京市农村工作委员会（简称“市农委”）《关于开展第四批“北京市观光休闲农业示范园”评定工作的通知》（京政农发〔2009〕13 号），提出要评定一批“观光休闲农业”示范园，以促进观光休闲农业的持续、健康发展。直到 2011 年 7 月，农业部发布了《全国休闲农业发展“十二五”规划》（农企发〔2011〕8 号），“休闲农业”的称谓才固定下来。

（一）休闲农业的内涵

受研究角度、实践基础、发展阶段、地域差异等因素影响，不同学者对休闲农业概念与内涵的论述有所不同。郭焕成、任国柱（2010）认为，休闲农业也称观光农业、旅游农业，是以农业资源、田园景观、农业生产、农耕文化、农业设施、农业科技、农业生态、农家生活和农村风情风貌为资源条件，为城市游客提供休闲、观光、体验、教育、娱乐等多种服务的农业经营活动。有的学者认为，休闲农业是农业与旅游业相结合的一种产业形态。史亚军（2011）指出，休闲农业是以农业为基础，以农民、合作组织、企业等为主体，依托农村生态环境、田园景观、农业生产设施、农耕与民俗文化、农家生活等丰富资源，通过科学规划、合理定位、功能整合等进行产业开发，为社会提供休闲、观光、体验、娱乐、健身及教育、展示等多种服务的新型农业产业形态。也有的学者认为，休闲农业是一种旅游产品。赵毅（2011）在对国内外休闲农业主要类型进行对比分析的基础上，提出“休闲农业园区经营者凭借农业旅游资源和住宿、餐饮等服务设施，为旅游者提供的体验乡村氛围和田园生活的一系列活动、一系列服务的休闲农业，理应是一种旅游产品”。张占耕（2006）则对休闲农业的本质进行了探讨，指出休闲农业具有农业与自然的交融性、产业融合性和文化综合性的鲜明特点。

在对各地休闲农业实践进行分析总结的基础上，从有利于工作开展的角度出发，行业主管部门也对休闲农业的概念与内涵进行了界定。《北京市观光农业发展规划》（1998）提出，观光农业是以农事活动为基础，以农业生产经营为特色，把农业和旅游业结合在一起，利用农业景观和农村自然环境，结合农牧业生产、农业经营活动、农村文化生活等内容，吸引游客前来观赏、品尝、购物、习作、体验、休闲、度假的一种新型农业生产经营形态。台湾“行政院农委会”在 2000 年 7 月 31 日颁布实施的《休闲农业辅导管理办法》中，对休闲农业的界定是：“休闲农业是指利用田园景观、自然生态及环境资源，结合农林渔牧生产、农业经营活动、农村文化及农家生活，提供国民休闲，增进国民对农业及农村之体验为目的之农业经营”，同时指出休闲农业的类型包括：农园体验、森林旅游、渔业风情、乡野畜牧、教育农园、农庄民宿等。农业部2011年7月发布的《全国休闲农业发展“十二五”规划》指出，休闲农业是“贯穿农村一、二、三产业，融合生产、生活和生态功能，紧密连接农业、农产品加工业、服务业的新型农业产业形态和新型消费业态。”这可以看作是国家层面对休闲农业的界定。

综上所述，本研究认为，《全国休闲农业发展“十二五”规划》对休闲农业的定义较为宽泛，也较为原则。它明确了休闲农业的范围、功能、特征和服务对象，便于消费者和基层生产者理解。因此，本书对休闲农业的研究，是在这个界定基础上展开的。

（二）休闲农业的特征

上述休闲农业的定义，虽然角度不同、表述方式不同，但从中可以归纳出休闲农业的一些共同特征。

1. 乡土性

休闲农业是以传统农业为基础发展起来的新型产业形态，它离不开乡村，离不开“乡味”，离不开“土气”。休闲农业首先应具有农业生产经营的特点，提供绿色和特色农产品，满足人们的物质需要。休闲农业的主体是大农业，休闲农业的发展不能脱离农业的生产功能。

2. 融合性

休闲农业是农村一、二、三产业的融合，横跨多个产业部门；休闲农业是农业与旅游业的融合，一方面休闲农业以其观赏性和可参与性使农业附加值提高，另一方面休闲农业又以生产性和文化性使旅游业附加值得以支撑，实现物质文化价值的互补；休闲农业是农业、农村、农民的融合，休闲农业以农业生产为基础，以农民、专业合作组织、企业为主体，与新农村建设相结合。

3. 地域性

休闲农业发生在乡村地区，以乡村自然资源、农业资源、民俗文化资源等为旅游吸引物。但因不同地域的自然、经济和社会条件差异很大，致使山区与平原、城市远郊与近郊的休闲农业有着很大的不同。

4. 参与性

游客能够参加农业生产活动，融入农民生活，亲近农业景观，体验农村风貌，学习农业生产技术，参与农业休闲娱乐，从而获得成就感、满足感、自豪感。

5. 季节性

与一般休闲旅游相比，休闲农业具有明显的季节性特点。一年四季景观各不同，春耕、夏耘、秋收、冬藏等农事活动内容也各有特点。

6. 市场定向性

休闲农业的目标市场在城市。休闲农业主要是为那些不了解农业、不熟悉农村、不接触农民的城市人服务的。休闲农业的消费对象主要是城市居民。面向城市市场，为城市居民服务，是休闲农业的主要任务。

（三）休闲农业与乡村旅游的比较

休闲农业与乡村旅游是两个密切相关的概念，既有联系，又有区别。

休闲农业与乡村旅游有着很深的渊源关系。世界上最早的乡村旅游就是从农业旅游开始的，当时城市居民到农村观赏乡村风光，体验农业生产活动，品尝新鲜无污染的农产品，学习农村传统食品的制作技术。由于当时乡村旅游的主体是农业旅游，以至于1865年意大利成立的乡村旅游组织的名称就叫“农业与旅游全国协会”。到现在为止，休闲农业仍然是乡村旅游的主体，所以人们一提到乡村旅游就会想到休闲农业；人们去参与休闲农业，也认为是到乡村去旅游。因此在实践中，多数情况下消费者不把二者区分开来，不少学者也把休闲农业等同于乡村旅游。

从学术的角度看，休闲农业与乡村旅游是有区别的。①从概念看，休闲农业是一个主题旅游概念，而乡村旅游是一个地域旅游概念。作为主题旅游，休闲农业是围绕农、林、牧、渔等大农业的风光、农事活动和农业文化等开展的，而乡村旅游是指在乡村地域内发生的所有旅游活动的总称，内容更为宽泛。②从属性看，休闲农业是一个产业概念，与工业旅游等产业旅游形态相对应，而乡村旅游是一个空间概念，与城市旅游相对应。③从旅游资源看，休闲农业是利用农村自然环境、田园景观、农业生产、农业经营、农耕文化、农业设施、农家生活等资源，为游客提供观光、休闲、体验等多项需求的农业经营活动。而乡村旅游是指主要发生在乡村地区的，以乡村空间环境为依托，以独特的乡村田园风光、乡村居所、民俗风情、乡土文化、农业生产方式与乡村生活形态等为旅游吸引物，以乡村特色为卖点，集乡村观光、休闲、度假和体验于一身的旅游形式。广义来看，乡村旅游既包括休闲农业、民俗旅游、民族风情旅游、休闲度假旅游、农家乐旅游，还包括乡村自然生态旅游、回归自然养生旅游等形态。

综上所述，乡村旅游是一个比休闲农业相对宽泛的概念。但因本研究是一项应用型研究，为了实践的需要，便于基层管理者和广大从业者理解，本书对休闲农业与乡村旅游不做严格区分，原则上认为二者是等同的。

三、休闲农业升级

（一）产业升级

产业升级主要是指产业结构的改善和产业素质与效率的提高。产业结构是指产业的构成及其要素之间的联系和比例关系。产业内各部门对产业经济增长的贡献取决于部门的构成和相互之间的联系、比例等。产业结构优化是实现产业结构与资源供给结构、技术结构、需求结构相适应，从而推动产业结构合理化和高级化的重要手段。产业素质指的是产业系统的质量，包括产业技术水平和产业组织合理化水平两方面。它的提高表现为技术水平、管理水平、生产要素优化组合和产品质量的提高。

研究产业升级的思路主要包括“产业结构调整”和“价值链升级”两个方面。以往我国多数学者习惯用“产业结构调整”的思路来研究产业升级问题，这也是基于我国改革开放至今的基本国情之上的。在这种思路下，产业升级更多地被归为产业结构的调整。目前产业升级的研究越来越向“价值链升级”靠拢。理论研究和实践探索更多注重的是产业在价值链上的攀升，即跨产业升级的概念，也就是高附加值产业取代低附加值产业的过程。

价值链的概念源自 Porter 提出的价值链理论，是指从产品的设计到生产、销售，直至最终消费使用的过程中，所有创造价值的活动范围。Porter 认为，产业升级是从低技术、低附加值状态，向高技术、高附加值状态演变的过程。Gereffi（1990）较早认识到产业升级问题，他将产业升级划分为 4 个层次：一是产品的升级，即从简单到复杂的同类型产品；二是经济活动上的升级，包括不断提升的设计、生产和销售能力；三是部门内的升级，如从最终环节的制造，到更高价值产品和服务的生产；四是部门间的升级，即从低价值、劳动密集型产业，到资本、技术密集型产业。在此基础上，Hum Phrey & Schmitz（2002）提出的以企业为中心，由低级到高级的 4 层次升级分类方法（过程升级、产品升级、功能升级、链条升级），得到了较为广泛的认可。

概括起来，学者们认为，产业升级的核心有 3 个，即产业构成由低附加值产业向高附加值产业转型；产业模式由粗放式向集约式发展；产业布局由分散型向集聚型转变。促进产业升级的要素包括：技术进步、组织结构调整、组织创新、政策支持等。

（二）休闲农业升级

休闲农业作为一种产业形态，已到了转型升级的阶段。经过 20 多年的发展，休闲农业已具备了一定规模，但在市场需求不断上升的压力下，为有效衔接供需，实现可持续发展，必然会通过技术进步、组织创新和生产方式变革，调整休闲农业的发展方向、发展模式、行业结构、产品类别与组织形式等，转型升级势在必行。

休闲农业升级就是通过市场机制的自发作用和政策调整诱导，使休闲农业在合理化的基础上，向高级化转变的过程。所谓“合理化”，是指以旅游者的需求为导向，优化调整休闲农业要素组合，促进休闲农业内部以及外部产业体系的静态与动态的均衡。它要求产品供求基本均衡，各部门的生产要素合理组合，产业内资源合理配置。所谓“高级化”，是指在休闲农业发展过程中，不断地提高技术创新能力，提高对社会资源供给状况和市场需求状况变化的适应能力，从而提高生产要素的利用效率和产业的整体素质，促进休闲农业结构从低水平向高水平发展。从产业升级的过程看，“合理化”是基础，“高级化”是方向。

休闲农业升级的内容和路径主要包括4个方面：一是休闲农业的行业结构升级。通过调整产业组织形式和运行方式，促进休闲农业产业之间的紧密合作与良性运转。二是休闲农业产品的升级。面对消费者日益多样的消费需求，应在保证休闲农业与乡村旅游产品质量的基础上，不断开发更加个性化、创新性的柔性产品。三是休闲农业发展机制的升级。通过制度设计和机制创新，促进休闲农业的参与者，遵循产业发展规律，合理竞争，共享利益。四是休闲农业发展布局的优化调整。产业集群化是休闲农业发展的方向，也是休闲农业升级的重要切入点。要承认休闲农业企业的利益边界，利用产业集群的思想，依靠市场机制，把休闲农业与乡村旅游企业有效联合起来，实现休闲产业发展的区域一体化。

休闲农业升级的目标是从规模数量型向质量效益型转变。长期以来，京郊休闲农业的发展，主要依靠要素增加、投入增长、规模扩大，通过铺摊子，上项目，扩大民俗旅游户数量，增加休闲农业园区规模等，来实现产业的快速发展。这种数量型增长方式在扩大产业规模、促进农民就业增收的同时，也不可避免地存在着生产要素的利用率不高，对生态、环境等因素考虑较少甚至造成一些负面影响，发展模式不可持续等问题。要通过休闲农业升级，逐步实现结构优化和素质提升，把休闲农业的发展建立在更加注重节能环保，实现集约式发展；更加注重生产要素效率的提高，大幅增加投入产出比；更加注重技术进步和机制创新，提高休闲农业系统运转的效率和质量。

休闲农业升级是一个动态的过程。受需求拉动、供给推动、政策引导的合力影响，通过组织与机制创新，实现休闲农业布局调整、结构优化、产品升级、投入与产出方式转变、对社会与环境的贡献提升，达到休闲农业与乡村同步发展、农民与市民双受益。这一系列的过程，就是休闲农业提档升级的过程。受市场变化快、利益主体多、经济发展的复杂性强等因素的影响，这个过程是渐进的、动态的，甚至会有反复，不可能是一蹴而就的。

为简洁明了，更符合休闲农业从业者的习惯，本书有时将休闲农业的产业升级表述为“提档升级”。

第三节　文献综述

一、国外研究

休闲农业在国外已有100多年的发展历史。早在1865年，意大利就成立了“农业与旅游全国协会”，农业旅游作为一种新型的旅游形式受到大众青睐。当时的欧洲处于城市化和工业化快速发展的进程之中。一方面，从城市来说，人们本能地产生逃避城市高污染、快节奏，向往乡村原始慢生活的需求；另一方面，从乡村来说，由于青壮年劳动力大量向城市转移，导致乡村地区人口稀少，出现了人口老龄化和经济萧条。为了活化乡村资源，发展乡村经济，人们开放了农场，搞起了农业旅游。当乡村的通达性得到改善，休闲农业便蓬勃发展起来。20世纪30年代，欧洲休闲农业得到较快发展，并逐步向美洲、亚洲等一些国家扩展。随着社会经济的进步，20世纪70年代后，主要发达国家的休闲农业发展很快。如今，休闲农业作为一种重要的旅游形态，以其独特的方式日益影响着农村经济、政治、文化和社会的发展。伴随着休闲农业的实践，学者们对休闲农业与乡村旅游的理论研究和实证分析一直没有间断，反过来，理论研究的成果又指导着休闲农业的可持续发展。

（一）关于休闲农业的概念研究

在国外文献中对休闲农业并没有统一定义，有乡村旅游、农业旅游、农庄旅游、田园旅游、观光农业、休闲农业等不同提法，但其意义基本相同。因此，本书将其统一表述为休闲农业。

在早期的休闲农业研究中，国外学者Dart（1974）、Hoyland（1982）、Murphy（1985）、Wales（1986）、Denman（1990）、Davies（1992）将休闲

农业定义为基于营运农场中提供休闲游憩设施，在典型的乡村环境下从事各种休闲活动的一种旅游形式。随着休闲农业的进一步发展，深化了对休闲农业的认识，Bramwell（1994）、Clarke（1996）、Weaver（1997）、Ibery（1998）、Sonnino（2008）等学者认为，休闲农业是利用农业产业进行娱乐、教育、休闲、体验的一项经营活动。Bernard Lane（1994）对乡村旅游的内涵做了较为全面的阐述，从地域范围、旅游活动本身、规模、社会结构、文化特征及类型等方面对乡村旅游的本质进行了界定。Mike Woods（2000）认为，乡村旅游是指旅游者在乡村地区所从事的所有旅游活动，以实现对乡村自然、人文的感知与体验，从而达到精神的升华。Deboiah 等（2005）采用了这样一个定义："观光休闲农业是一项参观农业耕作、栽培、园艺或农业经营的活动，其目的是娱乐、教育，或亲自体验农业劳动。"

总体来看，国外学者对休闲农业概念内涵的界定尚未统一，但对休闲农业"乡村性"的本质基本认同，这也是对休闲农业进行系统性研究的基础。

（二）关于休闲农业的发展模式研究

国外休闲农业发展模式的研究成果中最具代表性的是 Bernard Lane（1994）对加拿大与法国休闲农业所作的论述。Bernard Lane 认为，加拿大休闲农业的发展以丰富多彩的乡村旅游项目见长，如乡村美食、农产品展览、农业文化、乡村节庆活动、主题农业之旅（如国际啤酒节、田野节、主题农夫之旅、秋收节等）、在农场或牧场住宿或参加骑牛比赛等；法国的休闲农业以休闲农场为主，可细分为 9 种类型，包括客栈农场、点心农场、农产品农场（农场的农产品主要面向旅游者销售）、骑马农场、教学农场、探索农场、狩猎农场、暂住农场、露营农场。Crockett（1998）、Walford N.（2001）等学者研究提出，应从农业多样化的视角而不是旅游业发展的视角，来分析休闲农业发展模式。Sharon Phillip & Colin Hunter（2010）认为，农业活动与旅游的融合程度是划分休闲农业发展模式的基础，并指出农业与旅游间的联系可以分为 3 种形式：一是直接联系（农业生产经营活动可以直接作为旅游体验的过程，如挤奶等）；二是间接联系（为满足旅游体验需求而开展的农业活动，如作物迷宫等）；三是被动联系（借助农业环境开展的乡村旅游体验）。根据休闲农场中农业与旅游融合程度的不同，可将休闲农场划分为5类：非运营型农场、被动联系式农场、间接联系式农场、示范性运营农场和原生性运营农场。Magnar Forbord（2011）从产品范围、组织架构、经营目标、法律基础、认证体系、品牌效应等方面，对奥地利、意大利、挪威的休闲农业发展模式进行了实证分析，研究指出，自然因素、旅游承载力、农业类型、政策支持与组织结构等要素，影响着休闲农业发展模式的选择。

（三）关于休闲农业的经济功能研究

国外学者研究发现，在欠发达的乡村地区发展休闲农业所带来的经济效益是溢出的，二者之间具有正相关性，主要体现在两个方面：给当地居民提供就业机会（Cohen，1984）和使当地经济复苏（Fleming，1988）。Oppermann（1996）、Nilsson（2002）等通过对不同国家休闲农业的实证研究，证明休闲农业开辟了一个新的收入来源，尽管获得的收入不是很多。Andereck K.（2000）、Torres R.（2004）研究认为，休闲农业的发展对推动当地农村经济的发展、促进农村劳动力就业及解决农业市场需求短缺等，具有重大意义。Nilsson等通过实例研究，指出不同国家休闲农业的发展为当地经济提供了新的动力源泉。Fisher D.（2006）、Ollenburg C.（2007）研究表明，在经济不景气（如经济萧条或在农产品价格压低）的情况下，开展休闲农业活动可以为家庭农场提供替代收入。Veeck G.（2006）、Clark D.（2007）、Sharpley R.（2007）、Barbieri（2009）等认为，随着传统农业的衰退，休闲农业可以提供就业机会、促进商业发展、增加税收等，为地区经济增长作出贡献。Valdivia C.（2007）、Wilson G.A.（2008）认为，休闲农业除了为农民提供额外经济收入外，还可以作为一种独特的生活方式。

（四）关于休闲农业的社会功能研究

多数政府机构（WTO、USTTA、ATSIC）相信休闲农业对促进地方文化发展和遗产保护有重要意义，从而有助于增强乡村社区自豪感。Thompson（2004）对日本某乡村的研究显示，当地居民从事休闲农业的主要目的是维护地方传统、增强地方文化认同。但一旦乡村旅游者人数超过一定数量，使传统的乡村生活方式遭到破坏时，这种文化交流的正面作用就会消失（Macbeth，1997）。澳大利亚南部高地就有高达 95% 的当地居民不认为乡村旅游会增强社区自豪感，主要原因是：一方面，因收入分配不均，休闲农业使当地社区产生了分化和隔阂；另一方面，休闲农业还可能导致犯罪率上升、人口拥挤和个人私密空间的丧失（Schilling，2006），因此发展休闲农业与保护乡村文化传统在某种程度上是矛盾的。可见，乡村旅游业在带来经济正效应的同时，也往往伴随着社会负效应，二者的差值决定了当地居民对乡村旅游业的最终态度。研究还发现，经济落后地区发展乡村旅游，当地居民以正面态度为主。Wall G.（1996）通过对印尼巴厘岛乡村居民旅游态度的研究，证实了这一点。另外，乡村居民更不能容忍利益分配不均。Akama J.S.（1996）通过研究肯尼亚农民对乡村旅游持负面态度的原因发现，利益分配不均是导致农民态度变化的主要因素，因为当地农民不但没有从乡村旅游中获益，反而因乡村旅游的开发使农民贫富差距扩大。

（五）关于休闲农业发展的动力机制研究

休闲农业发展动力主要体现在需求和供给两个方面。从需求方面来看，城市急剧扩张、环境恶化、快节奏生活方式等导致人们回归乡土田园的心理需求；从供给方面来看，农村产业的转型、农民获取经济利益的冲动、乡村通达性的改善等因素为休闲农业发展提供了保障。在需求研究中，Dick Foster（2004）研究认为，促使农民加入休闲农业领域的驱动力主要是家庭农场的特殊需求和休闲农业带来的额外收益，包括收入来源多元化、改变家庭生活模式、不脱离农场而继续维持工作等。Nickerson N.（2001）、Ollenburg C.（2007）、Barbieri C. & Mahoney E.（2009）等从农场角度出发，提出休闲农业能够增加农场经营收入，实现农民多样化经营的愿望，提供创业机会，并提高农户生活质量。而在供给研究中，Bendl

对奥地利乡村旅游研究发现，广大农民支持和欢迎休闲农业，乐意照顾和改善乡村景观，积极发展乡村旅游基础设施，提供多种旅游便利条件，协助外来游客更好地体验乡村风貌。

（六）关于休闲农业的社区管理研究

在国外休闲农业管理中，特别强调乡村社区的参与。一些案例表明，当地居民参与规划和管理的项目比受控于外地人要成功得多。与外来开发者相比，当地居民更愿意顾及当地利益、文化和非经济的影响（Fleming，1988）。MacDonald（2003）研究认为，以社区为核心的组织模式是休闲农业经营管理的有效方式，社区参与和企业经营相结合的管理模式有利于小规模休闲农场的发展。Rilla（1999）研究证明，休闲农业能否成功的主要因素之一在于当地社区的支持，而最大的支持就是基础设施建设。Dahms认为，要发展既有吸引力，又能为当地社区带来利益的休闲农业，前提是要有本地的企业家精神。因此，有些学者认为，本地人参与是乡村旅游开发成功的必要条件（Walsh & Burr，1993）。对此，另外一些学者则认为，这种看法有些偏激。其实，只要当社区居民参与到旅游规划决策与利益分成之中，他们就会对乡村旅游有较多的正面看法，并且支持投资者对当地旅游资源进行合理开发与管理。Reid D.G.（2004）认为，社区参与是休闲农业健康发展的必要条件，而不是充分条件。目前，社区管理面临的问题是，在关注利益的同时，如何兼顾效率与公平。这将是未来休闲农业社区参与和管理研究的方向之一。

总体来说，国外对休闲农业的研究已经形成一个相对成熟的体系，对其必要性、可行性、可持续性及市场关联性等都进行了论证和实践。

二、国内研究

从国内看，随着我国政府对“三农”的重视、休闲农业实践的发展，学者们对休闲农业的研究也越来越多。概括起来，这些研究成果主要涉及以下方面：休闲农业的概念、属性特征、背景与意义、开发模式与项目分类、规划设计、政策研究等。

(一)关于休闲农业的概念与属性研究

在概念上，祁黄雄等（1999）认为，休闲农业是一种以农业和农村为载体的新型旅游业，有狭义和广义两种形式，其中，狭义的休闲农业仅指用来满足旅游者观光需求的农业；广义的休闲农业则涵盖观赏农业、观光农业、农村旅游等不同概念。范子文（1998）认为，观光休闲农业是把农业和旅游业结合在一起，利用田园景观、农业生产经营活动和农村自然环境吸引游客前来观赏、品尝、习作、休闲、体验、健身、科考、书画、摄影、购物、度假的一种新型农业生产经营形式。我国的台湾“行政院农委会”在其制定的《休闲农业辅导管理办法》(2004）中对休闲农业的界定是:“休闲农业是利用田园景观、自然生态及环境资源，结合农林渔牧生产、农业经营活动、农村文化及农家生活，提供国民休闲，增进国民对农业及农村之体验为目的之农业经营”。

关于休闲农业的属性，大致可以分为3种观点：一是属于农业范畴（郑智鸿，2001）。我国台湾学者普遍认为，休闲农业是一种农业经营方式，是现代农业发展的趋势之一。二是属于旅游业范畴。陈文君（2001）认为，观光农业属于一种高层次的文化旅游类型。三是混合型产业，这也是主流观点。郭焕成认为，休闲农业是农业和旅游业的一种交叉型产业，一种新型农业教育体验和农业旅游活动。卢云亭（1995）指出，休闲农业是不同于传统农业的一种文化性很强、大自然意趣很浓的新型交叉性产业，具有“农游合一”的特点。

(二)关于休闲农业的类型与开发模式研究

韦林娜等（2004）根据休闲农园与城市中心区距离的远近，将休闲农业划分为近郊型、中郊型和远郊型。戴美琪（2007）等根据旅游功能，将休闲农业分为观赏型、品尝型、购物型、务农型、娱乐型、疗养型和度假型；按照发展进程，将其分为农产品提供型、农村空间提供型、经验交流型和综合多功能型；按休闲农业开发的主题，将其分为生态旅游型、旅游农业型和休闲度假型；根据旅游者体验特征，将其分为农业环境型、农事劳作型和民俗风情型；按区域与内涵，将其分为资源特色型、城郊型和文化特色型。范子文（2000）等从产业性质角度把休闲农业分为观光休闲种植业、观光休闲林业、观光休闲牧业、观光休闲渔业、观光休闲副业。余希（2007）则按照休闲农业所利用的资源，将其分为农产品直接利用型、畜产品利用型、林产品利用型、水产品利用型、农作过程利用型、文化资源利用型和农村资源利用型。以上学者根据不同的视角，对休闲农业进行分类，有利于理解不断发展阶段的休闲农业。但这些分类也存在着界限模糊，独立性和系统性不强等缺陷，需要进一步加强相关研究。

从发展模式和经营类型等来看，黄元春（2007）认为，休闲农业的主要模式有乡村田园风光型、旅游农业开发型、地域风情型和居民住宿型。王云才（2006）认为，替代传统休闲农业产品的新形态和新模式主要有主题农园与农庄模式、传承地方性文化遗产的乡村主题博物馆模式、乡村民俗体验与主题文化村模式、休闲农业基地化之乡村俱乐部模式、现代商务度假与企业庄园模式、农业产业化与产业庄园模式和区域景观整体与乡村意境梦幻体验模式。从开发方向来看，孙艺慧等（2007）认为，休闲农业的发展模式包括直接主体模式和间接主体模式，其中，直接主体模式包括休闲农庄和民俗文化休闲，间接主体模式包括“企业＋农户”模式、“政府＋农户”等。谢莉（2005）对湖南省的休闲农业开发模式进行了研究，认为休闲农业应包括娱乐型、体验型、度假型和教育型等类型。

（三）关于休闲农业的空间布局与规划设计研究

休闲农业在城市空间上具有一定的分布规律。李仁杰等（2010）对北京市环城游憩地成熟度进行了研究，并总结了其空间分布的特点：10～20千米圈层处于发展成熟期，20～50千米圈层处于近成熟期发展状态，60～90千米圈层处于发展期状态，100～130千米圈层处于游憩空间发展萌芽期。吴必虎（2004）将我国休闲农业的空间布局划分为景区边缘型、大中城市郊区型和老少边贫型，并以发展最为迅速的大中城市休闲农业为样本，研究休闲农业园区的空间布局，得出了休闲农业园区的分布规律，即在距城市100千米的范围内，旅游地的分布有两个相对集中的地带，其中第一个乡村旅游相对集中地带位于距城市20千米附近，第二个乡村旅游相对集中地带位于距城市60～90千米的区间内。王云才（2005）对中国乡村旅游发展的特点进行分析，认为从空间特征上存在城郊型、景郊型、村寨型三大类型。

在休闲农业规划设计方面，仰麟、陈传康（1998）认为，休闲农业的规划设计就是运用景观生态学原理，构建一个空间结构和谐、生态稳定、社会经济效益理想并主要用于旅游观光的区域农业景观系统。吴人韦、杨建辉（2004）对以产业为核心的园区规划和以土地利用为核心的园区规划加以对比分析和总结，提出了以提高农产品竞争力为核心的一种新的规划思路。陈巍等（2005）通过实证研究，认为规划应力求将景观要素与高科技农业生产有机融合。

（四）关于休闲农业的需求研究

从需求角度研究休闲农业，文献数量远远少于休闲农业供给的研究。魏翔等（2007）对休闲农业与乡村旅游的新需求进行了研究，将新需求界定为差异性需求、潜在性需求和预测性需求，并利用北京市的调研数据进行了实证分析。范子文等（2009）对北京市的乡村旅游消费行为进行了调查分析，从现实需求与潜在需求两个层面，调查指标分信息获取途径、参与动机、出行方式、餐饮、住宿、娱乐、活动等方面，所得结论为北京市研究制定有关政策提供了依据。此外，在创造休闲农业市场需求方面，有学者指出，休闲农业的发展要选择适宜的营销推广策略，进而达到创造需求的目的。

在为数不多的需求研究文献中，以对休闲农业市场游客体验满意度的研究最为集中。黄志红（2009）构建了休闲农业体验价值模型，并从体验营销的角度探讨了该模型的适用性。杨丽华（2009）从旅游服务质量的“购物、娱乐、交通、食宿、服务态度”5个基本维度，对长沙市休闲农业的消费满意度进行了调查与分析。田彩云等（2010）以密云县休闲农业为例，运用Philip Kotler的顾客满意理论和测评方法，得出量化的休闲农业游客满意度指标体系及其数值。许标文等（2010）运用偏最小二乘（PLS）回归分析模型研究了休闲农业游客满意度。总的来看，目前对休闲农业需求的研究还比较薄弱。

（五）关于休闲农业的产业升级研究

随着休闲农业产业的深入发展和旅游者要求的提高，产业转型和优化升级已成为其可持续发展的关键。在现有资料中，以对旅游产业转型升级的研究为多。聂献忠（2000）、唐留雄（2001）、杨洪（2001）、吴必虎（2003）、王大悟（2004）、王起静（2005）、戴斌（2005）、王志发（2007）等人分别从旅游产业发展、旅游产品、旅游产业链、旅游市场等研究旅游转型；魏翔（2005）从旅游企业战略转型、产业深度整合的角度进行研究，吴南（2006）研究创新与转型时期旅游发展的关系；赵煌庚（2003）、张立生（2005）、林峰（2006）等分别从旅游行业层次结构、产业结构与整合、部门结构演进规律及模式、系统升级角度进行了研究；陈玉英（2000）研究旅游产业优化升级的多层面支撑体系；刘文波（2000）研究网络化与旅游产业结构升级的关系，赵书虹（2006）运用技术变迁理论研究民族地区旅游产业升级优化的技术创新途径，陈仙波（2001）、庄小丽（2006）等应用灰色系统关联度分析法研究旅游产业优化的对策。这些研究成果为进一步研究休闲农业与乡村旅游的转型升级提供了研究思路和技术支撑。

在为数不多的休闲农业与乡村旅游产业升级文献中，杨振之（2012）将我国乡村旅游业的发展分为3个阶段，分别是农家乐阶段、休闲农业园区与景区阶段、乡村度假阶段。由于我国幅员辽阔，自然社会条件差异很大，在不同的地区，这3个阶段同时存在，但各有侧重。范子文（2010）通过对北京市休闲农业与乡村旅游发展脉络和发展现状的研究，提出休闲农业提档升级的路径包括：完善休闲农业园区的功能、培育民俗旅游村的特色、丰富休闲农业的内涵、整合乡村旅游资源、发展创意农业、创新机制6个方面。赵云翔、张永青（2012）结合南京休闲农业发展的实际，提出休闲农业升级是一个系统工程，应从休闲农业产业、产品、企业、市场、政府服务等方面入手，统筹兼顾，逐步推进。夏超（2012）对成都农家乐的转型升级进行了实证研究，认为农家乐涉及的行业多，综合性较强，近期应从市场、产品、人才、经营者培训等方面取得突破。宋娜（2013）对休闲农业升级中政府的角色和公共服务进行了研究。

（六）关于休闲农业的问题与对策研究

我国休闲农业的发展已取得长足的进步，点多面广，规模较大，对促进农民就业增收和提升市民的幸福指数发挥了积极的作用。但我国休闲农业发展时间较短，各地之间也不平衡，在发展过程中面临着一些问题：在规划布局方面，缺乏政府的统一管理、引导和支持，在开发建设上随意性较大，存在着一定的无序性和盲目性（罗继春，2006；张建国等，2006）；在政策扶持方面，大多数地方政府还没有设立专项资金，在税收、贷款、用地、工商管理、食品、卫生、安全保证等方面，尚无明确规范（郭焕成等，2007）；在科技进步方面，大多数休闲农业项目的科技含量不高，农业科普教育功能开发不够，多数项目停留在传统低层次经营层面上，农业资源要素配置单一，农产品成熟期过于集中，造成园区经营忙闲不均；在市场环境方面，市场定位不明确，同质性强，没有形成自己的品牌、特色，生态、文化内涵不高，社会影响力不大，知名度不高，缺乏吸引力（潘刚，2010）；在市场营销方面，由于多数休闲农业点的旅游功能为其生产功能的延伸，市场竞争意识和宣传营销观念不强，宣传力度不够（刘春香等，2006）；在经营管理人员素质方面，大多是原来从事农业生产、加工、营销的工作人员转行而来，老龄化趋势明显（郑雨尧，2006），服务意识淡薄，对旅游业缺乏管理经验。

相应地，对于存在的问题，学者们也提出了一些针对性的建议。如提高对休闲农业的重视程度，更新理念，研究制定扶持政策；搞好科学规划，因地制宜，突出农业特色；加大投入，完善相关法律制度；成立休闲农业协会，加强行业自律与规范管理，提高服务水平；拓宽投资渠道，完善基础设施；加大宣传，促进营销；加强技术培训，提高经营管理人员素质。

三、研究述评

综上所述，国内外学者对休闲农业的发展都给予了极大的关注，进行了多角度的规范研究与实证分析，对休闲农业的可持续发展有重要意义。但从目前国内休闲农业的研究成果来看，还存在一些问题和不足：一是理论基础较为薄弱，对休闲农业发展与产业升级所赖以支撑的相关理论缺乏系统挖掘和提炼，对相关理论的适应性、适用范围、应用边界与条件缺乏深入、细致的分析，致使理论与实践脱节；二是研究内容主要集中在休闲农业概念与内涵、功能与作用、资源条件与分类、开发类型与模式划分、具体项目的规划设计及国外经验的介绍与引进等方面，对休闲农业产业升级等方面的研究还基本上是空白，成果很少；三是研究方法以定性分析和浅层次的案例分析为主，缺乏高层次、系统性、综合性的研究成果；四是研究成果的针对性、实践性、可操作性不强，对北京市这样一个特殊地区休闲农业发展的指导借鉴作用有限，研究成果难以转化。本研究将努力克服这些问题与不足，并力求在局部特别是在某些点上取得突破与创新。

第四节　休闲农业升级的理论基础

为促进休闲农业的提档升级，有必要对该领域的有关理论进行探讨。概括起来，有以下几个方面。

一、需求层次理论

需要是个体对内外环境的客观需求的反映，表现为个体的主观状态和个性倾向性。一个人在出现生理或心理失衡时就会产生需要。这些需要有时表现得十分微弱，不足以激发一个人的行为。但有时，当这种失衡达到不予以满足就影响人的生命或生活时，就会演变成明显的需要倾向。因而可以说，人类的行为是为了满足这种需要而产生的。很多心理学家和社会学家对这种需要进行了研究，并得出各种各样的结论。其中，最常用的是 Abraham Maslow 的需求层次理论。

Abraham Maslow 主张，人类的需要分 5 个层次或阶段，由较低层次向较高层次排列，依次是生理需要、安全需要、社会需要、尊重需要和自我实现需要。根据该理论，生理需要是人类维持生命的需要，如饮食、穿衣、居住等方面的需要。在这些基本需要未得到满足之前，人们的大部分行为只停留在为满足生理需要的阶段，基本上不会受到其他层次需要的刺激。当生理需要得到一定程度的满足以后，人们会产生安全的需要，即保障人身安全、保险、医疗、保健以及防老、避免失业等需要。依此类推，在生理需要和安全需要得到一定程度满足后，人们会产生社会需要，即爱和归属的需要。表现为生活在社会中的人，重视人与人之间的交往（友谊、忠诚），希望爱和被爱，希望归属一个集团或群体，互相关心、互相照顾、接受教育等。在社会需要得到一定程度满足后，则会产生尊重需要，即自尊、名誉、地位和权力的需要，希望有稳定的社会地位，要求个人的能力和成就得到社会承认等。自我实现需要是尊重需要得到一定程度满足后出现的，主要表现为不断地自我发展，极大地发挥潜力，寻找自我，实现自我，实现个人的理想、抱负等。

根据 Abraham Maslow 的需求层次理论，当物质生活水平提高，人们的衣、食、住等基本生理需要得到满足后，将倾向于追求高层次的精神生活，人类需求将由生存型逐步向发展型、享受型转变。休闲农业即是满足城市居民精神需求的一种典型产业。休闲农业参与者到野外呼吸新鲜空气、欣赏田园景观、体验农事活动，有利于调整身心，追求身体状态的稳定，满足身心需要；逃离熟悉、单调的都市生活，到农村享受乡野情趣，在“水泥森林”外开拓生活的第三空间，能够满足人们的好奇心和新鲜感，实现冒险需要和变化需要；亲朋好友利用节假日结伴而行，到郊外游玩，有助于建立新的社交范围，巩固原有的社交关系，满足归属需要和社会需要。

随着社会进步，人们的需要将会进一步朝着高级化的方向发展，市民对休闲农业的消费需求也将发生新的变化。然而，目前京郊大部分地区休闲农业仍停留在住农家院、吃农家饭、干农家活的低级阶段，且存在着项目雷同、低水平重复建设现象，无法满足市民多层次的需要。因此，休闲农业未来的发展应适应市场需求的变化趋势，逐步丰富文化内涵，开发出能够满足市民多元化、多层次、全天候、多地域消费特征的特色项目。

二、体验经济理论

体验也叫体会，是通过自己的感觉器官对人或物或事情进行了解和感受，是用自己的生命来验证事实，感悟生活，留下印象。体验到的东西使自己感到真实，并在大脑记忆中留下深刻的烙印。体验经济理论是 1999 年 4 月美国哈佛管理学院 B.Joseph Pine 与 James H. Gilmore 在合写的《The Experience Economy》中提出的。该理论认为，世界经济发展在经历了农业经济时代、工业经济时代和服务经济时代以后，目前，正在进入一个全新的时代，即“体验经济”时代。这一论断获得极大的瞩目。B.Joseph Pine 与 James H. Gilmore 指出：“企业通常有 3 种经济提供物：产品、商品和服务。体验是新经济时代企业的第四种提供物。”在农业经济时代，企业提供的产品是从自然界直接获得的可替换的材料；工业经济时代，企业提供的是商品，它是公司进行标准化生产并销售的有形产品；服务经济时代，企业提供的是服务，是为特定顾客通过特定方式进行演示的无形活动；体验经济时代，企业通过体验满足顾客更高层次的需求，体验需要顾客的亲身感受，是难忘的、值得回忆的一种经历。

体验经济内生于服务经济，是服务经济发展到相对成熟阶段的产物，提高了附加值。在农业经济时代，以农业耕作生产生鲜农产品满足社会的消费需要，产品附加价值有限；在工业经济时代，以经过加工的产品满足消费，产品的差异性日益扩大，逐渐影响价格，附加价值升高；在服务经济时代，最终产品加上销售服务，由于服务的差别性大，进入消费的产品附加值更大；在体验经济时代，除提供优质的最终产品和相关服务外，还要为消费者设计、布置一个舒服高雅的消费环境和独特的体验过程，具有个性化、终端性、差异性、感官性、知识性、记忆性、补偿性等特征，并对市场形成区隔作用，因而产品与服务的附加值最高。

体验经济的提出，深化了对休闲农业的认识。体验经济时代消费者的旅游需求多样，消费者在旅游过程中更注重个人感受，并追求个性化产品。休闲农业是一种典型的“新经济”——体验经济产业。农业和农村资源可分为自然景观资源、农业产业资源、农村文化资源等类型，这些都是发展体验式经济的基础。将对这些资源的体验与农业生产和农村生活结合在一起，就是典型的休闲农业。发展休闲农业，就是体验经济在农业上的具体体现，是一种体验经济形式。农业休闲体验不仅具有体验经济的共性特征，包括审美体验、消遣娱乐体验、遁世体验、教育体验等，而且还具有补偿体验特征。这种经济发展的直接效果，一方面为城区居民提供了丰富多彩的生活休闲形式，另一方面也为乡村社区经济发展提供了新的渠道，为农民增收提供了新的途径，因而对提升休闲农业的经济价值、品牌价值等具有积极作用。

三、产业一体化与产业融合理论

产业一体化理论是产业经济学和农业经济学领域的一个重要理论。习惯上，将其分为产业横向一体化和纵向一体化。“横向一体化”也叫水平一体化，是指企业为了扩大生产规模，降低成本，巩固企业的市场地位，提高企业竞争优势，增强企业实力，而与同行业企业进行联合的一种战略。它的实质是资本在同一产业和部门内的集中，目的是实现扩大规模、降低产品成本、巩固市场地位。国际化经营是横向一体化的一种形式。“纵向一体化”通常描述的是上游和下游的关系，它是企业在现有业务基础上，向上游或下游方向发展，形成产供销或供产销一体化，以扩大现有业务的企业经营行为。对于纵向一体化，也叫农业产业化。

在经济全球化和高新技术发展的形势下，不同产业间出现了相互渗透、相互融合的现象与趋势。产业融合是指不同产业或同一产业不同行业相互渗透、相互交叉，最终融合为一体，逐步形成新产业的动态发展过程，其特征在于新的产业或新的增长点等融合结果的出现（厉无畏，

2002）。产业融合是一个系统性概念，包括技术融合、企业融合、产品融合、市场融合、制度融合等。同时，它又是一个过程性概念，是在技术融合基础上，以企业融合为主体，产品融合为客体，制度融合为保障，最终实现融合型产品的市场化过程（张功让、陈敏姝，2011）。产业融合的过程是往复循环的，一次融合的实现并不代表着融合的终止，在新技术及新需求推动下，还会开始新融合。从休闲农业来说，它内在具有农业与旅游业的双重特性，本质上是农业与旅游业在市场需求、技术应用、生产方式、资产使用等方面发生融合而形成的融合性产业，符合产业融合的发展规律和典型特征（王金凯，2012）。

产业一体化与产业融合理论对发展休闲农业具有启示意义。休闲农业的发展体现了农村经济中的产业结构调整，以第一产业为主导，连结第二产业，发展第三产业。休闲农业发展壮大是以产业一体化理论为基础，将农业的产前部门、产中部门、产后部门联成一个统一的部门，形成利益共同体。休闲农业的发展促进农业与农产品加工、农产品营销的紧密结合，形成休闲农业产业链。在营销方面，休闲农业发展初期更倡导垂直性的整合营销，形成上下游契约合作关系；在企业成长初期，先向后整合，联结上游供应者（果农、花农、养殖户等）；当企业发展到一定规模，实施向前整合，联结下游销售商（如旅行社、旅游网站等）；当企业成长及发展到繁荣时期，应注重水平性整合，通过联合同业联盟、异业结盟，实现企业集团化发展。休闲农业是现代农业发展的一个分支，加快其与相关产业的融合发展，促进城乡一体化，将有助于生产要素在城乡之间的流动，形成休闲农业产业链在城乡之间的合理分布，从而促进休闲农业可持续发展。

四、生命周期理论

生命周期（Life Cycle）的应用很广泛，在政治、经济、环境、技术、社会等诸多领域经常出现，其基本含义可以通俗地理解为从“摇篮到坟墓”（Cradle-to-Grave）的整个过程。对于某个产品而言，就是从自然中来回到自然中去的全过程，既包括制造产品所需要的原材料采集、加工等生产过程，也包括产品贮存、运输等流通过程，还包括产品的使用过程，以及产品报废或处置等废弃并回到自然的过程，这个过程构成了一个完整的产品生命周期。

休闲旅游目的地和其他产品一样，也有其兴衰的周期和模式，即旅游地生命周期。旅游地生命周期（Life Cycle of A Tourism Area）的研究始于20世纪70年代。加拿大学者Butler根据产品周期理论，于1980年提出了旅游地演化的6阶段生命周期模型，即探查阶段、参与阶段、发展阶段、巩固阶段、稳定阶段、衰退或复苏阶段。Butler认为，旅游地的生命周期始于一小部分具有冒险精神、不喜欢商业化旅游地的旅游者的“早期探险”（Exploration）；在参与阶段（Involvement），由于当地人积极向旅游者提供休闲设施，以及随后的广告宣传，使旅游者数量进一步增加；在发展阶段（Development），旅游者数量增加较快，而且经营主体也大部分从当地人转到外来公司手中；在巩固阶段（Consolidation），尽管旅游者总人数仍在增长，但增长的速度已经放慢；在稳定阶段（Stagnation），旅游者人数已经达到高峰，旅游地本身也不再让旅游者感到是一个特别时髦的去处了；到了衰退阶段（Decline），因游客被更新的旅游地吸引走，剩下的游客大多是周末游客或当天往返的游客。旅游设施被非旅游设施代替，这进一步减少了旅游地的吸引力，剩下的设施也难以发挥应有的作用。由于旅游市场的萎缩，该旅游地有可能变成旅游贫民窟，或者完全失去旅游功能。

旅游地生命周期理论提出以来，西方很多学者进行了实证研究，证明这一理论较好地反映了旅游地生命的演化过程。尽管他们不同程度上发现了实际情况与这个理论模型之间存在的差异，有些旅游地并不都经历所有的6个阶段，表现为不太完整的周期，但他们的实证研究成果都支持这一理论。实际上，旅游地生命周期曲线的具体形状虽然因旅游地自身的发展速度、可进入性、政府政策以及竞争状况等因素的差异而各有变异，但每个旅游地都难免要经过探查、参与、发展、巩固、稳定、衰退或复苏这样几个阶段。不过从旅游地经营者的角度看，可通过制度设计和政策调整，对旅游地生命周期相关影响因素的作用力和作用方向进行控制和引导，以期最大限度地发挥这些因素对扩展生命周期所可能产生的积极影响，进而延长旅游地的生命周期，推迟旅游地衰退期的到来。

具体到休闲农业与乡村旅游来说，在乡村旅游地的演化发展中，当地社区居民的参与是非常普遍的情况，参与阶段是乡村旅游地的主要演化阶段。当地社区居民参与旅游开发有两种情况：一种是由自发参与，逐步过渡到有组织的参与；另一种是从一开始就是有组织的参与。在参与阶段，游客的增长往往比较迅速，特别是在有组织的参与情况下，更是如此。北京的一些村集体开发的乡村旅游地，由于有较强的经济实力，能够投入较多的资金用于乡村旅游开发，旅游设施迅速改善，游客快速增长，与发展阶段的情况没有什么区别，只是投资者和旅游经营者都是当地村民，旅游收益全部留在了当地农村社区。在另处一些乡村旅游地的发展过程中，虽然在参与阶段就有外部资金进入，但因进入的只是一部分旅游项目（如旅游景区），而住宿、餐饮、农产品采摘、乡村旅游商品销售等相关旅游服务，仍然主要由当地农民经营，经营主体与当地社区居民仍能和谐共处。农民参与度高，对促进当地农民就业增收和农村社会稳定起到了重要作用。

五、比较优势理论

比较优势（Comparative Advantage）是指如果一个国家在本国生产一种产品的机会成本（用其他产品来衡量）低于在其他国家生产该产品的机会成本的话，则这个国家在生产该种产品上就拥有比较优势。1776 年，英国古典政治经济学家 Adam Smith 在其代表作《The Wealth of Nations》(《国富论》) 一书中提出了绝对优势理论（或称之为“绝对成本理论”）。该理论认为，各国在生产相同产品的时候，各国之间生产优势的不同主要是由于劳动生产率的绝对差异所导致的，因此，各个国家应专门生产本国劳动生产率高的产品。绝对成本理论说明了分工对提高劳动生产率的重要性，并为不同优势国家之间进行的分工和产品交换提供了理论基础，但该理论无法解释各方面都处于劣势的国家参与国际分工和贸易的现象。

1817 年，Adam Smith 的经济自由主义思想的继承者、英国古典政治经济学派的另一代表人物 David Ricardo 继承和发展了 Adam Smith 的绝对优势理论，并在其所著的《On the Principles of Political Economy and Taxation》(《政治经济学及赋税原理》) 中提出了比较成本贸易理论（后人称之为“比较优势贸易理论”)。该理论认为，国际贸易的基础是生产技术的相对差别，而非绝对差别，以及由此产生的相对成本的差别。每个国家都应根据“两利相权取其重，两弊相权取其轻”的原则，集中生产并出口具有比较优势的产品，进口具有比较劣势的产品。这一理论在更普遍的基础上解释了贸易产生的基础和贸易利得，大大发展了绝对优势贸易理论。

比较优势理论是在绝对成本理论和比较优势贸易理论的基础上发展起来的。根据比较优势原理，一国在两种商品生产上较之另一国均处于绝对劣势，但只要处于劣势的国家在两种商品生产上劣势的程度不同，处于优势的国家在两种商品生产上优势的程度不同，则处于劣势的国家在劣势较轻的商品生产方面具有比较优势，处于优势的国家则在优势较大的商品生产方面具有比较优势。两个国家分工专业化生产和出口其具有比较优势的商品，进口其处于比较劣势的商品，则两国都能从贸易中得到利益。这就是比较优势原理。也就是说，两国按比较优势参与国际贸易，通过“两利取重、两害取轻”，两国都可以提升福利水平。

比较优势理论具有普遍适用性，对发展休闲农业具有指导意义。从大农业来说，北京市与周边省区市相比，不具有比较优势，比如，耕地面积小、水资源匮乏、劳动力成本高、农产品总量少等，尤其是以北京为中心的放射型高速公路的开通与交通的日趋网络化、便利化，使得河北、山东寿光，甚至海南、新疆维吾尔自治区等地产的农产品大量进京，结果是京郊很难与这些地区竞争。特别是通过实施“田间到餐桌工程”，外地的农产品可以很方便地被送上北京市民的餐桌。但瞄准首都市民发展休闲农业，北京郊区就具有比较优势，这是由其区位条件和乡村旅游半径所决定的。北京郊区各区县距首都城区的直线距离都在 100 千米以内，而这个距离是发展休闲农业与乡村旅游的理想半径。北京郊区可以利用良好的区位条件，发展休闲农业，据此把市民从家中吸引到郊区消费，也即“引蛇出洞”，这样做不仅减少了农产品采摘、收获的成本，而且在地头消费农产品的价格成倍增长，让市民获得了参与体验的乐趣，让农民获得了额外的收益，农业则实现了高附加值。更重要的是，京郊通过发展休闲农业，实现了与周边地区农业的错位发展，避免了正面竞争，达到了和谐共处。

六、增长极理论

增长极是从物理学的“磁极”概念引伸而来，认为受力场的经济空间中存在着若干个中心或极，产生类似“磁极”作用的各种离心力和向心力，每一个中心的吸引力和排斥力都产生相互交汇的一定范围的“场”。这个增长极可以是部门的，也可以是区域的。

增长极理论是由法国经济学家 Francois Perroux 1950 年首次提出来的。这个理论的核心思想是：在经济增长中，由于某些主导部门，或者有创新能力的企业，或行业，在某一些地方或大城市集聚，形成资本或技术高度集中、具有规模经济效益、自身增长迅速，并能对周边地区产生强大辐射作用的增长极，甚至通过具有增长极地区的优先增长，可以带动相邻地区的共同发展。而增长极，正是由主导部门和有创新能力的企业，在某些地区或大城市的集聚发展而形成的经济活动中心。这些中心具有生产中心、贸易中心、金融中心、信息中心、服务中心、决策中心等多种职能，就像一个磁极场，能够产生吸引和辐射作用，带动周边地区的发展。从增长极的形成原因来看，大概有两个途径：一是通过市场机制的自发调节，引导企业和行业在某些地区或大城市集聚发展而自动产生增长极；二是由政府通过经济计划和重点投资，鼓励和补贴创新型企业与推进型产业的发展，主动建立增长极。增长极理论被认为是西方区域经济学中经济区域观念的基石，是不平衡发展论的依据之一。

增长极理论的启示意义是，经济增长极作为一个区域的经济发展的新的经济力量，它自身不仅形成强大的规模经济，对其他经济也产生着支配效应、乘数效应和极化与扩散效应。为了促进增长极的形成，应致力于发展推进型企业和以推进型企业为主导的产业综合体。推进型企业和产业综合体通过技术创新活动，促进和带动区域经济迅速增长。具体到休闲农业来说，其未来发展潜力巨大，在某些地区可能形成主导产业，在有些地方形成乡村旅游目的地，从而培育成乡村经济发展增长极，通过吸引和辐射作用，带动周边地区经济发展。从北京郊区来说，休闲农业增长极的培育途径主要有 3 个：一是在山区发展沟域经济，通过沟域内休闲农业与乡村旅游企业的成长壮大，聚少成多，形成产业集聚；二是在条件较好的地方布局休闲农业与乡村旅游龙头项目，通过休闲农业产业化，形成产业链，比如，密云县古北水镇项目，建成后将实现年综合收入 10 亿元以上，对古北口地区甚至密云县经济社会发展，将发挥引领作用；三是建设休闲农业与乡村旅游示范乡镇，实现休闲农业与乡村旅游企业在一个乡镇范围内的集聚化、规模化发展，“小舢板联合成大航母”，从而对当地农民就业增收产生辐射带动作用。

七、产业集群理论

1990 年，Michael Porter 在《The Competitive Advantage of Nations》（《国家竞争优势》）一书首先提出用产业集群（Industrial Cluster）一词对集群现象进行分析。他通过对 10 个工业化国家的考察发现，产业集群是工业化过程中的普遍现象，在所有发达的经济体中，都可以明显看到各种产业集群。所谓产业集群，是指在特定区域中，具有竞争与合作关系，且在地理上集中，有交互关联性的企业、专业化供应商、服务供应商、金融机构、相关产业的厂商及其他相关机构等组成的群体。从产业结构的角度来看，产业集群是对产品的深加工和对产业链的延伸，是产业结构的调整和优化升级。从产业组织的角度来看，产业集群是企业纵向一体化的发展，有利于降低企业的生产和交易成本，增强企业生产和销售的稳定性，在原材料供应、产品销售渠道和价格等方面形成一定的竞争优势，有利于提高产业和企业的市场竞争力，形成“区位品牌”。产业集群理论的核心是提高产业的集中度（樊忠涛，2012）和竞争力。

产业集群理论提供了一个思考、分析区域经济发展并制定相应产业政策的新视角。产业集群突破了企业和单一产业的边界，着眼于一个特定区域中，具有竞争和合作关系的企业、相关机构、政府、民间组织等的互动，相互之间内生地存在着竞争与合作机制、集群学习机制、扩散与溢出机制。应通过政策设计和机制创新，建立集群的组织机制，使集群内各企业、机构之间形成良性竞合关系，进而提升产业集群的创新发展能力。一般说来，当产业集群形成后，将可以通过多种途径，如降低成本、刺激创新、提高效率、加剧竞争等，提升整个区域的竞争能力，并形成一种集群竞争力。这种新的竞争力是非集群和集群外企业所无法拥有的。

产业集群化是休闲农业发展的集聚趋势。集群化发展休闲农业可以提高休闲农业的产业竞争力，促进产品创新，加快产业结构升级。休闲农业产业集群是由区位优势指向而形成的产业集群，如密云县的云蒙风情大道、延庆县的百里山水画廊等。通过发展休闲农业的产业集群，可以加快休闲农业企业的集中营销，促进生产与消费的有效对接，增进旅游资源的高效利用，搞好以休闲农业为主的第三产业的功能创新，提升乡村旅游目的地的竞争能力、创新能力，扩大产业规模。

八、逆城市化理论

逆城市化是相对于“城市化”而言的。在发达国家的一些大都市，由于交通拥挤、犯罪增长、污染严重等城市问题造成的压力日见增大，城市人口开始向郊区乃至农村流动，市区出现“空心化”，以人口集中为主要特征的城市化由此发生逆转，此即逆城市化。

1970 年以来，国外一些大都市区人口外迁出现了新的动向，不仅中心市区人口继续外迁，郊区人口也（离心性）向外迁移，导致整个大都市区出现了人口负增长。人们迁向离城市更远的农村和小城镇，这就是美国地理学家 J.L.Berng（1976）所首先说的“逆城市化”（Counter Urbanization），又称“反城市化”（Deurbanization）。

国外工业化、城镇化后期的经验教训表明，在工业化、城镇化快速发展阶段，由于人口和就业从农村大量向城镇转移，乡村地区的“空心化”曾经是一个时期内不可避免的现象。后来这些国家采取了很多保护乡村、鼓励乡村复兴的措施，主要是大幅度改善乡村公共服务，使愿意享受田园生活的城市居民乐于到乡村居住，使年轻人乐于留在乡村从事产业，从而在达到高度工业化和城镇化水平的阶段后，仍然保持乡村地区的人口规模，重新焕发乡村地区的生存活力，使乡村地区成为城市的休闲和绿色空间。这种现象，反映了经济社会发展到一定阶段，必然出现的经济和人口从向心集聚到离心扩散，从而实现均衡发展的趋势。适应这种转变，就能够顺畅地形成城乡一体化发展的格局。

从北京市来说，虽然与我国其他地区相比，率先进入了高度工业化、农村城镇化发展阶段，但是，由于受城乡二元结构的限制，逆城市化或郊区化发展并不顺利（张强，2013）。农村人口老龄化明显，农村劳动力就业转移后出现大量的“空心村”，农村房屋等资产出现了闲置现象；农村产业发展对农民就业增收的带动作用有限，亟须拓展增收渠道；休闲农业与乡村旅游供给与市民的需求衔接得还不够好，乡村度假、养老服务还没有得到有效满足。在这种背景下，应高度重视并主动顺应逆城市化趋势，充分利用农村空闲房屋等存量财产资源为城市服务，创新乡村休闲经营模式，促进休闲产业升级，拓展农民增收空间。

九、外部性理论

外部性理论是由福利经济学的代表人物 Arthur Cecil Pigou 提出，后经新古典经济学的代表人物 Alfred Marshall 发展而形成。外部性理论是当代西方经济学在研究市场失灵的过程中建立起来的。所谓外部性，是指一个经济活动的主体对它所在的经济环境的影响。当存在外部性的时候，从事某种经济行为的经济单位不能从其行为中获得全部收益，或者不必为之支付全部成本。在这种情况下，社会所得到的收益或所承担的成本与经济行为人的收益或成本不相一致，从而引起市场失灵。

外部性理论认为，外部性的影响方向、作用和结果具有两面性，可以分为外部经济和外部不经济。那些能为社会和其他个人带来收益或能为社会和其他个人降低成本支出的外部性称为外部经济，它是对社会和其他个人有利的外部性；那些能够引起社会和其他个人成本增加或导致收益减少的外部性称为外部不经济，它是对社会和其他个人不利的外部性。福利经济学认为，由于外部性的存在，使得整个经济的资源配置不能达到帕累托最优状态。

根据经济活动主体的不同，外部经济又分为生产的外部经济和消费的外部经济。当一个生产者采取的经济活动对他人产生了有利的影响，而自己却不能从中得到报酬时，便产生了生产的外部经济。例如，一个企业对其雇佣的工人进行培训，而这些工人可能转到其他单位去工作。该企业并不能从其他单位索回培训费用或得到其他形式的补偿，因此，该企业从培训工人中得到的私人利益就小于该活动的社会利益。同样，当一个消费者采取的行动对他人产生了有利的影响，而自己却不能从中得到补偿时，便产生了消费的外部经济。比如，当某个人对自己的房屋和草坪进行保养时，他的隔壁邻居也从中得到了不用支付报酬的好处。相应地，外部不经济也可视经济活动主体的不同，而分为生产的外部不经济和消费的外部不经济。外部性无处不在，无时不在。

外部性理论为政府干预经济提供了有力依据。该理论认为，为了纠正外部性所造成的资源配置不当，政府可以采取以下政策措施：①使用税收和补贴。对产生外部不经济的企业，国家应该征收数额等于该企业给社会其他成员造成损失的税收，从而使企业的私人成本等于社会成本；对于产生外部经济的企业，政府应当给予补贴。②合并企业。把产生外部影响的经济单位与受到外部影响的经济单位合并在一起，外部影响就成为一个经济单位的内部问题。合并后的企业按照边际成本等于边际收益进行生产，将会形成符合社会要求的社会边际成本等于社会边际收益的生产量，此时资源配置达到帕累托最优状态。③规定财产权。根据科斯定理（Coase Theorem），只要产权清晰，那么在交易成本为零或很小的情况下，无论初始产权如何界定，市场的最终均衡状态都是有效率的。所以如果财产权是完全确定的，并得到充分保障，则有些外部影响就可能会通过产权的交易得到解决。上述 3 种方法在实践中要根据具体情况加以利用。

休闲农业具有明显的外部正效应。休闲农业不仅具有经济功能，而且具有生态、文化、社会功能和巨大的生态服务价值；休闲农业的发展，不仅促进郊区农民就业增收，而且提高了市民的幸福指数，促进了城乡交流和统筹发展；休闲农业的建设，保存了农业文化遗产，传承了乡村民俗文化，促进了乡风文明建设，具有明显的社会效益。因此，休闲农业发展的受益者，不仅包括休闲农业的生产经营者，而且包括整个社会。各级政府在制定休闲农业发展规划，研究休闲农业支持政策时，要充分考虑休闲农业的外部性，对休闲农业基础设施建设、休闲农业用地等资源进行有效配置，对发展休闲农业在政策上予以支持。同时，通过人大、政府制定法律法规和相应的管理办法，去约束休闲农业经营者过度开发休闲园区的行为，明晰产权，对开发者进行环境外部性控制和测算，将其外部影响列入休闲农业项目的内部运行成本，或者对某些不良行为给予一定的税费约束，从而平衡休闲农业项目的社会效益和经营者个人效益，最终达到资源配置最优、整体效益最大化。

十、可持续发展理论

可持续发展理论是随着 20 世纪五六十年代环境问题的加剧和七十年代以来全球绿色运动的兴起而提出的。1987 年，联合国环境与发展委员会主席、挪威前首相 Gro Harlem Brundtland 在她发表的长篇报告《Our Common Future》(《我们共同的未来》) 中，系统地阐述了人类面临的一系列重大经济、社会和环境问题，第一次真正科学地论述了可持续发展思想，明确提出“可持续发展是在满足当代人需求的同时，不损害后代人满足其自身需求的能力，它同时达到经济的发展、自然资源与环境的和谐、子孙后代安居乐业的永续满足等多重目标”。这一论点引起了社会各界人士的高度重视和极大关注。

可持续发展理论从本质上讲，有 3 个基本点：①自然可持续性。指维持健康的自然过程，创造一种最佳的生态系统，使人类的生存环境得以持续。②经济可持续性。即在保持自然资源的质量和不损害自然资源承载力前提下，使经济发展的净效益增加到最大限度。③社会可持续性。指长期满足社会的基本需要，保证资源与收入在当代人和以后各代人之间的公平分配。

休闲农业作为农业与旅游业相融合的一种交叉产业，对自然和人文资源具有高度依赖性，它强调对农业资源、乡村空间和农村人文资源的优化组合。休闲农业的发展不单单重视经济效益，还强调对环境资源的保护，强调维持自然生态系统的平衡，重视生态效益和社会效益，其最终目的是要形成生态、生产、生活功能的协调发展。

然而近年来，随着休闲农业的快速发展，部分地区、部分项目单纯追求经济收益，忽视了对生态环境的保护，过多的游客和过于频繁的旅游活动又加剧了对自然资源和人文景观的破坏，出现了不可持续发展现象。因此，必须重视休闲农业及其所依赖的自然人文资源与环境的可持续发展问题。为了减少休闲农业发展对当地人文景观及生态环境造成的损害，必须要以可持续发展理论为指导，以资源的永续利用和生产的良性循环为原则进行休闲农业项目规划，通过协调而非改造的方式建立人与自然的和谐关系，建设并维持一个健康且具备自然与文化特质的农业景观，兼顾资源开发持续性、环境生态持续性和社会经济持续性，实现休闲农业的可持续发展。

第二章

京郊休闲农业发展状况研究

北京市地处华北平原西北边缘，东南距渤海约150千米，北有军都山，西有西山，山地面积约占全市土地总面积的62%；东南是永定河、潮白河等河流冲积而成的、缓缓向渤海倾斜的平原，平原面积约占全市土地总面积的38%。京郊广袤的山地丘陵、广阔的平原、茂密的森林，蕴含着丰富的自然资源和人文资源。特别是北京郊区背依首都这个特大型城市，为发展休闲农业与乡村旅游提供了良好的基础条件。

第一节　京郊休闲农业发展的历史进程

自20世纪80年代末至今，北京郊区休闲农业与乡村旅游的发展经历了20多个年头。尤其是近几年来，在需求拉动、供给推动、政策引导的合力作用下，休闲农业从小到大，从点到面，逐步发展起来，成为都市型现代农业的重要组成部分。回顾其发展历程，可以划分为以下4个阶段。

一、第一阶段：自发发展阶段（1997年以前）

20世纪80年代后期，在昌平县十三陵旅游区出现了向游人开放的观光桃园，游客购票入园后可自行采摘、品尝鲜桃，在游览结束时，桃园会赠送游客一袋自己采摘的桃子，这种观光形式深受游客欢迎。1988年，大兴县举办了第一届“西瓜节”，开展了“瓜乡一日游”，通过选瓜、品瓜、评瓜活动，为游客提供了参与性活动，在吸引游客的同时，瓜农也获得了可观的经济收入。受利益驱动，其他类型的果园相继对外开放，采摘果品涉及梨、苹果、李子、杏、樱桃、红果、板栗等。

90年代初期，随着人们物质文化生活水平的提高，人们对旅游的需求日益增加，旅游活动范围不断扩大，旅游者开始涉足农村旅游。北京郊区很多渔场开辟了钓鱼区，有的建起了垂钓宫，专门开展钓鱼活动；森林公园进行了基础设施配套，正式对外开放；部分村庄整修了闲置的民居，用于接待来农村观光、休闲的游客，民俗观光、乡村旅游有了较快发展。

农村观光、学生体验农村生活和农家乐等活动，成为当时北京郊区农村旅游的主要形式，也正是现代意义上的北京乡村旅游的萌芽阶段。从当时北京郊区乡村旅游活动的内容、形式和功能来看，主要是以参观学习和配合有关部门开展主题教育活动为多，旅游者以单位组织为主，几乎没有个体或旅游团队参与。当时的乡村旅游活动特别是农家乐是以配合政治思想教育活动而发展起来的，注重的是社会效益，因而在规模、人数、覆盖范围上非常有限，而且活动内容单一，特色不鲜明。

本阶段休闲农业与乡村旅游发展的主要特点是：旅游形式以市民到郊区农村观光、学生郊游、采摘果品和农家乐为主，还没有推出真正意义上的休闲农业与乡村旅游产品；经营方式以农民自主经营为主，乡村旅游服务设施极不完善；尚未出现与乡村旅游接待相关的规范、标准和制度，乡村旅游者与经营者之间的契约关系尚未完全建立起来，休闲农业与乡村旅游处于自发发展状态。

二、第二阶段：数量扩张阶段（1998—2005年）

1998年，北京市召开了全市观光农业工作会议，标志着北京市休闲农业正式进入政府引导成长期，以观光采摘为主要内容的观光农业和以“吃农家饭、住农家院、干农家活、享农家乐”为主要内容的乡村旅游迅速发展，产业规模不断扩大。1998年5月，正式出台了《北京市观光农业发展规划》，同年8月成立了北京市观光农业领导小组及其办公室，并制定了相应的政策措施。

随着北京市改革开放的不断深入，人民生活水平的不断提高，旅游者对旅游的内容、形式和旅游文化内涵的追求更高，因而促进了旅游市场的延伸和新的旅游内容与形式的不断推陈出新。以韩村河、留民营、爨底下、大营村等为代表、以民俗为主题的乡村旅游项目的开发建设，打破了延续多年的以八达岭、十三陵等景区为主的郊区旅游格局。民俗旅游专业村、民俗旅游接待户与旅游景区互为依托，民俗旅游活动与景区观光活动互相带动，成为这一阶段乡村旅游新的特点。

2002 年，为规范北京郊区民俗旅游接待服务水平，促进乡村旅游业的健康发展，北京市农委、北京市旅游局制定并颁布了《北京市郊区民俗旅游接待户评定标准（试行）》和《北京市郊区民俗旅游接待户评定暂行办法》，并于当年评定出北京市首批民俗旅游接待户 1 520 户。翌年，双方又颁布了《北京市郊区民俗旅游村评定标准（试行）》，并于 2003 年 9 月 25 日公布了北京市首批 35 个民俗旅游村。

2003 年“非典”疫情刚刚结束，北京郊区乡村旅游活动就出现了井喷式爆发。平谷北寨红杏采摘节，一个村一天接待旅游车辆 1 000 多辆；昌平、延庆民俗旅游村（户）多数客满，周末去郊游，需提前一周预定；门头沟、海淀出现游客在路边渠旁野营的现象。在周末或黄金周，部分区县民俗旅游接待村（户）常出现游人爆满的情况。

2004 年 4 月，成立了全国第一家省级观光休闲农业行业协会——北京观光休闲农业行业协会，在协助政府开展行业管理、帮助会员提高经营水平、引导游客合理消费等方面进行了有益探索。2004 年 9 月 17 日，根据《北京市观光农业示范园评定标准（试行）》，北京市农委公布了首批 30 个观光农业示范园。2005 年 7 月，北京市旅游局会同市农委、市发改委、北京第二外国语学院制定的《北京市乡村旅游发展规划（2005—2010 年）》通过了专家评审，为北京市乡村旅游的发展提供了战略指导。

本阶段休闲农业与乡村旅游发展的主要特点是：休闲农业与乡村旅游作为一个新的旅游形式从城市旅游中分离出来，呈现了快速发展的态势；旅游者以城市居民为主，大多以周末出游的方式，到郊区农村亲近自然、放松身心，以释放来自城市生活的压力；休闲农业与乡村旅游产品结构单一，产品档次低；规模经营小，以一家一户为主，少数地方以村集体的形式出现；政府开始介入，制定了一些鼓励政策和引导性标准。

三、第三阶段：规范发展阶段（2006—2010 年）

经过前面急速的数量扩张，发展休闲农业、乡村旅游的理念可谓深入人心。从供给来说，以前农民种地就是种地，他绝对想不到自家的饭菜、火炕、果园、菜地还能成为接待城里人来休闲的“稀罕物”。此时的农民只要有一片果园就想立个牌子写上“欢迎采摘”，有个院子就挂一个“农家食宿”的牌匾。农民尝到了发展休闲农业、乡村旅游的甜头，有极大的积极性来从事这个产业。

为规范休闲农业与乡村旅游的发展，避免盲目的数量扩张，2006 年，北京市旅游局、北京市农委制定的《乡村民俗旅游村等级划分与评定》（DB11/T350-2006）和《乡村民俗旅游户等级划分与评定》（DB11/T351-2006）经北京市质量技术监督局审定通过后，成为北京市地方标准，并颁布实施，标志着北京市休闲农业与乡村旅游发展开始进入规范化、标准化的新阶段。

为促进休闲农业与乡村旅游的健康发展，北京市农委、市旅游局等部门在严格执行民俗旅游村（户）评定标准的同时，开展了大规模的宣传、引导工作。相继组织开展了“北京市乡村旅游接待明星户评选活动”、“北京市乡村旅游商品开发调研与推介活动”等，对评为民俗旅游接待明星户的，给予冰箱、消毒柜等实物奖励。2006 年 12 月，北京市卫生局会同市有关部门颁布了《北京市乡村民俗旅游户食品安全管理规定（试行）》，对民俗旅游接待户食品从业人员、厨房、餐厅和客房、加工和销售食品、现场宰杀畜禽，以及突发食品安全事件的处理等作出规定，规范了民俗旅游业食品安全工作。

2009 年，为更好地满足市民多元化、多层次的旅游消费需求，北京市旅游局在调研的基础上，提出了 8 种乡村旅游新业态（国际驿站、采摘篱园、乡村酒店、养生山吧、休闲农庄、生态渔家、山水人家、民族风苑），并会同北京市质量技术监督局制定了《乡村旅游特色业态标准及评定》（DB11/T652-2009），成为全国首批乡村旅游新业态地方标准。

伴随着市场需求的拉动，北京郊区的民俗旅游村、观光农业园数量增长较快，并结合不同地区资源特点，从经营类型上有了分化，逐步形成食宿接待型、采摘观光型、特色餐饮型、休闲度假型和生态健身型等多种形式，出现了乡村旅游新业态。市民到郊区农村旅游的人数逐年递增，旅游者在郊区停留的时间越来越长，过夜人次越来越多，综合消费迅速增长。以民俗旅游接待户、民俗旅游专业村为形象代表的休闲农业，无论从内容、形式还是功能、效果，与发展初期相比，发生了质的飞跃，越来越规范。

本阶段休闲农业与乡村旅游发展的主要特点是：市场需求趋向大众化，量大面广；休闲农业与乡村旅游产品类型多样化，乡村旅游新业态开始出现；民间资本和大企业开始进入乡村旅游产业，休闲农业的投资主体日趋多元化；民俗旅游村、休闲农业园的素质和整体水平有了提高，管理服务逐步规范；中介服务组织开始发育，休闲农业发展的外部环境趋于宽松。

四、第四阶段：品质提升阶段（2011 年至今）

2011 年 12 月 8 日，北京市旅游发展委员会（简称“市旅游委”）、市农委、市水务局、市园林绿化局、市农业局等 5 部门联合召开了“京郊旅游大会”，并通过了《关于加快推进京郊旅游发展的指导意见》（京旅发〔2011〕93 号）（以下简称《意见》）。《意见》提出了“三年行动计划”，即“一年见成效、三年大变样”的发展目标和“突破高端、发展中端、提升低端”的工作思路。这是在北京市休闲农业与乡村旅游产业发展史上划时代的大事，标志着休闲农业与乡村旅游转型升级为京郊旅游，将在新的起点上，通过资源整合与机制创新，进入发展的快车道。

2012 年以来，为贯彻落实京郊旅游大会精神和《意见》，北京市有关部门通力合作，建立了京郊旅游联席会议制度，形成了“部门联动、政策集成、资源整合、资金聚焦”的工作机制。一是加大工作统筹力度。不定期召开北京市有关部门参加的联席会议，分析研判休闲农业与乡村旅游发展形势，研究解决存在的主要问题。二是建立工作联动机制。按照各部门职能与分工，每年研究制订《京郊旅游重点任务分解方案》，把“京郊旅游发展三年行动计划”具体化，列出具体项目及完成的时间表。三是建立政策集成机制。由各部门协商确立每年的休闲农业与乡村旅游重点地区、重点项目，努力把各部门的支持政策向重点地区、重点项目集聚、倾斜。四是在区域开发、环境建设、品牌培育、宣传推介、素质提升、人员培训等方面做了大量工作，建设了一批投资规模大、旅游品质高、市场前景好的乡村旅游项目，使休闲农业与乡村旅游逐步走上了品牌化、规模化、集群化的发展道路。

本阶段休闲农业与乡村旅游发展的主要特点是：市场需求呈现多元化和个性化特征，对乡村度假、葡萄酒庄等业态的需求旺盛；乡村旅游产品供给开始注重品位、品质和品牌，产品开始拉开档次，以适应不同消费者的需要；项目布局初步呈现规模化、集群化特征，乡村旅游项目与传统景区联动与合作的意识增强，效果初步显现；市场营销坚持多形式、多渠道，京津冀地区开始联合促销，“你中有我、我中有你”融合发展的格局开始形成；农业的多功能性得到开发，休闲农业产业链延长，乡村旅游企业效益有了提升。

第二节　休闲农业重点园区经营情况调研分析①

为调查了解北京市休闲农业重点园区的经营情况，2013 年 10 月中下旬，组织开展了对 2013 年度申报北京市四五星级休闲农业园区（企业）的调研。在实际操作中，把调研工作与星级评定的现场考察和打分评审相结合。这样既保证了调研工作的深入，能够获得第一手材料，又能推动实际工作的开展，做到“两促进、双受益”。

① 调研由范子文主持。冯建国、杨玉山、杜姗姗、乔通、赵晨参加了现场调研、座谈讨论，提出了一些有价值的观点和对策建议，特此致谢

一、调研情况与研究样本

根据北京观光休闲农业行业协会《关于开展北京市休闲农业星级园区（企业）评定工作的通知》（京观农协〔2012〕1 号）精神，经休闲农业园区自主申报，区县农委初审，全市申报四、五星级的园区（企业）共 51 家，其中，有 35 个园区申请四星级，16 个园区申请五星级。在这 51 个园区申报材料中，有 5 个园区的数据不全，经多次催报无果，故本节将针对 46 个园区展开分析。

2013 年 10 月 11—31 日，对 46 个休闲农业重点园区进行了现场调研。调研程序包括：现场考察、座谈了解、查阅档案、打分评定、向园区反馈意见和建议。调研内容和星级园区的评定项目包括园区的生产经营状况、管理和服务设施，以及带动“三农”发展效果等五大类 60 余小项，基本涵盖园区的软硬件设施和经营情况。在调研过程中，专家对照评分标准，对各个园区的规划建设、餐厅、住宿接待、休闲设施等建设情况进行实地考察，听取园区负责人和内审员关于园区基本情况、园区星级评定、自我测评打分情况的汇报，查看申报材料，与园区负责人与管理人员进行座谈讨论，对园区进行现场打分，并提出完善意见和建议。

二、园区类型与数量

（一）园区类型

根据休闲农业园区的资源状况、经营内容与发展现状，可大致将这 46 个休闲农业重点园区分为以下 7 种类型。

1. 观光采摘园

观光采摘园是以生产绿色和特色农产品，如园艺作物、花卉、果品等，并依托农业生产空间，为游客提供观光、采摘、农产品销售的场所。一般情况下，观光采摘园不提供住宿，配套的服务设施也比较少，如门头沟的北京龙凤岭种植园、密云的天葡庄园等。

2. 休闲农庄

休闲农庄是在乡土特色基础上，以农业休闲为主要功能，有明确的地域范围、独立的经营主体及一定的接待服务设施的乡村区域。休闲农庄一般规模较大，生态环境优美，配套设施齐全，融农业观光、体验、休闲、度假和会议等多种形态为一体。人们在休闲农庄能享受优美的乡村生态环境，品尝绿色无公害、时鲜优质的农产品，参与丰富多样的乡村民俗、采摘、垂钓等农事活动。

3. 农业主题公园

农业主题公园是按照公园的经营思路，把农业生产场所、农产品消费场所和休闲旅游场所相结合，以特定的主题进行整体设计，创造出具有农业特色的休闲、体验空间，兼具休闲娱乐和科普教育的多重功能，以满足不同层次和年龄的游客游憩需求的一种现代公园类型，如北京世界花卉大观园、北京鹿世界主题公园等。

4. 乡村酒店

乡村酒店是指在地理位置上位于城市郊区或乡村，将农业景观、生态景观、田园景观与住宿、餐饮设施结合起来，具有休闲、娱乐、教育、餐饮、住宿等多种功能，能够为游客提供乡村休闲体验的接待服务场所。乡村酒店是在乡村家庭旅馆、农家乐基础上发展起来的，介于农家乐和星级酒店之间的一种新的乡村旅游住宿产品。它既有农家乐的良好生态环境，又在一定程度上有星级酒店的良好服务设施和服务质量。

5. 都市型现代农业园区

依托都市的经济辐射和市场需求，将农业生产用地以园区空间的形式进行整合，引入现代农业技术和现代农业设施，采用先进的组织和管理方式，进行高效运作，并有一定规模的集约化农业园，从而获得较高的经济效益、生态效益和社会效益，促进农业可持续发展。

6. 休闲农业集聚区

休闲农业聚集区是指具有较强竞争力的区域特色休闲农业产业集聚发展区，或依托农业生产，以休闲项目、休闲设施为主体，由密切相关的休闲农业园区及其他相应机构构成的规模化区域。休闲农业集聚区的各休闲要素、业态之间松散连接，以农业休闲与乡村旅游为主要功能，对外形成相对统一的形象与特色。

7. 其他类型

面对激烈的市场竞争，休闲农业必须有特色、有亮点、有创意，否则就难以在竞争激烈的市场中生存发展。一些园区在建园伊始，就经过周密的市场分析，创新发展模式，追求与周边休闲农业产品不一样的差异化定位，形成了休闲农业特色产品。鉴于休闲农业创新产品类型众多，形态各异，为方便起见，本研究将上述 6 种类型以外的休闲农业产品形态归入其他类型。

（二）园区数量

在调研的 46 个休闲农业重点园区中，观光采摘园有 12 个，占调研园区总数的 26.09%；休闲农庄 10 个，占 21.74%；农业主题公园 8 个，占 17.39%；乡村酒店 6 个，占 13.04%；都市型现代农业园区 3 个，占 6.52%；休闲农业集聚区 4 个，占 8.70%；其他类型 3 个，占 6.52%。46 个休闲农业重点园区的类型、空间分布，分别如图 2-1、图 2-2 所示。

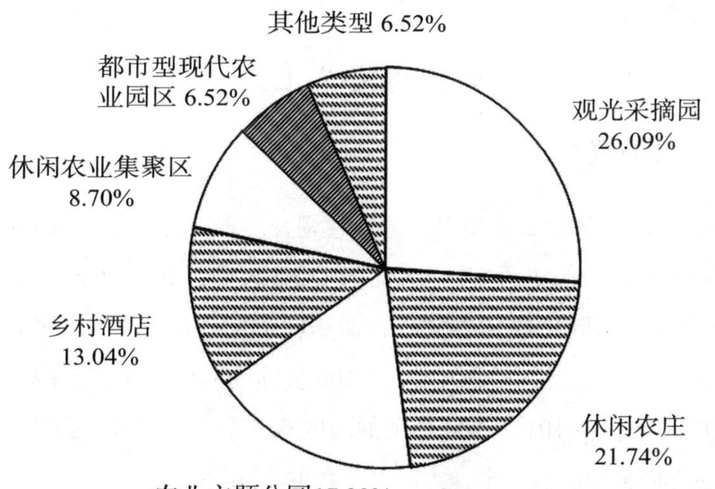

图 2-1　休闲农业重点园区的类型分析

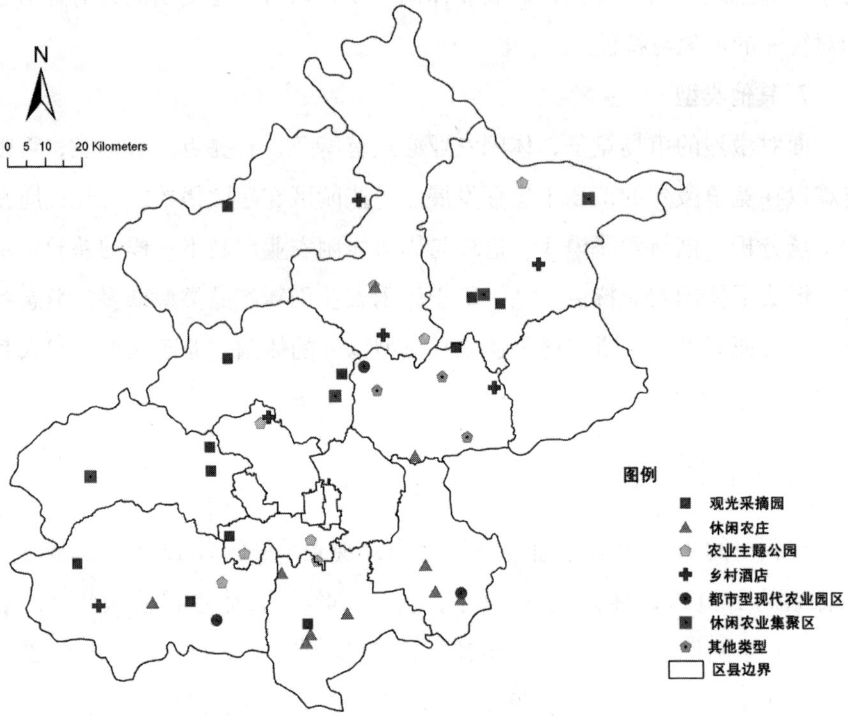

图 2-2 休闲农业重点园区的类型分布

三、园区规模与土地利用

（一）园区规模

根据对 46 个休闲农业重点园区问卷调查发现（表 2-1），这 46 个园区总占地面积 6 140 公顷，平均占地面积 133.5 公顷，其中，小于 20 公顷的园区 12 个，占园区总数的 26.09%；面积在 21 ～ 50 公顷的园区有 13 个，占园区总数的 28.26%；面积在 51 ～ 100 公顷的园区有 8 个，占园区总数的 17.39%；面积在 101 ～ 200 公顷的园区有 7 个，占园区总数的 15.22%；面积超过 200 公顷的有 6 个，占园区总数的 13.04%。

表 2-1　休闲农业重点园区的占地面积分析

园区占地面积（公顷）	园区个数（个）	占园区总数的比例（%）
≤ 20	12	26.09
21 ～ 50	13	28.26
51 ～ 100	8	17.39
101 ～ 200	7	15.22
≥ 200	6	13.04
总　计	46	100.00

从表 2-1 可以看出，一半以上的园区占地面积在 50 公顷以下，规模相对较小。休闲农业园区有别于一般的纯生产性农业园区和小规模的农户经营，建设游客接待服务设施、餐饮设施、停车场、休闲体验性项目等需要一定规模的用地。小规模均田制的家庭联产承包责任制在改革初期适应了当时的农业生产力水平，但是随着改革开放的深入和农村经济的发展，这种农业经营方式的局限性逐步显现。尽管北京各区县采取了诸如土地使用权出让、租赁、反租倒包、股份合作等方式，但从实践上看，土地流转仍存在一些障碍，制约了休闲农业园区规模的扩大。从农户来说，由于存在对未来农地流转价格提高的预期，即使不耕种，也“捂在手中”，不愿流转；部分已流转出土地的农户，也常常找各种理由要求提高流转价格，经营者的正常生产经营受到干扰，导致经营者心态不稳定，不愿进行长远规划和大规模投入，从而在一定程度上阻碍了休闲农业的发展。

（二）土地利用

1. 涉农用地

根据《中华人民共和国土地管理法》，农用地是指直接用于农业生产的土地，包括耕地、林地、草地、农田水利用地、养殖水面等。本研究将与农业相关的种植业用地、果园占地、畜禽饲养用地、水面面积、设施农业用地计入涉农用地。46 个休闲农业重点园区中，涉农用地占总用地的比例与相应的园区个数如表 2–2 所示。其中，涉农用地占总用地的比例在 30% 以下的园区有 8 个，占调研园区总数的 17.39%；涉农用地占总用地的比例在 30% ～ 70%（含）的园区有 7 个，占总数的 15.22%；涉农用地占总用地的比例在 70% 以上的园区有 31 个，占总数的 67.39%。

表 2–2 涉农用地占总用地的比例分析

涉农用地占总用地的比例（%）	园区个数（个）	园区个数占园区总数的比例（%）	涉农用地占总用地的比例均值（%）
≤ 30	8	17.39	9.09
30 ～ 70（含）	7	15.22	47.91
70 ～ 90（含）	15	32.61	81.42
90 ～ 100（含）	16	34.78	99.19
总 计	46	100.00	

2. 建设用地

一定规模的建设用地是发展休闲农业园区的必要条件。在 46 个休闲农业重点园区中，建设用地面积占总用地面积的比例如表 2–3 所示。其中，建设用地占总用地面积的比例在 5% 以下的园区有 36 个，占调研园区总数的 78.26%；建设用地占总用地面积的比例在 5% ～ 10%（含）的园区有 6 个，占总数的 13.04%；建设用地占总用地面积的比例超过 10% 的园区有 4 个，占总数的 8.70%。

表 2–3 建设用地占总用地的比例分析

建设用地占总用地的比例（%）	园区个数（个）	园区个数占园区总数的比例（%）	建设用地占总用地的比例均值（%）
≤ 5	36	78.26	1.12
5 ～ 10（含）	6	13.04	5.75
＞ 10	4	8.70	20.12
总 计	46	100.00	

在建设用地中，有一部分是用于修建园区道路。道路是休闲农业园区中重要的基础设施，对于提高园区的可进入性，改善游览环境意义重大。中央和地方都提出，“加快休闲农业场所的路、水、电、通讯等基础设施建设”，为拓展农业功能创造条件，使消费者“乘兴而来、放心休闲、满意而归。”在这46个休闲农业重点园区中，道路用地占总用地的比例如表2-4所示。其中，道路用地占总用地面积比例在7%以下的园区有40个，占调研园区总数的86.96%；道路用地占总用地面积比例在8%～10%（含）的园区有5个，占总数的10.87%；道路用地占总用地面积比例超过10%的园区，只有1个，占总数的2.17%。

表2-4　道路用地占总用地的比例分析

道路用地占总用地的比例（%）	园区个数（个）	园区个数占园区总数的比例（%）
≤7	40	86.96
8～10（含）	5	10.87
＞10	1	2.17
总　计	46	100.00

深入分析，休闲农业园区中建设用地所占比例不大，除了缺少建设用地指标外，还与有关部门的严格监管有关。国土部门三令五申，任何生产与建设活动必须按规定用途使用土地，严禁借租赁、流转之机违法违规进行非农业建设，对大规模租赁农地、以各种名义圈占土地、擅自改变土地用途、违法违规进行非农建设的现象坚决予以制止。2005年国土资源部下发《关于坚决制止“以租代征”违法违规用地行为的紧急通知》（国土资发〔2005〕166号），要求各地加强租赁土地的管理，防止违反土地利用总体规划，擅自将租赁农用地转为建设用地或“以租代征”。针对以设施农业用地的名义“打擦边球”进行非农开发的现象，2010年国土资源部、农业部联合下发《关于完善设施农用地管理有关问题的通知》（国土资发〔2010〕155号），明确了设施农用地中生产设施和附属设施的范围和管理要求。2012年又下发《关于严禁工商企业租赁农地后擅自改变用途进行非

农业建设的紧急通知》（国土资电发〔2011〕164号），禁止任何单位或个人借租赁、流转农地之机，或以兴办设施农业为名，违规兴建配套设施，或变相兴建非农设施，擅自从事非农建设。在实践中，这些政策措施得到了落实，起到了令行禁止的作用。

四、经营主体与从业人员

（一）经营主体

在46个休闲农业重点园区中，经营主体为企业的园区有29个，占调研园区总数的63.04%，是休闲农业园区的主体；经营主体为村集体和农民专业合作社的园区各有8个，各占总数的17.39%；经营主体为家庭（个体）的园区只有1个，占总数的2.18%，详见表2-5。

表2-5 经营主体分析

经营主体	园区个数（个）	所占比例（%）
企 业	29	63.04
其中：老板是本地人	22	47.82
老板非本地人	7	15.22
村集体	8	17.39
农民专业合作社	8	17.39
家庭（个体）	1	2.18
总 计	46	100.00

1. 企业为经营主体

指休闲农园由本地农民中的能人组建公司或由外来企业经营，按企业化方式来运作，经营较为规范。这类休闲农园一般规模较大，资金投入多；产业链向上游延伸，经营效益明显增加；园区经过前期策划和规划，分期滚动建设；园区配套设施齐全，接待能力强。

在29个以企业、公司为经营主体的休闲农业园区中，由本地农民中的能人组建公司的有22个，占调研园区总数的47.82%；由外来企业经营的有7个，占总数的15.22%（表2-6）。

表2-6　以企业为经营主体的休闲农园细分

经营主体	园区个数（个）	占园区总数的比例（%）
企业为经营主体的休闲农园	29	63.04
其中：本地农民中的能人组建企业	22	47.82
外来企业	7	15.22

本地农民中的能人组建企业具有明显的地缘优势，其瞄准市场，组建公司，采用"大园区＋小业主"的土地适度规模经营模式。这类休闲农园一般是滚动建设、边经营边建设，并随着市场变化不断调整经营内容，具有较大的灵活性。

外来企业型休闲农园通过外来产业资本与当地农业资源有机整合，实现农业增效。外来企业由于资本雄厚，在区位选择上有一定优势和话语权，并且投资实力、开发能力和营销能力均较强。外来企业把工业理念引入休闲农业，实行公司化运作，把农产品生产、加工、销售等各个环节有机链接，使农业生产能够按照市场需求有组织、有计划地进行。随着2013年中央一号文件提出"鼓励和引导城市工商资本到农村发展适合企业化经营的种养业"，外来企业型休闲农园的数量将会有所增加。

2. 村集体为经营主体

村集体从村庄整体利益出发，整合全村的优势资源，进行休闲农业统一开发，发展农村集体经济，致富农民。从操作上看，村委会与自愿流转土地的村民签订土地流转合同，再将流转出来的土地承包给村内外专业种养大户经营，或委托专业管理人员负责经营管理，发展休闲农业。通过村集体作经营主体，一方面解决了村级主导产业的培育和集体资产的经营问题，促进了村级集体经济的发展，另一方面解决了村民的就业增收问题，特别是无外出打工能力村民的就业问题。村民通过村集体参与入股、分红，不仅可获得保底收入，而且还可以在休闲农业园区就业，甚至承包园区内的农业项目。

村集体为经营主体的休闲农业园区规模相对较大，经营内容也较为丰富。以韩村河农业生态园为例，2007 年通过土地流转实现规模化经营。全村有 2 000 多村民，人均耕地约 0.04 公顷，流转后每公顷获补贴 22 500 元。土地流转到村集体后，由村农场集中发展休闲农业，生产名、特、优、新、无公害果蔬，供游客采摘，并与韩村河景区结合起来，发展乡村旅游，逐步形成了自己的特色，在北京郊区打出了知名度。再如北京市顺义区双河果园，它是顺义区南彩镇河北村的村办农业企业，果园总面积 70 公顷，果品产量 50 万千克，采摘品种有 30 多个，是一个综合性果园。近年来，通过发展观光采摘，提高了果品附加值，也为市民休闲提供了一个好去处。

3. 农民专业合作社为经营主体

随着市场经济体制改革的推进与完善，建立在家庭承包经营基础上、分散型的小农经济生产方式已无法满足复杂多变的市场需求，农户在市场竞争中处于明显弱势地位。开发经营休闲农业，专业性强、投资较大，农户“单枪匹马”经营休闲农园往往显得力不从心。而农民专业合作社在不改变原有的生产关系、不触及农民财产关系的前提下，将分散的农户组织起来，作为同类农产品的生产者或者农业生产经营服务的提供者，可以较好地解决这些问题。这种资源联合、民主管理的互助性经济组织极大地节约了交易费用，降低了成本，增加了获利机会，在引导农民走向互助合作、推进农业产业化和现代化，以及推动农村经济发展中发挥着独特的功能和作用。尤其是 2007 年 7 月 1 日开始施行的《中华人民共和国农民专业合作社法》，赋予了农民专业合作社合法身份，使之能够作为市场主体之一与其他类型的经济实体在市场上进行公平交易、开展经营活动，从此农民专业合作社的发展迈上了新台阶。

例如，位于顺义区木林镇东沿头村的北京绿富农果蔬产销专业合作社成立于 2007 年，有社员 236 户，种植面积达到 135 公顷，已建成蔬菜大棚 100 栋，日光温室大棚 600 栋，种植蔬菜品种 53 种，以草莓、小番茄、小西瓜、黄瓜、番茄、甜玉米为主，已形成规模化、产业化生产和集约化经营。绿富农合作社注册了“水云天”商标，采用蔬菜生产追溯制，并于2011年开办了直营店。合作社通过合同、契约等形式与农户联合经营，较好地解决了单户农民生产中存在的“小、散、弱”问题，延伸了产业链条，拓展了市场空间，增强了休闲农业园区的综合竞争力。

但是，在北京休闲农业发展过程中，农民专业合作社也遇到了规模小、融资困难、整体水平低、机制不健全等问题。党的十八届三中全会通过的《中共中央关于全面深化改革若干重大问题的决定》指出，“加快构建新型农业经营体系”，“鼓励承包经营权在公开市场上向专业大户、家庭农场、农民合作社、农业企业流转，发展多种形式规模经营”。农民专业合作、供销合作、信用合作“三位一体”合作组织，由于合作内容丰富、机制灵活、产业链长而受到人们的关注，将有可能成为新一轮农村改革的目标，成为引领农民进入休闲旅游市场的重要经营组织形式，对提高休闲农业的组织化程度、更好地带领农民闯市场将起到积极的作用。

4. 家庭（个体）为经营主体

家庭（个体）为经营主体的休闲农园是指有技能、肯吃苦的专业种养大户在自家承包地，或以转包、租赁、互换、股份合作等形式流转的土地（鱼塘、林地）上开发的休闲农园。土地细碎化导致个体农民拥有土地资源有限，个体农民或以家庭为单位开发的休闲农园占地规模相对较小。由于个体农民资金有限，贷款途径不畅，园区投资少，导致配套设施简陋，接待能力相对较差。在46个休闲农业重点园区中，只有一家（绿茵溪谷庄园）以家庭（个体）为经营主体，占园区总数的2.18%。

北京郊区的休闲农业在起步阶段多以农民家庭（个体）经营为主，呈现出自发、分散、粗放的特征。随着市民消费需求的升级、市场竞争的加剧，农民家庭（个体）经营的休闲农园的弱势性逐渐体现，如投入明显不足、基础设施不完善、产品档次较低、开发深度不够、难以实现规模效益等。外地为解决个体农民和家庭经营规模小的问题，开始探索以联户合作的形式，促进农民家庭或个体农户抱团经营，从而实现休闲农业的市场化和规模化，这种模式可为北京学习借鉴。

（二）从业人员

1. 从业人数

在46个休闲农业重点园区中，有从业人员5 369人，平均每个园区116人。其中，朵朵鲜生态蘑菇园的人数最多，达到350人；杏林苑采摘园的人数最少，只有30人。一半以上休闲农业园区的从业人数在100人以下，说明增加就业还有很大的空间，见表2–7。

表2–7　从业人数分级分析

从业人数（人）	休闲农园个数（个）
0～50	10
51～100	17
101～150	9
151～200	4
201～250	3
251～300	2
＞300	1
总　计	46

从园区类型上看，观光采摘园、休闲农庄和乡村酒店类园区的用工形式比较灵活，固定的从业人员较少。大多数园区根据季节性需求，在客流量增加时临时吸纳周边的农民就业，人员随叫随到，来去自由，既不耽搁农时，又兼业创收，还为园区降低了经营成本。而都市型现代农业园区、多功能综合性园区等由于全年皆可经营，用工量基本不受季节性限制，临时用工量小，使得其固定的从业人员数量较多。

据有关研究测算，休闲农业每增加1人就业，就能带动产业链增加5个就业机会。北京市现有1 229个休闲农业园，从事与休闲农业相关的二、三产业从业人员5.04万人，使农民在“离土不离乡”的情况下实现了就业和增收。

2. 从业人员来源

在5 369个从业者中，有本村农民2 587人，平均每个园区56人，占每个园区平均总人数的比例为 48.19%；当地外村农民 1 294 人，平均每个园区 28 人，所占比例为 24.10%；外省市农民 1 488 人，平均每个园区 32 人，所占比例为 27.71%，如表 2-8 所示。由此可见，在休闲农业重点园区就业的本村农民和本地外村农民之和约占 3/4，外省市农民约占 1/4。休闲农业与乡村旅游作为劳动密集型产业已成了京郊农村劳动力就业的重要“蓄水池”，对于促进农民就地就业发挥了积极作用。

表 2-8　从业人员来源分析

项　目	总人数（人）	平均人数（人）	占园区人数平均值的比例（%）	占园区人数平均值比例的标准差
本村农民	2 587	56	48.19	0.2149
当地外村农民	1 294	28	24.10	0.1454
外省市农民	1 488	32	27.71	0.1727
总　计	5 369	116	100.00	

科技人员与管理人员在休闲农业园区中发挥着核心作用。在 46 个重点休闲农业园区中，平均每个园区拥有科技人员 8 人、管理人员 13 人，科技与管理人员数量明显偏低。这说明，一方面休闲农业园区的人力资源配备非常紧凑，“一个萝卜一个坑”，另一方面，休闲农业的科技含量还有提高的空间。

从人员来源的稳定性看，不同园区之间本地农民所占比重变化较大。标准差是反映数值相对于平均值离散程度高低的重要指标。从表 2-8 可以看出，本村农民、当地外村农民、外省市农民占园区人数平均值比例的标准差分别为 0.214 9、0.145 4、0.172 7，可见 46 个园区中本村农民所占比例的差别最大，主要是由于不同类型休闲农园用工量不同；其次，是外省市农民；所占比例变化最小的是当地外村农民。比如，位于房山区霞云岭乡的杏林苑采摘园，只有 30 个从业者，其中本村农民 25 人，当地外村农民 5 人。而位于延庆县旧县镇的东羊坊基地，在 246 个从业者中有本地人员 220 人，外省市农民 26 人。

五、经营内容与接待规模

（一）经营内容

根据实地调研发现，46 个休闲农业重点园区的经营项目涵盖特色农产品生产、采摘观光、休闲渔业、游憩、餐饮、住宿、芳香植物观赏、婚纱摄影、房车、露营、农业主题公园、亲子、教育、会议等，如表 2-9 所示。说明北京休闲农园经营项目已经从简单的"吃农家饭、住农家院、摘农家果"，向"回归自然、认识农业、怡情生活、亲子教育"等多功能、多元化经营转变。

表 2-9　经营项目分析

经营项目	休闲农园案例
特色农产品生产	朵朵鲜生态蘑菇园
采摘观光	老宋瓜园
休闲渔业	常兴庄休闲渔场
游憩、餐饮、住宿	云泽山庄农业观光园、来缘山庄
芳香植物观赏、婚纱摄影	梦田薰衣草园
房车、露营	北京国际露营公园
农业主题公园	北京鹿世界主题园
亲子、教育	瑞正园农庄、七彩蝶园
会　议	安利隆山庄
农业新产品、新技术研发	北京德信致和牡丹产业文化园

园区经营者根据当地资源特点、经营优势和经济实力等，灵活确定经营项目，并且根据市场行情变化，随时变更经营项目，经营方式灵活多样。例如，北京通州的瑞正园农庄，原本是原生态、无污染、生态循环的农业基地。随着市场的变化，不断调整经营项目，现在成为集蔬菜果品种植、无公害养殖、特菜加工冷藏、观光采摘、礼品配送、儿童科普、会务休闲、拓展培训、婚纱摄影、餐饮娱乐、客房住宿为一体的休闲农庄。

（二）接待规模

在46个休闲农业重点园区中，日接待游客人数≤500人的园区有15个，占调研园区总数的32.61%；日接待游客人数在501～1 000人的园区有8个，占总数的17.39%；日接待游客人数在1 001～2 000人的园区有3个，占总数的6.52%；日接待游客人数在2 001～3 000人的园区有9个，占总数的19.56%；日接待游客人数在3 001～5 000人的园区有4个，占总数的8.70%；日接待游客人数＞5 000人的园区有7个，占园区总数的15.22%，见表2-10。通过分析可知，在46个经营状况较好的休闲农业重点园区中，日接待游客人数小于1 000人的园区有23个，占园区总数的50%，说明多数休闲农业项目存在规模小、综合接待服务能力不足等问题。由于一些休闲农园的基础设施建设较为滞后，休憩服务设施不足，餐饮、住宿的卫生状况较差，导致接待人数较少。

表2-10　日接待游客规模分析

园区日接待游客人数（人）	园区个数（个）	所占比例（%）
≤500	15	32.61
501～1 000	8	17.39
1 001～2 000	3	6.52
2 001～3 000	9	19.56
3 001～5 000	4	8.70
＞5 000	7	15.22
总　计	46	100.00

从休闲农园年接待游客总量看，2012年46个休闲农业重点园区共接待游客511万人次，其中，有21个园区接待游客量少于5万人次，7个园区接待游客量5万～10万人次（含），12个园区接待游客量10万～20万人次（含），3个园区接待游客量20万～50万人次（含），3个园区接待游客量超过50万人次（表2-11）。在参与调研的46个休闲农业重点园区中，2012年接待游客数量最多的3个园区分别是顺通虹鳟鱼休闲度假中心、北京世界花卉大观园、北京瑞正园农庄。

表 2-11 年接待游客规模分析

年接待游客量（万人次）	园区个数（个）	占园区总数的比例（%）
≤ 5	21	45.65
5 ～ 10（含）	7	15.22
10 ～ 20（含）	12	26.09
20 ～ 50（含）	3	6.52
> 50	3	6.52
总 计	46	100.00

从游客的来源看，在 46 个休闲农业重点园区接待的 511 万名游客中，53.43% 的游客来自团队游，46.57% 的游客为散客，基本上是各占一半。说明北京休闲农业已经走过了以往单纯的自发、零星散客观光阶段，向散客与团队并重迈进。把休闲农业园区与乡村旅游景点联结起来，由旅行社组织观光、旅游、休闲团队，形成乡村旅游线路，能为休闲农业园区带来较多的人流，形成人气。但对休闲农业产品营销来说，旅游团队模式也有一些不足，因团队游客对应的是大量的游客、喧嚣的环境、较低的人均购买力、相对较低的利润。与之相对比，散客能为园区带来较高的人均购买力和相对较高的利润。从具体的休闲农园来看，如何在团队与散客之间权衡，应根据各自的优势研究确定。从全市来看，休闲农业需要加大品牌推广力度，在充分吸引城市散客的基础上，与旅行社等合作，合理组织乡村旅游产品和线路，发展小型团队；反过来，又带动更多的散客市场，逐步形成良性循环。

六、经营效益与构成

休闲农业重点园区的经营效益来源包括采摘收入、出售农产品收入、出售其他商品收入、向市民租地收入等涉农收入和门票收入、餐饮收入、住宿收入、娱乐项目收入等旅游收入。根据对 46 个休闲农业重点园区问卷调查和实地调研，2012 年，46 个休闲农业重点园区的总收入为 12.39 亿元，其中涉农收入 10 亿元，占总收入的 80.75%；旅游收入 2.38 亿元，占总收入的 19.25%，如表 2-12 所示。从中可以看出，虽然这些休闲农园涵盖农产品种植、养殖、采摘、餐饮、住宿、会议、芳香植物观赏、婚纱摄影、房车、露营、农业主题公园、亲子教育等多个经营项目，但综合来看，其经营收入还以涉农收入为主。

表 2-12　经营收入分析

项　目	经济收入（万元）	占总收入比例（%）
涉农收入	100 011.62	80.75
旅游收入	23 845.92	19.25
总收入	123 857.54	100.00

（一）涉农收入

根据对 46 个休闲农业重点园区涉农收入的问卷调查和实地调研发现，在涉农收入中，采摘收入为 0.61 亿元，占总收入的 4.93%；出售农产品收入 9.03 亿元，占总收入的 72.90%；出售其他商品收入 0.29 亿元，占总收入的 2.37%；向市民租地收入 0.07 亿元，占总收入的 0.55%，如表 2-13 所示。

表 2-13　涉农收入分析

项　目	经济收入（万元）	占总收入比例（%）
采摘收入	6 109.01	4.93
出售农产品收入	90 294.58	72.90
出售其他商品收入	2 930.28	2.37
向市民租地收入	677.75	0.55
总　计	100 011.62	80.75

1. 采摘收入

观光采摘园是北京休闲农业与乡村旅游发展初级阶段的主要产品类型，游客通过采摘农产品享受田园乐趣，相应地，采摘收入也是当时园区收入的主要构成，2001 年曾经一度占到休闲农业总收入的 12.95%。然而，随着休闲农业产品类型和经营项目的丰富，更多的游客选择了在现场不再自己采摘，而把省下来的时间用于参与更多的休闲项目，在临走时购买现成的、同样新鲜度的有机蔬果，导致采摘收入占休闲农业园区收入的比重逐渐降低。如果京郊休闲农业园区不更新采摘品种，不丰富产品内容，不采用更新、更有针对性的营销策略，采摘收入所占比重还有可能继续降低。

2. 出售农产品收入

京郊都市型现代农业因其可被游客随时“看得见、摸得着”而形成了市民与农民间的互信机制，称为食品安全的“短链农业”模式。休闲农业的发展，带动了农产品生产效益的提高，同时也实现了由传统农产品向旅游商品的升级，使得农产品销售成为休闲农业的重要收入来源。

3. 出售其他商品收入

除采摘收入和出售农产品收入外，农民通过延长产业链，将农副产品经精深加工后转化为具有北京地域特色的乡村旅游商品，带动农业结构调整，成为休闲农业园区的增长点。将 46 个休闲农业重点园区的“出售其他商品收入”按多少进行细分发现，21 个园区没有出售其他商品收入，16 个园区出售其他商品收入少于 100 万元，3 个园区出售其他商品收入介于 101 万～200 万元，5 个园区出售其他商品收入介于 201 万～500 万元，1 个园区出售其他商品收入超过 500 万元，详见表 2-14。

4. 向市民租地收入

自小毛驴市民农园成功地将“向市民出租土地”的市民农园模式推向市场后，业界认识到，通过发展市民农园，不仅可以盘活闲置或低效利用的土地资源，丰富园区经营项目，而且可以由此产生每个周末定期来园区的客流，为园区的多功能开发补充客源。因此，各种类型的园区都将部分土地整理后出租给市民，由市民自己种地，形成“周末农场”。例如，北京三仁御园观光园、北京瑞正园农庄、金篮子生态园、东香庭客栈都根据市场需求增加了市民农园经营项目。因此，这种新型的市民农园模式正成为休闲农业园区的一个发展方向。2012 年，在 46 个休闲农业重点园区中，向市民租地收入 0.07 亿元，占总收入的 0.55%。虽然比重不大，但代表了一个发展趋势。

表 2-14 出售其他商品收入分析

出售其他商品收入（万元）	园区个数（个）	占园区总数的比例（%）
0	21	45.65
1 ～ 20	8	17.39
21 ～ 100	8	17.39
101 ～ 200	3	6.52
201 ～ 500	5	10.87
＞ 500	1	2.18
总 计	46	100.00

（二）旅游收入

根据对 46 个休闲农业重点园区的问卷调查和实地调研，2012 年旅游收入为 2.38 亿元，其中，门票收入 0.27 亿元，占总收入的 2.18%；餐饮收入 1.34 亿元，占总收入的 10.86%；住宿收入 0.52 亿元，占总收入的 4.19%；娱乐项目收入 0.25 亿元，占总收入的 2.02%，详见表 2-15。

表 2-15 旅游收入分析

项 目	经济收入（万元）	占总收入比例（%）
门票收入	2 705.01	2.18
餐饮收入	13 447.30	10.86
住宿收入	5 195.51	4.19
娱乐项目收入	2 498.10	2.02
总 计	23 845.92	19.25

1. 门票收入

大部分休闲农园不收门票。在 46 个休闲农业重点园区中，有 28 个不收门票，占园区总数的 60.87%；收取门票的休闲农业园区有 18 个，占园区总数的 39.13%，详见表 2–16。收取门票的休闲农业园区类型主要有采摘园、果蔬博物馆、休闲农业主题园、特色景观展示、农业主题公园、依托景区开发的观光采摘园、一票式消费休闲农场等类型，见表 2–17。

表 2–16　门票收入分析

门票收入（万元）	园区个数（个）	占园区总数的比例（%）
0	28	60.87
1 ～ 20	7	15.22
21 ～ 100	7	15.22
101 ～ 1 000	3	6.52
＞ 1 000	1	2.17
总　计	46	100.00

表 2–17　门票收费项目分析

休闲农园类型	案　例	门票及说明
果蔬博物馆	老宋瓜园	瓜园无首道门票，餐饮、采摘、西瓜博物馆单独收费，门票 30 元，每人免费送 0.5 千克温室内的无公害蔬菜
休闲农业主题园区	北京鹿世界主题园	门票 20 元，茸鹿养殖、鹿文化展示、游客体验、科学普及
特色景观展示	梦田薰衣草园	门票成人 35 元，薰衣草紫色花海
农业主题公园	北京世界花卉大观园	门票成人 50 元、儿童 30 元。世界花卉大观园占地 41.8 公顷，由 7 大温室和 15 个花园广场组成，是北京市四环以内最大的植物园。2005 年被评为精品公园，2008 年被评为国家 AAAA 级旅游景区

（续表）

休闲农园类型	案　例	门票及说明
依托景区开发的观光采摘园	仙居谷自然风景区	门票成人 40 元，景区内建有标准客房、独门小院、小木屋、乡村别墅等，可以满足不同需求的游客居住。配有餐厅、会议室、练歌房、儿童乐园、划船、垂钓、蔬果采摘等
一票式消费休闲农场	奥肯尼克农场	门票成人 50 元，1 张门票进入农场，没有再次消费。农场集有机农产品观光采摘、草坪婚庆、娱乐拓展、民俗体验、农耕文化互动、儿童教育等多功能于一体

2. 餐饮收入

在 46 个休闲农业重点园区中，有 8 个园区不提供餐饮服务，有 10 个园区的年餐饮收入不足50万元，6个园区的年餐饮收入在51万～100万元，9 个园区的年餐饮收入在 101 万～ 200 万元，9 个园区的年餐饮收入在 201 万～ 1 000 万元，3 个园区的年餐饮收入有 1 001 万～ 2 000 万元，1 个园区的年餐饮收入超过 2 000 万元，如表 2–18 所示。2012 年，福源蕙业生态园餐饮收入最高，为 2 186 万元，占当年园区经营总收入的 77.85%，表明该园区是以有机农产品特色餐饮为主要经营项目。

表 2–18　餐饮收入分析

年餐饮收入（万元）	园区个数（个）	占园区总数的比例（%）
0	8	17.39
1 ～ 50	10	21.74
51 ～ 100	6	13.04
101 ～ 200	9	19.57
201 ～ 1 000	9	19.57
1 001 ～ 2 000	3	6.52
＞ 2 000	1	2.17
总　计	46	100.00

3. 住宿收入

在46个休闲农业重点园区中，有17个园区不提供住宿服务，有18个园区的年住宿收入不足100万元，4个园区的年住宿收入在101万～200万元，5个园区的年住宿收入在201万～1 000万元，只有2个园区的年住宿收入超过1 000万元，见表2-19。年住宿收入超过1 000万元的2个园区分别是云泽山庄农业观光园和瑞正园农庄，二者的住宿收入分别占本园区当年总收入的33.07%和21.04%。其中，位于北京十渡世界地质公园的云泽山庄农业观光园是集商务会议、旅游度假、休闲娱乐、民族风情、生态观光于一体的度假酒店，而位于通州区的瑞正园农庄，主要经营项目有蔬菜果品种植、无公害养殖、特菜加工冷藏、观光采摘、礼品配送等。

表2-19　住宿收入分析

年住宿收入（万元）	园区个数（个）	占园区总数的比例（%）
0	17	36.95
1～50	12	26.09
51～100	6	13.04
101～200	4	8.70
201～1 000	5	10.87
＞1 000	2	4.35
总　计	46	100.00

4. 娱乐项目收入

为招徕游客，增加休闲农业园区的吸引力，一般在园区内开发具有地方特色、浓郁民族风情、文化特点的乡村旅游娱乐项目。在46个休闲农业重点园区中，22个园区没有娱乐项目，15个园区的年娱乐项目收入不足50万元，2个园区的年娱乐项目收入在51万～100万元，6个园区的年娱乐项目收入在101万～700万元，只有一个园区（云泽山庄农业观光园）的年娱乐项目收入超过700万元（表2-20）。可见，北京市休闲农业园区的未来经济效益提升空间还很大，可以通过设置多种娱乐项目来丰富园区活动，增加休闲农园吸引力，增加园区收入。

表 2-20　娱乐项目收入分析

年娱乐项目收入（万元）	园区个数（个）	占园区总数的比例（%）
0	22	47.83
1 ～ 50	15	32.61
51 ～ 100	2	4.35
101 ～ 200	3	6.52
301 ～ 700	3	6.52
＞ 700	1	2.17
总　计	46	100.00

七、园区效益的对比分析

为了比较休闲农业与都市型现代农业效益的差别，首先把休闲农业重点园区按类别、按土地性质计算单位面积产出，然后再与北京及外省市都市型现代农业经营情况进行对比分析。

（一）园区单位土地面积的经济产出

为分析休闲农业园区的单位面积经济产出，本研究将对不同类型园区的单位农用地的涉农产出、单位建设用地的非农经济产出、单位总用地的经济产出进行对比分析。为确保研究的科学性，本研究将单位用地经济产出值偏大、远高于平均值的 9 个园区（包括乐平御瓜园、老宋瓜园、碧海农庄、麒聚华农业生态园、北京国际露营公园、福源蕙业生态园、梦田薰衣草园、云泽山庄农业观光园、朵朵鲜生态蘑菇园）的数据剔除（统计学上称之为“野点子”）。利用剩下的 37 个休闲农业重点园区的数据进行分析，得出单位农用地的涉农产出为 13.20 万元 / 公顷，单位建设用地的非农经济产出为 143.40 万元 / 公顷，单位园区用地的总产出为 19.65 万元 / 公顷，详见表 2-21。

表 2-21　不同类型园区的单位产出值对比分析

园区类型	单位农用地的涉农产出（万元 / 公顷）	单位建设用地的非农经济产出（万元 / 公顷）	单位园区用地的经济产出（万元 / 公顷）
观光采摘园	7.65	78.60	8.25
休闲农庄	12.00	86.10	28.05
农业主题公园	10.80	470.10	27.30
乡村酒店	6.15	164.55	7.65
都市型现代农业园区	21.45	2.25	18.45
休闲农业集聚区	18.90	175.35	29.55
其他类型	15.45	27.30	18.60
全部园区的平均值	13.20	143.40	19.65

1. 单位农用地的涉农经济产出

不同类型园区单位农用地的涉农经济产出如表 2-22 所示。按数值由小到大排列，依次是乡村酒店、观光采摘园、农业主题公园、休闲农庄、其他类型、休闲农业集聚区、都市型现代农业园区。

表 2-22　不同类型园区单位农用地的涉农产出值对比分析

园区类型	单位农用地的涉农产出（万元 / 公顷）
乡村酒店	6.15
观光采摘园	7.65
农业主题公园	10.80
休闲农庄	12.00
其他类型	15.45
休闲农业集聚区	18.90
都市型现代农业园区	21.45

2. 单位建设用地的非农经济产出

不同类型园区单位建设用地的非农经济产出如表 2–23 所示。按数值由小到大排列，依次是都市型现代农业园区、其他类型、观光采摘园、休闲农庄、乡村酒店、休闲农业集聚区、农业主题公园。

表 2–23 不同类型园区单位建设用地的非农经济产出值对比分析

园区类型	单位建设用地的非农经济产出（万元 / 公顷）
都市型现代农业园区	2.25
其他类型	27.30
观光采摘园	78.60
休闲农庄	86.10
乡村酒店	164.55
休闲农业集聚区	175.35
农业主题公园	470.10

3. 单位园区用地的经济产出

不同类型园区单位用地的经济产出如表 2–24 所示。按数值由小到大排列，依次是乡村酒店、观光采摘园、都市型现代农业园区、其他类型、农业主题公园、休闲农庄、休闲农业集聚区。

表 2–24 不同类型园区单位用地的经济产出值对比分析

园区类型	单位园区用地的经济产出（万元 / 公顷）
乡村酒店	7.65
观光采摘园	8.25
都市型现代农业园区	18.45
其他类型	18.60
农业主题公园	27.30
休闲农庄	28.05
休闲农业集聚区	29.55

（二）园区效益与都市农业效益的对比

根据农业部组织开展的2012年中国都市现代农业发展统计监测数据显示（表2-25），北京农业用地效益6.45万元/公顷/年，位于全国城市排名的第21位，而北京市休闲农业重点园区的单位经济产出19.65万元/公顷/年，比全国排名第二的广州市低，但比排名第三的武汉高出不少。究其原因，主要有两点：一是园区类型不同。从总体上看，休闲农业园区由于有餐饮、娱乐、参与性项目的收入，收入呈多元化，因而比传统的都市型现代农业园区单位面积收入要高。二是从样本来看，这37个休闲农业园区质地相对较好，经营管理比较规范，即使在休闲农业园区之间对比来看，这些园区也是相对较好的。

表2-25　不同城市农业用地效益对比分析

城　市	农业用地效益（万元/公顷/年）	排　序	城　市	农业用地效益（万元/公顷/年）	排　序
福　州	22.65	1	济　南	7.05	17
广　州	21.75	2	重　庆	6.90	18
武　汉	14.70	3	合　肥	6.75	19
杭　州	14.10	4	南　昌	6.75	20
深　圳	13.65	5	北　京	6.45	21
大　连	12.45	6	上　海	6.45	22
宁　波	12.30	7	青　岛	6.30	23
厦　门	12.30	8	郑　州	4.80	24
海　口	11.40	9	南　宁	4.65	25
长　沙	10.95	10	天　津	4.35	26
成　都	10.65	11	沈　阳	4.05	27
昆　明	9.75	12	太　原	2.85	28
石家庄	8.10	13	哈尔滨	2.85	29
西　安	7.80	14	长　春	2.25	30
南　京	7.65	15	呼和浩特	2.10	31
贵　阳	7.50	16	兰　州	1.65	32

资料来源：农业部《2012年中国都市现代农业发展统计监测数据》

八、园区效益的影响因素

休闲农园效益影响因素是多层次、多维度的一个综合、系统的概念，本研究参照已有研究成果，结合休闲农园的主要内容、本质内涵及其基本特征，构建一个层次分明、结构完整、可比性强的效益影响因子体系。根据客观性、综合性、简约性、层次性和可操作性等原则，确定区域基础、区位条件、园区规模、产品情况、园区发展状况、经营战略、行业组织、政府支持、科技应用 9 类一级综合影响因子，产业基础等 20 个二级影响因子作为休闲农园的发展水平单项评价指标，建立休闲农园效益影响因子体系，如表 2-26 所示。限于篇幅，本节不再展开。

表 2-26　综合性休闲农业园区效益评价的二级指标体系

一级影响因子	二级影响因子	具体内容
区域基础	产业基础	区域农业基础包括田园景观资源、自然生态和环境，以及长期农业生产形成的农耕文化、乡土文化、民俗文化和农业生产技术
	园区地理集聚	园区地理集聚是指在产业的发展过程中，处在一个特定领域内相关的企业或机构，由于相互之间的共性和互补性等特征而形成一组在地理区域上集中的相互联系、相互支撑的休闲农园产业空间集群现象。这些园区彼此之间既竞争又合作，通过相互之间的溢出效应，使得技术、信息、人才、政策以及相关产业要素等资源能够充分共享，聚集的企业因此可以获得规模经济效益，进而提高整个产业集群的竞争力
区位条件	腹地区域	园区的区位所带来的市场腹地大小
	区域基础设施	指休闲农园必不可少的路、桥、涵、水、电、林、网、灌溉设施、通信等基础配套设施和公共环境卫生设施
	通达性	包括园区与城市的距离和交通便捷度
	周边旅游产品的等级与距离	休闲农园周围 30 千米范围内的旅游产品的等级和距休闲农园的距离。如景区周围布局着多个休闲农园，如北京鹫峰国家森林公园附近有西山美芦观光采摘园、绿苑观光采摘园、高里掌垂钓采摘园、温泉村旅游观光绿色采摘园等多个观光采摘园

（续表）

一级影响因子	二级影响因子	具体内容
园区规模	园区面积	园区面积指从事农业生产经营活动的特定区域中的连片面积，园区面积大，具有规模经营效益
	建设用地指标	休闲农园必然需要建设配套的基础设施，如道路、停车场、公共厕所、售票处、接待处等，有些休闲农业园区还要建设会议接待、餐饮设施、娱乐设施、旅游安全设施和购物设施等，导致部分农用地转化为建设用地，因此需要相关建设用地指标
产品情况	经营项目丰富程度	休闲农园是以农业资源为基础，融观赏、考察、学习、参与、娱乐、购物、度假于一体的农业和旅游业相结合的一种农业形态，包括农产品生产、果品蔬菜采摘、会议、住宿、餐饮、娱乐等相关项目。项目丰富程度是休闲农园吸引力大小的关键要素
	每年经营期长短	经营期长短是休闲农园经济效益多少的关键要素，许多休闲农园扩宽产品范围，延长经营期，如一些采摘园通过品种的搭配、温室与大棚种植等为游客提供四季采摘的果品，延长采摘期
园区发展状况	良好规划设计	指园区的前期策划、总体规划和详细规划、建筑设计等园区建设的依据。现有的休闲农园大多是在市场需求的拉动下自发发展起来的，大多数投资者缺乏周密的区域定位、功能定位、市场论证和发展规划，造成投资决策的随意性和开发的盲目性，使得一些休闲农园开发一哄而上，缺少总体布局规划。农园内的景观不相协调、项目布局不合理，从而给投资、管理和经营带来困难
	投资数量与节奏	包括投资数量与投资时间计划。综合性休闲农园可以一次投资、一次建成，也可以分期建设、滚动发展，节省投资，抗风险能力强
	劳动力结构	指劳动者的素质和数量
经营战略	战略管理	经营策略包括战略规划水平、资源配置与实施能力，整合资金、财力、设备及社会关系网的能力，是农业园区在把握未来市场和环境的前提下，明确发展目标和方向，对资源进行有效利用，并对未来发展进行科学规划、组织管理和控制的能力，是决定农业园区核心竞争力的重要因素之一
	市场营销	市场营销能力涉及到农业园区营销过程、销售网络和销售渠道的管理与控制、市场策划、企业品牌、品牌知名度和品牌信誉度等，它直接决定了农业园区把握市场主动权的大小和水平的高低

（续表）

一级影响因子	二级影响因子	具体内容
经营战略	组织管理	组织管理能力涉及到农业园区的组织结构、信息传递、管理措施、内部管理、管理系统和企业内部制度等内容。园区的组织管理水平直接影响园区的运行和管理效率，是决定农业园区核心竞争力大小的重要因素之一
行业组织	行业协会发展水平	包括农民专业合作社或协会的数量及在休闲农园发展中起到的作用，如在组织农民生产、产品销售、技术推广、服务以及信息咨询等
	产业联盟发育水平	产业联盟（Industry Alliance）指为了保持合作各方的市场优势，寻求统一的行业策略、定价策略、发展战略等目的，企业或园区间结成的互相协作和资源整合的一种合作模式。同行业的企业间通过分享和联合，能在某一领域形成较大的合力和影响力。产业联盟能以较低的风险实现较大范围的资源调配，从而成为企业优势互补、扩展发展空间、提高产业或行业竞争力的重要手段
政府支持	政府扶持政策及补贴	政府是影响休闲农园产业竞争优势的重要因素，通过政策、制度、资金、组织等手段对基本要素施加影响。休闲农园在发展过程中得到国家和地方政府的重点支持，税收、财政、土地等优惠的政策，将引导和带动社会经济资源在园区集聚。政府通过出台低价租赁土地、减免财税、增加补贴等经济调控手段可以刺激休闲农园的兴起与衰落，激发投资者的热情，引导园区改善种植结构。政府通过相关制度建设，可推动休闲农园进入资本市场融资、拓宽现有融资渠道
科技应用	新技术的应用	农业高新技术产业化是改善我国传统农业的必要途径，有较高科技知识和技能的休闲农园具有科技开发与创新的相对优势，如新品种、新技术、新科技的应用

资料来源：杜姗姗，《大都市区观光农园效益影响机制及调控策略》，中国科学院研究生院博士学位论文，2012，第 109～110 页

第三节　休闲农业发展政策的绩效分析

需求、供给、政策是休闲农业发展的“三驾马车”，其中，政策起到“驾驶员”和“方向盘”的作用。政策手段是实现政策目标的工具，适当的休闲农业政策手段可以促进好的政策目标的实现。为优化休闲农业发展环境，加快休闲农业发展步伐，规范休闲农业经营者的行为，国家层面和

北京市层面都出台了一些政策措施。

一、国家休闲农业相关政策的历史演变

我国休闲农业支持政策的演变经历了一个从无到有、不断完善的过程。由于没有现成的经验可以借鉴，需要在实践之中不断探索，针对不断出现的新问题，逐渐建立和完善各项政策，逐步形成了渐趋成熟的休闲农业产业支持和保护政策框架体系。产业支持和保护政策是国家和各级政府为了实现经济或社会发展的目的，通过对产业的保护、扶持或调整，积极或者消极参与某个产业或企业的生产、经营或交易活动，以及间接或者直接干预商品、服务、金融等市场形成和市场机制的政策的总称（杨公仆，2005）。休闲农业产业支持和保护政策框架体系是休闲农业发展的支撑力量，是休闲农业发展的有效保障（付达院，2011）。

我国乡村自然景观多样，农业历史悠久，有着丰富的民俗文化资源，发展休闲农业具有优越条件。由于休闲农业所具有的“农游合一”的特殊性质，特别是其对于农业发展、农村建设、农民就业的特殊意义，一直以来不仅受到专家学者的关注，而且得到政府部门的高度重视。为了促进休闲农业的发展，中共中央和国务院及其有关部门从宏观层面出台了一系列的方针政策和引导性文件，收到了较好的效果。

中共中央和国务院领导同志非常注重休闲农业与乡村旅游的发展。2004 年，时任中共中央总书记的胡锦涛在上海市崇明县竖新镇前卫村考察时指出，“农家乐前途无量”“要发展农业旅游、生态旅游，保证农民增收”。2005 年，国务院副总理吴仪在全国旅游工作会议上要求，“把旅游业与解决三农问题结合起来，积极开发农村旅游资源，大力发展农业旅游。”2013 年 5 月 19 日，中共中央政治局委员、国务院副总理汪洋在河南省栾川县重渡沟景区调研乡村旅游工作。他强调，要做好乡村旅游业这篇文章，开发更多特色旅游产品，满足人民群众日益增长的旅游消费需求。

从 2004 年到 2014 年，中共中央连续出台 11 个“中央一号文件”，聚焦“三农”问题，从多个角度做出了农业发展、农民增收、农村稳定的战

略部署，其中有多个年份的“中央一号文件”对休闲农业、乡村旅游产业发展提出了明确要求。比如，2010 年，《中共中央国务院关于加大统筹城乡发展力度进一步夯实农业农村发展基础的若干意见》（中发〔2010〕1 号）明确提出，“积极发展休闲农业、乡村旅游、森林旅游和农村服务业，拓展农村非农就业空间”。2014 年，《中共中央国务院关于全面深化农村改革加快推进农业现代化的若干意见》（中发〔2010〕1 号）从强化农业保护支持制度、建立农业可持续发展长效机制、深化农村土地制度改革、构建新型农业经营体系、加快农村金融制度创新、健全城乡发展一体化体制机制、改善乡村治理机制等方面做出部署，对 2014 年及今后一个时期的“三农”工作乃至休闲农业与乡村旅游发展具有重要指导意义。吴必虎教授认为，2014 年“中央一号文件”对乡村旅游产业的影响是深远的，乡村旅游发展是农村产业结构调整的重要形式，农村环境治理与生态恢复可提高乡村旅游的吸引力，农村集体土地权能逐步入市可吸引和激励社会资本对乡村旅游的中长期投入，促进休闲农业与乡村旅游产品的开发和产品体系的完善等。

为促进休闲农业与乡村旅游的发展，农业部、国家旅游局等部门研究出台了政策意见，制定了行业标准，组织开展了宣传促销活动。1998 年，国家旅游局推出“华夏城乡游”的主题旅游活动，提出“吃农家饭、住农家院、做农家活、看农家景、享农家乐”的口号，将观光旅游作为乡村旅游的重要组成部分，并把 1999 年确定为“中国生态旅游年”，推动了我国乡村旅游业的发展。2001 年，国家旅游局把农业旅游作为当年旅游工作要点，通过对山东、江苏、浙江等省的调研，形成了《农业旅游发展指导规范》，并于当年年底公布了农业旅游示范点候选名单。2002 年，《全国农业旅游示范点检查标准（试行）》颁布实施，据此于 2004 年评选出全国首批 203 个农业旅游示范点，为休闲农业的发展提供了样板。2006 年，国家旅游局以“乡村旅游年”为主题，推动各地区农业旅游发展，并印发了《关于促进农村旅游发展的指导意见》，以农村旅游业带动新农村建设。2007 年，国家旅游局和农业部联合发布《关于大力推进全国乡村旅游发展的通知》（旅发〔2007〕14 号），明确了乡村旅游发展的指导思想和工作要求，并签署部局合作框架协议，提出创建乡村旅游示范县、示范村的计划，并于当年10月试运行中国休闲农业网，作为推进休闲农业与乡村旅游发展的平台。2009年，国务院出台了《关于加快发展旅游业的意见》（国发〔2009〕41号），明确提出“在妥善保护自然生态、原居环境和历史文化遗存的前提下，合理利用民族村寨、古村古镇，建设特色景观旅游村镇，规范发展农家乐、休闲农庄等旅游产品”，这是在国务院文件中首次对休闲农业与乡村旅游提出明确要求。2009年10月，中国旅游协会休闲农业与乡村旅游分会成立，并在浙江省安吉县举办“中国（安吉）休闲农业与乡村旅游发展高层论坛”及“2009首届中国（安吉）休闲农业与乡村旅游节暨中国美丽乡村节”。2010年，农业部与国家旅游局联合印发了《关于开展全国休闲农业与乡村旅游示范县和全国休闲农业示范点创建活动的意见》（农企发〔2010〕2号），休闲农业与乡村旅游品牌创建工作开始启动。同年10月，中国（郫县）休闲农业与乡村旅游节系列活动在四川省郫县隆重举行，标志着我国休闲农业进入一个崭新时期。2011年3月1日，农业部和国家旅游局联合召开全国休闲农业与乡村旅游经验交流会，交流各地推进休闲农业与乡村旅游发展的做法和经验，向社会公布了2010年度全国休闲农业与乡村旅游32个示范县和100个示范点。同年8月23日，农业部印发了《全国休闲农业发展“十二五”规划》（农企发〔2011〕8号），提出了示范基地创建、知名品牌创建、支撑体系建设、从业人员培训、乡土文化挖掘、基础设施建设6项工程，标志着我国休闲农业发展进入有规可依的阶段。为挖掘、传承、开发、利用我国农业文化遗产，提升休闲农业文化内涵，从2012年开始，连续3年，农业部组织开展了“中国重要农业文化遗产（China-NIAHS）”发掘工作。到2014年5月，农业部已公布两批共39项“中国重要农业文化遗产”，其中，有11项被列为“全球重要农业文化遗产”（GIAHS）保护试点。除此之外，财政部、国土资源部等也相继发布了一系列的政策文件，见表2-27。

表 2-27　国家休闲农业相关政策文件

发布时间	发布部门（文号）	名　称	重点内容
1998 年	国家旅游局	华夏城乡游	1998 年，国家旅游局推出“华夏城乡游”，提出“吃农家饭、住农家院、做农家活、看农家景、享农家乐”的口号，有力地推动了我国休闲农业的发展
1999 年	国家旅游局	中国生态游年	1999 年，国家旅游局等单位推出了“中国生态游年”的主题旅游活动。全国各地抓住机遇，充分利用和保护乡村生态环境，开展农业生态旅游，进一步推动了我国乡村旅游业的发展
2001 年	国家旅游局	农业旅游发展指导规范	2001 年，国家旅游局把推进农业旅游发展工作列为当年旅游工作要点，并通过对山东、江苏、浙江等省的调研形成了《农业旅游发展指导规范》
2002-10-18	国家旅游局（旅发〔2002〕59 号）	全国农业旅游示范点检查标准（试行）	正式倡导开展农业旅游，并发布实施《全国农业旅游示范点检查标准（试行）》，为创建全国农业旅游示范工作，提高农业旅游产品的规范化、专业化和市场化水平提供了依据
2003-12-31	中共中央、国务院（中发〔2004〕1 号）	关于促进农民增加收入若干政策的意见	2004 年出台了粮食直补政策、良种补贴政策和农机购置补贴政策
2004-07-14	国家旅游局	全国首批农业旅游示范点名单	根据全国农业旅游示范点评定标准，从接待人数、旅游效益、产品、设施、管理、经营、安全、可进入性、发展后劲等 10 个方面，在全国评选出 203 个农业旅游示范点

（续表）

发布时间	发布部门（文号）	名　称	重点内容
2005-01-08	国家旅游局	全国旅游工作会议	国务院副总理吴仪在致全国旅游工作会议的贺信中指出："旅游业发展要有新思路，要把旅游业与解决三农问题结合起来，积极开发农村旅游资源，大力发展农业旅游"
2005-12-31	中共中央、国务院（中发〔2006〕1号）	关于推进社会主义新农村建设的若干意见	《意见》提出，稳定、完善、强化对农业和农民的直接补贴政策。要加强国家对农业和农民的支持保护体系。对农民实行的"三减免、三补贴"和退耕还林补贴等政策，深受欢迎，效果明显，要继续稳定、完善和强化
2006年初	国家旅游局	中国乡村旅游年	将2006年作为"中国乡村旅游年"，宣传口号为"新农村、新旅游、新体验"，并把"旅游业促进新农村建设"作为各地区旅游业发展的重要目标之一
2006-07-19	国家旅游局	全国旅游工作座谈会	会议指出，我国农村旅游资源丰富，生态环境良好，民俗文化丰厚。依托这些优势资源，发展农村旅游，是推进社会主义新农村建设的有效途径之一
2006-03-14	第十届全国人民代表大会第四次会议批准	中华人民共和国国民经济和社会发展第十一个五年规划纲要	《纲要》提出，要"发展休闲观光农业。""继续发展观光旅游，开发休闲度假以及科普、农业、工业、海洋等专题旅游，完善自助游服务体系"
2007-01-29	中共中央、国务院（中发〔2007〕1号）	关于积极发展现代农业扎实推进社会主义新农村建设的若干意见	《意见》指出，"农业不仅具有食品保障功能，而且具有原料供给、就业增收、生态保护、观光休闲、文化传承等功能。建设现代农业，必须注重开发农业的多种功能，向农业的广度和深度进军，促进农业结构不断优化升级"。"适应人们日益多样化的物质文化需求，因地制宜地发展特而专、新而奇、精而美的各种物质、非物质产品和产业，特别要重视发展园艺业、特种养殖业和乡村旅游业"

（续表）

发布时间	发布部门（文号）	名　称	重点内容
2007-03-16	国家旅游局、农业部（旅发〔2007〕14 号）	关于大力推进全国乡村旅游发展的通知	《通知》提出，通过大力推进乡村旅游发展，“十一五”期间，使已有乡村旅游项目得到明显提升和完善，基本形成种类丰富、档次适中的乡村旅游产品体系和特色突出、发展规范的乡村旅游格局，满足人民生活水平提高对旅游消费的需求。争取每年新增乡村旅游就业 30 万人以上，间接就业 150 万人；每年旅游从业农民人均纯收入增长 5%；在全国建成具有乡村旅游示范意义的 100 个县、1 000 个乡（镇）、10 000 个村，为社会主义新农村建设做出积极贡献
2007-12-31	中共中央、国务院（中发〔2008〕1 号）	关于切实加强农业基础建设进一步促进农业发展农民增收的若干意见	《意见》指出，“要通过非农就业增收，提高乡镇企业、家庭工业和乡村旅游发展水平，增强县域经济发展活力，改善农民工进城就业和返乡创业环境”，进一步为乡村旅游的发展提供了强有力的政策支持
2009-04-27	财政部、国家旅游局（财行〔2009〕47 号）	旅游发展基金补助地方项目资金管理办法	《管理办法》分 6 章 18 条，对由中央财政通过专项转移支付拨付的旅游专项资金及地方财政资金的使用范围、申报审批程序、管理责任等进行了规定。旅游专项资金重点用于补助中西部地区 A 级以上旅游景区（点）基础设施、公共服务设施建设及完善的项目；补助以中西部为主的重点地区带动农民脱贫致富的旅游项目和旅游新业态项目
2009-03-06	国土资源部（国土资发〔2009〕27 号）	关于促进农业稳定发展农民持续增收推动城乡统筹发展的若干意见	对观光农园中设施农用地及其附属用地的归类、适用政策和审批进行了进一步的明确和简化。按照该文件规定，除了设施农业附属的管理和生活用房等永久性建筑物的用地，须依法办理农用地转用审批手续，按照建设用地管理外，凡未使用建筑材料硬化地面，或虽使用建筑材料但未破坏土地并易于复垦的畜禽舍、温室大棚和附属绿化隔离等用地，以及农村道路、农田水利用地，均可作为设施农用地办理用地手续。不纳入农用地转用范围，不占建设用地指标

（续表）

发布时间	发布部门（文号）	名　称	重点内容
2009-12-01	国务院（国发〔2009〕41号）	国务院关于加快发展旅游业的意见	实施乡村旅游富民工程。开展各具特色的农业观光和体验性旅游活动。在妥善保护自然生态、原居环境和历史文化遗存的前提下，合理利用民族村寨、古村古镇，建设特色景观旅游村镇，规范发展“农家乐”、休闲农庄等旅游产品
2010-01-31	中共中央、国务院（中发〔2010〕1号）	关于加大统筹城乡发展力度进一步夯实农业农村发展基础的意见	《意见》明确提出，“积极发展休闲农业、乡村旅游、森林旅游和农村服务业，拓展非农就业空间”
2010-07-28	农业部、国家旅游局（农企发〔2010〕2号）	关于开展全国休闲农业与乡村旅游示范县和全国休闲农业示范点创建活动的意见	从2010年起，利用3年时间，培育100个全国休闲农业与乡村旅游示范县和300个全国休闲农业示范点。“示范县”的基本条件是：规划编制科学，扶持政策完善，工作体系健全，行业管理规范，基础设施完备，产业优势突出，发展成效显著。“示范点”的基本条件是：示范带动作用强，经营管理规范，服务功能完善，基础设施健全，从业人员素质较高，发展成长性好
2010-09-30	国土资源部、农业部（国土资发〔2010〕155号）	关于完善设施农用地管理有关问题的通知	《通知》明确指出，严格把握设施农用地范围。在以农业为依托的休闲观光项目以及各类农业园区，涉及建设永久性餐饮、住宿、会议、大型停车场、工厂化农产品加工、中高档展销等的用地，不属于设施农用地范围，按非农建设用地管理。确需建设的，必须符合土地利用规划，依法办理建设用地审批手续
2011-08-23	农业部（农企发〔2011〕8号）	全国休闲农业发展“十二五”规划	《规划》提出了休闲农业发展的“四类区域”（大中城市和名胜景区周边、依山傍水逐草自然生态区、少数民族地区、传统特色农区）、“六项工程”（示范基地创建工程、知名品牌创建工程、支撑体系建设工程、从业人员培训工程、乡土文化挖掘工程、基础设施建设工程）

（续表）

发布时间	发布部门（文号）	名　称	重点内容
2011-12-23	农业部、国家旅游局（农企发〔2011〕9号）	关于认定全国休闲农业与乡村旅游示范县（点）的通知	根据“全国休闲农业与乡村旅游示范县和全国休闲农业示范点”申报条件，通过基层单位申报、地方主管部门审核、专家评审和网上公示，农业部和国家旅游局认定，河北省涉县等38家单位为全国休闲农业与乡村旅游示范县，认定北京鹅和鸭农庄等100家单位为全国休闲农业与乡村旅游示范点
2012-02-03	农业部（农企发〔2012〕1号）	关于开展全国休闲农业创意精品推介活动的通知	由各省（自治区、直辖市）从本区域内遴选产品创意、包装创意、文化创意、园区创意、设计创意等参赛精品，以省为代表队参加分赛区的分赛。各分赛区优秀作品进入全国总决赛，并在“南京农业嘉年华”期间设立休闲农业创意精品专馆展示
2012-03-13	农业部（农企发〔2012〕4号）	关于开展中国重要农业文化遗产发掘工作的通知	中国重要农业文化遗产应在活态性、适应性、复合性、战略性、多功能性和濒危性方面有显著特征，具有悠久的历史渊源、独特的农业产品，丰富的生物资源，完善的知识技术体系，较高的美学和文化价值，以及较强的示范带动能力
2013-01-08	农业部办公厅（农办企〔2013〕1号）	关于开展2013年中国最有魅力休闲乡村推荐活动的通知	推荐的村应以农业为基础、农民为主体、乡村为单元，围绕农业生产过程、农民劳动生活和农村风情风貌，因地制宜发展休闲农业，功能特色突出，文化内涵丰富，品牌知名度高，具有很强的示范辐射和推广作用。“魅力”主要体现在：多元的产业功能、独特的村容景致、良好的精神风貌
2014-05-21	农业部办公厅（农办加〔2014〕10号）	中国重要农业文化遗产管理办法（试行）	《管理办法》包括5章21条，对中国重要农业文化遗产的申报、保护与利用、监督管理、遗产地标志等进行了规定

二、北京市休闲农业相关政策的历史演变

在国家鼓励支持休闲农业、乡村旅游产业发展的背景下，北京市结合自身实际，研究制定了一些政策措施，对休闲农业与乡村旅游进行规划引导、政策扶持等，促进了休闲农业与乡村旅游的健康发展。从时间序列看，2003年以前，北京市的农业政策主要集中在促进农业结构调整、支持农民专业合作组织、发展农村二、三产业、促进落后区域发展、鼓励生产安全食品、增加农民就业等方面（杨秋玲，2005），其中，有些政策涉及休闲农业。2006年以来，北京市人民政府、市农委、市旅游局和市农业局等多次发文，积极推动、规范休闲农业与乡村旅游发展，营造有利于休闲农业与乡村旅游发展的政策环境，增强投资者信心，吸引多种资本关注乡村旅游，投资休闲农业。从政策手段看，这些政策措施大概分为规划引导、实物扶持、税收优惠、项目支持、基础设施建设、品牌创建等类别。相关政策文件见表2-28。

（一）规划引导

为促进休闲农业的健康有序发展，早在1998年，北京市计划委员会、北京市人民政府农林办公室、北京市农业与农村资源区划委员会在调查研究的基础上，就制定并印发实施了《北京市观光农业发展规划》（京计农字〔1998〕第0497号），这是国内第一个省级观光农业规划。规划提出，北京市观光农业重点开发“一环”“一点”“八带（区）”，其中，“一环”指近郊区，“一点”指小汤山观光农业基地，“八带（区）”指潮白河带、永定河带、八达岭及十三岭地区、慕田峪地区、云蒙山地区、金海湖地区、十渡地区、灵山及百花山地区。

2005年，随着乡村旅游产业规模的迅速扩大，为引导规范其合理布局与有序发展，北京市旅游局会同市农委、市发改委、北京第二外国语学院联合制定了《北京市乡村旅游发展规划（2005—2010年）》。这一规划，为后来北京市乡村旅游的政策制定与产业发展提供了重要依据，具有划时代

的意义。

（二）实物扶持

在乡村旅游发展之初，民俗旅游户接待条件比较简陋，设施不完备。为此，从20纪90年代末开始，北京市农委每年都从支农资金中切出专项，支持郊区民俗旅游业特别是民俗旅游户的发展，最初是以实物扶持为主。比如，2004年9月28日，北京市为全市35个市级民俗旅游村配备了电脑，为4 169户市级民俗旅游接待户配备了消毒柜。2005年9月28日，北京市农委和市旅游局公布了第二批40个市级民俗旅游村和第三批1 582户民俗旅游接待户名单，并投资500万元，为全市的市级民俗旅游户配备了电冰箱。

（三）税收优惠

为促进北京市农村地区农家乐的发展，北京市地方税务局针对京郊农民利用自家庭院、自产农副产品为旅游观光者提供食宿、采摘及相关服务的民俗旅游户制定了税收优惠和发票管理的政策措施，并于2005年4月11日下发了《北京市地方税务局关于京郊农民从事“农家乐”观光旅游服务业务税收管理问题的通知》（京地税营〔2005〕165号）（以下简称《通知》）。《通知》规定，对于未达营业税起征点的农家乐，一律给予免征营业税照顾；对北京市农民从事农家乐取得的收入，核定征收个人所得税，其中正常使用发票的，可由代开发票单位按开具发票金额的1%代收个人所得税；未使用发票的，由主管税务机关按照《北京市地方税务局个体工商户定期定额征收管理办法》（京地税征〔2004〕61号）第四条规定，根据其取得收入的实际情况，适当核定征收个人所得税。此外，《通知》按照方便操作、简化手续的原则，对农家乐的发票管理做出了规定。

（四）项目支持

2006年以后，北京市支农资金对休闲农业与乡村旅游的扶持方式改为以项目支持为主，每年6 000万元左右，通过先干后补、先干后奖、以奖代补的方式，对带有方向性、基础性的项目给予导向性支持。为此，北京市农委于2007年4月17日出台了《关于市级产业促进资金支持农村二三产业的政策意见》(京政农函〔2007〕16号)(以下简称《意见》)。《意见》规定，要大力发展农村第三产业，带动农民自主创业，重点支持乡村旅游带建设、农业观光园的道路建设、乡村旅游商品开发与产业化、以厂带户发展农村手工业和家庭手工业等领域。从支持环节上看，以乡村旅游带建设为例，项目资金主要用于对乡村旅游带进行整体包装和促销，包括统一规范标志标识，打造景观特色的环境建设，对跨行政区域的乡村旅游资源进行开发，交通指示牌与区域内解说系统建设，区域内附属道路建设，区域内乡村民俗旅游村与观光农业园区的整体包装等。

（五）基础设施建设

从2009年开始，因为财政体制改革，北京市支农资金中专项支持休闲农业与乡村旅游发展的资金，转移支付到北京郊区各区县财政，由区县主管部门安排使用，市里负责监督。除北京市农委外，北京市旅游委、市发改委、市市政市容委等部门对休闲农业与乡村旅游的发展给予了大力支持，对北京郊区观光农业园的基础设施建设，民俗旅游村的道路建设、改水改厕、绿化美化、停车场建设、乡村旅游项目的规划与策划、乡村旅游的宣传促销与市场推广等进行了较大投入。通过项目扶持和资金投入，提高了乡村旅游的可进入性，改善了乡村旅游生态环境，营造了乡村旅游特色景观，丰富了乡村旅游产品体系，提升了乡村旅游基础设施和接待服务条件。

（六）品牌建设

从长远看，休闲农业与乡村旅游的发展，要走品牌化之路。北京市组织基层单位，开展了市级休闲农业园区评定，并积级参加国家有关部门和社会团体组织的全国休闲农业与乡村旅游荣誉称号的评选、创建、认定工作，建设了一批“京字号”和“国字号”的休闲农业与乡村旅游示范基地。

开展了北京市休闲农业星级园区（企业）的认定工作。休闲农业园区点多面广，经营内容千差万别，服务水平参差不齐。为促进休闲农业的提档升级，转变发展方式，使农民“学有目标”，企业“赶有方向”，市民“游有参考”，北京观光休闲农业行业协会组织专家研究制定了《北京市休闲农业园区（企业）星级评定标准》，下发了《关于开展北京市休闲农业星级园区（企业）评定工作的通知》（京观农协〔2012〕1号），并于2014年评定了首批155个星级园区，其中，五星级园区15个、四星级园区30个、三星级园区84个、二星级园区19个、一星级园区7个。

积极参与农业部等牵头组织的全国休闲农业与乡村旅游产业荣誉称号的认定。几年来，北京市积极组织郊区区县和基层单位，参加农业部、国家旅游局、中国旅游学会休闲农业与乡村旅游分会等组织的品牌创建活动，包括“全国休闲农业与乡村旅游示范县和示范点创建”“中国最有魅力休闲乡村评选”“全国休闲农业与乡村旅游园区（企业）星级创建”“中国重要农业文化遗产的发掘、整理、申报”等，取得了一批成果。

组织实施了北京市休闲农业与乡村旅游示范乡镇创建活动。从2012年起，连续两年，由北京市农委牵头，市旅游委、市水务局、市园林绿化局、市农业局等部门参加，组织开展了休闲农业与乡村旅游示范乡镇的创建活动，经基层申报、专家评审、网上公示、市有关部门认定，怀柔区渤海镇等15个乡镇被评定为北京市休闲农业与乡村旅游示范乡镇。对评上的示范乡镇，给予政策支持和资金奖励。通过开展示范乡镇创建工作，调动了乡镇一级发展休闲农业与乡村旅游的积极性，在郊区涌现了一批休闲农业与乡村旅游集聚区和重点乡村旅游目的地。

表 2-28　北京市休闲农业相关政策文件

发布时间	发布部门（文号）	名　称	重点内容
1997 年	北京市旅游局等多家单位联合主办	北京旅游商品设计大赛	为改变旅游商品花色单一、品种单调、设计陈旧、粗制滥造、缺乏特色和品位的状况，更好地挖掘旅游商品的潜力，从 1997 年开始举办北京旅游商品设计大赛。最初是每两年举办一次，从 2011 年起改为每年举办一次。到 2013 年，已经举办了 10 届，均取得了较好的效果
1998-05-19	北京市计划委员会、北京市人民政府农林办公室、北京市农业与农村资源区划委员会（京计农字〔1998〕第 0497 号）	关于印发《北京市观光农业发展规划》的通知	北京市观光农业重点开发“一环”、“一点”、“八带（区）”，其中，“一环”指近郊区，“一点”指小汤山观光农业基地，“八带（区）”指潮白河带、永定河带、八达岭及十三岭地区、慕田峪地区、云蒙山地区、金海湖地区、十渡地区、灵山及百花山地区
2002-06-26	北京市农村工作委员会、北京市旅游局（京政农发〔2002〕44 号）	关于开展郊区民俗旅游接待户评定工作的通知	开展民俗旅游接待的农户，需到所在村委会签字盖章，上报到乡（镇）政府签字盖章，由乡（镇）政府将申报材料统一报区县旅游局。由各区县的旅游局按此标准对申报接待户进行评定，并报北京市旅游局进行审核，审核合格的颁发民俗旅游接待户标牌
2003-07-01	北京市农村工作委员会、北京市旅游局	北京市郊区民俗旅游村评定标准（试行）	凡已经开展民俗旅游接待的村庄，欲申报评定民俗旅游村，需向所在乡（镇）政府申请，由乡（镇）政府统一报所在区县农村工作委员会和旅游局按标准共同评定。对于评定合格的，由北京市农村工作委员会和北京市旅游局共同颁发“北京市民俗旅游村”标识牌
2004 年	北京市卫生局等部门	北京市郊区乡村旅游接待户卫生管理规定（试行）	该规定明确了接待户上岗标准、接待户室内外的环境状况、厨房和客人用具的卫生状况，并对接待户向游客提供的食品提出了严格的采购和销售要求

（续表）

发布时间	发布部门（文号）	名　称	重点内容
2004-09-06	北京市农村工作委员会（京政农发〔2004〕53 号）	北京市观光农业示范园评定标准（试行）	凡已经开展观光接待的农业园，欲申报北京市观光农业示范园，需向所在区县农委领取并填写《北京市观光农业示范园申报表》，经区县农委推荐，上报北京市农村工作委员会。北京市农村工作委员会组织北京观光休闲农业行业协会及专家依照标准进行评定。评定合格的由北京市农村工作委员会颁发“北京市观光农业示范园”标识牌，并向社会公布
2005-04-11	北京市地方税务局（京地税营〔2005〕165 号）	关于京郊农民从事“农家乐”观光旅游服务业务税收管理问题的通知	该通知主要针对利用自家庭院、自产农副产品为旅游观光者提供食宿、采摘及相关服务接待业务的京郊农民，主要介绍了纳税管理和发票管理两项内容，为从事乡村旅游经营的农户提供了积极的纳税服务与便利
2006-03-14	北京市农村工作委员会	关于发展都市型现代农业的政策意见	《政策意见》提出，对观光休闲农业项目进行重点扶持。扶持环节包括：①鼓励园区进行规划设计，总体包装，提升接待能力和接待水平；②搭建宣传推介平台，组织园区开展不定期宣传推介活动，扩大影响力；③对园区提高从业农户业务素质进行的知识培训、专业技能培训、服务技能培训予以扶持；④对园区进行的生产、基础设施、科技推广等项目，符合相关部门扶持要求的，择优扶持
2006 年	北京市旅游局	24 条京郊乡村旅游精品线路推广	北京市旅游部门组织了 24 条京郊乡村旅游精品线路，并推广到北京市区内的有关社区，与市民们亲密接触。这 24 条京郊乡村旅游精品线路包括旅游景点、民俗村、工农业示范园、度假村等，使游客在一天之内既可领略到田园风光、民俗风情、品尝特色农家菜，还可享受温泉、采摘、垂钓、健身等带来的乐趣，充分体验淳朴的民风
2006-04-13	北京市农村工作委员会、北京市发展和改革委员会、北京市科学技术委员会等 8 部门（京政农发〔2006〕18 号）	关于发展农村二三产业促进农民向非农产业转移的政策意见	《意见》指出，要扶持休闲旅游产业，具体包括：在市级乡村旅游村中，培育 20 个休闲产业示范村，对环境改造、绿化美化、完善旅游服务设施、信息网络建设项目，给予一定资金扶持；在市级乡村旅游接待户中，培育 1000 个休闲旅游明星户，给予每户 2000 元的实物奖励；开发 100 个乡村旅游特色商品；由政府购买服务等

（续表）

发布时间	发布部门（文号）	名　称	重点内容
2007-04-17	北京市农村工作委员会（京政农函〔2007〕16 号）	关于市级产业促进资金支持农村二三产业的政策意见	《意见》规定，要大力发展农村第三产业，带动农民自主创业，重点支持乡村旅游带建设、农业观光园的道路建设、乡村旅游商品开发与产业化、以厂带户发展农村手工业和家庭手工业等领域
2009-05-10	北京市人民政府（京政发〔2009〕12 号）	关于促进生态涵养发展区协调发展的意见	《意见》的出台，将对北京市生态涵养发展区内的乡村旅游业发展，起到巨大的推动作用，使其成为彰显北京城市特点（国家首都、国际化城市等）的“窗口型”产业；成为增加北京市旅游产业规模，为北京市旅游业持续贡献产业增量的战略性产业；成为北京旅游业引领全国乡村旅游业发展的“明星式”产业
2011 年	北京市财政局、北京市旅游发展委员会	北京市旅游发展专项资金管理办法（试行）	加强和规范北京市旅游发展专项资金的管理，充分发挥财政资金的宏观导向作用，推动北京市旅游事业的发展
2011-12-08	北京市旅游发展委员会、北京市农村工作委员会、北京市水务局、北京市园林绿化局、北京市农业局（京旅发〔2011〕93 号）	关于加快推进京郊旅游发展的指导意见	京郊旅游是未来 10 年内北京市重点发展产业，从 2012 年起，本市将依照“一年见成效，三年大变样”的总体要求，通过开展旅游改革创新功能区建设、休闲农业区建设、试点建立京郊旅游培训基地等 19 项重点工程，力争做到京郊旅游总收入、人均消费额、从业人员数量 3 项年均增长 10% 以上，对农民增收贡献率逐年提高，实现京郊旅游从满足市民的一般观光需求向满足休闲度假需求提升，从分散开发向整合资源、统筹开发提升，从简单追求旅游人次向大力提高人均消费能力提升；推动京郊旅游成为突破资源约束和保护生态环境的绿色产业、成为发展本市新型消费业态和扩大内需的重要支柱产业、成为提升市民幸福指数的关键点

（续表）

发布时间	发布部门（文号）	名　称	重点内容
2012-05-28	北京市农村工作委员会、北京市旅游发展委员会、北京市水务局、北京市园林绿化局、北京市农业局（京政农函〔2012〕23号）	关于创建北京市休闲农业与乡村旅游示范乡镇的通知	从2012年开始，用3年时间，培育20个左右的休闲农业与乡村旅游示范乡镇。“示范乡镇”创建的基本条件是：主导产业突出、基础条件完备、行业管理规范、市场认知度高、发展成效明显
2012-05-30	北京观光休闲农业行业协会（京观农协〔2012〕1号）	关于开展北京市休闲农业星级园区（企业）评定工作的通知	北京市休闲农业星级园区（企业）划分为5个等级，分别为一星、二星、三星、四星、五星。根据北京市休闲农业星级园区（企业）评分表，评定标准分别为：①一星级：200～399分，且每一大项得分不低于该项总分的30%；②二星级：400～599分，且每一大项得分不低于该项总分的50%；③三星级：600～799分，且每一大项得分不低于该项总分的60%；④四星级：800～899分，且每一大项得分不低于该项总分的70%；⑤五星级：900分及以上，且每一大项得分不低于该项总分的80%
2013-04-16	北京市农村工作委员会（京政农发〔2013〕10号）	关于推荐中国美丽田园的通知	在北京市行政区域范围内，场面宏大、景色迷人、特色明显、公众喜爱，以农事活动、农村生活、农民参与为主体，在北京地区乃至全国有一定影响力的田园景观，如油菜花、向日葵、薰衣草、桃花、梨花、梯田、稻田、渔作和畜牧转场等
2014-04-22	北京观光休闲农业行业协会	北京市星级休闲农业园区（企业）颁牌仪式	经基层申报、专家评审、网上公示，评定出首批155个北京市星级休闲农业园区，其中五星级园区15个、四星级园区30个、三星级园区84个、二星级园区19个、一星级园区7个

三、休闲农业政策绩效述评

1997—2014 年共颁布与休闲农业相关的政策措施 44 项，其中，国家级 26 项、北京市级 18 项。从目前整理出的政策来看，国家级层面的休闲农业政策一般是导向上的宏观政策，而北京市级层面的政策在执行上较为具体。这些政策对于促进休闲农业与乡村旅游产业发展、农民增收、农村和谐等产生了积极的影响。

（一）政策绩效

1. 提高产业素质

由于休闲农业项目的开发能充分利用原有的农业产业资源和农村民俗文化资源，因而促进了资源的高效利用和相互转化，实现了“农游合一”，转变了农业增长方式，培育了新的农村经济增长点。通过政策制定和实施，在京郊布局了一批休闲农业与乡村旅游项目，一批生产型果园变成了观光采摘园，农户办起了家庭旅馆，一批民俗旅游村和乡村旅游景区迅速崛起，成了农村二、三产业的亮点，促进了产业素质的提升。从 2005 年到 2013 年，农业观光园接待游客由 892.5 万人次 / 年增加到 1 944.4 万人次 / 年，增长 1.18 倍；经营收入由 7.88 亿元 / 年增加到 27.36 亿元 / 年，增长 2.47 倍。

2. 增加农民收入

在发展休闲农业过程中，通过政策支持，有一部分农民参与投资，成为休闲农业主体，或通过参与休闲农业管理与服务工作，增加了其可支配收入。大力发展休闲农业，农民不仅从第一产业获益，而且在农业从第一产业向第三产业拓展过程中获得就业机会。很多农民在农忙时种地，农闲时回家搞民俗旅游接待，不仅有效解决了京郊农村剩余劳动力问题，而且增加了农民收入。从 2005 年到 2013 年，京郊民俗旅游接待户家庭年收入中来自民俗旅游的收入由 4.32 万元 / 年增加到 11.96 万元 / 年，增长 1.78 倍。

3. 改善生态环境

休闲农业是城市的绿色生态屏障，通过它可以提升城市的品位。通过政策调整，在城市边缘及控制区建成一些休闲农业集聚区，为城市发展提供了绿色生态缓冲带，实现了绿化、生态、休闲功能的统一。同时，发展休闲农业不可避免地要对农村基础设施进行完善，这必然推动村容村貌和卫生条件改善，推进村庄整治和环境治理，优化自然环境，注重生态保护，形成天蓝、水清、草绿的良好生态环境。当北京城区面临“十面‘霾’伏”、空气质量下降时，许多城市居民首先想到的是去郊区“吸氧”、观光、休闲，这从另一个侧面印证了北京郊区生态环境的改善。

4. 促进城乡统筹

休闲农业的主要消费群体是城区居民。休闲农业的发展为城区居民提供了走进农村、接近大自然和体验田园生活的机会，增进了城区居民对农业、农村、农民的认识和了解，同时也促进了城乡居民互动交流，把城市的资金、技术、文化、科技甚至观念带到农村，使农民足不出户就能接受现代文明思想，从而有助于提高农民素质，转变农民思想观念，带动农业转型，缩小城乡差别，促进城乡统筹发展。

（二）政策评估

我国政府支持鼓励休闲农业发展的主要手段是制定扶持政策，包括补贴、税费减免、金融支持、改善基础设施、规范市场秩序、建设示范基地等。这些政策措施对于促进休闲农业发展具有积极意义。但无论是从规范当前休闲农业市场的角度，还是从引导可持续发展的角度，相关政策还存在一定的局限性，面临一些亟待解决的问题。

1. 政策体系不健全，保障机制不完善

休闲农业与乡村旅游发展已进入“深水区”，改革和创新的任务很重，有些方面需要通过立法等来规范。但目前在制定休闲农业与乡村旅游政策时，往往缺乏系统性、全局性考虑，“头痛医头、脚痛医脚”，存在着短期行为和机会主义倾向，甚至有不少地方采取简单地照抄照搬其他地区的政策，而全然不顾本地区的特殊性，致使政策效果难以保证。

2. 产业促进政策较多，规范调整政策较少

作为政府，所制定的政策应以管理者的身份考虑整体利益和长期利益，但当前众多的休闲农业与乡村旅游产业政策都是偏重于如何从各个方面促进乡村旅游的发展，政策管理的空间显得有些宽松，实质性的宏观调控功能未能很好地发挥出来。这也造成有些地方政府在淡薄的可持续发展意识下片面强调短期经济效益，迁就部分乡村旅游经营者受利润最大化动机支配的不合理要求，以至于反而助长了乡村旅游开发与经营中的外部不经济（李俊梅，2012）。

3. 建设用地不足，土地流转困难

建设用地不足是休闲农业与乡村旅游市场主体反映最为强烈的问题之一，但几年来未有实质性进展。国土资源部、农业部《关于完善设施农用地管理有关问题的通知》（国土资发〔2010〕155 号）第二条第三款规定，“在以农业为依托的休闲观光项目以及各类农业园区，涉及建设永久性餐饮、住宿、会议、大型停车场、工厂化农产品加工、中高档展销等的用地，不属于设施农用地范围，按非农建设用地管理”。因此，目前在休闲农业项目中搞永久性建筑，必须按照建设用地来管理。要将农业用地变为建设用地，这是一个相当难的过程，多数情况下难以实现，导致社会资本实际上很难进入休闲农业产业。在这种情况下，休闲农业企业寄希望于通过土地流转来解决园区规模扩大的问题，但在实际操作过程中，因缺少土地使用权流转实施细则，无法维护市场交易各方的合法权益等而难以实现。在不触及耕地保护红线的前提下，如何处理好农业用地保护与休闲农业发展之间的关系，是一个迫切需要研究探讨的问题。

4. 科技支撑不到位，特色精品项目少

京郊休闲农业还未形成自己的科技支撑体系，缺少休闲农业科技成果的研发或集成创新。究其原因，一方面，首都的一些相关科研院所体制改革还没有完全到位，还没有主动参与到京郊休闲农业的发展、开发、设计之中，一些高科技产品未能走出实验室，没有能与京郊休闲农业实践紧密结合；另一方面，北京郊区的休闲农业经营者多是农民，他们思想相对保守，接受新事物的意识差，承担风险的能力低，这些因素决定了他们不敢

闯、不愿试。要通过体制改革与机制创新，促进科技与休闲农业的融合，实现北京休闲农业的科学化、精品化、创新化发展。

5. 政策目标与政策手段失衡，长期效益与短期效果未能兼顾

由于政策设计的偏差或者在实施过程中“走样”，导致一些休闲农业促进政策鼓励了落后。比如，由于决策者缺乏长远的战略眼光，对农家乐的鼓励支持力度较大，导致休闲农业与乡村旅游产品结构长期得不到优化，使乡村旅游资源被简单开发、粗放经营；政策优惠的限制条件不明晰，部分地区为了享受政策优惠，不能结合当地实际发展具有比较优势的乡村旅游特色产品，使得乡村旅游市场服务项目单调、缺乏吸引力，在一定程度上造成了财力的浪费和自然资源的闲置；在“点、线、面”中，现有政策手段多是支持一些乡村旅游“点”，对乡村旅游线路和乡村旅游集聚区的支持较少，致使乡村旅游“点”小而分散，乡村旅游的规模化、集群化发展成了一句空洞的口号，乡村旅游产业的规模效益难以实现。

（三）政策改进

针对上述问题，从建立和完善休闲农业政策体系的需要出发，着眼于宏观的角度，提出如下政策调整和改进的方向。

1. 加强休闲农业立法建设

休闲农业作为一个“农游合一”的新型产业，覆盖面广，涉及行业多，由于行业法规建设滞后，在发展过程中走了一些弯路，面临一系列深层次矛盾与问题。由于休闲农业定义模糊、范畴与内涵不清晰、管理体制不顺、土地流转不畅、投融资渠道狭窄、无序发展现象突出等导致生产与安全、发展与环保、企业与百姓之间的矛盾日益凸显，甚至有激化的趋势。为实现休闲农业的可持续发展，亟须从法律层面进行规范。建议启动休闲农业立法工作，借鉴国外和我国台湾地区的做法与经验，在调研的基础上，对休闲农业场所的设立程序、设立条件、经营管理、安全保障等从法律层面做出规定。同时，成立休闲农业产业发展监管机构，专门负责休闲农业的经营、服务、设备、安全与卫生等方面的行为，使休闲农业发展走上有法可依、违法必究的健康可持续的道路。

2. 建立休闲农业政策体系

根据全国和地方休闲农业发展的需要，建立和完善休闲农业政策体系，充分发挥政府的引导作用。要把休闲农业发展纳入政府规范范畴，对休闲农业采取政策支持、关键环节审批与市场运行相结合的做法。在休闲农业区申请审批程序、规划书或建议书内容规定、特殊区域开发限制、设施内容、土地使用及建筑规范、经营管理等方面设立明确标准（蒲树和、王富有，2013）。政府应专项支持乡村旅游公共卫生，支持休闲农业集聚区的道路交通等公共基础设施建设。休闲农业经营户的减税免税政策要落到实处，对于现场销售自产初级农产品和初级加工品，应采取免税政策。要把休闲农业用电纳入到农村优惠用电的范畴。要落实《全国休闲农业发展“十二五”规划》，在土地使用税、房产税、营业税、教育附加费、城市建设费、排污费、垃圾处理费等方面出台优惠政策。同时，认真贯彻2014年7月2日国务院常务会议精神，鼓励支持民间资本参与发展休闲农业。

3. 搞好乡村旅游基础设施等公共物品的提供

休闲农业与乡村旅游的发展离不开公共设施和服务，优质的公共设施与服务可以提升乡村旅游供给质量，对满足乡村旅游需求具有较大的影响。但作为受益方的乡村旅游经营者，一方面没有能力去提供这些公共设施与服务，另一方面，由于他们不是唯一受益方，所以，也不会愿意独自承担这种成本，因此应由政府对公共物品进行建设和生产，包括修建道路、交通、指示牌、加油站、停车场等基础设施，而这也是政府职能的一个重要内容。因此，为促进休闲农业与乡村旅游业的健康发展，应建立政府投资设立乡村旅游基础设施的机制，切实提高公共物品的数量、质量与水平，更好地满足乡村旅游者的需要。

4. 建立休闲农业的科技支撑体系

加强对休闲农业的科技投入，实行产学研相结合，创建科研、开发、旅游“三位一体”的产业型实体，促进农业科技产品向休闲农业领域转化。要加强新品种、新技术的引进和相关技术的组装配套，使生物基因工程、农业生态和环境保护技术、农产品贮藏与加工技术等一大批先进实用的技术走进休闲农业。要搞好农业的创意开发，发展创意农业，近期可重点开发的领域包括农事教育、民俗文化、高科技展示、生产娱乐、养生体验和生态示范之旅等，以及多功能组合的复合型产品。比如，主题农园与休闲农场可创意设计形成教育农园、市民农园等多种形态，承载农旅结合的农事参与、自然教育和创意体验等功能；创意开发的乡村主题博物馆，以展示乡村历史发展和代表性的事物与成果，如传统工艺与传统产品、传统生产与生活方式、非物质文化遗产等。总之，要用农业高科技催化休闲农业与乡村旅游，使休闲农业的科技含量提高、文化内涵提升、乡村旅游的竞争力增强等几个方面相互依存、相互促进。

5. 不定期开展休闲农业政策绩效评估

休闲农业政策手段的运用是为相应的政策目标服务的，但在实际执行过程中往往产生偏差，导致政策效果不理想。这就要定期或不定期开展政策绩效评估，通过评估发现薄弱环节，反过来调整或修正政策。要通过不断地评估、调整、修正，使休闲农业政策始终在促进而不是在阻碍休闲农业与乡村旅游产业的发展。

第四节　京郊休闲农业发展述评

一、发展状况

北京是大城市小郊区，农业的定位是都市型现代农业。休闲农业是都市型现代农业的重要组成部分，是农村经济新的增长点。中共北京市委、市政府对休闲农业的发展非常重视。进入 21 世纪以来，在需求拉动、供给推动、政策引导的合力作用下，北京郊区休闲农业取得了较快发展，产品类型逐步增多，品质升级开始推进，增长态势初步显现。但最近几年的增长速度放缓，增长幅度变小，进入了发展的平台期。

（一）观光休闲农业园区

截至 2013 年年底，全市有观光休闲农业园区 1 299 个，其中，市级示范园 83 个（表 2-29）。

表 2-29　北京市休闲农业与乡村旅游发展状况

区　县	市级观光农业示范园（个）	市级乡村民俗旅游村（个）	市级乡村民俗旅游户（户）
朝　阳	2	1	30
丰　台	3	2	—
海　淀	8	2	64
门头沟	6	23	506
房　山	3	33	1 387
通　州	7	3	100
顺　义	10	5	40
昌　平	8	26	1 563
大　兴	9	16	793
怀　柔	7	33	1 385
平　谷	6	29	1 404
密　云	7	25	1 339
延　庆	7	29	1 359
合　计	83	227	9 970

数据来源：北京市农委、北京市旅游委、北京观光休闲农业行业协会

2013 年，北京市观光休闲农业园区共接待游客 1 944.4 万人次，总收入 27.36 亿元，同比分别增长 0.2% 和 1.8%，如表 2-30 所示。从单个园区收入看，2013 年平均每个园区收入 210.6 万元，比 2012 年的 209.5 万元增加 0.5%，可谓微乎其微。从人均消费额看，2013 年观光休闲农业园区人均消费额为 140.71 元 / 人次，比 2012 年的 138.67 元 / 人次，增长 2.04%，增加幅度都不大。因此，无论是规模指标，或是效益指标，还是人均指标，同比增速都不大，说明观光休闲农业园区的发展出现了徘徊不前的局面，进入了停滞期。

表 2-30 北京市观光休闲农业园区经营情况

年 份	观光农业园数量（个）	生产高峰期从业人员（人）	接待人次（万人次）	经营总收入（亿元）
2005	1 012	40 729	892.5	7.88
2006	1 230	52 828	1 210.6	10.49
2007	1 302	51 392	1 446.8	13.15
2008	1 332	49 366	1 498.2	13.58
2009	1 294	49 504	1 597.4	15.24
2010	1 303	42 561	1 774.9	17.80
2011	1 300	46 038	1 842.9	21.72
2012	1 283	48 906	1 939.9	26.88
2013	1 299	50 406	1 944.4	27.36

数据来源：北京市统计局

1. 收入构成

2013 年，观光休闲农业园收入前 3 名的项目分别是：采摘收入 8.51 亿元，占总收入的 31.11%；出售农产品收入 6.01 亿元，占 21.97%；餐饮收入 5.84 亿元，占 21.36%。此外，住宿收入为 2.43 亿元，仅占 8.89%，住宿收入低，说明观光休闲农业园区接待的游客绝大多数是一日游游客。

把 2013 年与 2012 年数据对比分析发现，两个年度的观光休闲农业园收入结构有一定变化。其中，比重提高的收入种类有：门票收入、采摘收入、出售农产品收入、垂钓收入、餐饮收入；比重下降的收入种类有：住宿收入、健身娱乐收入、出售其他商品收入、其他收入。住宿收入与健身娱乐收入比重下降，说明不仅住宿的游客减少，而且游客在观光休闲农业园内的停留时间缩短了；出售其他商品收入比重下降，说明游客在观光休闲农业园中购物较少，游客在回城时没得买，京郊乡村旅游商品的开发任重而道远。

2. 市场结构

2013 年，北京市观光休闲农业园区共接待游客 1 944.4 万人次，其中，接待外国游客 3.26 万人次、港澳台游客 0.55 万人次；相应地，2012 年的数据分别是：1 939.95 万人次、2.88 万人次和 0.20 万人次，2013 年与 2012 年同比分别增长 0.2%、13.1% 和 175.3%。说明在游客总量规模基本不变的情况下，观光休闲农业园区接待的外国游客与港澳台游客数量大幅增长，市场结构发生了质的转变，观光农业园区的国际化程度有了提高。

3. 空间布局

从观光园数量看，最多的4个区县分别是：怀柔（217个）、平谷（213个）、昌平（199 个）、密云（155 个），这 4 个区县的观光园数量之和占全市的 60%；大兴和房山的观光园数量相当，分别是 114 个和 105 个；朝阳、丰台的观光园数量最少，皆为 12 个。从观光园的接待游客人次看，各区县的差异比较明显。朝阳区虽然观光园的数量很少，但接待的游客数量却达到了 117.33 万人次，平均每个观光园接待 9.78 万人次 / 年，平均每园每天接待 267 人次，原因可以归结为该区的观光园区位条件好，离中心城区较近，交通方便。从接待游客人次的密度看，由高到低排列，依次是朝阳、丰台、密云、平谷、大兴、顺义、房山、通州、延庆、昌平、怀柔、门头沟、海淀。

（二）乡村民俗旅游

截至 2013 年年底，全市共有市级民俗旅游村 227 个，市级民俗旅游户 9 970 户，其中，正常经营的民俗旅游户 8 530 户，从业人员 19 578 人（表 2-31）。2013 年，乡村民俗旅游户共接待游客 1 806.5 万人次，实现乡村民俗旅游总收入 10.20 亿元，同比分别增长 6.5% 和 12.6%，收入增长的速度高于游客数量增长的速度，说明民俗旅游业的效益有了提高。从人均消费看，2013 年乡村民俗旅游人均消费额为 56.43 元 / 人次，比上年的 53.66 元 / 人次增长 5.2%，发展较为平稳。

表 2-31 北京市乡村民俗旅游经营情况

年 份	实际经营民俗旅游户（户）	期末从业人员（人）	接待人次（万人次）	民俗旅游总收入（亿元）
2005	7 268	14 070	758.9	3.14
2006	8 726	18 253	982.5	3.65
2007	10 323	20 750	1 167.6	4.96
2008	9 151	19 421	1 205.6	5.29
2009	8 705	19 790	1 393.1	6.09
2010	7 979	16 856	1 553.6	7.35
2011	8 396	18 232	1 668.9	8.68
2012	8 367	18 705	1 695.8	9.05
2013	8 530	19 578	1 806.5	10.20

数据来源：北京市统计局

1. 收入构成

2013 年，在乡村民俗旅游的收入结构中，餐饮收入占 73.75%，住宿收入占 18.18%，出售和加工自产农产品收入占 7.41%；而在 2012 年，这 3 项收入比重分别为：餐饮收入占 72.58%、住宿收入占 18.36%、出售和加工自产农产品收入占 8.16%。可见，2013 年与 2012 年相比，民俗旅游收入结构的变化并不明显。

2. 市场结构

2013 年，乡村民俗旅游户共接待游客 1 806.5 万人次，同比增长 6.5%，呈稳定的上升态势，这种上升主要得益于首都游客的贡献。从市场结构看，外国游客与港澳台游客下降幅度较大，其中，外国游客从 2012 年的 4.83 万人次下降到 2013 年的 4.69 万人次，下降 3.0%；港澳台游客从 2012 年的 0.40 万人次下降到 2013 年的 0.22 万人次，下降 44.3%。

3. 空间布局

从民俗旅游接待户总量上看，远郊区县要远远高于近郊区县。平谷区的民俗旅游接待户数量最多，为2 213户，占全市民俗旅游户总量的25.94%；其次是怀柔（1 582户）、密云（1 438户）和房山（1 294户），各占全市总量的18.55%、16.86%和15.17%；第三梯队是延庆、门头沟和昌平，分别为804户、568户和314户。从接待游客人次总量看，区县前3名分别是：延庆（448.84万人次）、平谷（401.83万人次）和密云（345.07万人次），这3个区县接待游客数量之和占全市的66.19%。从户均接待游客数量看，延庆最多，户均年接待游客5 582人/户/年；昌平、密云、大兴为第二梯队；朝阳和通州最少。从户均民俗旅游收入看，延庆以28.84万元/户/年的平均收入高居全市榜首，说明该县民俗旅游的特色明显，经营模式值得其他区县借鉴；户均民俗旅游年收入在10万元以上的区县还有昌平（17.85万元/户/年）、密云（12.45万元/户/年）、通州（11.65万元/户/年）、平谷（10.72万元/户/年）4个区县。值得注意的是，通州区的民俗旅游户均接待游客总量排在全市最后，但户均收入却位居全市第3名，说明通州区的民俗旅游业特色鲜明，年接待周期长，盈利点多，其发展模式与经验值得研究、总结、推广。

二、推进措施

总结几年来京郊休闲农业的发展举措，值得肯定的做法有以下几个方面。

（一）制定发展规划，突出区域特色

休闲农业的发展必须以规划为先导，否则就会放任自流，一盘散沙，容易对资源造成破坏。从全市来看，1998年编制了《北京市观光农业发展规划》；2004年，北京市农委、市旅游局联合编制了《北京市乡村旅游发展规划（2005—2010）》。各区县也相继编制了自己的休闲农业发展规划。在规划编制的过程中，坚持与区县的功能定位相结合，着力打造“一区一

色，一村一品”。如大兴区定位为“绿海甜园休闲旅游区”，平谷区定位为“休闲绿谷”，怀柔区定位为“不夜怀柔”，密云县定位为“渔乐圈”。对于民俗旅游村来说，不搞大而全，而是要突出本村的地域特色，如灯笼村、梨花村、风筝村等。

（二）出台行业标准，规范服务行为

没有规矩，不成方圆。2004 年，北京市农委、北京观光休闲农业行业协会制定了“北京市观光农业示范园的评定标准（试行）”，随即于 2004 年、2005 年、2007 年、2009 年分别评定出了 4 批共计 95 个北京市观光农业示范园。2006 年，北京市农委、市旅游局联合制定了北京市地方标准《乡村民俗旅游村等级划分与评定》（DB11/T350-2006）和《乡村民俗旅游户等级划分与评定》（DB11/T351-2006），并对全市的市级民俗旅游村进行了复核，保证了乡村旅游的品质与规范。2009 年 1 月，北京市旅游局与市技术监督局制定《乡村旅游特色业态标准及评定》（DB11/T652-2009），规定了“国际驿站、采摘篱园、乡村酒店、养生山吧、休闲农庄、生态渔家、山水人家、民族风苑”8 个乡村旅游新业态的地方标准，成为全国首批乡村旅游新业态地方标准。应该说，这一系列标准从不同角度指导着北京市休闲农业的发展与规范，促进了休闲农业的完善与提高。

（三）部门联动，政策集成

从 20 世纪 90 年代末开始，北京市农委每年都从支农资金中切出专项资金，支持郊区休闲农业的发展。初期是以实物扶持为主，向达标的市级民俗旅游村赠送电脑，为市级民俗旅游接待户配备消毒碗柜、电冰箱等必要的设施。2006 年以后，则转向以项目扶持为主。北京市旅游局拿出资金，重点支持郊区乡村旅游项目的规划、策划，乡村旅游的宣传促销与市场推广等。北京市发展改革、财政、商务、市政、水务、卫生、交通等有关部门，在观光农业园的基础设施建设及民俗旅游村的道路建设、改水改厕、绿化美化、停车场建设等方面给予了大力支持。通过扶持，积极引导广大经营者注重服务品质、注重项目规划和资源整合，起到了“四两拨千斤”的作用。

（四）创新形式，推动发展

从2006年起，就开始举办了“凤凰乡村游、体验新农村”活动，目前已举办了8届。北京“草莓季”“花季”“樱桃季”和“鲜桃季”特色季活动贯穿全年，乡村旅游产品设计大赛、烹饪技术大赛、创意农业论坛等主题活动穿插其中。此外，以区县为主，每年都举办具有地方特点的农事节庆活动，如大兴西瓜节、平谷桃花节、海淀樱桃节、房山柿子节等。通过优化各种自然资源与社会资源，引导市民参与农业休闲体验为主要手段，将休闲农业与农产品流通有机地结合起来，拉近了城乡之间的距离，推动了休闲农业与乡村旅游的发展。

（五）扩大宣传，链接供需

休闲农业是信息带动型产业。研究表明，信息对休闲农业的贡献度要远远大于传统的农业和制造业。因此，信息、宣传至关重要。从目前看，对休闲农业的宣传主要体现在3个渠道：一是开展大型的产业宣传促销活动。每年的“五一”和“十一”黄金周前，都组织开展宣传推介活动，为黄金周造势。二是有计划地在电视台、广播电台等媒体上打一些软广告。三是努力办好全市、区县以及休闲农业点上的网络平台，如北京乡村旅游网等。

（六）开展培训，提升素质

目前，京郊从事休闲农业与乡村旅游的经营者，大多是农民；基层政府主管部门的管理者，也是多年抓农业生产，对种植、养殖是行家，但对于发展休闲产业，还是新兵。为此，通过对休闲农业的经营者和管理者开展业务培训、现场观摩、外出考察等，以开阔其眼界，提升其素质。比如，自2012年以来，北京市旅游系统下了很大的决心，投入专项经费，实施了“京郊旅游‘百千万’培训工程”，即培训百名乡镇长、千名村官、万名京郊旅游及新业态带头人，收到了较好效果。2013年，北京市农委会同北京观光休闲农业行业协会，邀请有关专家，举办了“农业文化遗产、海峡两岸休闲农业交流、休闲农业经营与创意开发”等业务培训班。通过这些培训活动，旨在帮助广大从业者实现由第一产业生产者向第三产业服务者的转变。

三、发展态势

北京市休闲农业与乡村旅游的取得了初步成效，并将保持良好的发展态势。目前在不少村、有些乡镇，尤其是一些山区乡镇，休闲农业与乡村旅游已经成为主导产业。对于山区农民来说，休闲农业使他们足不出户走上了致富路。对于市民来说，到郊区去采摘，到乡村去休闲，到农家去吃饭，已经成为一种生活方式。实践证明，休闲农业与乡村旅游已经成为市场需求大、农民增收见效快的重要产业，对于拓展农业多功能、促进农民就业增收、推进美丽乡村建设、满足城乡居民日益增长的休闲消费需求，起到了积极的作用。

（一）从对产业的宏观认识上看，有关部门从最初的怀疑，到现在的大力支持

别说20世纪90年代刚开始发展休闲农业、乡村旅游时，就说2000年前后，有关部门对发展乡村旅游的看法也不尽相同，说法不一。笔者认为，只要有利于京郊农村经济的发展，有利于促进农民就业增收，有利于生态环境改善和市民幸福指数提高，就要大胆地闯、大胆地试，就要大力地支持。北京郊区休闲农业与乡村旅游20多年的发展历程雄辩地证明了，“农游合一”的路子是对的，把市民吸引到农村来消费，方向是正确的。

（二）从经营内容上看，从简单的“吃农家饭、住农家院、摘农家果”向体验、休闲、健身乃至商务、度假等方向综合发展

北京市区人口众多，既汇聚了全国顶级的高收入精英，又有更多的普通小康之家、中产阶层，还有来自全国的十几万高校学生。社会阶层、收

入差别、职业分布、消费习惯等的多元化，决定了北京休闲农业与乡村旅游的市场需求是多层次、多元化的，这为各种业态的发展带来了充足的客源和广阔的空间。在北京郊区，不仅最普通的“住农家院、吃农家饭、摘农家果”项目遍布各地，而且森林旅游、市民农园、温泉养生、滑雪滑冰、健身疗养、乡村度假、庄园经济等项目也逐步多了起来，开始向多业态、多层次发展。从功能上看，从最初的观光、采摘，向休闲、体验、养生、健身，乃至商务、度假等功能多样化、产业融合化、服务综合化方向发展。

（三）从空间布局上看，从最初依托在景区周边，向山区、平原全方位发展

最初的乡村旅游，都是依附于某些著名的景区，如十三陵周边的采摘园、十渡景区周边的农家院等。随着乡村文化、农耕文化等魅力的挖掘，在那些“既无和尚庙、又无皇上坟”的地区，也出现了大量的乡村旅游、休闲农业项目。经过20多年的发展，休闲农业与乡村旅游项目从最初的分散在旅游景区、景点周围，向近郊、平原、山区全方位发展；从最初的星星点点，向点、线、面相结合的方向发展。

从区域分布看，休闲农业与乡村旅游项目呈圈带状分布在北京周边。近郊平原区自然山水资源贫乏，以农业产业自身为载体，以特色农产品为主导，以观赏游览、体验农作为主要项目，重点发展高科技农业观光园、农业主题公园、垂钓场、温泉度假村、生态餐厅以及农园租赁等项目。远郊丘陵地带农业资源非常丰富，民风古朴，休闲农业以休闲疗养、农村文化体验等为主。远郊山区则结合丰富的自然风光、文化遗迹等旅游资源发展特色采摘、民俗旅游、森林度假等项目。

（四）从经营规模上看，从“一家一户一园”的分散状态，向“一沟一谷一带”成方连片发展

休闲农业与乡村旅游从最初的“单打独斗”，必然要走向区域整合、产业分工。要想让市民来得了、留得下，就要为他们提供尽可能丰富的休

闲项目。因此，在一定的区域内，观光农园要与景区合作，旅游村要和观光农园合作。从专业化分工的角度看，磨豆腐的、养柴鸡的又要和搞餐饮的合作（冯建国，2011）。

经过近几年的打造，已经涌现出怀柔区不夜谷、夜渤海、白河湾，密云县云蒙风情大道，平谷区绿谷风情大道，延庆县百里山水画廊等集合了自然风光、农业观光、乡村休闲等项目的主题型乡村旅游目的地，受到市民的热烈欢迎。

从长远看，发展休闲农业与乡村旅游，不是一家一户的事，甚至不是一个村子的事，走集群化发展道，区域联动、合作发展是今后的大势所趋。

（五）从经营主体上看，从以农户经营为主，向农民合作经济组织经营、企业家投资经营发展

休闲农业与乡村旅游越来越受到社会公众的关注，尤其是中央提出推进社会主义新农村建设以来，大量的财政资金伴随着各种优惠政策向农村地区倾斜，农村地区的基础设施条件得到了根本的改善，吸引了大量的社会资本进入。社会资本的进入，既带来了城市的资金、技术、管理和发展理念，也大幅度地提升了休闲农业与乡村旅游的水平。从长远来看，休闲农业与乡村旅游要从以农户经营为主，向农民专业合作社、社会资本参与、专业酒店托管等投资主体多元化、股份社会化、经营专业化方向发展。

四、基本经验

十多年的实践证明，北京郊区休闲农业的发展得益于“五个坚持”。

（一）坚持以市民需求为导向

休闲农业的出现是农业走向市场的产物，休闲农业的发展也必须以满足市民的休闲需求为出发点。但市民的需求是动态的、变化的，求新、求

异、求变是休闲旅游的基本特征，这就要求郊区休闲农业的经营内容、经营方式、营销手段等，必须与时俱进，必须贴近市民的需要。发展休闲农业的出发点，从富裕农民转为服务市民，是郊区休闲农业发展指导思想上的一大转变。

（二）坚持以产业发展为基础

休闲农业的发展必须立足于“三农”。要以农业为基础，以农村为单元，以乡土文化为主线，按照生产、生活、生态相统一的要求，把农业、农产品加工业、农村服务业等联结起来，经过艺术化加工创造，给城市居民提供特色明显、韵味独特、参与性强的休闲旅游产品。如果离开了农业产业、农村环境、农民生活，占用过多的耕地，大兴土木工程，建设过多的人文景观，休闲农业就成了无源之水、无本之木，最终也会失去它的生命力。

（三）坚持以机制创新为动力

通过创新体制机制，统筹城乡资源，能够有效促进郊区休闲农业的发展。创新投融资机制，在坚持农民主体的前提下，积极引导社会资本进入，提升休闲农业项目的建设水平，促进郊区休闲农业上规模、上档次；创新开发模式，整合建设用地指标及人才、技术、资金等资源在一个地区集聚，实现休闲农业项目的集群化发展；创新管理体制，通过推进“政府引导、农民主体、市场运作、协会桥梁”的运作模式，处理好政府宏观指导与发挥市场决定性作用之间的关系，切实调动有关各方的积极性。

（四）坚持以培育特色为手段

特色是休闲农业的生命。一个休闲农业区、乡村旅游带有没有人流，一个观光休闲农业项目能否赢利，在很大程度上取决于它有没有特色。与其他休闲农业项目相比，主题的不同是特色，经营内容的差别是特色，营销模式的创新也是特色。最近几年，各区县在抓农业主题公园的建设，沟域经济的开发，乡村旅游“一区一色、一村一品”等方面进行了有益的探索，取得了积极的进展，应该予以坚持。

（五）坚持以增加农民收入为落脚点

农民是农业生产的主体，也是休闲农业发展的主体。不管休闲农业项目如何发展，机制如何创新，农民的主体地位都不能丢。实践证明，凡是农民能够得到实惠的事情，农民就会积极参与和支持，这项事业才能得到发展。

第三章 休闲农业的市场需求研究①

研究市民与游客的出游动机与旅游消费需求，是确定休闲农业升级策略的基础和前提。近年来，随着市民生活水平的不断提高，其消费观念与旅游消费需求也在不断发生变化，如对安全食品的要求、对绿色低碳的追求、对亲子教育的需求、对休闲体验性项目的渴望等。为促进京郊休闲农业的提档升级，亟须在调研的基础上，摸清游客与市民的需求特征，并确定相应的应对策略。

第一节 调研情况

一、调研方式

（一）调研时间、地点

2012 年 8 月中、下旬，在北京市东城、西城、朝阳、海淀区 4 个区，选取蟹岛度假村、香山公园、天坛公园、北京新世界商场等人流较为集中的地方，对北京市民进行随机问卷调查。

（二）调研对象

本次调研选择参与过京郊休闲农业与乡村旅游的市民与游客。在调查

① 市场需求调研由范子文主持。张磊参与了调查问卷设计和现场调查，并对调研数据进行了处理，特此致谢

过程中，排除了未参与过北京休闲农业与乡村旅游的被访游客。

（三）调研方法

采用随机抽样的问卷调查法，并通过统计软件 SPSS19.0 对调研数据进行统计分析。

（四）问卷设计

根据调研目的与内容，设计了调查问卷，包括旅游主体的行为特征、需求意愿、满意度 3 类项目，共计 24 个问题。为提高问卷的有效回收率，笔者为每位被访者准备了小礼品。

（五）数据收集

在调研期间，共发放调查问卷 1 000 份，收回 985 份，其中，有效问卷 960 份，有效率 96.0%。

二、受访者的人口统计特征

人口统计学模型对相当多的行为现象具有极强的解释功能。国家旅游局在每年的国内旅游抽样调查中，也一直使用人口统计学指标，描述和分析旅游现象。因此，本次调查选取了性别、年龄、学历和收入水平 4 个最基本也是最重要的指标，作为对北京休闲农业目标市场群体的人口统计特征进行分析的研究变量。

在本次被访者中，男性占样本总数的 45.3%，女性占 54.7%，性别比例较为均衡，具有代表性。从年龄结构来看，26 ～ 50 岁的被访者最为集中，达到 68.5%，该年龄段的人群生活节奏较快，面临较大的工作、学习、家庭等方面的压力，乡村旅游恰好可以满足他们放松心情、释放压力的需要。从受教育程度看，大专及以上学历者达到 74.2%，其中，有 9.8% 的受访者是硕士、博士，说明中、高学历者在休闲农业的目标市场中占了绝大多数。从收入看，受访者中月均收入在 4 001 ～ 6 000 元的比例最高，达到 37.7%；另有 18.4% 的受访者月均收入在 6 001 ～ 8 000 元，可见中、高等收入者是京郊休闲农业客源市场的主力军。被访者的人口统计特征见表 3-1。

表 3-1　被访者的人口统计特征

指　标	特征值	频　次	比例（%）
性　别	男	435	45.3
	女	525	54.7
年　龄	25 岁及以下	189	19.7
	26 ～ 50 岁	658	68.5
	51 岁及以上	113	11.8
受教育程度	高中 / 中专 / 技校	248	25.8
	大学专科 / 本科	618	64.4
	硕士 / 博士	94	9.8
月均收入	4 000 元及以下	309	32.2
	4 001 ～ 6 000 元	362	37.7
	6 001 ～ 8 000 元	177	18.4
	8 001 元及以上	112	11.7

注：收入选项的划分标准，参照北京市人力资源和社会保障局、北京市统计局联合公布的 2011 年北京市职工平均工资水平（4 672 元 / 月）拟定

第二节　市场需求特征

一、出游动机：获得情感的愉悦和满足

了解目标群体的出游动机和心理需求，对于提升休闲农业与乡村旅游产品的竞争力，确定相应的营销策略意义重大。问卷中对出游动机的调

查，从 6 个方面（情感、审美、文化、学习、健康和社交），设计了 9 个备选项，较为全面地覆盖了游客的出游动机。

调查结果表明，获得情感的愉悦和满足，是人们出游的主要动机。该类诉求的具体表现为，“释放压力”“追求乐趣与快乐”和“增进亲情”，分别占 62.8%、41.3% 和 29.8%，说明人们参与休闲农业是对“和谐境界”的向往，是对“超现实”体验的追求。换句话说，人们渴望暂时摆脱现实压力，冲出“围城”，追寻一次心灵的放松。其次，是对审美的诉求，具体表现为“亲近自然”“欣赏美景”，分别占 54.8% 和 42.0%。表明城市居民渴望体验与城市生活截然不同的时空差异，沉浸于山水田园或是乡间小道，感受大自然的鬼斧神工。再次，随着市民生活水平和受教育程度的提高，产生了一定比例的对健康和文化的需求，分别占 21.0% 和 19.3%，说明人们开始关注自己的身体健康和身心愉悦，并做出积极调整。另外，以学习和社交为主要出游动机的旅游者所占比例相对较低，分别占 5.8% 和 5.3%。出游动机调查统计详见表 3–2。

表 3–2　出游动机调查统计

诉求类别	选项描述	频　次	比例（%）
情　感	释放压力	603	62.8
	增进亲情	286	29.8
	追求乐趣与快乐	397	41.3
审　美	欣赏美景	403	42.0
	亲近自然	526	54.8
文　化	体验乡村生活	185	19.3
学　习	了解农业知识	56	5.8
健　康	强身健体	202	21.0
社　交	商务需要	51	5.3

注：由于是多选项，各项比例之和不等于 100%

二、旅游线路：主动参与设计

乡村旅游者不再顺从接受旅行社等旅游企业事先设计、开发的旅游产品和服务，而是越来越希望能够按照自己的思想意识、生活方式、价值取向和消费需求，参与设计能与自身产生共鸣的“生活共感型”休闲农业产品和服务。主要表现在，旅游者从被动购买整体旅游产品发展到自己组织旅游产品和旅游线路，该类人群占据了本次调研样本的58.3%。旅游者希望充分发挥自己的想象力和创意空间，实施自己的主动权和参与权，从而获得最大程度上的成就感和满足感。其次，是向亲朋咨询，所占比例为20.2%，即每100人中，约有20人会通过向亲朋咨询有关旅游信息，来确定自己乡村旅游的目的地。与之形成鲜明对比的是，表示愿意直接从网上下载复制他人设计的旅游产品（如“驴友”行程推荐书）的受访者，所占的比例最低，仅为9.8%。出行计划安排方式的调查统计见表3-3。

表3-3 出行计划安排方式的调查统计（降序排列）

指　标	频　次	比例（%）
自己组织旅游产品和线路	560	58.3
向亲朋咨询	194	20.2
跟旅行社随团	112	11.7
网上拷贝“驴友”行程推荐书	94	9.8

三、出行方式：自驾车是主流

（一）自驾车是主流出行工具

交通是实现旅游者空间位移的前提条件。调查显示，自驾车是北京休闲农业参与者的主要出行方式，占75.4%。其中，驾驶私家车出游的更为普遍，占68.2%；选择亲朋“拼车”的占7.2%。约有1/5的旅游群体选择绿色环保型的公共交通工具，其中，16.0% 的旅游者选择搭乘公交车前往乡村旅游目的地，6.0% 的旅游者随团乘坐旅行社提供的大巴车。从目前来看，骑行旅游尚未被广大市民接受，只存在一小部分群体，约占 2.6%。出行方式调查统计见表 3-4。

表 3-4　出行方式调查统计（降序排列）

交通工具	频　次	比例（%）
私家车	655	68.2
公交车	154	16.0
"拼车"	69	7.2
旅行社大巴车	57	6.0
自行车	25	2.6

（二）自驾车旅游者：出游高频、停留 2 日、呈现高端消费走势

自驾车旅游最早出现于 20 世纪的美国，因其自由和个性化的特点，深受人们的喜爱。最初是周末开车出游（Sunday Drive），后来发展成为自驾车旅游（Drive Travel）。它的出现是现代旅游业从大众旅游向定制化旅游发展的产物。

运用统计软件 SPSS19.0 的交叉分析功能，对北京市自驾旅游者的行为特征进行分析。结果显示，尽管依然有半数群体出游频率相对较低，每年 1 ～ 3 次，但高频出游的群体阵容后来居上，占样本量的 41.0%，其中更有 14.8% 的受访者表示几乎每个月都会去京郊乡村旅游。从停留时间看，以 2 日为主，占 56.4%，即留宿的比例较大。停留时间决定消费水平，调查数据显示，自驾旅游者的消费水平为中高端且偏向高端。从人均消费水平看，有 52.5% 的自驾旅游者每日的人均消费在 300 元以上，其中，在 400 元以上的占 20.6%。自驾车者的旅游行为特征交叉分析见表 3-5。

表 3-5　自驾车者的旅游行为特征交叉分析

行为特征	特征值	自驾车（样本量：724）	
		频　次	比例（%）
出游频率	两三年一次	63	8.7
	每年 1 ～ 3 次	364	50.3
	每年 4 ～ 6 次	190	26.2
	平均每月都去	107	14.8
停留时间	1 日（不过夜）	205	28.3
	2 日	408	56.4
	3 日	85	11.7
	4 日及以上	26	3.6
人均消费	200 元及以下 / 日	110	15.2
	201 ～ 300 元 / 日	234	32.3
	301 ～ 400 元 / 日	231	31.9
	401 元及以上 / 日	149	20.6

注：自驾旅游者 = 驾驶私家车的旅游者 +“拼车”旅游者

（三）公共交通旅游者：出游低频、停留 1 ～ 2 日、呈现大众消费水平

北京市有关部门积极推广公共交通，经过几年的努力，城乡公共交通体系已初具规模。但依然有覆盖盲点，在一些地区存在车次较少、换乘次数较多等不便之处，因此，人们在自驾车和公共交通工具之间首选自驾。只有在客观条件不允许的情况下，才会选择公共交通工具。

运用统计软件 SPSS19.0 的交叉分析功能发现，选择公共交通工具的乡村旅游者具有以下行为特征：①出游频率相对较低，平均为每年 1 ～ 3 次，占样本量的 63.0%；②停留时间相对较短，以 1 ～ 2 日为主，占 82.5%，

其中，留宿的旅游者占 54.5%；③每日的人均消费水平在高、中、低端均有，但偏向中、低端，200 ～ 400 元 / 日的占 65.4%，另有近 1/5 的群体会把每日的旅游消费控制在 200 元以下。公共交通旅游者的旅游行为特征交叉分析见表 3-6。

表 3-6 公共交通旅游者的旅游行为特征交叉分析

行为特征	特征值	公共交通（样本量：211）	
		频 次	比例（%）
出游频率	两三年一次	27	12.8
	每年 1 ～ 3 次	133	63.0
	每年 4 ～ 6 次	29	13.8
	平均每月都去	22	10.4
停留时间	一日（不过夜）	59	28.0
	2 日	115	54.5
	3 日	27	12.8
	4 日及以上	10	4.7
人均消费	200 元及以下 / 日	41	19.4
	201 ～ 300 元 / 日	72	34.1
	301 ～ 400 元 / 日	66	31.3
	401 元及以上 / 日	32	15.2

注：公共交通旅游者 = 乘坐公交车旅游者 + 乘坐旅行社大巴车的旅游者

四、餐饮需求：返璞归真是“食尚”，绿色养生成“新宠”

当下吃腻了大鱼大肉的都市人，回归自然才是时尚，具有地方风味的农家饭正好顺应这股潮流。调查结果显示，近 50% 的人群对乡村旅游餐饮需求的关键词是“地方特色”“营养均衡”和“饭菜可口”，表明在发挥农家饭独特优势（即“绿色、朴实、鲜美”）的基础上，加入现代都市人的饮食需求（即“膳食搭配、健康养生”），是农家饭升级的关键。确保“干净卫生”，是消费者最为敏感的指标，也是农家饭生存发展的永恒主题。在调研中，有83.0%的受访者表示对此十分关注。对于“干净卫生”指标的考核，不仅停留在饭菜上，还涵盖相关的配套设施，如配置专供客用的洗手池、卫生间，提供一次性消毒碗筷等，对这两项指标的关注度，分别占受访者的37.0%和22.7%。餐饮偏好的调查统计见表3-7。

表3-7 餐饮偏好的调查统计（降序排列）

指　标	频　次	比例（%）
干净卫生	797	83.0
营养均衡	448	46.7
地方特色	470	49.0
饭菜可口	434	45.2
专供客用洗手池、卫生间	355	37.0
提供一次性消毒碗筷	218	22.7

注：由于是多选项，各项比例之和不等于100%

五、住宿需求：追求洁净、原真

（一）设施达到经济型酒店水准

乡村旅游者对住宿设施的总体需求倾向于经济型酒店的水准，即以清洁、安全为重。其中，清洁需求排在第一位，主要表现为客房干净卫生、有独立卫生间及淋浴设施，分别占样本量的86.8%和52.7%。其次，是对安全的需求，体现在客房门锁的安全性及室内有通风设施，分别占47.5%和40.0%。此外，约有1/3的游客在满足了清洁与安全需求的基础上，会考虑舒适度指标，如室内空调能否冬暖夏凉、客房之间的隔音效果等。相比之下，乡村旅游者对于客房的主题格调，是否提供免费上网、一次性洗漱用品，以及客用保险箱等选项，在现阶段并不十分敏感。住宿偏好的调查统计见表3-8。

表 3-8　住宿偏好的调查统计（降序排列）

指　标	频　次	比例（%）
干净卫生	833	86.8
有独立卫生间及淋浴设施	506	52.7
门锁安全性	456	47.5
通风设施	384	40.0
空调冬暖夏凉	327	34.0
隔音效果	280	29.2
免费上网	199	20.7
主题格调	158	16.5
免费提供一次性洗漱用品	87	9.0
客用保险箱	48	5.0

注：由于是多选项，各项比例之和不等于 100%

（二）喜好“原真”住宿风格

调查中有 49.0% 的受访者愿意住在“农家小院”，与村民进行“零距离”接触，真实了解乡村的风土人情、古老的农耕文化和具有地方特色的乡村建筑，拥有一次纯粹的“乡村体验”。其次，有 22.3% 的受访者倾向农家小院的升级版，即“山间别墅”。虽然二者在需求档次上存在差异，但其共性为“原真”，表现为乡村性、纯自然，较少有人工雕琢的痕迹。住宿类型偏好的调查统计见表 3-9。

表 3-9　住宿类型偏好的调查统计（降序排列）

指　标	频　次	比例（%）
农家小院	470	49.0
山间别墅	214	22.3
经济酒店	144	15.0
主题酒店	77	8.0
帐篷露营	43	4.5
房　车	12	1.2

“原真（Authenticity）”是法国发展乡村旅游倡导的理念，游客希望通过乡村旅游，体验非现代化水准的旅游环境：一个宁静而自然的乡村环境、感受到家一般温暖的欢迎与接待，以及与当地建筑完美结合的家庭旅馆。借鉴法国经验，北京市的乡村旅游住宿产品，应突出与当地环境的和谐统一，展现民俗文化，融自然山水于一体，农家小院中有热情开朗的“农家大姐”，山间别墅中有管家式的服务。从建筑风格上看，山间别墅应是由古老的民居改建，或是新建的后现代派乡村别墅。

（三）性别产生住宿偏好差异

运用统计软件 SPSS19.0 的交叉分析功能发现，不同性别的乡村旅游者对于住宿类型的偏好不同。约半数的乡村旅游者会首选“农家小院”住宿，这是男女的共性，但比例有所不同，女性比男性对“农家小院”的偏好更为集中，高出约 10 个百分点。对于“山间别墅”这一住宿类型，男性的偏好更为突出，有 1/4 的男性旅游者会首选“山间别墅”，而女性是 1/5。对于“主题酒店”“帐篷露营”和“房车”3 种住宿类型，男性均高于女性。总体来看，男性对住宿类型的偏好呈现散点状，即愿意尝试各种住宿类型，满足猎奇心理；而女性对“农家小院”的钟爱比较持久，更愿意寻求温馨、亲切的感觉。因此，经营者在营销时，应根据这一人口统计特征，针对不同的目标群体，选择不同的营销策略，以提高营销效果。不同性别对住宿类型偏好的交叉分析见表 3-10。

表 3-10　不同性别对住宿类型偏好的交叉分析

性　别	住宿类型偏好（%）					
	农家小院	山间别墅	主题酒店	经济酒店	帐篷露营	房　车
男	43.4	25.7	9.9	13.6	5.5	1.9
女	53.7	19.5	6.4	16.2	3.7	0.5

六、娱乐需求：追求本土化、参与性

（一）项目注重乡土化，夜间旅游诉求出现

现代旅游活动从根本上说是一种文化活动，乡土文化是休闲农业参与者追逐的目标之一。调查统计结果表明，乡村旅游者对具有乡土特色的娱乐项目，如与小动物互动、滚铁圈、抽陀螺、磨豆腐、打年糕等，偏好显著，占样本量的 52.8%。但这种参与是有条件的，即收费合理，且设施完善，受访者对这两项指标的关注度分别为 54.5% 和 52.3%。此外，对于乡村旅游来说，夜间旅游还处于探索阶段，此次调研发现北京地区对乡村夜间娱乐活动的需求有明显提升，达到 45.5%，需要引起足够的关注。娱乐偏好的调查统计见表 3-11。

表 3-11 娱乐偏好的调查统计（降序排列）

指 标	频 次	比例（%）
收费合理	523	54.5
娱乐项目具有乡土特色	507	52.8
设施完善	502	52.3
有晚间娱乐活动	437	45.5

注：由于是多选项，各项比例之和不等于 100%

在我国大中型城市的城市旅游体系中，夜间旅游已经较为成熟，有的已成为当地旅游业的一个品牌，如香港迪斯尼主题乐园的夜间大型巡游焰火表演、北京什刹海的“夜间游船”、深圳民俗文化村的“泼水狂欢夜”、桂林的“印象·刘三姐”大型漓江灯光歌舞晚会等，这些夜间旅游项目把一天的旅游活动推向高潮。可见，由夜游、夜饮、夜宴、夜唱、夜逛、夜购等消费内容构成的“夜经济”，延长了旅游时间，丰富了旅游产业链。北京市的休闲农业与乡村旅游虽然发展了 20 余年，但夜间旅游项目还比较单一，一直被棋牌、KTV、篝火晚会等主导着，下一步需要开发新的项

目，形成新的引擎，以带动乡村旅游的“夜经济”效应。

（二）类型偏好多元化，倾向观光体验型活动

乡村离不开农业，田园风光是乡村特有的资源，“农旅联姻”给农业创造了旅游价值。调查显示，70.2% 的受访者对“观光体验型”的乡村娱乐活动偏好显著，表明旅游者希望通过参加农业生产活动，与农民同吃、同住、同劳动，接触实际的农业生产、农耕文化和淳朴的乡土气息。其次，游客渴望在乡村旅游中体验新奇、刺激、时尚等现代休闲娱乐元素，如以 CS、骑马、狩猎、滑雪、漂流为代表的“游乐刺激型”娱乐活动，偏好群体同样广泛，占 44.2%。此外，有 1/3 以上的群体对“文化休闲型”“运动保健型”的娱乐活动表示关注。由此可见，现代乡村旅游者对娱乐的需求是“农”字当先，多元化、复合型的。娱乐类型偏好的调查统计见表 3-12。

表 3-12　娱乐类型偏好的调查统计（降序排列）

指　标	频　次	比例（%）
观光体验型	674	70.2
游乐刺激型	424	44.2
文化休闲型	362	37.7
运动保健型	355	37.0
科普游艺型	168	17.5

注：由于是多选项，各项比例之和不等于 100%

七、购物需求：本土化、特色化是方向

（一）土特农产品：品质认证成为新兴选购标准

调查显示，“新鲜”是旅游者在乡村购买农产品时首先要考虑的，关注度占 67.0%。其次，是“地方特色”，占 64.3%。再次，是“品质认证”，达到了 46.3%。消费者对农产品品质认证关注度的提升，特别值得注意。

对比2006年北京市农村工作委员会在第四届中国国际农产品交易会上进行的市场调研数据，当时消费者对农产品品质认证的敏感性并不普遍，只有约1/4的群体表示会关注。时隔6年，这组数据上升了接近一倍，达到了46.3%，说明随着人们收入水平的提高和生活观念的改变，市民比以往任何时候都更关注自己的健康，关注吃得安全，同时也说明，北京市的有机农业、精品农业将会有更大的市场空间。不过现阶段，人们对农产品的品牌和包装尚未形成规模需求，关注度分别占9.3%和10.0%。旅游者对农产品偏好的调查统计见表3-13。

表3-13 旅游者对农产品偏好的调查统计（降序排列）

指 标	频 次	比例（%）
新 鲜	643	67.0
地方特色	617	64.3
品质认证	444	46.3
价 格	319	33.2
便携性	271	28.2
包 装	96	10.0
品 牌	89	9.3

注：由于是多选项，各项比例之和不等于100%

以旅游为媒，带动北京的农产品销售，既能减少运输成本，又能提高附加值，对于解决北京郊区尤其是山区农产品的销售、流通问题，具有积极意义。京郊具备提供名特优农产品的实力，每个郊区县都有自己的农业主导产业，还建立了农业标准化生产基地，如平谷大桃、大兴西瓜、房山磨盘柿、门头沟京白梨、怀柔板栗、密云红宵梨等。下一步供需对接的关键是，监测消费者需求动态变化，按需调整农业生产结构，以需定产。

（二）乡村旅游纪念品：文化内涵比价格更能吸引消费者

乡村旅游纪念品可以固化游客的旅游体验印象，并且具有吸引更多潜在旅游者来访的功能。旅游者购买当地的旅游纪念品，并将之带回居住地，可能会因与同事、邻居交流，或因分赠亲朋好友，而引起他们来该地旅游的兴趣，无形中起到了宣传旅游目的地的效果。因此，对于旅游纪念品的开发、设计，要从旅游者的需求、偏好出发，给予充分重视。

调查显示，乡村旅游者在选购旅游纪念品时，较为关注的是“乡土气息”和“纪念意义”，分别占56.2%和44.8%，说明纯正朴实的乡土风情、独特的民间艺术，以及恰到好处的表现手法，使当地文化有效地向物质形态转化，是乡村旅游纪念品的生命。事实证明，地方特征越明显，文化品格越高，其纪念价值就越高，也最容易受到市场的青睐。因此，在设计、生产旅游纪念品时，应立足于地方特色，追溯文化渊源。其次，旅游者关注的依次是“价格”“质量”和“便携性”，分别占39.5%、34.5%和27.8%。值得注意的是，七成以上的消费者对乡村旅游纪念品的收藏价值没有期待，具体表现为对乡村旅游纪念品的“观赏性”“实用性”和“工艺性”敏感度不强，分别占22.7%、21.8%和15.2%。从现阶段来看，旅游者不关注旅游纪念品的外在包装，关注的是旅游纪念品所承载的文化内涵。旅游者对旅游纪念品偏好的调查统计见表3-14。

表3-14　旅游者对旅游纪念品偏好的调查统计（降序排列）

指　标	频　次	比例（%）
乡土气息	540	56.2
纪念意义	430	44.8
价　格	379	39.5
质　量	331	34.5
便携性	267	27.8
观赏性	218	22.7
实用性	209	21.8
工艺性	146	15.2
包　装	22	2.3

注：由于是多选项，各项比例之和不等于100%

八、服务需求：态度先行、技能断后

旅游服务的根本是塑造美好和难忘的消费体验。在乡村旅游活动中，服务质量的好坏决定了旅游者对此次旅游的满意度。一流的服务创造长期销售机会，对重游率产生直接的正面刺激。因此，旅游服务质量所创造的旅游者感知价值，影响了旅游者的下一次决策。2010 年，国家旅游局启动“全国旅游服务质量提升年”，从另外一个侧面说明旅游服务质量的重要。

调查统计结果显示，良好的“服务态度”是乡村旅游者对于旅游服务的首要需求，占 83.0%。主动、热情、适时、耐心的服务态度，可以有效获取客人的好感和信任。服务人员与旅游者之间建立起友善关系，是旅游服务中最基本、最重要的服务要求，也是消费者最敏感的服务评判指标。相对而言，多数旅游者对服务人员的“业务技能”水平并没有过高期待，只有约 1/5 的旅游者会关注，是 5 类服务指标中需求敏感度最低的一项。说明乡村旅游者比较能够理解和宽容出身农民的服务人员不专业，但不能接受的是态度的冷淡。另外，游客对于服务人员的“文化素养”“服务效率”和“服务礼节”的关注度，分别占 49.7%、39.5% 和 27.8%，说明这 3 个方面还有提升空间。服务偏好的调查统计见表 3-15。

表 3-15　服务偏好的调查统计（降序排列）

指　标	频　次	比例（%）
服务态度	797	83.0
文化素养	477	49.7
服务效率	379	39.5
服务礼节	267	27.8
业务技能	216	22.5

注：由于是多选项，各项比例之和不等于 100%

第三节　满意度评价

从欧美一些国家看，随着乡村旅游业的成熟，旅游者的需求从满足共性化的观赏向追求个性化的体验发展。此时，对旅游服务质量的研究上升到重要地位。一般来说，构成服务质量的主要要素包括餐饮、住宿、交通、娱乐、旅游商品、信息和服务等。利用有效的市场调查，对游客满意度进行评估，已经成为推动乡村旅游深入发展的重要方法。

一、评价方法

按照 Lekert（李克特）量表的 5 分制形式打分，分值从 1 ～ 5，其中，“1 分”表示“完全不同意该项是令人满意的”，“5 分”表示“完全同意该项是令人满意的”。调查问题的均值越高，说明其指标满意度越高。其中，“非常满意”或“满意”表示旅游者的品牌忠诚度高，愿意再次购买，并推荐给他人，当该旅游者有闲暇时间时，将会多次到该景点重游；“一般”表示旅游者对该景点体验感知无差异，重游的可能性较小；“不满意”和“非常不满意”则表示旅游是一次性的，不会再来。

统计学中，因均值易受极端值影响，故在此使用“5% 修整均值”这一指标进行分析。5% 修整均值，是指把排在最前面和最后面 5% 的数据都删掉，之后再计算的均值。5% 修整均值使均值不易受极端值影响，更能代表总体水平，也使评价更为客观。

二、评价结果

（一）京郊休闲农业的整体满意度仍有提升空间

调查显示，北京休闲农业的均值在“满意”（4 分）和“一般”（3 分）之间，标准差普遍在 0.7 ～ 0.9。综合这两个指标看，京郊休闲农业的整体满意度不是很高。游客满意度的调查统计见表 3-16。

表 3-16 游客满意度的调查统计

指 标	旅游信息	餐 饮	住 宿	交 通	娱 乐	旅游纪念品	土特农产品	服 务
均 值	3.42	3.56	3.58	3.62	3.32	3.34	3.63	3.21
5% 修整均值	3.42	3.56	3.57	3.64	3.30	3.33	3.67	3.27
众 数	3	3	3	4	3	3	4	3
标准差	0.865	0.733	0.715	0.777	0.853	0.870	0.831	0.941

注：标准差，即各数据偏离平均数的距离的平均数，反映一个数据序列的离散程度

（二）农业产业在乡村旅游中发挥了重要的正面效能

游客偏向“满意”的指标有“土特农产品”“交通”“住宿”和“餐饮”，其 5% 修整均值依次是 3.67、3.64、3.57、3.56，详见表 3-16。食宿质量以及交通状况是旅游业形成与发展的基本要素，目前均达到了偏向“满意”的程度，说明休闲农业与乡村旅游产业已经具备发展、提升的基础。旅游者对“土特农产品”的满意度均值最高，且众数为 4 分，即 960 名受访者中选择最为集中的是代表 4 分的“满意”项，说明北京市的农业产业在乡村旅游中发挥着重要的正面效能，是乡村旅游的一个主要吸引物。

（三）“软实力”决定产业满意度

满意度偏向“一般”的指标有“旅游信息”“旅游纪念品”“娱乐”和“服务”，其 5% 修整均值依次是 3.42、3.33、3.30、3.27，详见表 3-16。评价结果揭示了农民作为提供休闲农业与乡村旅游产品和服务的主体，其意识的转变跟不上产业发展的需要。此时，政府的引导、社会资本特别是智力资源的引入，就变得尤为关键。一方面，农民意识的转变有一个过程，需要给出示范样板，用标准和制度加以规范引导，促其发展；另一方面，旅游者越来越成熟，对交通、食宿、环境以外的需求由隐性逐渐转变为显

性，观光休闲农业园区、民俗旅游村的宣传、服务等“软实力”将开始成为下一阶段竞争的焦点。

第四节　应对策略

为促进休闲农业的提档升级，针对调研发现的问题和旅游消费需求特征，提出如下应对策略。

（一）加强乡村旅游交通建设，提高休闲农业与乡村旅游的可进入性

便捷的交通条件是乡村旅游的基本要求。从调查结果来看，自驾游已成为北京乡村旅游的主要出行方式。因此，要加强交通干道和休闲农业与乡村旅游点之间的连接线与标识系统建设，解决“最后一公里”问题；协调交管部门制订节假日应急交通预案，在乡村旅游景点周边的高速路、收费站等易拥堵地段，加强对自驾车辆的疏导。在乡村旅游目的地，搞好车辆停放引导，合理安排停车位，着力提高自驾车游客的方便性。与此同时，加强郊区公共交通与乡村旅游资源的整合，实现游客乘坐公共交通工具前往乡村旅游目的地的无缝换乘。

（二）突出特色性、差异性，改善乡村旅游住宿环境

调查结果表明，乡村旅游参与者所喜爱的住所并非星级宾馆，而是原汁原味的农家院、稍加改造的干净农舍，以及具有乡村风格的酒店或度假村。在此基础上，针对不同游客的个性化需求，进一步细化乡村旅游住宿产品，向乡村性、特色化、差异化方向发展。田园风光型、生态农业型、生产农庄型、民族风情型、古老村落型、古朴别墅型和主题文化型的乡村旅游住宿场所实现了乡村气息和感知、体验、文化等元素的融合，是未来发展的重要方向。因此，下一步应因地制宜，错位开发，打造一批特色鲜明、资源互补、满足游客多元化需求的乡村旅游住宿群。

（三）加大体验性乡村旅游产品的设计和开发，为游客提供更多的选择

从调查结果来看，目前北京乡村旅游能够满足参与者“吃、住、游”方面的基本需求，但无论是现实的消费需求，还是潜在的消费需求，消费者对体验型乡村旅游产品的期望都比较高。例如，市民农园在为消费者提供安全农产品的同时，也满足了市民参与体验农业活动的需求，尤其是利用远程视频监控技术的科普种收模式在青少年以及白领消费者中具有非常大的开发潜力。因此，应加大市民农园、教育农园等体验型乡村旅游产品的设计和开发，通过自种自收、代种代收、科普种收等多种模式，为消费者提供方便。此外，还可以在休闲农业与乡村旅游产品设计中融入时尚性元素，如拓展训练、射击等项目，提高游客的参与性。

（四）商务、养生等需求初现端倪，打造高端乡村休闲产品势在必行

从调查结果看，选择京郊乡村旅游开展商务活动、企事业单位集体活动、农事研修活动、个人养生活动已经逐渐形成气候。随着北京市建设中国特色世界城市步伐的加快，国际化也是北京乡村旅游发展的趋势。因此，要积极引导央企、大型民营企业、外资企业等进入乡村旅游领域，鼓励有旅游专业的大专院校、酒店等与乡村旅游点合作，以托管的方式，提升北京乡村旅游的品质和服务，满足乡村旅游时尚化、高端化需求，倾力打造高端乡村旅游产品。

（五）传统与现代、硬件与软件相结合，加大乡村旅游宣传力度

调查结果表明，网络传播与人际间口口相传已经成为乡村旅游信息最重要的传播形式。市民面对众多的旅游产品，全面、快速、高效的旅游信息传播是确保其参与乡村旅游的基本条件。因此，在继续加强乡村旅游网站、公交广告牌、报刊杂志等传统宣传渠道建设的同时，积极开发手机客户端（APP），充分利用微博、微信等移动互联网，以便游客更便捷地选择

乡村旅游目的地，做好出行安排。另外，要加强乡村旅游景点和旅行社、酒店的合作，建立利益共享机制，激发旅行社及酒店参与宣传营销的积极性。此外，长期来看，通过乡村旅游点的良好服务提高消费者的满意度，借助人际间口头传播，提高美誉度，也不失为客源开发的有效手段。

（六）从细节入手，切实改善休闲农业的服务

旅游者对服务的体验，存在于服务人员与旅游者的每一次接触之中。每一次细节上的人性化服务，都可能影响到消费者对休闲农业与乡村旅游点的满意度、忠诚度。根据北京乡村旅游的需求特征，现阶段亟待提升的是服务人员的服务态度。首先，要确立以游客为导向的服务价值观和伦理观，培养服务人员认知情绪、控制情绪和调解情绪的能力。其次，要制订标准化的服务规范，以提升服务质量。要求服务人员做到主动发现客人的需求，并及时解决；善于揣摩客人的消费心理，耐心解答客人提出的所有问题；当与客人发生矛盾时，服务人员要尊重客人，有较强的自律能力，做到心平气和，耐心沟通。再次，要以人性化服务为方向，从细微之处着手，不断完善服务流程。服务意识表现在每一个细节，服务人员的每一个微笑礼貌，处理问题的积极态度，都会给旅游者传递良好的服务理念。细节服务是一种人性化的全新的服务理念，是对传统的服务理念和服务意识的扩展和深化。由于服务的不可存储性，决定了服务的每一个细节都不能出错，每一个环节和细节上的失误都将导致整个服务被否定。总之，旅游者不仅希望获得物有所值的服务，而且在服务过程中，更希望得到一种无形的尊重和关怀。作为休闲农业点的服务人员，在坚持尊重旅游者的前提下，努力从细节入手，为旅游者提供一种富有人情味的、个性化的、周到细致的服务。

第四章

京郊休闲农业升级的思路、方向与目标

休闲农业是农业走向市场化的产物，是为满足市民的观光、休闲、旅游需要而出现的第一产业与第三产业相结合的新兴产业形态。近年来，北京市休闲农业在快速发展的同时，也出现了休闲农业点遍地开花而内容千篇一律、休闲农业供给与需求脱节、效益与规模没有同步增长等问题。如何通过资源开发、产品设计和制度创新，推进休闲农业的提档升级，实现休闲农业的可持续发展，是一个迫切需要研究解决的问题。本章将提出一个研究的基本框架和休闲农业升级的总体思路。

第一节　京郊休闲农业升级的必要性与可行性

一、京郊休闲农业升级的必要性

在新的历史起点上，休闲农业发展的形势并不乐观。无论是从资源环境约束，或是从产业供需关系，还是从产业政策看，都面临着一些问题与挑战。

1. 资源环境约束加大

北京市是大城市小郊区，人均资源有限，环境承载力低，发展休闲农业受到资源、空间和环境的刚性约束。本市人均水资源占有量不足 300 立方米，仅为全国人均占有量的 1/6，世界人均占有量的 1/25；土地资源数量有限，质量不高，土地后备资源不足。随着城市化进程的不断加快，以及新城和小城镇的建设，休闲农业发展受空间及资源的刚性约束越发凸显。在推进京津冀协同发展，大规模向北京周边地区转移低端产业的背景下，京郊统筹安排大体量休闲农业与乡村旅游项目的难度越来越大。加快转变休闲农业发展方式，推动集约化、规模化、高端化发展，成为今后休闲农业发展十分紧迫的任务。

2. 消费需求转型升级

随着首都经济社会的发展、市民收入的提高、休假时间的延长，城市居民对旅游消费服务的要求随之提高。从国际经验看，农家乐、休闲农业园区等只能算作乡村旅游的第一代产品，以居住、休闲、度假为核心的乡村度假产品才是乡村旅游的高端产品，代表了未来的发展方向。从产业发展规律看，乡村旅游业正从单一的观光游向休闲度假游转变，从单一的观光消费向多元的体验消费转变，可以说目前正处在产业转型升级的关键时期。从北京郊区的实践看，富裕起来的首都居民在对休闲农业与乡村旅游的产品质量、文化内涵、基础设施、生态环境、服务态度等方面要求提高的同时，更加关注休闲度假游、参与体验游、健身养生游等新产品，消费需求有了提升。

例如，北京郊区一些传统的民俗旅游住宿产品，虽然价格低廉，但由于整体水准低，入住率并不理想。与此形成鲜明对比的是，新兴的、有特色的度假村，价格昂贵却供不应求。比如，平谷区金海湖镇海子民俗旅游村的农家院，虽然价格低廉，但即使节假日期间，入住率也不高。而同处一村的“紫藤花开山村度假小屋”，由一家旅游管理公司经营，装修装饰都经过了精心的设计，最具特色的是建在树上的“树屋”，取名叫“鸟巢”，虽然住宿价格达到每日 220 ～ 600 元，餐饮价格也比普通农家院贵几倍，但在周末，往往一房难求，在节假日更是需提前一两个月才能定上房，生意异常火爆。此例说明，游客的消费需求提升后，休闲农业与乡村旅游产品的价格不是刚性约束条件，产品的质量、环境的舒适、服务的真诚与物有所值等才是最根本的。

3. 同业竞争加剧

从北京休闲农业发展的外部环境看，面临着更趋激烈的竞争。北京周边的一些地区，如河北省的承德、唐山、张家口，天津市，甚至山东省、内蒙古自治区等，纷纷提出把休闲农业作为主攻方向，并在政策、资金、基础设施配套上，向休闲农业产业倾斜。有的地区提出建设休闲农业与乡村旅游示范县，并把客源目标定位于北京市民，这对京郊休闲农业形成了强有力的竞争。特别是随着京承高速、京新高速等省际间放射性高速公路的开通，使北京市民到周边省份旅游变得更为快捷方便。如果北京郊区的休闲农业场所不提档升级，便不能在新形势下更好地满足首都市民新的要求，今后将很难对他们有吸引力。

4. 产业素质有待提高

从京郊休闲农业与乡村旅游产业现状看，存在着低水平建设和同质性强的问题。从产业结构上看，存在着“小、散、低”的问题，互补性差，特色不突出；从区域布局上看，存在“单打独斗”的现象，难以实现规模效益；从项目建设上看，比较粗糙，文化内涵不突出，地域特色、文化特色缺乏，品位不高；从项目内容上看，参与性、体验性项目较少，难以满足游客对“娱”的需求，致使停留时间短，单体消费少，对农民就业增收的作用有限；从旅游服务上说，还不够规范。

5. 政策空间有限

休闲农业产业发展的历史短、起点低，基础设施、公共设施建设等需要大量资金。但目前多为村民自筹，发展资金缺乏。市、区县及有关部门研究制定了支持休闲农业与乡村旅游发展的政策，但力度仍显不够，对经营主体的调动作用有限。另外，由于北京市财政体制改革，支农资金的大部分已转移支付到区县财政，导致市级层面对这个产业的调控能力非常有限。从制约因素看，基层对土地问题的反映最为强烈。休闲农业园区由于没有建设用地指标，停车场、接待服务、住宿、餐饮、娱乐等设施的建设受到很大制约。为搞好功能配套，一些经营者在没有获得正式审批手续的情况下，开展了基础设施建设，甚至形成了违章建筑等。从民俗旅游村来看，村里需要搞停车场、接待站等公共服务设施建设，也需要建设用地指标的支持。从民俗户来看，目前只能在自己的宅基地上经营，难以扩大规模。

综上所述，北京市休闲农业要在新的起点上实现更快更大的发展，必须转变发展方式，走内生式发展道路，丰富内涵，提高素质，规范服务，进行提档升级。

二、京郊休闲农业升级的可行性

中共北京市委关于制定北京市国民经济和社会发展第十二个五年规划的建议和北京市国民经济和社会发展“十二五”规划纲要明确提出，“十二五”时期，首都仍然处于可以大有作为的重要战略机遇期。工业化、城镇化深入发展，城乡一体化全面推进，中国特色世界城市建设目标的提出，为休闲农业的发展指明了方向，也提出了更高的要求。当前，休闲农业发展面临着难得的历史机遇。

从国家层面看，2010年中央“一号文件”明确提出“积极发展休闲农业、乡村旅游”的具体要求；《国务院关于加快发展旅游业的意见》明确提出要开展农业观光和体验性旅游活动，规范发展农家乐、休闲农庄；农业部与国家旅游局签署了发展休闲农业与乡村旅游合作框架协议，在农业部内部成立了专门的处室具体指导休闲农业工作。这为休闲农业的发展创造了良好的外部环境。

从北京市层面看，市委市政府高度重视休闲农业的发展，把休闲农业作为今后一个时期重点推进的都市型现代农业4个新兴业态之一。市有关部门把休闲农业的发展列入了重要议事日程，在工作上开始形成合力。全市有2 000多万人口，年人均GDP达到1万多美元，进入世界中等富裕城市行列，对休闲农业的需求增长势头强劲。这为休闲农业的发展提供了强劲的推动力。

从北京郊区来看，不少区县政府把休闲农业作为本地区农业主导产业之一，列入“十二五”发展规划，并且在政策上支持，在工作上列入议程，在实施上通盘考虑，积极推进。经过近几年的新农村建设，北京郊区农村的道路、通迅、水、电等基础设施条件明显改善，休闲农业的可通达性显著增强。特别是经过近几年的发展，广大休闲农业经营管理者和从业农民尝到了甜头，对发展休闲农业的认识有了提高，劲头更足了。这为休闲农业的发展提供了最为基础的源动力。

第二节　京郊休闲农业升级的思路、方向与目标

一、休闲农业升级的思路

今后一个时期，京郊休闲农业升级的总体思路是，由规模数量型向质量效益型转变，走规模化、特色化、差异化的路子，引导休闲农业向集群化、主题化发展，提升郊区休闲农业与乡村旅游的水平。总的原则是“培育特色、提升档次、集中布局、规范服务、增加效益”。要经过“十二五”“十三五”时期的开发建设和提档升级，休闲农业努力实现层次分明、功能多样、内容丰富、特色突出、规划科学、部门联动、管理规范的目标。从区域布局上看，要经过一段时间的打造，形成近郊区以创意农业、体验农业（如市民农园）为主，远郊平原以休闲农庄、休闲农业园区为主，山区以沟域经济、乡村旅游带等主题性乡村旅游目的地为主的休闲农业与乡村旅游发展格局。

二、休闲农业升级的方向

从北京郊区来看，休闲农业的建设要突出4个功能，即景观功能、体验功能、文化功能和游憩功能。实现这些功能，京郊休闲农业发展的方向是要坚持“八化”。

（一）乡村景观化

根据国外发达地区农村发展的经验，结合首都的功能定位，京郊乡村发展的远景目标是乡村景观化，即村庄、田园、乡间道路、农业生产环境、农民生活空间等都要按景观的要求来打造。门头沟区、延庆县等区县已提出了区（县）景合一、全域景区化、农业景观化的发展蓝图。从深层

次看，这与乡村景观化是一致的。北京市农业技术推广站开展的农田景观试验与推广，取得了明显成效，这在某种程度上验证了乡村景观化的可能性，也为区（县）景合一提供了依据。乡村景观化对休闲农业与乡村旅游提出了新要求，也为休闲农业与乡村旅游发展提供了新的空间。

（二）业态多样化

休闲农业与乡村旅游的产品丰富，业态多样。除了目前数量较多的观光采摘园、休闲农庄、民俗旅游村等形式外，还有近几年旅游系统评定的乡村旅游特色业态，以及在实践中已经出现，呈现良好发展前景的租赁农园、市民农园、教育农园、葡萄酒庄等，不一而足。休闲农业与乡村旅游是为满足市民的需要而出现的，而市民的需求是动态的、变化的，这就决定了休闲农业与乡村旅游是发展的、开放的，业态是丰富多样的。

（三）项目创意化

农业因创意而精彩，创意因与农业结合而丰富。把农业与文化创意结合起来，发展创意农业，提升文化内涵，将是休闲农业与乡村旅游的发展方向之一。休闲农业与乡村旅游要想赢得更多的顾客，需要让历史变得时尚，让文化变得轻松，让自然变得可亲，让一切吸引元素变成可以销售的产品。因此，就需要有一些突破，需要创意发展，需要研究休闲农业各种各样的创意方式，需要在休闲农业与乡村旅游项目中加入创意、文化的要素，实现项目创意化。

（四）布局集群化

休闲农业与乡村旅游的发展，要走集群化、规模化之路，以便在一个更大的区域内，满足游客旅游“六要素”的要求，解决供需信息不对称、游客逗留时间短、经营季节性强、产业结构“小散低”等问题。沟域经济的开发，为在山区实现休闲农业与乡村旅游集群化发展提供了载体。要创新机制，利用利益纽带，以市场化的手段，在一个区域的休闲农业园区、乡村旅游企业之间，形成产业链条，实现合作共赢。

（五）投资多元化

休闲农业与乡村旅游发展势头强劲，将激发工商资本、民间资本、外商资本的积极性，采取多种形式、多种渠道参与休闲农业与乡村旅游的开发经营。外来资本的介入，缩短了建设周期，提升了工程质量，带来了新的理念，应该说对休闲农业园区与乡村旅游项目的开发、建设、经营等起到了积极的促进作用。但有的也与当地农民形成了利益冲突。如何创新合作模式，形成合理的利益分配机制，避害兴利，是下一步要努力探索解决的问题。

（六）营销信息化

随着互联网技术的迅速发展和新媒体的广泛应用，休闲农业与乡村旅游的市场营销形式也要与时俱进。旧的营销模式主要靠拼价格和坐等回头客，而新的营销模式则需要针对特定的目标消费群体，利用信息化的手段，把休闲农业与乡村旅游的质量、品牌、活动、故事等信息，快速、准确、有效地传递出去，进行精准化营销。不同的营销模式，针对的对象不同，效果也不同。今后要在坚持亲情营销、等回头客的同时，创新营销方式，大幅增加信息化手段和新媒体的运用，切实提高营销效果。

（七）企业品牌化

像其他产品一样，休闲农业与乡村旅游的发展已进入品牌化时代。品牌是对出售的产品规定的商业名称，又称“牌子”，它包含品牌名称、品牌标志、注册商标等。经营者建立自己的商品品牌，可以使自己的产品便于经营管理，有利于建立稳定的顾客群，有助于产品的市场细分和定位。同时，注册商标受法律保护，具有排它性，有助于利用品牌强化产品形象，增加竞争能力，促进销售，增加利润。曾几何时，北京郊区每个区县至少有一个啤酒厂，每个啤酒厂都有自己的注册商标，但现在，甭说北京了，全国就剩下少数几个主要品牌，这就是在啤酒产业发展过程中，经过收购兼并、重组转制、资源整合等一系列市场运作的结果。休闲农业与乡村旅游的发展，也会走这条路，只不过时间会比较长。

（八）产业融合化

休闲农业是贯穿农村一、二、三产业，融合生产、生活和生态功能的新型农业产业形态和新型消费业态。休闲农业与乡村旅游并不是一个独立的产业，而是农业与文化创意、农产品加工、农村服务业、信息业、教育产业等诸多产业相融合的产业。比如，房山区波龙堡酒庄成立于1999年，由中法合资兴建。2009年成为中国第一个取得欧盟有机认证和美国有机认证的有机葡萄酒企业。波龙堡葡萄酒庄借鉴了法国著名酒堡的建筑风格，采用了“四位一体”的经营模式，在原有葡萄种植及葡萄酒酿造的基础上，还开发了葡萄酒主题旅游、专业葡萄酒品鉴、休闲度假三大功能，形成了一、二、三产业融合发展的新模式。产业融合化是休闲农业与乡村旅游发展的重要方向。

三、休闲农业升级的目标

（一）产业规模不断扩大

在休闲农业点数量基本稳定的基础上，通过引进和培育大型、较大型休闲农业项目，提高单体项目的规模和水平，年营业收入500万元以上的休闲农业项目数量年均增长20%以上。全市休闲农业与乡村旅游接待人次和经营收入年均增长15%以上。休闲农业对都市型现代农业与郊区农村经济的贡献率有较大幅度提高。

（二）产业结构明显优化

创新农家乐、休闲农庄、农业示范园、农业观光园、民俗文化和农事节庆等模式，使北京郊区休闲农业的新颖性、趣味性、体验性进一步增强。到“十三五”末，布局科学、结构合理、服务完善、特色明显、管理规范的休闲农业产业带、产业群基本形成，产业地位明显提升。

（三）产业布局相对集中

要经过一段时间的打造，形成近郊区以创意农业、体验农业（如市民农园）为主，远郊平原以休闲农庄、休闲农业园区为主，山区以沟域经济、乡村旅游带等主题性乡村旅游目的地为主的休闲农业与乡村旅游发展格局。

（四）经济社会效益显著提升

通过拓展农业功能，大幅度提高就地就近吸纳农民就业的容量，促进城乡经济文化融合，农村面貌明显改善，对市民的吸引力显著提高。在休闲农业聚集地区，要切实实现大中型休闲农业项目对地方财政收入的贡献率逐年提高，农民收入中来自休闲农业的收入比重逐年提高，在休闲农业就业的人数逐年提高。

第三节　京郊休闲农业升级的内容与路径

一、休闲农业升级的内容

为实现上述目标，根据休闲农业的功能和未来发展方向，结合京郊休闲农业发展的现状，休闲农业改造提升的重点领域：一是强化农业的生活功能。在农业的“三生功能”（生产、生态、生活）中，生活功能要强化，这是由北京农业的特殊性所决定的。二是注重农业景观的保护、创造、开发、利用，充分发挥农业的生态服务价值。农业不仅提供农产品，而且本身就是一种景观；农业不仅可满足“胃”的需求，而且可满足“养眼”的需求。三是丰富休闲农业的文化内涵。休闲农业要想赢得城市青少年市场，必须发挥它的文化传承功能。我国文化的根基是农耕文化，是乡村文明。因此，要在农业现代化的进程中，保留农村文化符号，充分发挥休闲农业的科普、教育、文化展示作用，增强吸引力。四是提高休闲农业的参与性。休闲农业要想取得长足的发展，必须发挥它的优势和特点，其中参与体验功能就是其中之一。如插秧、割稻、摘果等。目前，从北京郊区看，只是休闲农业的采摘项目得到了较多的开发，对其他方面参与体验功能的开发还远远不够。具体来说，休闲农业提档升级的主要内容是：

（一）景观升级

景观是重要的旅游吸引物。乡村景观是乡村旅游的载体，也是游憩功能实现的保障。乡村景观为乡村旅游提供必要的观赏和体验的环境，而乡村旅游则促成乡村景观向更好的一面发展。但是，乡村景观是比较脆弱的，乡村旅游的过度开发容易造成乡村环境超载，从而破坏乡村景观。为建设魅力乡村，改善休闲农业与乡村旅游环境，亟须从村落景观、廊道景观、农田景观建设入手，开展景观建设与培育，提升乡村景观。

（二）产品升级

休闲农业与乡村旅游产品是乡村旅游供给的核心，也是休闲农业提档升级的主要内容。目前的产品档次低，文化内涵不足，游客参与性不强，产品体系不健全，亟须提档升级。要结合休闲农业市场需求研究的成果，以首都市民和旅游者需要为出发点，从“吃、住、行、游、购、娱”6个方面，改变产品设计，丰富产品内容，提升文化内涵，延伸休闲农业产业链，提高游客单体消费值。同时，要引进高端产品，优化休闲农业产品结构。

（三）文化升级

文化升级是提升休闲农业品位和素质的突破口与切入点。从现状看，一方面多数休闲农业项目的文化内涵不足、品位不高，另一方面北京郊区拥有丰富的人文资源和光辉灿烂的农业文化遗产。如何协调二者的关系，使休闲农业与乡村旅游产业素质有一个较大幅度的提高？通过研究认为，发掘利用农业文化遗产，发展创意农业，合理开发利用民俗文化资源，就是现实的出路。

（四）规模升级

休闲农业与乡村旅游的“小散低”，是一大诟病。休闲农业项目小，且“单打独斗”，导致游客逗留时间短，单体消费能力低，难以形成规模优势。解决这一问题，需要从两个方面取得突破：一是提高休闲农业与乡村旅游龙头项目的单体规模，只有把“龙头”做大，使“龙头”舞起来，才能更好地带动“龙身”和“龙尾”；二是提高休闲农业与乡村旅游产业的集群规模，即通过政策引导和机制创新，实现休闲农业与乡村旅游相关业态的集群发展，以便在更大的空间内为游客提供“六要素”服务，而不局限在一个项目内解决所有问题。上述两个方面，都涉及到生产力要素的配置和体制机制的创新。

（五）组织升级

产品的创新、规模的升级、管理的加强等都需要组织结构的调整和运行机制的完善。要通过优化配置乡村旅游资源，调整休闲农业与乡村旅游组织结构、体制机制和发展模式，促进休闲农业由个体经营向规模经营转变，由分散经营向集约经营转变，由独立经营向分工合作转变，由散状经营向乡村旅游带转变，形成以利益为纽带的共同体。

（六）营销升级

营销是联结需求与供给的关键环节，是实现休闲农业产品价值的重要手段。如果没有营销或者营销做得不好，即使休闲农业产品再好，也没有人了解，更没有旅游者前来消费与购买。但由于北京郊区休闲农业与乡村旅游项目的经营者多数是由农民，或者是从其他产业转行而来，他们的营销理念不新，营销手段不多，营销机制不活，营销经费不足，营销的针对性不强等，从而导致营销效果低于预期。要通过营销升级，提高乡村旅游资源的利用率和休闲农业项目的综合效益。

对于上述几方面内容，将从下一章开始，分 6 章展开分析和进行专门研究。

二、休闲农业升级的路径

在今后一个时期，实施“休闲农业与乡村旅游提档升级工程”，促进休闲农业与乡村旅游产业升级，全面提升休闲农业与乡村旅游的档次和品位，与中国特色世界城市的建设相适应。具体来说，要实现“四个一批”。

（一）引进发展一批

结合山区经济沟开发，引进、发展一批休闲农业与乡村旅游大项目，争取发挥其对地区经济发展、产业结构调整、农民就业增收的龙头带动作用，并借此带动休闲农业产业结构的优化调整。

（二）改造提升一批

对于郊区现有的休闲农业项目，按照资源条件、区位环境、市场潜力等因素进行综合分析，择优选择一部分项目，进行改造提升，使之逐步成为郊区休闲农业与乡村旅游发展的主体。改造提升的内容包括：加强基础设施建设，丰富文化内涵，实施人员培训，开展品牌创建等。

（三）包装整合一批

对于相近区域、不同类型的休闲农业项目，如观光采摘园、民俗旅游村、乡村旅游景点等，通过项目包装、机制创新，将资源进行整合，达到将项目做大、互惠互利、多赢发展的目的。

（四）规范完善一批

对于未来发展潜力较大，但空间受到局限的项目，要在内部挖潜、提升内涵、加强促销、规范服务上做文章。要以项目精致、风味独特、亲情服务来赢得消费者的青睐。

第五章

景观升级

景观是重要的旅游吸引物。从概念上看，景观是被人们所感知的区域中，自然环境、土地利用、历史文化等要素所形成的特定地域风貌或特征，是人与自然活动及相互作用的结果，是体现生态、经济、文化和其他多种社会功能与价值的综合体。按照不同的标准，景观有不同的分类。从城市与乡村的关系看，景观可以粗略地划分为城市景观和乡村景观，其中乡村景观是本课题的研究对象。

乡村景观是乡村旅游的载体，也是游憩功能实现的保障。乡村景观为乡村旅游提供必要的观赏和体验的环境，而乡村旅游则促成乡村景观向更好的一面发展。事实上，乡村景观因其与城市景观的强列反差而受到市民的追捧。但是，乡村景观是比较脆弱的，乡村旅游的过度开发容易造成乡村环境超载，从而破坏乡村景观。因此，休闲农业要想取得长足的发展，乡村景观和休闲农业项目的外部自然、生态、人文环境首先要升级。要开展乡村景观特征评价，加强乡村景观建设，塑造魅力乡村，营造优美的外部旅游环境。

从构成上看，乡村景观可以划分出不同的类型。从空间形态、轮廓和分布特征等入手，景观的结构可以区分出斑块、廊道、基质等类型。其中，斑块是指不同于周围背景的非线性地表区域；廊道是指具有通道或屏障功能的线状或带状景观要素，是不同于两侧基质的线形斑块；基质是指范围广、连接度高，并且在景观功能上起着优势作用的景观生态系统，往往表现为斑块、廊道等的环境背景。相应地，乡村景观的结构可以划分为村落景观、农业走廊景观和农田景观。本章将对此进行专题研究。

第一节　乡村景观

一、乡村景观的发展

从世界范围看，乡村景观的研究最早起源于20世纪50～60年代的欧洲。欧洲乡村建设以生态和景观为主调，以提高整体环境和生活质量为核心，在不割断历史的前提下，采取自下而上民主参与的方式来进行。欧盟各国基本上通过《乡村规划法》《土地整理法》等法律法规，使乡村景观的建设建立在法治基础上。1974年，世界多国相关专家团体成立了“国际土地多用途研究组”，提出了以“空间概念”和“生态网络系统”等描述多目标乡村土地利用规划与景观生态设计的新思想和方法论。1991年，丹麦成立了生态村组织，该组织以倡导新生活方式为基本目标，谋求生活质量与生态持续协调发展。这些都是发达国家在饱受工业化、城市化和农业集约化负面影响之苦后，为创造和谐的人居环境和景观，提高生活质量，改善生态环境所采取的一种参与式行动计划。

亚洲的韩国、日本等，其农业或乡村景观规划研究在城市化高速发展的过程中，对保护耕地和传统乡村景观起了决定性作用。20世纪70年代，韩国掀起了乡村景观美化运动（即“新村运动”），该运动在一定程度上协调了城乡土地利用之间的矛盾。随后韩国政府为改善经济制定了包括引入生态旅游在内的土地开发计划，经过多年努力，形成了分布于丘陵沟谷和河川平地之间的传统而安静的乡村群落和规划有序的农田、绿地风光，大大推动了本国乡村旅游业和生态旅游业的发展。1992年，日本农林水产省和其他有关的几个社会团体联合举办的“美丽的日本乡村景观竞赛”，促进了日本各有关方面对本国农村、山川、渔村、自然景观及人文景观的理解和认识。

长期以来，我国对农村的研究主要集中在生产功能上，而对乡村景观、生态、美学和文化功能研究较少。直到20世纪90年代，学术界才开始探讨乡村的功能，并开展了有关乡村景观概念、功能、评价和规划的研究（宇振荣等，2000；刘滨谊，2002；王云才，2003；刘黎明等，2003）。在实践上，我国的农业与农村景观的建设和管理远远落后于发达国家。2005年，党的十六届五中全会提出了建设社会主义新农村的战略任务，乡村人居环境和景观建设正式列入政府的行动计划。在新农村建设战略思想指导下，国家"十一五"科技支撑计划首次开展了《农村生态环境监测和整治关键技术》《村镇空间规划与土地利用关键技术研究》等项目。此后，各地围绕新农村建设，对乡村景观开展了大量研究和实践工作。

从北京来看，20世纪90年代初，北京市以城郊农业发展转变为切入点，率先提出建设都市型现代农业，并完成了都市型现代农业布局规划，开始重视农业生态、景观服务功能。从2006年开始，北京市提出开展新农村基础设施建设、都市型现代农业综合开发、发展农业走廊、培育农田景观等一系列战略举措，农业走廊景观、农田景观等得到了重视、保护与开发，在全国起到了先行先试的作用，取得了积极成果。

二、乡村景观的内涵

乡村景观是相对于城市景观而言的。不同学科对乡村景观的解释不同。从景观生态学（Landscape Ecology）的角度，乡村景观是指乡村地域范围内不同土地单元镶嵌而成的复合镶嵌体，它既受自然环境条件的制约，又受人类经营活动和经营策略的影响，嵌块体的大小、形状和配置上具有较大的异质性，兼具经济价值、社会价值、生态价值和美学价值。从环境资源学（Environmental Resources）的角度，乡村景观是可以开发利用的综合资源，具有效用、功能、美学、娱乐和生态五大价值属性的景观综合体。从地理学（Geography）的角度，乡村景观主要表现在以下3个方面：①从地域范围来看，乡村景观是泛指城市景观以外的、具有人类聚居及其相关行为的景观空间；②从景观构成来看，乡村景观是由聚居景观、经济景观、文化景观与自然景观构成的景观环境综合体；③从景观特征来看，乡村景观是人文景观与自然景观的复合体，人类的干扰强度较低，景观的自然属性较强，自然环境在景观中占主体地位，景观具有深远性和宽广性。

综合来看，乡村景观区别于其他景观的关键，在于乡村以农业为主的生产景观和粗放的土地利用景观，以及乡村特有的田园文化和田园生活方式（王云才，2003）。因此，本研究认为，乡村景观是乡村地区范围内，人类因生产、生活的需要，在地表之上叠加人类活动形成的自然景观与人文景观的综合体，既包括乡村自然景观，也包括乡村人文景观。

三、乡村景观提升的意义

作为城乡一体化建设的重要组成部分，北京市乡村景观建设与提升具有重要的战略意义。

（一）改善乡村环境，促进城乡交流

随着近年来乡村旅游热的攀升，越来越多的城市居民选择乡村地区作为旅游目的地，乡村旅游对农业发展、农民增收、城乡融合做出了巨大的贡献。乡村旅游的核心吸引力在于其乡村性，即能够凸显乡村与城市区别的所有要素，如农田、村落等，以农田景观为代表的乡村景观是乡村性的最好表达，也是凸显乡村旅游地方特色、保持可持续发展的重要途径。通过开展乡村景观建设，不仅改善乡村环境，而且可促进城乡交流，带动休闲农业与乡村旅游的发展。

（二）提高土地综合生产能力，确保粮食和生态安全

生产发展、生态良好、生活富裕是社会主义新农村建设的基本要求。通过水土生产安全规划、生态修复，强化生态系统弹性，提高农村生产系统稳定性和综合生产能力，确保粮食安全和生态安全。通过农村生态景观建设，降低景观破碎度，提高景观功能和空间的连通性，保护生物多样性，缓解和适应气候变化带来的影响。

（三）提高农村生态景观质量，改善人居环境

通过生态环境问题治理、生物生境修复，推进农村沟路林渠和各类绿色基础设施生态景观化技术应用，保护生物多样性，提高生态系统服务功能。通过开展集生物多样性保护、自然和文化景观提升、水土安全、游憩发展等内容于一体的绿色基础设施建设，维护农村区域生态安全格局，提升生态景观的功能，改善农村人居环境。

（四）实现人与自然的和谐共处，促进可持续发展

中央提出建设生态文明，在我国形成资源能源节约和生态环境保护的产业结构、增长方式和消费模式，这标志着我国开始了生态文明社会的建设和实践。乡村景观建设是生态文明建设、城乡统筹发展、实现人与自然和谐发展的需要。通过景观特征评价、历史文化遗产景观保护与提升，挖掘乡村景观美学和文化价值，打造魅力乡村，可实现乡村经济和文化复兴，促进城乡经济社会可持续发展。

四、京郊乡村景观现状及评价

北京市高度重视乡村景观的发展。北京市提出未来发展目标之一是建设“宜居城市”，在《北京城市总体规划（2004—2020）》《北京市土地利用总体规划（2006—2020）》等战略规划中，强调指出郊区农村在北京市战略空间发展、生态安全空间发展、生态服务和景观美化等方面的特殊重要性。尤其是在《北京都市型现代农业基础设施建设及综合开发规划（2009—2012）》中，明确提出“通过现代农业基础建设及综合开发，全力打造优势产业田、优良生态田、优美景观田，提升农业综合生产能力、生态服务能力和景观服务能力；将农田作为首都‘山水林田路村城’大环境的重要组成部分，努力提升农田景观，打造田成方、林成网、渠相通、路相连、人与自然和谐的田园风光，使基本农田成为首都优良的生产性绿色空间。”通过几年的实施，这些规划已达到了预定的目标，取得了明显成果。

近年来，北京农业与农村的生产功能所占比重相对降低，而生活、生态和景观功能则明显提高。首先，具有高自然价值的农田为人们提供了生产绿色、安全食品的机会，移居乡村的市民开始把农业劳动作为一项健康运动。其次，在农村，优美的农田和多种形式、多重功能的农业，为人们提供了多样化的选择空间和休憩场所。乡村旅游成为重要的产业，是实现农村一、二、三产业融合的纽带。再次，农村不再只是农业生产的载体，农村在环境、生态和景观方面对城市的作用越来越重要。不论市民还是农民，都更关注农村在生态、环境、景观、文化、多样化生活休闲方式及防灾等方面的功能。

在城镇化发展过程中，乡村兼备了生产、生物保护、水文气候调节、储藏、污染控制、生活休闲、文化、空间连接、景观等多种功能。在快速城市化背景下，北京郊区的各个方面都发生了深刻的变化：建设用地和森林面积的增加，以及农业用地和湿地的减少，明显改变了北京市生态基础设施和景观空间格局；农村聚落占地面积较大，并呈缓慢增加趋势，闲置土地增加，土地利用率低下，同时，生产方式、就业方式、居住方式也在发生深刻变化，乡村景观遭受了巨大的冲击，导致传统乡村自然和人文景观受损；在农业用地中，大田面积明显减少，果园和设施面积增加，再加上布局缺乏合理规划，导致农业景观破碎化日趋严重，开阔性持续降低；乱搭、乱建、乱堆、乱放等脏乱差现象随处可见，严重影响农业景观的美感度；尽管北京总体上林地面积增加，但长期以来，人口密度高的首都城区绿地和景观建设受到了较高重视，而对乡村生态植被和景观建设重视不够，乡村居民点和农田生态植被树种单一，生物栖息地和植被景观多样化日趋降低。以上这些变化，直接或间接地影响到乡村景观。

五、京郊乡村景观提升的策略

当前，京郊农村产业发展正处在转型期。应学习欧洲经验，转变乡村发展模式，将乡村景观建设纳入决策视野，研究制定政策，改善乡村景观环境，让农民和市民都受益。

（一）开展北京市乡村景观特征评价

乡村景观特征评价是乡村景观改善、提升的基础和前提。要通过开展以乡村景观分类、景观特征描述、关键特征识别、存在问题分析等为主要内容的乡村景观特征评价，摸清京郊乡村景观的现状、特征、发展方向，在此基础上，分地区、分类别，研究提出不同景观特征类型的景观重建、培育、强化、维护、保护等措施和建议。景观生态学认为，每个乡村都具有一定的景观特征和风貌，无论这些景观特征是引人入胜，还是平淡无奇，它们都是一个地区人文和自然历史演变的记录。它们不仅仅是自然景观，同时也是富有精神感染力的人文景观，具有重要的文化和美学价值。如果失去这些特征，将导致所有的乡村变得同一化，这将会是一个致命的错误。解决这一问题，前提是开展乡村景观的特征评价。

（二）制定《北京市乡村景观建设条例》

美丽的乡村景观，是国民的财富，是城乡可持续发展的基础。发达国家已意识到生态景观建设对国家可持续发展、改变生活方式和提高生活质量的重要意义，纷纷颁布有关景观的法律、法规。如欧盟于 2000 年颁布《欧盟景观公约》，日本于 2004 年经参议院全体议员会议审议通过了《景观法》。针对我国乡村建设模式千篇一律的情况，国内有关专家已呼吁制定《景观法》。北京市作为拟率先实现城乡一体化的地区，为避免走其他地区乡村景观受损的老路，促进乡村景观的改善提升，先行制定《北京市乡村景观建设条例》是必要的。

（三）建立乡村生态景观规划导则与技术规程

欧美和日本等发达国家已经建立了比较完善的乡村生态景观建设技术和管理体系，出台了《乡村社区设计导则》《农场林地设计指南》《河道设计指南》《农业缓冲带设计指南》等。我国在乡村生态景观建设的研究和实践方面相对滞后，目前还难以形成有针对性的农村生态景观规划设计导则和技术规程。为了避免北京市乡村景观建设工作的无序性，并保证乡村生态景观建设能满足乡村景观的多功能要求，亟须在对典型案例进行经验总结的基础上，研究制定科学、系统、可行的乡村生态景观建设标准和技术规程，以对相关工作进行必要的约束和指导。

（四）研究出台乡村景观建设政策

学习欧盟的经验，将支农政策以促进都市型现代农业产业发展为核心，向以促进乡村发展包括乡村景观建设为核心转变。共同农业政策（Common Agricultural Policy，CAP）是欧盟最重要的农业政策。从2000年开始，该政策实现了从重点支持农业产业发展向重点支持乡村发展的转变，开始重视乡村综合发展、农业多功能性、生物多样性、生态环境保护等领域。其主要特点是：从支持农民增加收入向支持乡村提供公共产品（改善乡村生态环境、改善乡村景观等）转变；逐步减少了对农民的直接补贴，将更多资金投入到乡村综合发展之中；更加重视乡村生态环境保护和建设、生物多样性保护、水资源管理、自然景观与乡村景观保护和提升、应对气候变化等。从我国来说，全面借鉴欧盟经验，时机还不成熟，但对于北京市来说，可以先行一步。比如，可以先对乡村景观提升进行试点，研究支持政策，待取得经验后，再全面推开。

（五）建立以农民为主体的乡村景观建设管理体系

乡村景观的改善是一个长期的进程。应从行为主体日常活动对乡村景观的影响入手，开展乡村景观的建设、维护与管理。乡村景观管护应尽可能落实到最直接的受益者或最低层次的利益相关者。无疑，大都市郊区农民将是乡村景观改善的直接受益者，也是空间距离最近者。应借鉴北京市已实施多年的生态补贴政策，建立以农民为主体的乡村景观建设管理体系，完善运行机制，把“自上而下”和“自下而上”结合起来，让农民真正成为乡村景观的“守护神”。

（六）创新机制，吸引全社会参与乡村景观的改善

乡村景观的改善是一项公益事业，需要全社会的参与。要创新信息发

布渠道，构建乡村景观信息网络，激发公众对乡村景观价值的认识和参与兴趣；要创新规划编制方法，鼓励由农民、市民、政府管理人员、专业技术人员形成的地方行动小组，或者社会团体，针对当地乡村景观问题，开展调研，编制发展规划等；要创新投资体制，吸引社会资本投入，形成多元化投资体系；要创新社会参与方法，鼓励志愿者通过各种方式，参与地方的乡村景观保护建设。

第二节　村落景观

村落景观是乡村景观的重要组成部分，是新农村建设的重要内容。随着农村工业化、城镇化的推进，人口的激增、经济的发展及地域建筑的趋同化，北京郊区的村落越来越多地受到现代城市文明的冲击，村民盲目模仿城市建筑，乡村建设量空前增长、乡村聚落向外膨胀、内部逐渐解体和重构，导致乡村聚落趋同化严重，村落景观特色逐步丧失。应充分认识村落景观建设的意义，在保护古村落景观的同时，有意识地丰富传统村落景观，培育新型村落景观，促进社会主义新农村建设和乡村旅游产业有序和谐发展。

一、概念与内涵

乡村聚落（简称“村落”）是中国人居建筑聚落的最小单元，也是中国社会结构的基本细胞。在漫长的历史演进中，由于社会制度的变迁和地域文化的差异，中国各地村落的概念不尽一致，有村、寨、屯、庄、湾、坊、堡、庙等不同的叫法，地理位置特殊一点的村还承担着集市交易的功能，因而又有集、镇、墟、场、铺等不同称谓。乡村聚落有广义和狭义之分，其中广义的乡村聚落是指除城市以外，位于农村地区的所有居民点，包括村庄和集镇；狭义的乡村聚落则是指村庄，是以农业（包括耕作业或林牧副渔业）生产为主的居民点。按村落建筑的年代和结构、装饰，村落又可分为传统聚落和现代聚落。但无论是广义的、还是狭义的乡村聚落，是传统的聚落、还是现代的聚落，它们都是人们居住、生活、休息和进行各种社会活动的场所，也是人们进行劳动生产的场所，这些场所构成了乡村特有的聚落景观。

村落景观是乡村聚落的空间组织形态。它是历史上长期形成的，由多种因素综合作用的结果。受自然条件以及社会、经济、文化等因素的影响，乡村聚落的规模、密度、构成及其分布会有明显的不同和显著的差异。村落景观在微观上表现为村庄的建设风格、总平面布局、建筑材料的地域特点和质感、生活方式和文化习俗等方面因子的区域差异，在宏观上体现在区域乡村聚落空间结构和功能、规模与形态、等级体系与位置、用地组织与类型区划等（刘颂，2013）。从构成上看，村落景观不仅包括聚落建筑本身，还包含聚落的经济空间、社会空间和文化空间，它们共同组成了村落景观体系（冯淑华等，2004）。

（1）聚落空间。乡村聚落空间是指乡村居民生活、居住的地域结构。该结构空间由聚落的规模、职能及空间分布等组成，是村落景观体系中的核心部分。我国乡村聚落在结构、形式上存在着较大差异，从本质上说，这种差异是人地关系和地域文化影响的结果。正是这些风格各异，结构、功能差异巨大的乡村聚落，造就了我国丰富多样的乡村旅游资源，成为乡村旅游产品中的亮点和看点，使得乡村旅游市场得到蓬勃发展。

（2）经济空间。经济空间是指以聚落为中心的经济活动、经济联系的地域范围及其组织形式。经济活动是乡村居民的主要活动形式，它以特殊的方式、方法和表现形态参与到乡村聚落景观体系之中，构成乡村特有的经济空间。从乡村旅游开发的角度分析，乡村经济空间的旅游价值表现在两个方面：农事活动的参与性和经营景观的观赏性。

（3）社会空间。社会空间指的是乡村居民社会活动、社会交往的地域结构。社交活动是人与人之间相互联系、相互交往的一种重要手段，其形式有以群体为单位的社会活动和以个体为单位的社交活动，其目的有表达友谊、亲情，也有与经济活动相联系的。这些社会交往活动以某种表现形态参与到乡村景观中来，而成为村落景观体系中最具活力的要素，如传统聚落中的宗祠就是宗族成员活动、交往的场所。

（4）文化空间。文化空间是指凝结于聚落建筑、经济空间和社会空间的有形和无形文化形式，包括文学、艺术、语言、服饰、民俗、民情、思想、价值观等。文化是乡村聚落景观体系中的灵魂思想，是乡村旅游特色产品创造的源泉。乡村的聚落文化、农耕文化和民俗文化具有明显的地域特征，具有重要的乡村旅游价值。

总之，村落景观是一个村落空间组织体系，是由聚落空间、经济空间、社会空间和文化空间共同组成的有机整体。要通过优化村落景观格局，实现对村落各种资源的高效、合理利用。一方面，在分析评价传统村落景观格局特征的基础上，明确主导产业，建立与城镇化和环境相协调的村落空间结构、功能和等级体系；另一方面，以改善村落群众聚居环境和提高生活质量为根本，突出对环境的创造性保护，恢复村落景观格局自然特征，实现村落的持续和健康发展。

二、村落景观现状及评价

近年来，北京郊区积极推进以“生产发展、生活宽裕、乡风文明、村容整洁、管理民主”为要求的新农村建设，取得了明显成绩，农村面貌发生了巨大改变，农民的生产生活条件得到了提升，农民得到了实惠。但在新农村建设过程中，也存在忽视村落景观的现象，没有建立起相应的生态景观保护体系，丧失了广大农村千姿百态的风景，主要表现如下。

（1）村落景观破碎度高。北京平原地区的有些农村，在建设过程中由于没有控制性规划与建设指导，导致村内景观无序化现象明显。在有些乡村，顺应地势的农田、整洁的田间道路、多样化的植被、特色鲜明的乡土建筑等乡村景观风貌受损，脏乱差现象随处可见。

（2）绿化美化不足。树落内的绿色覆盖度仅有 10% ～ 20%，严重影响了村落景观的美感度；植物群落结构简单，乔木树种过于单一，北京杨、加拿大杨、毛白杨等杨树树种约占总量的 90%，防治病虫害的能力十分薄弱；景观缺乏四季变化，乔灌草的配置不合理。

（3）村落景观千篇一律，多样性差。在新农村建设过程中，同质化、表象化、简单化、单一化、片面化倾向严重。有些地方求新求洋、盲目跟风，生搬硬套外地新农村建设模式，造成乡土特色丧失；有些地方热衷于搞形象工程、做表面文章，把主要精力、财力和人力放在村容村貌改造和环境卫生治理上；有些地方开展大规模村落整治，开展河道渠化、拦河筑坝以及其他不恰当的市政基础设施建设，破坏了乡村原有的生态系统和传统乡村风貌格局。新农村建设进程中的乡村与城镇同质化导致了乡土文化遗产景观的破损，草根社会结构和信仰体系遭到破坏。这可能给乡村大地的生态和乡土文化遗产景观带来不可逆的“破坏性建设”（郑文俊，2013）。

（4）工业化、商业化开发过度，导致局部地区“景观污染”严重。乡村开发的过度商业化，造成传统建筑形式、礼仪、语言、节庆、服饰、信仰以及民间艺术的消亡和改变，传统地域文化景观呈现出边缘化、“孤岛化”特征。此外，商业化倾向对乡土文化景观也产生巨大冲击，如沿街的生活门面转化为旅游商铺，历史城镇失去传统的生活特性，乡土景观特色濒临消逝的危险境地。

总之，陶渊明笔下“芳草鲜美，落英缤纷”“阡陌交通，鸡犬相闻”的“桃花源”美景是中国农业时代的理想乡村，但在整齐划一的新农村建设背景下，有些地方很有可能落入“新桃源”的陷阱之中（俞孔坚，2006）。如何避免和克服这种现象，需要从认识、技术、体制、投入等方面下功夫。

三、村落景观提升的路径

每个村落都具有一定的景观特征与风貌。根据欧洲的经验，优美的村落景观应该具有如下特征：村容干净、整洁；完善的基础设施；更多的公共休闲绿地；具有传统民居风貌，且内部生活设施现代化；建筑物、构筑物、地形改造等营建尺度与乡村整体环境相协调；更加赏心悦目的自然景观空间；增加传统公共生产、交流空间；形成具有地域象征的景观或场所；具有体现历史痕迹的景观细节。与此相对应，北京郊区村落景观提升的路径如下。

（一）依地形构筑乡村空间布局，保持空间界面的连续性

连续性是村落空间的主要特征，因此要依地形，保护和加强山水格局、地貌、湿地、溪流、植被和它们之间边界的独特特征。对于旧村改造，宜遵从传统村庄景观环境的原有风貌和整体空间格局，强化基础设施，对局部进行完善，不宜“大拆大建”；对于需要重新规划设计、就地改造的村庄，应以内部整治为主，完善基础设施，保护和延续村庄原有形态；部分易地改造的村庄，宜延续和保留旧村的风貌，并实现土地的占补平衡。

（二）保护人文景观，丰富文化内涵

人文景观的保护是提升村落景观风貌的重要内容。人文景观的保护，除历史遗存外，还包括构成历史风貌的围墙、路面、石阶、铺地、驳岸、牌坊、小桥、古树等其他历史元素，以及村落周边及内部的若干自然要素，如平原农田、山地梯田、河溪、山丘、洼地等。文化遗产保护主要关注的是遗产本身及其外部环境，并强调延续当地人的生活方式。

（三）保留乡土建筑，挖掘乡土特色

建筑从来就是社会、经济、文化的综合体现，是当时、当地人们的审美观、价值取向的反映，也是当地风土人情的体现。对于已有的建筑，特别是较现代的“城市化新农村”，要加大生态景观植被建设，淡化建筑物几何形状和轮廓线。对于新建筑，尽量避免沿主干道建设，应设计不同大小的建筑场地，以适应现有聚落空间格局。尽量保护传统建筑设计风貌，并通过合理布局和植被建设，减少其在开放的乡村环境中的视觉影响。应遵从本地传统建筑风格，优先采用容易取材、经济生态的地方传统材料，并提高节能减排效率。

(四)“点、线、面”相结合，搞好农村居民点的景观绿化

农村居民点的生态景观植被建设，是提升村落景观的重要一环。要坚持“点、线、面”相结合，主要利用乡土植物和群落，搞好庭院、道路和开放空间的绿化，通过遮挡、屏蔽，降低建筑物和道路的视觉影响，提高其边界的柔和性。其中，“点”就是庭院绿化、房前屋后的绿化。它不仅是村庄外在形象的体现，而且可反映出村庄的文化内涵和地方特色，在某种程度上还反映一个地区的经济发展水平和文明程度。“线”就是环村道路、入村通道、村内道路、田野路网，以及溪边、河道绿化，对这些地带可用高大的乔木进行绿化。“面”就是村头亮点、休憩活动中心、小游园等景观。

(五)建设景观小品，发挥“点睛”作用

景观小品是村落景观的重要点缀，有时可产生画龙点睛的效果。景观小品是一种表现村落景观意象本土化很好的设计元素，一个富有时代精神而又融入传统乡村景观元素的景墙或者浮雕可以让人们感受到传统与现代农村的巨大变化。这些景观小品可以在占地面积不大的情况下，达到美化环境、分割空间、增加环境艺术效果的作用。现实中可采用的景观小品形式非常丰富，有景墙、雕塑、园灯、置石、台阶、农具、亭、架等。例如，雕塑小品与周围环境可以共同塑造出一个完整的视觉形象，同时赋予景观空间以生气和主题。它通常以其小巧的格局、精美的造型来点缀空间，使空间诱人且富于意境，从而提高整体景观环境的艺术境界。雕塑按使用功能分为纪念性、主题性、功能性与装饰性雕塑等；从表现形式上，可分为具象和抽象、动态和静态雕塑等；在布局上，一定要注意雕塑与周围环境的关系，恰如其分地确定雕塑的材质、色彩、体量、尺度、题材、位置等，展示其整体美和协调美；在尺寸上，乡村雕塑切忌尺度超常过大，也不宜采用金属光泽的材料制作。

（六）保护传统村落，突出乡土文化

我国传统文化的根基在农村，传统村落保留着丰富多彩的文化遗产，是承载和体现中华民族传统文明的重要载体。由于保护体系不完善，同时伴随着工业化、城镇化和农业现代化的快速发展，一些传统村落消失或遭到破坏，保护传统村落迫在眉睫。要把传统村落的保护与乡土文化的传承结合在一起，作为提升村落景观的一个重要内容。为此，要在对北京市传统村落进行普查的基础上，把以下3类村落作为保护的重点：①传统建筑风貌完整。历史建筑、乡土建筑、文物古迹等建筑集中连片分布或总量超过村庄建筑总量的1/3，较完整体现一定历史时期的传统风貌。②选址和格局保持传统特色。村落选址具有传统特色和地方代表性，利用自然环境条件，与维系生产生活密切相关，反映特定历史文化背景。③非物质文化遗产活态传承。该传统村落中拥有较为丰富的非物质文化遗产资源、民族或地域特色鲜明，或拥有省级以上非物质文化遗产代表性项目，传承形式良好，至今仍以活态延续。

第三节　廊道景观

廊道景观是乡村景观的重要构成。在景观生态学中，廊道是指具有通道或屏障功能的线状或带状景观要素，是不同于两侧斑块基的线形或带形景观生态空间类型。廊道的数量、构成、宽度、质量及连续性，决定了乡村景观中各斑块之间物质与能量流的传递效率，以及这一区域里各种人类活动的相互协调状况。本节中的廊道特指都市型现代农业走廊。

一、农业走廊建设状况与评价

（一）北京都市型现代农业走廊建设状况

为了深入贯彻落实中央统筹城乡经济社会发展的战略部署，进一步开拓郊区农业新功能，2003年北京市人民政府组织开展了大规模的“北京

农业221行动计划”调研活动，并正式提出了都市型现代农业发展模式。2006年底，北京市委、市政府正式提出要建设都市型现代农业走廊，京承高速公路都市型现代农业走廊（简称“京承农业走廊”）是北京最早启动建设的农业走廊。京承农业走廊全长130.5千米，经朝阳、昌平、顺义、怀柔、密云5个区县27个乡镇，190个村庄，涉及9.3万农户，26.6万农业人口。公路两侧土地1千米范围内，土地利用面积约3.83万公顷，农业可利用面积1.31万公顷。经过3期建设，京承农业走廊取得了显著成效，农业产业节点形成，农业的多功能得到开发，裸露农田得到有效治理，土地和环境整治成效明显，廊道景观效果初步显现。

1. 农业产业节点形成

京承高速路两侧多为农业区域，包括大田、设施农业、畜牧业、林业、水产业、农业公园等多种产业形态。经过几年的建设，已形成朝阳区全美樱桃园、朝来乐观光采摘园，昌平区温榆河湿地观景园、土沟设施采摘园，顺义区承奥源农业生态园、北植花卉苗木生产基地，怀柔区花园村四季花卉产业园、三山设施产业带，密云县团结村新品种及景观种植示范区、新兴村设施园艺休闲采摘园、平头、下屯村标准化粮经田园景观示范区等28处类型各异的产业节点，产业链初步形成，产业基础得到加强，农业的多功能性得到开发。

2. 裸露农田得到有效治理

京承高速路两侧的2 900公顷裸露土地全部实现生物覆盖，253.3公顷征而未用的土地得到充分利用；平整土地58公顷，累计清运土方500余万立方米，拆除违章建筑4万余平方米；密云县、怀柔区交界处的沙石坑确定了权属关系，并对100公顷的沙石坑进行了粗平、填土和绿化美化；对潮白河、温榆河等主要河道两岸进行了土地平整和栽植绿化。

3. 廊道景观建设初见成效

京承高速公路纵贯的5圈层农业景观都有了很大提高，不但治理了沿线农田景观脏乱差等视觉污染，而且还新增加了沿线绿化景观面积，如防护林带、道路绿化隔离带、采摘园、生态园绿地等。完成绿化隔离带面积547.8公顷，栽植针叶树、阔叶树和花灌木3种类型20余个品种苗木40

余万株，总体成活率在95%以上，基本实现“绿不断线、景不断链”，整体景观效果明显改善。

除京承高速农业走廊外，通州区张凤路，大兴区刘礼路、庞安路，房山区G107，延庆县G110及平谷区新平蓟路等区县主干道农业走廊已全部完成规划设计的完善和提升，并已全面推进实施，凸显了农业的经济功能、生态服务功能、景观功能和社会功能等多功能特性。

（二）农业走廊景观评价

都市型现代农业走廊生态景观的建设除存在都市农业的共性问题，如对自然资源和社会环境的污染、浪费，主导产业的集中度不突出等之外，因其独特的景观结构和功能，还存在着农业走廊特有的生态景观建设问题（刘文平等，2013）。

1. 农业走廊生态景观建设缺乏宏观把握，总体发展规划欠缺

目前北京市都市农业走廊生态景观的建设还处于仅对单条高速公路廊道景观进行的规划设计，还没有从全市农业走廊的总体建设角度来考虑，缺乏对农业走廊生态景观建设的宏观把握。都市农业生态景观的建设必须建立在都市农业总体规划的基础上，结合各区县经济、文化、产业、生态等方面，统一规划部署。如何调整农业走廊发展，避免各农业走廊生态景观“千廊一律”，使其各具特色，又能在北京城市总体规划指导下实现和谐统一，这是需要编制农业走廊总体规划必须考虑的问题。

2. 农业走廊节点项目与周围环境和景观不够协调，景观结构有待提升

就目前已建成的京承农业走廊来看，在实施中重视产业提升，但对节点项目与周围环境和景观建设的协调重视不够；设施农业发展缺乏空间布局控制，建设过程中很少考虑农业生态景观功能的需求，导致在个别地方形成了视觉污染；走廊建设区内的村落环境、村落周边环境以及河道、山区平原交接地带、各项目地块内部空间组织、各项目地块之间的景观表现，还没有形成良好的整体景观结构，生态景观的系统性较弱。

3. 农业走廊微观生态景观设计不精，参与性较弱

就目前农业走廊生态景观的建设来看，其微观层次景观处理还有待提升，相关细节处理不甚妥当。如走廊建设区内景观提示性较弱，标识性不足，缺乏对都市农业走廊主体的表达；景观建设材料缺乏生态性、地域文化性；各地段的景观色彩形式各异，对地域景观造成强烈冲击；景观空间参与性较弱，受自然条件影响，农业观光旅游时间具有季节性，景观时间参与性也不足。

4. 农业走廊理论研究薄弱，生态景观规划设计缺乏相关指导

目前，我国都市农业的发展更多的是借鉴东亚部分国家和地区的经验发展起来的，时间较短，对走廊农业的理论研究更是很少有人涉及。现阶段虽然北京市都市农业走廊的建设取得了一定的成绩，也总结出了一些模式，但总体来说，还没有形成专门的理论体系。由于缺乏农业走廊相关理论的指导，加之实践的时间不长，对生态景观的规划设计难免出现这样或那样的不足。

二、农业走廊景观升级的路径

农业走廊的建设和景观提升，要综合考虑道路建设与周围环境的关系，根据本土化、特色性、观赏性、经济性、可持续等原则，在保证道路安全运营的前提下，运用生态学、景观学、农学的原理，因地制宜，对整体景观进行规划设计，对资源进行充分利用，使道路景观与当地的自然、人文、社会环境相协调，体现乡村的独特风情，营造生态环保型的道路景观。

（一）按照整体性原则，搞好农业走廊景观的顶层设计

农业走廊所经过的地区有着其特殊的地理位置、地形、地貌、气候特征及社会经济条件，加之不同地区之间功能定位不同、农业主导产业不同，形成了不同的农业走廊，景观格调也不同。因此，要将农业走廊的基本特征与沿途地形、地貌生态特征及其他自然、人文景观，作为一个有机整体，统筹考虑，统一规划，使农业走廊景观既具有功能性、实用性，又具有观赏性、艺术性。要对道路及道路用地范围外一定距离和带状走廊里的自然景观、人文景观等，在合理规划设计的基础上，进行有效的保护、

开发、利用，使道路建设与自然景观浑然一体、相容协调，共同构成一个良好的农业走廊景观环境。

（二）坚持“势、形”结合，打造具有特点的农业走廊景观

在确保道路通畅安全的前提下，突出农业走廊景观的特殊性。首先，要保证道路畅通与交通安全。景观的打造要避免对司乘人员形成视觉上的遮挡、不可预见、弦光等视觉障碍，以及造成心理上的压抑感、恐惧感、威胁感，保证行驶安全。其次，在线性景观构置上，重在“势”。线形景观的观赏者多处于快速行驶状态。在这一状态下，景观主体对景观客体的认识，只能是整体与轮廓。因此，线性景观的构置应力求做到道路线形、边坡绿化等连续、平顺、自然，且通视效果好，与环境景观要素相协调。再次，在点式景观构置上，重在“形”。当道路处在静态观赏者的观察范围时，这部分景观的构置重点应放在“形”的刻画与处理上。如道路路基的形态与形象，绿化植物的配置与造型，场所的可识别性与可记忆性强等。沿线点式景观给人的印象应该是轮廓清晰、醒目、高低有致、色彩协调、风格统一。尤其需要指出的是，要在道路开阔处，设置观景区，能够让游客停下来休憩并观察欣赏道路两侧的风景和大尺度的农业大地景观。

（三）合理选择主景和植被，提高绿化效果

搞好农业走廊两侧的绿化是提高景观效果的重要内容。要通过绿化，使原本生硬、单调的道路线形变得丰富多彩，创造出优美的景观；使裸露的挖方、路堑、岩石、边坡披上绿装，降低对道路环境的负面影响；使农业走廊融入到周围的环境中，给道路的使用者提供优美宜人、舒适和谐的行车环境。为此，一是要合理选择主景。主景的选择很关键，应根据边坡所在地的环境条件来确定。例如，根据边坡环境条件，如果选择草原型作为植被恢复目标，则应以草坪为主景，将乔、灌、花按一定比例合理配置在草坪的不同位置，用来加深和衬托草坪主景的气氛。草坪草应以多种草类混栽，努力做到三季常青。二是要合理选择树种。在新辟道路绿化和原有道路整治绿化方面，尊重树种多样、乡土为主、色彩丰富、突出特

色、景观优美、栽植大规格苗木的原则，因路因地造林配绿，花木高低错落，色块图案线条流畅，富有动感。三是要合理选择植被。在选择植被种类时，应考虑边坡所在地的植物类型、植被环境。这样做的目的是让边坡植被的小环境与当地植被的大环境协调一致，产生一种总体的景观效果。否则，如果二者不协调，小环境的景观设计再好，也无济于事，也不能持久。

（四）选用恰当的工程护坡方法，提高景观修复效果

农业走廊的开发与运营会对周边生态景观造成很大影响。在天然地表上开挖或填筑，必然会改变原地面底层结构的受力状态，原来处于稳定状态的坡面可能由于开挖而引起不平衡。为防治水土流失，固土护坡势在必行。在采用工程固坡时，结构应尽量隐蔽，突出植被景观。植被恢复的工程措施有三维土工网垫、土工格栅、钢筋砼骨架、浆砌片石框架等（陈锦等，2009）。这些工程结构物如果过多暴露于坡面，减少了植被的景观面积，对于形成优美景观效果不利。因此，应采取措施使这些结构物少暴露甚至不暴露。同时，通过工程措施和植被恢复相结合，在坡面上形成综合的防护结构体系。

（五）建设道路涵洞、天桥等，促进两侧生物的交流

农业走廊的建设，应注意保护生物多样性。随着道路密度的增加，未受干扰的原生态面积不断减少，并逐渐无法为生物所居住，而剩余的破碎化原生态面积越来越小，隔离度不断增大，有可能最终导致当地生物种群灭绝，这样的例子并不鲜见。因此，农业走廊的建设，应尽量避免穿越生态敏感区，防止生物保护区破碎化；对于必须穿越的，要通过采取道路涵洞、天桥等多种工程措施，建设动物迁移通道，以有效促进道路两侧生物的交流，降低对生态保护的负面影响。

（六）搞好缓冲带建设，打造多样化生态景观

缓冲带建设是提高景观效果、控制非点源污染、防治土壤侵蚀的重要

措施。广义的缓冲带是靠近受控制区域的边缘，或在具有不同控制目标的两个生态系统之间的过渡地区。狭义的缓冲带是指在农村斑块和廊道边缘地带（如农田、河道、路边、边坡等处）之间，由乔灌木及其他地被植物组成的缓冲、过渡区域。在农业走廊与大田景观的过渡地带，通过利用乔灌草构建植物群落，增加景观起伏变化和强化景观线，提高生态系统的服务功能。

三、农业走廊景观提升策略

基于都市型现代农业发展模式、功能定位和综合体系，结合农业走廊的特点，以现状为基础，通过规划和实施推进，建立产业链和空间布局体系及控制指标，集成和推广农业科技成果，完善推进机制和保障措施。

（一）进行农业走廊整体布局，实行走廊生态建设宏观调控

在北京都市型现代农业总体规划的基础上，宏观分析各农业走廊的资源优势与特色，准确把握各走廊的性质和定位，完善区域范围内资源的有效整合和各农业走廊的特色营造，实现农业走廊生态建设的宏观调控。根据廊道特征、地形地貌、土地利用类型、社会经济活动影响程度等因素，可将北京市农业走廊带分为东部景观廊道带（又可细分为“东部水域廊道带”和“东部高速公路廊道带”）和西部景观廊道带（又可细分为“西部景观廊道带”和“西部高速公路廊道带”）（宇振荣等，2011）。对于不同的廊道带，可从乡村经济社会发展和用地布局以及资源保护的总体格局出发，进行农业走廊布局，使各农业走廊按不同层次、不同功能划分，形成各有特色又协调统一的空间结构，使地域景观要素、历史人文要素、资源环境要素以及经济社会要素在空间上和时间上与自然环境协调发展。同时强化总体规划的可实施性，解决好近期与远期、新建与改建、市区与郊区等之间的发展关系，采用不同的对策衔接各规划，使规划富有弹性。

（二）完善走廊沿线生态景观结构，整体协调规划

通过空间划分、景观要素调整等方式，完善走廊沿线景观元素的基本结构，实现战略资源配置和使用的综合效益最大化。合理安排走廊沿线各景观空间的区位、大小、与周边环境的相互关系、组合形态以及应对未来种种发展可能的弹性，创造具有整体感、层次感与序列感的走廊空间框架形象，实现各景观要素的和谐对话，强化沿线网络联系，使走廊沿线农田、林地、果园、村镇、工厂等景观要素和谐过渡。具体可通过挖掘沿线现有景观资源，建立绿色廊道，将沿线每一处林地、农田、河流、山地及村落景观联系成一个结构完整丰富的景观系统。

（三）针对不同的产业形态和节点项目，营造不同的生态景观

要结合廊道生态景观规划，注重农田生态系统的非线性生境景观营造，因地制宜在不同业态、不同尺度上规划景观空间布局。对于设施农业节点项目，设施建设既要符合《京郊设施农业建设规范指南》的要求，又要与周边环境相匹配，与整体景观相协调，并能展示都市型现代农业风貌；对于田园生产节点项目，要使废弃耕地、鱼塘得到整治修复，闲置土地得到平整利用，杜绝土地撂荒、裸露，河道、沟渠、道路采取乔灌草结合的方式得到绿化美化；对于林果节点项目，一方面应搞好果树生产基础设施的配套完善，做到树体生长健壮，园貌完整，另一方面应在道路两侧30米范围内营建永久绿化带，坚持多树种、多植物、多层次、多色彩搭配，以乔木为主，乔灌结合，花草并举，达到“三季有花、四季常绿”和“绿不断线、景不断链”的绿化景观效果；对于生态养殖场节点项目，在六环路内干道两侧禁止新建和扩建养殖场，六环外新建养殖场，距离主干道应在300米以上，且符合区域土地（环境）承载力的要求，粪便无害化处理率达到100%，并做到种养有机结合，循环发展；对于农业观光园区节点项目，园区建设应与周边环境相匹配，与整体景观相协调，富有农耕文化、乡土气息，园区内可配备接待、车位、休憩等服务设施，景观环境具有明显特色。

（四）注重细节设计，提高参与空间

在整体布局指导下，挖掘走廊沿线区域山水文化内涵，凸显走廊文化底蕴，延续文脉，传承文化，同时赋予走廊景观时代内涵，做到保护、保留、整治三者同时并举（刘文平等，2013）。注重细节设计与当地人文资源的融合，强调场地时间性、地域性，提高参与空间，为市民和游客带来认同感和归属感。在最大限度保护自然环境生态平衡的前提下，适度开发特色节点，保持景观可持续发展的能力。具体可强化沿线建筑规划管理，加强沿线服务区和工矿企业的污染治理，并处理好其景观要素的色彩、质地、形式等，使其与当地风格保持一致；绿化景观要注重植物元素的景观空间构成和生态基础建设，全面考虑季相构图，提高参与空间建设；山水资源的开发要顺应自然机理，保持富有野趣的自然原貌等。

（五）加强理论研究和实践总结，完善农业走廊理论

梳理国内外农业走廊研究成果，比较国内外研究差异，借鉴适于我国特别是北京市都市农业走廊发展的相关理论。同时，加强对现有成功案例的研究，分析农业走廊深层次问题。在上述研究的基础上，规范和明确北京市农业走廊的概念、要素、目标、原则、程序和方法等，形成具有北京特色的农业走廊理论结构和框架体系，以指导其生态景观的建设，并通过实践不断完善其理论体系。

第四节 农田景观

农田是体现乡村景观的重要元素，农田景观是乡村景观的主体。随着种植和管理技术的不断提高，农田景观的质量也在随之提高，更加富有变化性和色彩层次，但并非没有提升的空间。为更好地满足市民对乡村与田园生活的向往，亟须对农田景观进行改进、提升。

一、对农田景观的认识

农田景观是以林地、草地、水域、居民点和工矿企业等为镶嵌体，以农田防护林、道路、沟渠、田埂等为廊道，以耕地为基质的网格化景观体系。农田景观不仅具有生产功能，而且具有景观功能和生态服务价值，是北京市生态系统的重要组成部分，是宜居城市建设的生产性绿色空间。

中国自古以农立国。农田景观最初始于农耕渔猎，是古人在劳动实践的基础上，建设适合自己居住又便于耕作的劳动生活场所而形成的质朴、闲适而恬淡的景观。受封闭自囿的古代农耕发展模式影响，中国古代农田景观格局长期处于自囿、原生的乡土地域性风貌框架中（张纵等，2008），人与境、情与景巧妙结合起来，是具有高自然价值的乡土化景观。随着社会的不断进步和经济的迅猛发展，在农业方式从传统农业转向现代农业的同时，农田景观受到人为因素的强烈干扰，发生了巨大的变化，景观格局经历了短期或定期零星农田、长期集中连片农田、配套集约化农田和精准农业的发展历程。

随着城市景观及建设用地的扩张和侵入，北京市耕地急剧减少。1979—2008 年，全市耕地平均每年递减 6 585 公顷，其中，2000 年年底全市耕地面积为 329 248 公顷，2008 年底为 231 688 公顷，平均每年减少约 12 195 公顷 [①]。耕地、林地等自然景观的生境斑块面积也逐渐变小，连通性降低，导致农田景观生态服务功能不断削弱。为了缓解人口增长和耕地减少给粮食安全带来的压力，人类致力于作物增产研究，渐渐变得过分依赖化肥、农药等生产资料的使用，导致生态环境、农产品受到污染，生物多样性下降，病虫害产生抗药性，农田景观生态平衡失调（郭文华，2004），这一系列环境问题给人类可持续发展带来了生态安全隐患。因此，为了切实保护和利用好耕地资源、维持可持续发展，建设高自然价值农田和健康的农田生态环境是当前北京都市型现代农业发展刻不容缓的任务。

① 北京市统计局、国家统计局北京调查总队、北京市农村工作委员会：《京郊改革开放三十年（1978-2008）》

二、北京农田景观发展现状及评价

（一）北京农田景观状况

近年来，北京市在农作物功能开发及农田景观营造方面进行了大量的探索和实践，推出了房山区长沟百公顷油菜花、长沟金秋葵海，密云县金叵罗玉米迷宫、新城子雾灵西峰彩葵园、车道峪人间花海，延庆县千家店百里画廊葵海等具有浓郁乡土特色的农田景观。2011 年，北京市农业技术推广站专门成立了景观农业业务科室，负责景观农业的试验、示范、推广工作。3 年来，围绕农田景观的建设、宣传、推广做了大量工作。

1. 开展景观作物品种筛选及栽培技术研究

利用向日葵、油菜、薰衣草 3 类主要的景观作物，针对规模农田镶边、农田缓冲带种植、闲置地景观遮挡和覆盖、坡地景观栽培、沟路林渠景观种植、沟域景观营造等开展了品种筛选试验，筛选出品种 28 个，为农田景观的建设提供了丰富的品种资源。同时进行了配套栽培技术的研究，总结形成了应用塑料布覆盖可保证冬油菜在晚播一个月的情况下安全越冬、“冬油菜 + 早熟型春油菜 + 晚熟型春油菜”延长油菜观赏期达 61 天、春油菜不同播期搭配延长油菜观赏期达 45 天等 7 项栽培技术要点，为农田景观建设提供了技术支撑。

2. 进行农田景观建设和栽培模式的探索

总结提出了“秋播油菜 + 夏播油葵”景观栽培、彩色向日葵主题景观栽培、“冬小麦 + 冬油菜”间作景观栽培、油菜大地景观栽培、“春播油菜 + 夏播油葵”轮作景观栽培、“冬油菜 + 青贮玉米”轮作景观栽培、农田艺术造型景观栽培、湿地保育景观栽培、植物缓冲带景观栽培、坡地景观栽培、林下景观栽培、乡土民居景观营造 12 种农田景观建设和栽培模式，供京郊各地选择。

3. 开展农田景观的建设示范和技术服务

新建了延庆县艾官营山间别薯观光园、密云县石城云梦花香观光园等农田景观综合示范点，继续为朝阳区蓝调庄园、房山区长沟水岸花田、延庆县千家店百里山水画廊、密云县雾灵西峰彩葵园等观光点提供服务。其中，山间别薯观光园种植薯类品种113个、花卉类品种75个、蔬菜类69个、特色杂粮类68个、葵花类30个、蓖麻20个、玉米20个、中药材16个、油菜16个、草莓5个，为市民呈上了以作物为主题的视觉盛宴，为延庆观光休闲农业提供了新的亮点；石城云梦花香观光园在石城捧河岩沟域全长约10千米的区域内，应用了10套农田景观模式与12项农田景观建设技术，营造了上茬油菜、下茬向日葵的整体大地景观效果，打造了7个景观节点，有效带动了当地民俗旅游业的发展，捧河岩沟域内的游客接待人次和人均民俗旅游接待收入较上年均增加30%，达到了打造整体农田景观品牌、带动镇域旅游发展的目的；房山长沟水岸花田上茬打造了大规模油菜花景观，为“房山长沟国际长走节”和“房山长沟花田音乐节”两大活动提供了农田景观背景，下茬种植向日葵300公顷，开辟了亲子游戏区、葵花迷宫区、特色餐饮区、DIY涂鸦区、外景婚纱体验区、房车体验区、露营体验区、创意集市区等，打造了全市首个大面积的向日葵嘉年华游乐园，并规划出专门的区域，集中展示收集到的各国向日葵品种40余个，让普通农田成为市民休闲、农民增收的多功能场所；延庆千家店百里山水画廊引进了油葵种植，开展了高产竞赛活动，有效提高了向日葵的单产，同时增添了花卉景观，增加了景观的多样性；蓝调庄园和雾灵西峰彩葵园应用了冬油菜和春油菜景观建设模式，丰富了园区观光的内容，同时也使开园时间得以提前，为园区的经营和盈利创造了条件。

4. 培育形成了主题农田观光目的地品牌

根据作物类型，推出了油菜、向日葵、薰衣草、水稻、五谷杂粮、观赏菊6个主题的农田观光点。油菜等6种作物在北京的种植面积很小，属小作物，其中油菜、向日葵、薰衣草、观赏菊4种作物，是近几年才由农业技术推广部门引进推广的，每种作物的面积累计也不超过几百公顷。农技推广部门着力开发这6种小作物的观赏功能，培育形成了一批主题观光目的地，把它们变成了都市农业中一道道靓丽的风景。比如，市民想去看向日葵，就去延庆县千家店、房山区长沟；看油菜花，去密云县北庄、房山区长沟；看菊花，去延庆县四海；看小麦，去顺义区大孙各庄等。

5. 组织开展了以北京农田观光季为主题的活动

"北京农田观光季"活动内容包括3个方面：①农田景观开发。针对区县、乡镇、园区需求，开展农田景观现状调研和规划指导服务；开展景观作物品种筛选及栽培技术研究，以及农田景观建设和栽培模式的探索，为农田景观建设提供技术支撑；开展农田景观建设示范和技术服务，为景观建设提供案例借鉴和优质观光点。②景观农田推广。开展了农田观光点的征集和遴选；举办农田观光使者招募、农田观光使者采风、农田观光主题征文、农田观光摄影大赛、农田观光博客大赛、农田观光季LOGO征集等形式多样的活动，增加农田观光季的参与性与互动性；进行农田观光攻略的制作和网络云推广，向市民及时传递农田观光的信息。③行业交流培训。通过组织技术培训、现场观摩和考察，积极引导农田观光点利用农作物的产前、产中和产后3个阶段，开发相应的活动或产品，为前来休闲观光的市民提供服务，多渠道增加收入。

农田景观建设和推介活动取得了重要成果。3年来，以"以农造景、以景带旅、以旅促农、农旅结合、协同发展"为理念，以农田景观推广为目标，致力于农田景观开发、农业观光园区推广、行业交流培训，取得了良好效果。据统计，仅2013年第三届北京农田观光季活动期间，就推出110个农田观光点，接待游客675.5万人次，实现旅游收入2.71亿元。经推荐评选，朝阳区蓝调庄园、房山区长沟金秋葵海、延庆县四季花海3个农田观光点被农业部评为"中国美丽田园"。

（二）北京农田景观评价

近几年北京市对农田景观的改造和提升，主要体现在局部地区，还没有大面积推开；取得的成果也是初步的，景观形式较为单一。深入分析北京农田景观建设与发展，存在以下主要矛盾与问题。

1. 农田生态景观的质量有待提升

农业小规模生产和分散布局的现实，在一定程度上导致了田园景观破碎化；部分农田因基础设施受损出现破败荒芜、废弃撂荒等现象，降低了田园景观美感度；农田防护林树种结构单一，部分地区农田防护林存在残缺、断带，农田林网生态和景观服务能力下降；田间道路破损、路田交错带废弃撂荒、“三种垃圾”（生活、建筑、农业垃圾）乱堆乱放以及乱搭乱挂现象，导致严重的视觉污染，不能满足市民休闲、观光对田园优美景观的需求。农田作为城市重要的“山水林田路乡村城”景观的重要构成，亟须配套建设、综合治理与景观效果提升。

2. 农田种植模式有待多样化

作物种植区是农田景观最主要的景观要素，是农田景观质量的决定性因素之一。据北京市农业技术推广部门对京郊 7 个区县的典型调查，大部分地区大田作物种植区景观较好，但部分村庄大田作物的长势较差，并且存在地表裸露问题。从果园景观看，通过对比发现，果园景观质量与种植模式有关，果粮间作模式景观一般比单作和混作景观的质量好，因为在单作和混作模式下，果园林下覆盖以杂草为主，长势不一，杂乱无章，导致整体景观效果差，而不同果树与作物间作可以提供多样化的景观，增加了景观空间异质性，同时也提高了土地利用率。

3. 农田景观与整体生态景观的协调不够

在北京郊区的农田景观实践中，大部分地区注重于局部农业景观的营造，实施地仅限于小块的农田，对于农田景观与周边草地、林地、荒地、路网、乡村等景观的衔接重视不够，导致景观的“点、线、面”相脱节。同时，在农田景观的营造上，多以少数作物种类的色彩和造型营造为主，存在作物单一、色彩单调、景观内容不丰富等问题，甚少从宏观上考虑农业生物多样性、农业生态服务功能和大地景观效果。

4. 农田景观建设缺乏统筹规划和持续性

北京市农业技术推广部门开展的农田景观建设多以项目的形式来推进，存在资金少、投资分散，导致建设规模小、在项目结束后农田景观难以维护、可持续性差等问题。在有的地方，第一年开辟了农田观光点，第二年就取消了，导致第二年慕名而去的市民白跑了一趟。如何形成农田景观建设的长效机制，是一个迫切需要研究解决的问题。

三、农田景观建设的路径

按照集中与分散相结合、生态网络化和连续性原则，建立以农田为背景，以大田、园艺、观光园、生态养殖场、绿林等为斑块，以林带、沟渠、道路为廊道的多功能田园式农业景观格局。

（一）农田规模化整理

农田规模化整理主要是针对规模化生产需求，开展田块整理合并、边角废弃地修复、土地平整，达到各类规模化生产对土地质量的要求，形成“田成方、地平整、力均匀、无裸露、无闲置”，整齐一致的田园式景观。

1. 土地平整

土地平整要保护原有生态系统和景观要素，从大片林地、湿地，到小池塘、石墙、树篱、田埂，甚至树丛、单棵树木等，都要尽可能忠实地按照自然曲线地形进行整治，努力通过防护林体系建设等措施，将残留小景观要素连接起来，形成不同尺度的生态网格。无视当地生态系统而随意改变地形地貌，不仅会破坏地形的自然性，而且会破坏生态系统，也不利于建设山水林田路相统一的生态景观格局。

2. 田块设计

就北京农田情况而言，可根据地形和生产方式灵活设计，使大小各异的农田斑块构成一个生态学上相连接的镶嵌结构。同时，通过合理优化不同土地利用格局，将大斑块和小斑块有机结合起来，提高土地覆盖的镶嵌性及生态景观服务功能。不能一味地为了创造大斑块农田，而不顾地域特征形成的土地利用微观格局。

3. 田埂管理

田埂是田块间用以分界并蓄水的线性景观。根据地形和功能需要，田埂要保持一定宽度比例、形状和连贯性。同时，结合田块斑块形状和种植的植物，合理营建田埂植被景观，如在田埂上种植蚕豆、直立黄芪、波斯菊、油葵等植株相对低矮、直立生长的一二年生草本植物。

（二）农田景观建设

农田景观建设主要是在现有沟路林渠的基础上，进行必要的完善和修复，有效提高耕地综合生产能力，拓展农田生态景观和游憩功能，服务于首都宜居城市建设，改善城乡人居环境，把农田打造成城市的生产性绿色空间。

1. 田间路网修复

主要是针对田间二级道路、生产路和游憩道的硬化和修复。根据田间道路、生产道路原有路面材料、破损程度和分级标准，充分利用乡土材料进行道路硬化，形成沟渠路林一体化生态廊道。

2. 林网修补完善

重点是对现有农田防护林的残缺、断带进行修补和配置。按照乡村植被自然化原则，尽量减少外来物种引进，充分利用乡土植物，采用生态经济型、生态景观型、生态园林型等多种模式，构建点、线、带一体化，功能互补的自然式生态林网，形成“树成景、线成廊、片成网”的都市型乡村生态植被景观。

3. 农田景观提升

对农田及农田与村庄交汇部的城市垃圾、建筑垃圾及农业废弃物乱堆乱放现象进行清除，对农田中部分农业附属设施乱搭乱建现象进行整治，对农田沟路林渠按照统一的标准进行规范，对道路两侧、梯田边坡、沟渠外坡、林网下层进行适宜的植被绿化，达到无废弃标识，无废弃物乱堆、乱放、乱建、乱挂等形成的视觉污染现象。新建标识要符合园区功能定位要求，做到简练、形象、醒目、自然。大力提升道路、沟渠两侧、水利设施、各类围栏、隔离带的景观生态绿化效果，做到色彩、造型、布局与周围景观相协调。

（三）大地艺术景观塑造

从简单的农田景观建设到有意识地创建具有文化内涵、有强烈视觉冲击力、特殊造型的大地艺术景观，是农业景观建设的一个质的飞跃（陈桂平，2012)。

1. 必要性

改革开放30多年来，我国的经济实力不断增强，社会财富不断增长，为社会建设提供了良好的基础保障。随着新农村建设的不断推进和旅游产业的不断壮大，人民生活水平的逐渐提高，以及视野的不断开阔，对景观品质和新意的审美要求也不断提高，国民对大地艺术景观的期待与日俱增。因此，响应国家建设美丽中国、美丽乡村的号召，为市民营造大尺度的大地艺术景观，建设美丽田园，已是刻不容缓。

2. 大地艺术景观分类

根据塑造大地艺术景观所采用的农作物不同，可分为两类：①粮食作物类大地景观。传统景区和现代旅游的很多目的地都集中在风景秀美的山区腹地或乡村野外，这里的山地、林地、水域、农田资源比较丰富，通过科学合理的规划和创意设计，利用农田等基本地貌进行插种、套种符合当地环境的农作物，使之在生长过程中通过图形、颜色等的反差效应，直接在大地上作画，形成独特的大地景观。这类景观与自然界完美融合，突破了单一的农作物种植理念，使之成为能够观赏的大地景观，具有周期循环、季节性强等特点。②花卉类大地景观。花卉类大地景观是利用花卉的颜色、开花时差等特点，根据需要进行有规律的编排种植，使之呈现出一个整体绚烂的视觉效果。此类景观在公园、景区、公共空间装饰等方面都已得到广泛运用，在广大农村地区的运用也不乏经典案例，积累了不少经验。

3. 大地艺术景观营造策略

现阶段结合农田景观建设的做法、市民休闲的需求和国外的经验，可以考虑从以下几个方面进行探索。

（1）因地制宜，最大限度地利用好本地的资源、气候、地形等因素，控制投资成本。营造大地艺术景观要因地制宜，根据当地的地形、资源、气候条件等因素来决定具体采取哪种模式，如农作物种植、山地林带、水体、滩地、沙地、草原等，以这些基本因素为出发点进行设计选材，如农作物种植、花卉林木种植、人工地形改造等。

（2）注重设计，强调本土文化和创意植入。现代农田景观设计不能一成不变或简单的抄袭国外的案例，设计必须以当地环境和特色文化为基础，进行创意提升，创造出既符合中国人的文化特征，又能跟上时代的步伐，体现现代时尚的新型景观。

（3）强调视觉及品牌传播的效用。大地景观作为一种新的艺术形式，在视觉上应区别于传统景观，凸显其博大、大器、柔美、绚丽、自然的风格，给人们创造一个不一样的视觉感受。除了其本身的审美功能和使用功能，现代大地艺术景观更承担起了一份形象推广和品牌传播的责任。可把它当成是代表乡村旅游景区的一张新的名片，用于开展乡村旅游景区形象推广和营销，在打造景区旅游品牌的过程中发挥重要的作用；也可根据社会企业或个人的需求，打造符合其要求的大地艺术景观，甚至进行企业化运营。

四、农田景观提升策略

开展农田生态景观建设，是发展北京都市型现代农业、建设宜居城市、增加农民收入、改善生态环境的需要。要立足现实，着眼长远，从认识、投入、体制、机制等方面联动，促进农田景观的提升。

（一）加大宣传力度，提高人们对农田景观建设重要性的认识

没有人与自然的和谐，社会和谐就无从谈起；没有农田生态景观质量的改善与提高，农村也无法称得上新农村，都市也无法建设成为宜居城市（宇振荣，2011）。开展农田景观建设，不仅有利于改善农村生活环境、提高土地产出率和增加农民收入，而且也为城市居民提供了更多的观光、休憩、娱乐场所，关系到北京市的生态环境质量和市民的生活质量。因此，要加大农田景观建设的宣传，提高公众的认知能力。通过举办宣传推介活动、开展乡村旅游和媒体网络宣传等方法，展示和推广健康、优美的农田生态景观，提高人们对农田景观建设重要性的认识，加强人们自觉保护和维护农田生态景观的意识，杜绝农田景观脏乱差现象的发生。

（二）编制农田景观发展规划，搞好建设示范

根据北京城市功能定位及各区县的功能划分，围绕北京都市型现代农业发展战略以及北京市休闲农业与乡村旅游发展要求，结合北京新农村的建设，组织市有关部门，联合编制北京市农田景观建设规划，以规划引领和带动农田景观建设向规模化、产业化、特色化、系列化、常态化、制度化、生活化、多样化、差异化、生态化的方向发展。为搞好规划的实施，要在北京市农业技术推广部门试验试点的基础上，充分发挥典型案例的示范引领作用，开展不同层次、不同尺度的农田景观建设工作，进而在全郊区推开。

（三）加大扶持力度，逐步建立起多元投资机制

农田景观的生态服务价值已被政府和社会各界所认同。京郊农民在从事农事活动的同时，不但建设了无与伦比的农田景观，也为城市和市民创造了无形的生态服务价值，为首都生态环境建设做出了贡献。从 2007 年开始，北京市政府在对农田生态服务功能进行调研的基础上，从治理季节性裸露农田与保护首都大气环境出发，研究出台了生态作物补偿政策。鉴于农田景观建设有别于一般的大田作物种植，且一些农田观光点没有物质产品的产出，建议在对农田景观的社会、生态效益进行科学评价的基础上，对景观农业单独制订一套生态补偿实施办法。同时，建立以财政投入为导向、社会投入为主体、金融资本为依托的多元化投入机制，逐步形成多种经济成分共同发展的农田景观建设格局。

（四）开展相关理论研究与实践探索，加强农田景观建设的科技支撑

农田生态景观建设不仅包括农田生产可持续和安全技术应用，而且还有沟路林渠等农田周围景观要素的生态景观建设，而北京市农田景观建设正处于探索实践时期，缺乏健全的建设导则和技术规程。从调查看，农田景观建设仍然存在着一些问题，如农田地表裸露、农田及地头草荒、农田

景观结构单一、沟路林渠建设不完善等，严重影响了农田景观的整齐度、美观度和丰富度。因此，要研究制定政策，鼓励在京的科研院所、大专院校和其他相关单位开展农田生态景观建设模式和配套技术的研究，对现有研究成果进行系统总结和挖掘，以提出北京市不同区域、不同类型的农田生态景观建设模式和配套技术，构建都市型现代农业农田生态景观建设模式和配套技术体系，为农田生态景观建设提供科技支撑。

（五）通过培训等多种方法，建立农田景观建设的人才队伍

与传统农田相比，农田景观既是景观与农田的生产实践的融合，又是科学知识与市场经营的叠加；既是传统文化与现代文化的渗透，也是农耕文明与都市文明的交叉（李琳等，2011）。因此，如果没有专门的人才队伍做支撑，农田景观建设与长期可持续发展是难以实现的。农田景观建设涉及到多领域、多学科，包括农学、生物学、美学、生态学、景观学，甚至策划设计、创意理论、工程技术等，需要推动各领域科研成果的结合与转化。然而目前从事农田景观建设的技术人员多是农技推广人员，人才结构及知识结构不够合理。因此，需要加强相应的培训和学习，增加人力资本投入，通过定期举办培训班、论坛、讲座，鼓励各领域、各学科技术人员开展合作，组织基层技术人员到景观农业发展好的地方参观学习等形式，培养农田景观建设人才。

第六章

产品升级

随着首都经济社会的发展，市民人均可支配收入的提高，乡村旅游由观光型向休闲度假型的转变，市民的休闲旅游需求发生了很大变化。而目前休闲农业产品的档次低，产品体系不丰富，高端产品匮乏，游客的参与性不强，尚无法满足北京这个拥有 2 000 多万常住人口的国际大都市中不同年龄阶段、不同文化背景、不同职业阶层、不同经济状况、不同休闲爱好的各类人群对传统和新兴休闲农业产品的多元化、多品位、多类型需求，供需不均衡，更谈不上用供给来引导消费了。为更好地满足首都市民的需求，亟须进行产品升级。

第一节　产品升级的必要性

休闲农业与乡村旅游产品是指发生在乡村地区，为满足乡村旅游者物质和精神消费需要而提供的有形产品和无形产品的总和。乡村旅游地包括休闲农业与乡村旅游资源、乡村旅游设施和乡村旅游服务三大部分。传统意义上“吃农家饭、住农家院、干农家活”的休闲农业与乡村旅游产品已经不能满足市民对乡村旅游品牌的多样性、内容的丰富性和体验的差异性的要求，主要问题如下。

一、初级观光产品比重大

目前，北京市休闲农业与乡村旅游产品仍以初级观光产品为主，高级休闲旅游产品所占比重较小，这在观光农业园和乡村景区两类产品中的表现最为明显。从观光农业园来看，数量众多的观光农业园大都侧重观光、采摘产品的开发，而对游客迫切需要的教育、休闲、体验等乡村旅游产品重视不够；从乡村景区来看，北京乡村景区呈现冷热不均的发展特点，大多数冷点景区的旅游活动形式仍停留在浅层面的走马观花式，未深入挖掘该景区所属地区的地域特征与文化内涵，缺乏参与性、休闲性、体验性强的旅游产品或项目，导致旅游者逗留时间短，人均消费额低。

二、产品季节性强

休闲农业与乡村旅游产品的季节性明显，淡旺季反差突出。在全年范围内形成旺季、平季和淡季 3 个旅游季节，其中 4 月与 5 月、7 月与 8 月和 10 月是 3 个旅游旺季，11 月到来年 1 月是旅游淡季，其余月份是平季（马世罕等，2012）。乡村旅游的季节性特征，除与自然气候条件影响旅游舒适度等因素有关外，还与社会因素及乡村旅游产品的供给有关。由于 4 月、5 月和 10 月的公共假日集中、节事活动丰富，使得这些月份成为旅游旺季，而社会旅游消费习惯中，以孩子为导向的出游方式则造就了 6 月和 9 月的旅游低迷，因为这些月份学生的闲暇时间较少。从乡村旅游产品供给看，由于观光型产品所占比重过大，而大部分农业景观存在季节性特征；冬季特色产品开发不足；休闲农业与乡村旅游产业链太短，农业设施类、加工类、休闲体验类等产品没有形成规模；乡村旅游产品与传统景区、景点的协同发展不够，产业集群开发处于初级阶段等。产品的季节性明显，导致每年有效出游时间短，农业资源利用率与旅游消费额低。

三、产品文化内涵挖掘不够

文化是休闲农业与乡村旅游产品的精髓。我国具有灿烂悠久的农耕文明，北京郊区拥有皇家特色的乡土文化，这一切本应该成为休闲农业与乡村旅游产品开发的基础。但目前的休闲农业与乡村旅游产品文化内涵不足，特色不明显，品位不高，缺乏个性，甚至出现了粗俗、不文明等现象。究其原因，主要有 3 个：一是在产品的设计阶段，缺乏对乡村特色与乡土文化的挖掘、整理、吸收，导到产品定位不准，开发思路不清。二是在产品的生产与建设阶段，大兴土木，建园造景，人工雕琢过多，而又不精益求精。有的项目打着“创意”的晃子进行随意开发，而实为粗制滥造，导致项目建成后与建设初衷背道而驰。三是在产品的运营阶段，对乡土文化宣传不够，对产品文化特色解说不够，对游客体验农耕文明要求的关注不够，导致产品环境的文化氛围不浓，产品展示的文化特色不突出，产品销售中文化的贡献度不高。

四、产品开发同质化严重

北京乡村旅游产品开发存在严重的同质化倾向，乡村旅游产品的特色体现不足，这点在民俗旅游村、休闲度假村和乡村节事 3 类产品中表现最为明显。从民俗旅游村来看，目前北京市众多的民俗旅游村真正具有特色的少之又少。通常在一个小景区周围就布局多个民俗旅游村，各个民俗旅游村又没有自己的特色，纯属重复建设，给游客的印象是“千篇一律”，破坏了本应带给乡村旅游者的审美价值、信息价值和心理价值，导致游客在去过一个民俗旅游村后，就不再想去第二个村；到北京郊区乡村旅游一次后，就不再想去第二次，致使重游率低。从休闲度假村来看，休闲度假村在建设过程中大都缺乏规划和长远考虑，导致布局不合理，特色不突出。另外，休闲度假村市场竞争的重点只是放在内部设施的改造升级及价格上，仅仅靠提高档次进行竞争，未从产品特色等更高层面寻求突破，最终必将陷入恶性竞争的循环中去。从乡村节事来看，各区县的乡村节事从名称、内容、受众、传播手段等方面都缺乏差异性，真正结合各区县地域特色和乡土文化开发成功的节事活动十分鲜见，导致乡村旅游宣传在供给者之间体内循环，缺乏消费者的“捧场”，宣传效果欠佳。

五、产品布局单体化明显

北京市乡村旅游产品仍处在“单打独斗”的层面，产品多为单体化布局，严重影响了产品的体量和市场影响力，也不利于品牌的培育。这主要有 3 方面的原因：一是休闲农业与乡村旅游市场主体、乡村旅游接待单位没有意识到联手经营、共拓市场的重要性；二是政府层面缺乏相关的促进政策和联动措施，宏观指导乏力；三是机制创新慢，乡村旅游景区、休闲农业园、民俗旅游接待户等各类市场主体之间还没有建立起利益联接与共享机制，造成各自为战，无法形成规模效益。乡村旅游产品的单体化布局导致各地的重复建设、同质开发，造成对乡村旅游资源的浪费和破坏。另外，这种状况也影响了大体量、高规格、高品质乡村旅游产品的开发，不利于乡村旅游产品的升级。

六、产品标准体系不完整

北京休闲农业与乡村旅游产品存在的同质化等问题，还与产品标准体系不完整有关。北京市在乡村旅游发展过程中比较重视产品的标准体系建设，如出台了《乡村民俗旅游村（户）等级划分与评定》《乡村旅游特色业态标准及评定》等，从全国来看，也是走在前列的。但这些标准尚不能覆盖实践中已经出现的一些休闲农业与乡村旅游业态，如红酒庄园、乡村休闲养老基地等，也不能改变目前乡村旅游产品发展过程中存在的产品开发类型趋同、产品文化特色不足、产品布局单体化等诸多问题。尽快修订完善已有标准，并针对新业态、新产品，研究制定新标准，已是促进休闲农业与乡村旅游产业发展的客观需要。

为解决上述问题，亟须转变发展思路，更新产品开发理念，以游客需求为导向，切实改进产品供给，促进产品升级。

第二节　产品升级的原则

一、乡村性原则

休闲农业与乡村旅游产品的核心和本质特征就是“乡村性”，它是乡村旅游产业发展的动力源泉。乡村旅游的吸引力源于其与都市环境显著差异的乡村特征，这种乡村特征就是乡村性。比如，恬静舒心的自然环境、淳朴纯真的风土人情、日出而作日落而息的生活方式、具有地方特色的传统民居、随意自主的慢生活等，都是乡村性的具体体现。休闲农业与乡村旅游产品的设计，必须抓住乡村性这一核心原则，依托乡村的自然环境、自然资源和乡村风貌，突出乡土文化内涵。离开了乡村性，休闲农业与乡村旅游产品便失去了根基。

二、新奇性原则

在进行休闲农业与乡村旅游产品设计时应力求独特，要给游客耳目一新的感觉。乡村休闲是有别于人们日常生活的另类体验，只有那些平日无法切身参与的活动对城里人才具有吸引力。比如，休闲农业园区体验活动的设计可以同创意农业结合起来，通过共享创意农业的成果，将其合理地应用到体验活动过程当中，促进创意农业的成果转换，提升其市场价值。有时候体验活动的设计可以超越现实，让游客有充分的体验空间。也可以配合体验的主题、氛围，身着特定的服饰，以更好地营造体验的情境。只有进行体验活动设计的不断创新，才能满足游客的新鲜感，才能提高重游率，也才能带来更多的回头客。

三、参与性原则

农业参与和体验是休闲农业与乡村旅游产品区别于传统旅游产品的重要特征。在体验活动中，一定要让顾客主动参与。比如，在乡村旅游规划时，要倾听市民和消费者的意见；在乡村旅游项目中，可开辟出小块土地让市民种植农产品，收取适当的管理费，乡村旅游经营者帮助其日常管理，在收获季节则由市民来品尝或处理自己种植的农产品；在活动设计时，为市民参与提供充分的空间，如在节庆活动中留出游客参与的角色；在各种动植物认养活动中，要让市民当主角等。

四、文化性原则

北京农业生产历史悠久，人文资源极其丰富，山区、平原的农业生产方式和农民生活习俗也有着明显的差异。在设计休闲农业产品与体验活动时，要充分挖掘京郊各地的文化资源，包括文化遗存、自然生态、文化底蕴等，对其进行整理、包装、筛选、融入。在开发休闲农业产品中融入文化元素，一方面可以提升乡村旅游体验的档次，另一方面也是对农耕文化、民俗文化、民族文化的保护和传承。

五、科技性原则

将最新的农业技术和农业成果与乡村旅游相结合，开发设计出多种类型、多种风格的休闲体验活动和产品，以满足不同游客的需求。如通过展示无土栽培技术和嫁接的农作物，增加游客的感性认识；通过开发农业应用软件，将现代农业科技知识融入到电脑游戏之中，让游客进行人机互动；运用科技手段，在体验产品设计中加入感官的刺激（视觉、听觉、味觉、嗅觉、触觉），使游客增加体验的真实感，并适时进行体验产品更新和换代；通过互联网和远程教育，开发现实版的开心农场，把娱乐、休闲与有机农产品定购结合起来等。总之，要在休闲农业与乡村旅游产品中，赋予时代的特征，增加科技的元素，提高科技的含量。

六、多样性原则

乡村旅游者是多层次的，每个人的旅游需求是不同的，这就决定了休闲农业与乡村旅游产品应该是多样和丰富多彩的。根据基础旅游资源的不同，可开发农场游、农家游、民俗文化游、休闲娱乐游、农业科普教育游等乡村旅游产品；根据体验类型不同，可开发观光型、娱乐型、学习型、体验型等乡村旅游产品；根据旅游活动类型的不同，可开发观赏游览型、参与交流型、产品提供型、休闲度假型、购物型、研究型、综合型等乡村旅游产品；根据农业结构的不同，可开发休闲种植业、休闲林业、休闲牧业、休闲渔业、休闲副业等休闲农业与乡村旅游产品；根据参与对象的不可，可开发少儿农庄、市民农园、银发族农园等产品。总之，要用多样化的乡村旅游产品，去吸引多层次的乡村旅游者。

第三节　产品升级的方向

休闲农业与乡村旅游产品是为满足乡村旅游者的需求而出现的，也必将随着乡村旅游者需求的提高而升级。乡村旅游者感知价值是衡量乡村旅游者满意度、忠诚度的重要指标。应在准确把握乡村旅游者感知价值的基础上，结合资源、市场、文化、传统等因素，研究提出休闲农业与乡村旅游产品体系和产品升级的方向。

一、乡村旅游者感知价值

休闲农业与乡村旅游产品是由乡村旅游者来消费的。James Heskett 的服务利润链理论指出，企业的获利能力是由顾客的忠诚度决定的，顾客的忠诚度是由顾客满意度决定的，而顾客满意度又是由顾客的感知价值大小决定的。因此，研究顾客的感知价值是提高企业获利能力的关键。从休闲农业与乡村旅游产品来说，就是要研究乡村旅游者的感知价值。

乡村旅游者感知价值是指游客对休闲农业与乡村旅游产品的属性（包括旅游资源、旅游设施、交通条件、区位条件等）、属性表现（如服务等），以及在产品使用过程中，帮助或阻碍其实现既定的旅行目标而对产品进行的主观价值评估（高亚芳等，2012）。结合其他学者对顾客价值的分类，可将乡村旅游者感知价值细分如下。

（一）审美价值

愉悦身心是旅游的首要目的，也是市民选择乡村旅游的主要原因之一。乡村地区的资源类型、资源富集程度、罕见程度、价值量大小等是决定乡村旅游目的地美学价值的重要因素，也是提升休闲农业与乡村旅游产品竞争力的重要内容。因此，要在资源调查评价的基础上，开发大体量的乡村景观，提高乡村地区的美学价值和对市民的吸引力。

（二）实用价值

近年来，市民对旅游产品的需求越发偏向实用性，乡村旅游更是如此。比如，有的市民希望到郊区现场采摘有机蔬菜、果品，有的市民希望带孩子参与农作，有的希望去吃一顿原汁原味的农家饭。乡村旅游产品的实用价值是指市民从乡村地区获取的基本功能利益和需求，以及这种需求满足的程度与期望值之间的比较。影响市民实用价值判断的因素包括休闲农业与乡村旅游产品的质量、服务、价格、便利性、卫生条件、舒适度、旅游线路的合理性等。如果市民对该次乡村旅游的期望值没有实现，就会降低他对乡村旅游产品的实用价值判断。

（三）信息价值

乡村旅游活动是市民个人阅历的增长过程。信息价值是对乡村旅游者通过旅游活动获取知识的效率和效果的反映。影响信息价值的构成要素包括乡村文化，当地求新存异的程度，管理信息系统的健全情况，旅游产品和服务信息的准确性及全面性，如旅游咨询服务站、互联网、手机客户端、旅游宣传册、旅游地图、休闲旅游攻略等。

（四）体验价值

体验价值是指市民在乡村旅游中获得的情感享受和象征意义。它的构成要素与食、住、行、游、购、娱方面的旅游体验关系密切。此外，休闲农业园区的顾客关系导向、乡村旅游的品牌形象、乡村旅游所在地的知名度等，都会对游客的体验价值产生一定的间接影响。

（五）心理价值

心理价值是从心理学的角度来研究乡村旅游者价值。它认为市民离开大城市，前往乡村地区，需要承担一定风险，即市民的每一次出行都是带有相应风险的活动。心理价值是指乡村旅游目的地给旅游者所造成的社会风险和心理风险的大小，其构成要素主要包括乡村地区的安全可靠性和社会稳定程度，放松心情、减轻压力的功能，乡村旅游活动能满足自我实现需要的功能，乡村居民与乡村旅游接待者的服务态度等。一般来说，心理价值越大，乡村旅游者的出游动机越强。

二、产品体系的构成

休闲农业与乡村旅游产品具有整体概念。根据乡村旅游需求者的消费行为和供给者的市场行为，可以构建休闲农业与乡村旅游的整个产品体系。它包括 3 个层次，即核心产品域、辅助产品域和扩张产品域（王宏星等，2005），如下图所示。

（一）核心产品域

乡村旅游目的地位于乡村地区，以农业景观、乡村风景和乡村文化为主要审美特征，构成乡村旅游吸引物的基础与核心。其核心产品包括农业与乡村景观、乡土风情、乡村文化、乡村接待和度假服务。核心产品域基本上属于农业旅游或休闲农庄的范畴。核心产品是旅游者获取旅游体验的主要对象，主要内容是在乡村地区与当地村民共享乡村文化和乡村生活。

（二）辅助产品域

辅助产品不是乡村旅游开发的基础要素，但也是乡村旅游业的重要组成部分，是增强核心产品吸引力的主要途径。辅助产品基本上是由乡村旅游地各种直接或间接的旅游从业人员提供，其服务对象一般也不局限于乡村旅游者，还包括本地居民。辅助产品的涉及面较广，既包括当地餐饮服务、土特产品、乡村旅游商品、工艺品、农产品，也包括可供游客参观的乡村博物馆、古建筑、乡村俱乐部、民间工艺品作坊等乡村文化部分，还包括钓鱼、登山等各类户外活动，以及一些多样化的乡村文化体验活动，如社戏、舞龙、放天灯等。

（三）扩张产品域

扩张产品是乡村旅游业发展到一定阶段，形成一定规模后的产物。它是由政府、行业协会、企业等组织的、为满足乡村旅游宣传需要而开展的营销或网络服务。游客通过乡村旅游网络获得旅游信息、预订及其他增值服务，乡村旅游的从业者也通过该网络共享资源，并开展营销活动。

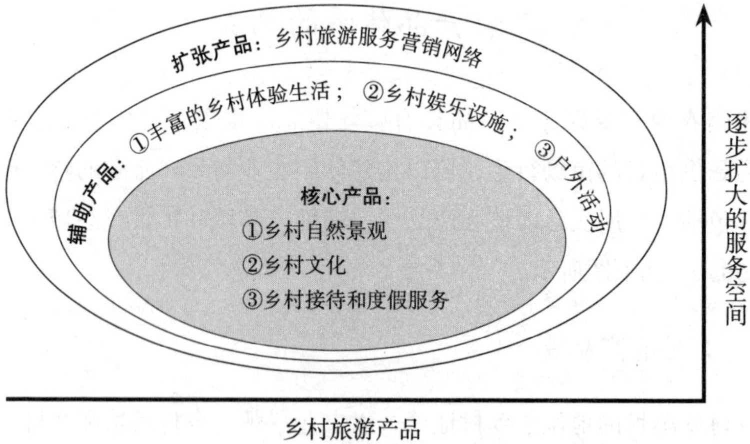

图　乡村旅游产品体系

三、产品升级的方向

根据对乡村旅游者需求的研究，结合台湾休闲农业实践和北京郊区乡村资源特色与产业定位，郊区休闲农业产品升级要坚持“十化”（段兆麟，2011）。

（一）特色化

善用乡村资源，结合农村文化，塑造休闲农业特色。休闲农业经营者能够充分发掘其优势资源，发挥农业资源特有的生物性、季节性、实用性，巧妙利用当地乡村文化，以营造园区的特色，这将是休闲农业转型升级能否成功的关键。

（二）精致化

提高服务品质，实现精致化经营。与台湾的休闲农场相比，北京郊区的休闲农业园区多数经营比较粗放，管理不注重细节，对游客的服务也不到位，更谈不上温馨。今后要在强化服务上下功夫，无论是餐饮服务、住宿服务、娱乐服务、体验服务，还是其他服务，都要遵循消费者至上的原则，以游客为中心，通过制订服务规范，编印服务手册，并逐项落实，最终让消费者满意。

（三）体验化

重视游客参与，设计体验活动。休闲农业是体验经济在农业的实践。如何将游客融入情境，感动其视觉、听觉、嗅觉、味觉、触觉，使其产生美好的感受，将是未来休闲农业在竞争中取胜的法宝。哪个园区在“体验化”方面的创意多、在“体验经营”的道路上跑得快，它就能在产业发展中多分得“一杯羹”。

（四）知识化

知性探索，结合导游解说，给游客提供自然教育机会。休闲农业是自然的大课堂，是中小学生重要的课外实践基地。要通过加强教育解说服务，丰富园区的教育功能，提升农业科普的知识性、趣味性，延长游客的逗留时间。教育功能的开发与完善，寓教于乐方式的探索与创新，将是未来休闲农业发展的一个方向。

（五）健康化

发挥养生功能，促进人们健康。休闲农业的重要作用之一，就是依托良好的自然环境、丰富的农业资源、淳朴的民俗民风，给游客提供一个减压、解劳、养生、保健的场地。休闲农业园区就是提供市民暂时脱离工作与生活束缚、远离“水泥丛林”与“柏油沙漠”、享受洁净空气与新鲜蔬果的“第三空间”。

（六）度假化

开发度假农场，提供深度农事体验。随着休闲时代的到来，住宿游客的比重将会有所增加。特别是有钱有闲的银发族，希望找到景观优美、环境清新、生活安逸的乡下空间，呆上较长一段时间。在欧洲，度假农场已成为乡村旅游产业的特色产品。北京郊区休闲农业的发展，也要与住宿和度假结合起来，开发综合性休闲农业园区，提供全新的住宿体验，这将是今后发展的一个方向。

（七）连锁化

休闲农业园区经过兼并重组，在一个品牌下，实现连锁化经营。随着休闲农业市场竞争的加剧，优胜劣汰将不可避免，这为一些龙头企业迅速扩大地盘，实现规模效益提供了契机。通过连锁经营，在休闲农业整体规划下进行专业化分工，并在分工基础上实施规范化管理，把独立的经营活动组合成整体的规模经营，有利于培育品牌，有利于资本化运营，有利于降低单位面积的成本，有利于早日走出北京，走向全国。

（八）效率化

服务的规范和管理的高效率是提高休闲农业效益的重要法宝。要把休闲农业园区真正当成一个企业来经营，导入现代化管理系统，提高经营绩效。因此，应在对休闲农业项目进行系统识别和环境诊断的基础上，把现代化管理系统中的营销管理、财务管理、人力资源管理、餐饮管理、经营诊断等措施，应用到休闲农业企业的经营管理中，提高管理的精细化程度。

（九）合法化

随着消费者越来越成熟，为了保护自身的合法权益，游客对休闲农业园区是否依法登记、是否有营业执照、是否手续齐全等，越来越重视。由于休闲农业园和农家乐是提供游客休闲旅游的公共场所，所以，其餐饮条件、卫生状况、食材来源、农产品质量、住宿环境、床上用品是否一客一换、是否有正规的发票，以及生态环境、安全生产等是否符合国家和北京市的有关规定等，都是游客关注的内容。休闲农业与乡村旅游场所依法登记，守法经营，是一条红线，不能突破。

（十）区域化

要借鉴商业街的模式，促进休闲农业与乡村旅游产品的集群化发展，逐步改变目前产品布局单体化的状况。单个的休闲农园，受资源、规模、经营内容等限制，往往难以满足游客的所有需要。在一个较大的区域内，把休闲农园与其他乡村旅游资源结合起来，整体规划，优势互补，发挥集聚经济的优势，为游客提供全套的服务，可提高游客的满意度。区域化、规模化、集群化是未来休闲农业发展趋势之一。

第四节　产品升级的路径

休闲农业与乡村旅游产品的升级，既包括休闲农业园、民俗旅游村等传统产品的升级，也包括休闲农庄、乡村酒店、市民农园等特色业态的提升，又包括庄园、乡村休闲养老基地等高端乡村旅游产品的培育。

一、推进传统产品的升级

（一）农家乐

农家乐是指农民利用自家庭院、自产的农产品，周围的田园风光、自然景点，以及相对低廉的价格，吸引市民前来吃、住、玩、游、娱、购的一种乡村旅游产品。在北京郊区，农家乐也称被为乡村民俗旅游接待户。

1. 发展状况

截至 2013 年底，北京市共有市级民俗旅游户 9 970 户，其中，正常经营的民俗旅游户 8 530 户，从业人员 19 578 人。2013 年，乡村民俗旅游户共接待游客 1 806.5 万人次，实现乡村民俗旅游总收入 10.20 亿元，同比分别增长 6.5% 和 12.6%，发展较为平稳。从人均消费看，2013 年乡村民俗旅游人均消费额为 56.43 元 / 人次，比上年的 53.66 元 / 人次增长 5.2%，扣除物价上升因素，与上年基本持平。

2. 主要问题

近些年来，农家乐在快速发展的过程中，也出现了一些问题。主要表现在：大规模扩张，低水平发展；千户一面，缺乏特色；商业化气氛过浓，原汁原味的格调正在逐步消失；服务不规范，在个别地方有欺客宰客现象；乡村景观要素缺失，参与体验性项目过少；游客逗留时间短，人均消费额低等。

3. 升级路径

农家乐仍是现阶段和今后一个时期郊区乡村旅游发展的重要业态，对于农民就地就业和增加收入，促进城乡交流，有着特殊的意义（史亚军，2012）。

（1）*农家乐要以“农”为根向“村”拓展*。原有的农家乐以农为根，它的主体是农民，主业是农业，利用农家庭院发展副业。未来农家乐的发展则要向“村”拓展，在更广阔的空间上发展农家乐。“村”包括村容、村貌、村风等，是形成农家乐品牌的重要载体，是农家乐可持续发展的基础。要鼓励农民利用传统的村落促进农家乐的发展，利用村里的停车场、会议室等公共设施为游客服务；村集体则应为农家乐的发展搭建服务平台，努力解决一家一户干不了的事情。

（2）农家乐要以“家”为基向“田”拓展。原有的农家乐以家庭为单位，体现出家庭的形态。“家”是农家乐的载体，无“家”不成以农家，但“家”的资源是有限的。农家乐未来发展则应向“田”、“原”等外部资源拓展，扩大农家乐的范畴，丰富农家乐的内容。“田”的范畴十分广阔，包括农业景观、农业生产、田园风光等。

（3）农家乐要以“乐”为魂向“休闲”拓展。目前多数农家乐仍是换个地方打牌、吃饭、睡觉，是一种简单的、初级的“乐”。今后的“乐”要利用北京郊区丰富的“三农”资源做文章，提升“乐”的品位和内涵。要把握时代发展趋势，推动由简单的“乐”向高端的“休闲”、“体验”方向发展。要设计参与性强的项目，不断延展“三农”文化与休闲文化，发展休闲经济。

（4）农家乐要以“富”为本向“和谐”拓展。在现阶段，发展农家乐的主要目的之一是帮助农民增加收入，让农民致富。但“富”不是未来的唯一目标，促进城乡一体化发展，实现全社会“和谐”共处，才是最终目的。“和谐”包括城乡发展的和谐、城乡收入的合理化、城市文明与乡村文明的和谐共存、北京郊区经济社会的可持续发展等，这是一个长远目标。

（二）民俗旅游村

民俗旅游村是指区域相对独立、乡村民俗文化鲜明、拥有一定数量民俗旅游户的行政村或自然村。民俗旅游村是北京郊区乡村旅游的主要载体。

1. 发展状况

截至 2013 年年底，全市共有市级民俗旅游村 227 个，分布以远郊山区区县为多，其中，拥有 20 个以上市级民俗旅游村的区县分别是房山（33 个）、怀柔（33 个）、平谷（29 个）、延庆（29 个）、昌平（26 个）、密云

（25 个）、门头沟（23 个）。2013 年，北京郊区乡村民俗旅游共接待游客 1 806.55 万人次，其中，大陆游客 1 801.64 万人次，占 99.73%；港澳台游客 0.22 万人次，外国游客 4.69 万人次，二者之和占总接待人数的 0.27%，说明民俗旅游村的主要客源市场在国内，其中，又以北京市民为主。2013 年，北京郊区乡村民俗旅游总收入实现 10.20 亿元，其中，餐饮收入、住宿收入、出售和加工自产农产品收入分别占民俗旅游总收入的 73.75%、18.18% 和 7.41%，与上年基本持平，所占比重变化不大。

2. 主要问题

近几年来，民俗旅游村的发展速度不快，村与村之间的变化不大，没有能拉开差距，有特色、客流多、效益好的民俗旅游村所占比重依然较小。

（1）城乡一体化进程中的乡村聚落形态模糊。随着社会主义新农村建设的推进，农村地区城镇化步伐的加快，农村的乡土特征不断削弱，乡村聚落形态趋于模糊，农村文化的载体逐渐消失。城乡一体化在有些地方变成了追求“城乡一致化”，现代化进行中的乡村越来越没有“乡村味”了，对市民的吸引力在减弱。

（2）设施农业的发展破坏了传统农业景观。充分利用现代技术和农业设施，来提高农业生产效率，改善农业生产条件，无疑是农业发展的方向。但技术的运用、效率的提高，必然导致生产过程的简化，传统农业作业方式作为农业文化的载体呈现快速减少的趋势，对农业景观也是一种破坏。

（3）现代技术条件下的乡村景观特征要素消失。在改善农村生产、农民生活条件的过程中，自然斑块的数量和面积减少，规模化、产业化、现代化迅速发展，异质景观增多，造成了对乡村景观的视觉污染，并导致一些乡土景观的特征要素消失。

（4）城市强势文化对农村文化的影响。改革开放以后，特别是近年来工业化、城镇化进程的加快，城市文化越来越显示它的优势地位，并通过传媒、人流等途径对农村地区产生广泛而深刻的影响，对农村文化形成了强大冲击，由此加速了农村文化的衰落与转型，尤其是在大城市郊区农村更是如此。

3. 升级路径

民俗旅游村作为乡村旅游产业发展的基本单元和主要载体，将在今后很长一段时间内保留并发挥作用，未来升级的方向与路径包括以下方面。

（1）从景观上看，要保留农村的文化符号。乡村文化是民俗旅游村的活力源泉。没有文化的内在支撑，再好的民俗旅游只会是昙花一现。因此，要保持民俗旅游村长期繁荣昌盛，就应从保护乡村景观入手，加强乡村文化建设。农村的山、水、林、田、路，要为休闲农业提供景观，改善乡村旅游环境；休闲农业本身要成为北京郊区一道亮丽的风景线，成为市民观光、采摘、休闲的重要场所，成为旅游吸引物；加强富有地方特色的传统民俗文化的发掘、整理、保护与发展，不断推陈出新。

（2）坚持分层分级与专业特色发展。所谓“分层分级”，是指民俗旅游村要区分档次，满足不同层次消费者的需要。这就要在现有基础上，打造一批高水平的度假村，如怀柔区渤海镇的北沟国际文化村、瓦场度假村。所谓“专业特色”，是指市级民俗村今后也要走专业化、特色化之路，搞“一村一品”，建设一批围棋村、象棋村、灯笼村等，实现错位发展。

（3）建设公共服务设施。从基础设施上说，要逐步完善民俗旅游村的公共服务设施。要以村为单位，建设一批会议设施，争取把一小部分市级民俗旅游村纳入地方政府会议定点采购的目录。

（4）策划设计参与体验性项目。北京的乡村旅游是以北京市民为主要目标市场，以乡村田园风光、乡村生活和乡村文化为旅游吸引物，吸引市民前来观光游览、休闲度假、参与体验的活动。参与体验是乡村旅游的本质和核心，也是提高乡村旅游重游率的重要因素。但目前，只是农产品采摘的功能得到了较多的开发，对其他方面参与体验功能的开发还远远不够。为此，各民俗旅游村应该在编制规划时，就要根据各自实际，围绕产品主题和文化内涵，精心策划一批游客参与性强、具有体验趣味的活动项目，并加以开发建设，让游客在充分欣赏乡村民风民俗、体验农家生活和参与农业劳作之余，得到身临其境的现场体验。

（5）修订民俗旅游村标准。为规范北京市乡村民俗旅游村的发展，建议根据新形势、新情况，将2006年出台的北京市地方标准《乡村民俗旅游村等级划分与评定》(DB11/T350-2006)进行修订，并实行星级管理。

(三)休闲农业园

休闲农业园是休闲农业产业发展的主要空间载体，是重要的休闲农业与乡村旅游产品。它是休闲农业中具有独立性的生产经营单位，一般占有较大的空间范围，具有生产、生活、生态等多种功能，能为消费者提供休闲、观光、采摘、体验，甚至餐饮、住宿等服务。

1. 发展状况

截至2013年底，全市有休闲农业园1 299个，其中，市级示范园83个。2013年，休闲农业园接待游客1 944.4万人次，总收入27.36亿元，同比分别增长0.2%、1.8%，增加幅度不大，说明休闲农业园的发展步入了停滞期。从收入结构看，由高到低前4位分别是：采摘收入占31.11%，出售农产品收入占21.97%，餐饮收入占21.36%，住宿收入占8.89%。健身娱乐收入仅占1.0%，说明休闲农业园的参与、体验、娱乐性项目还比较少。从人均消费看，2013年休闲农业园人均消费额为140.71元/人次，比2012年的138.67元/人次，增长2.04%；其中，人均采摘消费额为42.23元/人次，比2012年的41.24元/人次，增长2.4%，增加幅度都不大。

2. 主要问题

京郊休闲农业园数量大，类型多，分布广，但总体水平不高，存在着低水平建设和同质化发展的问题。具体表现在：

(1)同质性强。北京郊区的休闲农业园多数是从生产性农园改建的，在园区的绿化美化、功能区的设置、基础设施的配套、文化内涵的提升等方面存在着先天不足，园区提供的产品和服务也大同小异，导致园区的经营内容、经营方式难免雷同，也不利于市场细分。

(2)项目品位不高。从项目建设上看，比较粗糙，文化内涵不突出，地域特色、文化特色缺乏，品位不高；从项目内容上看，参与性、体验性项目较少，难以满足游客对“娱”的需求，致使停留时间短，单体消费少，对农民就业增收的作用有限；从园区服务上说，还不够规范。

(3)特色产品缺乏创新。特色产品是提高园区核心竞争力的关键。

就现状而言，餐饮和住宿特色不明显，特色休闲和特色娱乐项目还相对低端，自主品牌相似度高，这些因素都不利于园区的可持续发展。随着消费者消费层次的不断提升，如何保持已有市场占有率，并开拓新市场是目前经营决策者必须面对的紧迫问题。

（4）游客停留时间呈缩短的趋势。从收入结构看，2013年休闲农业园的住宿收入所占比重为8.89%，比上年降低0.65个百分点，说明休闲农业园接待游客的停留时间呈缩短的趋势。游客停留时间短，会给休闲农业园带来一系列难题（殷平等，2013），包括瞬时入园游客数量多，造成拥挤现象；特定时段园内游客密度大，容易造成农业资源及设施的过度饱和，增加了资源破坏的风险；游客时间分布过于集中，不利于游客的观赏体验，降低了游客满意度；更为重要的是，游客停留时间短，制约了人均消费额的提高。

3. 升级路径

休闲农业园是北京郊区休闲农业的主体。创建高水平或五星级的休闲农业园区是今后几年休闲农业提档升级的核心工作之一。北京市作为首都，应该拿出一批市场认可、华北地区乃至全国知名的优质休闲农业园。

（1）完善园区功能。休闲农业园与传统的生产性园区最大的区别是，要体现它的服务性功能。这就要以游客为中心，进行合理的功能布局。在现有产业布局的基础上，充分考虑游客观光休闲的要求，将园区内部划分为不同的功能区，如接待服务区、观光采摘区、休闲娱乐区、生产区等，在每个区都有不同的功能和特色。已建成的休闲农业园，要在现有的基础上，进行策划设计，有针对性地进行改造提升，尽可能丰富园区的功能。

（2）进行统一包装。选择一批区位条件较好、农业观光采摘园相对集中、与民俗旅游村等其他旅游资源匹配较好的休闲农业园，进行统一标志、统一培训、统一宣传。

（3）增加教育解说服务。要通过新增解说指示牌，培训导游员等途径，使到园区的大部分游客都能得到解说服务。要通过完善教育解说，丰富园区功能，延长游客的逗留时间。

（4）搞好乡村旅游商品的开发。乡村旅游商品一直被认为是休闲农业园的一个短板。近几年在农产品的包装、品牌与商品化方面有了明显的进展，促进了农产品的销售。下一步，应重视开发具有当地特色的工艺品、土特产品、深加工的农产品等，并开放乡村旅游商品的制作加工区，供游客参观、参与、体验，进而促进销售。休闲农业园也可把乡村旅游商品的研发、生产等委托给专门的企业，或者与之联合成立集研发、生产、销售于一体的乡村旅游商品开发公司，实现利益共享。

二、巩固提升特色业态

休闲农庄、乡村酒店等 8 种特色业态在北京郊区休闲农业与乡村旅游产业中占有举足轻重的位置，被认为是北京乡村旅游的第二代产品（邹统钎，2013）。

（一）发展状况

为解决休闲农业与乡村旅游“小散低”的问题，在对传统业态进行改造升级的同时，积极培育乡村旅游特色业态。2008 年，北京市旅游系统在调研、总结、提炼的基础上，提出了 8 种乡村旅游特色业态，即国际驿站、采摘篱园、乡村酒店、养生山吧、休闲农庄、生态渔家、山水人家、民族风苑。2009 年正式推出了《乡村旅游特色业态标准及评定》(DB11/T652-2009) 8 个标准。

截至 2012 年年底，经自主申报，特色业态评定委员会评定，北京乡村旅游特色业态已经发展到 378 家，包括国际驿站 6 家、采摘篱园 122 家、乡村酒店 90 家、养生山吧 24 家、休闲农庄 50 家、生态渔家 31 家、山水人家 49 家、民族风苑 6 家。这些特色业态对提升郊区乡村旅游的档次，更好地满足市民的需要，优化休闲农业与乡村旅游产业、产品结构等，发挥了积极作用。

（二）主要内容

根据《乡村旅游特色业态标准及评定》（DB11/T652-2009），有以下 8 种特色业态的内容及重点打造区域。

1. 国际驿站

国际驿站（International Homestead）是指以家庭（户）为基本旅游接待单位，主要为境外游客提供可亲身参与体验当地或异国的日常生产、生活和休闲娱乐活动的独立经营主体。国际驿站是朝阳区重点打造的特色业态，其典型代表是高碑店村国际驿站。

2. 采摘篱园

采摘篱园（Picking Gardens）是指以特色蔬菜、果品或其他特色农作物为特色吸引物，提供观赏、采摘、休闲、学习和科普等综合活动的种植园区或科研生产基地。采摘篱园是大兴区重点打造的特色业态，其典型代表是老宋瓜园等。

3. 乡村酒店

乡村酒店（Rural Hotel）是指依托乡村自然人文风景、民俗民风，为国内外游客提供乡村住宿、餐饮、娱乐、度假等功能的独立旅游住宿经营主体。乡村酒店是昌平区重点打造的特色业态，典型代表有昌平区的乡居楼、雪雅小庄、御林汤泉农庄等。

4. 养生山吧

养生山吧（Wellness Mountain Bar）是指依托山地资源，以绿色健康、修身养生为经营理念，从事颐养身心、健康休闲、舒适度假的经营主体。养生山吧是房山区重点打造的特色业态，其典型代表是佛子庄乡中英水北台民俗旅游村、蒲洼乡东村、大安山乡寺尚民俗旅游村等。

5. 休闲农庄

休闲农庄（Leisure Farm）是指以农业生产和乡村生活为依托，以农耕文化为核心，利用田园景观为游客提供乡村生产生活休闲体验以及住宿、餐饮等基本服务设施的经营主体。休闲农庄将传统的农耕文化与现代休闲体验巧妙结合，在提升乡村旅游产品品质、创新乡村旅游业态的基础上，较好地满足了游客的体验需求。休闲农庄是通州区重点打造的特色业态，其典型代表是通州区张家湾镇瑞正园、天地合农庄等。

6. 生态渔家

生态渔家（Eco-fishing Village）是指依托乡村良好的自然生态、村容风貌和渔业特色产业，以“鱼、渔”和水体景观为主题旅游吸引物，可提供特色餐饮、观光游览、休闲娱乐等服务的独立经营主体。生态渔家是密云县重点打造的特色业态。密云县依托密云水库，大力发展冬钓活动，为生态渔家的发展奠定了基础。

7. 山水人家

山水人家（Natural Village Household）是指具有一定规模，以自然山水景观为资源实质，以游山玩水、感受农家生活为代表活动，能够为游客提供集观光、娱乐、住宿、餐饮、购物等多功能于一体的山水环境度假场所的经营主体。山水人家是延庆县重点发展的特色业态，其典型代表是千家店百里山水画廊、金金港湾、永聚家园等。

8. 民族风苑

民族风苑（Minority Nationality Cultural Village）是指以民族建筑、服饰、风俗、生活形态和宗教信仰与生产方式等为依托，集中展示民族文化、民族风情，以提供民族文化与风情体验为特色的综合接待场所。民族风苑是怀柔区重点打造的特色业态，主要分布于长哨营满族乡项栅子正蓝旗村、七道梁正白旗村、北京满家人度假村等。

（三）升级路径

随着休闲农业与乡村旅游的迅猛发展，北京乡村旅游产品的发展呈现 3 大趋势：一是发展实践由资源驱动模式向投资驱动模式演进，这是提升乡村旅游品位，获取规模化效益的重要前提；二是开发主体多元化，这是集聚乡村旅游开发资本，创新乡村旅游业态的必然要求；三是产品规模化、品牌化趋势日益明显，乡村旅游发展正朝乡村旅游集聚区创建、乡村旅游品牌打造方向发展。顺应上述趋势，乡村旅游特色产品的提升方向与路径包括以下几个方面。

1. 培育特色

为促进乡村旅游特色产品的落地，培育特色，北京市旅游系统开展了乡村旅游沟域带区规划和民俗旅游村“一村一品”创意策划。到2012年底，已完成海淀区的“大西山乡村旅游示范沟带”、房山区的“十渡山水文化休闲走廊”、昌平区“温榆河丽水温泉现代休闲旅游集聚区”、大兴区“庞安田园休闲大道”、延庆县“百里画廊乡村旅游沟域”、“怀柔区怀九河多彩休闲带”、“密云县101农耕休闲产业带”、“通州区京杭大运河北运河段休闲旅游带”总体规划等33条“一沟一品”旅游沟域带区规划和海淀区的“法兰西乡情·管家岭村”、丰台区的“地热温泉·南宫村”、门头沟区的“农禅合一·樱桃沟村”、房山区的“养生山吧·中英水北台村”、通州区的“宠物犬休闲文化·大邓村”、顺义区的“红色经典·焦庄户村”、昌平区的“异国风情·瓦窑村”、大兴区的“有机蔬菜大观园·留民营村”、平谷区的“边关山寨·玻璃台村”、怀柔区的“长城壁画·北沟村”、密云县的“体验古镇魅力·古北口村”、延庆县的“奶牛风情·大柏老村”等109个市级民俗旅游村的创意策划。今后要继续坚持“一区（县）一色”、“一沟（村）一品”的特色发展道路，创造条件，将这些规划、创意方案落实到位，促进北京乡村旅游的特色化发展，避免同质化。

2. 提升乡村景观

乡村景观的保护与提升，是乡村旅游可持续发展的命脉，也是提高乡村旅游特色产品吸引力的重要途径。要创新机制，搞好《北京市乡村旅游景观保护公约》(以下简称《公约》)的落实，对村落景观、田园景观、文化景观及乡村生态环境进行有效保护。目前，仅有丰台区王佐镇南宫村等154个市级民俗旅游村在《公约》上签了字，且对落实执行情况没有硬约束。下一步，应通过一定程序，把《公约》法规化、制度化，提高约束力，扩大覆盖面。要结合住房和城乡建设部和国家旅游局在全国开展的特色景观旅游名镇名村示范评选工作，研究制订“北京特色景观旅游名村评定规范”，推进北京特色景观旅游名村的发展。要借鉴国外经验，探索乡村文化景观的保护与发展模式，研究国外比较成熟的生态博物馆模式、乡村大舞台模式、景观嘉年化模式在北京郊区的适用性和本土化应用办法。

3. 创建 A 级景区

支持鼓励符合条件的乡村旅游特色产品提档升级为 A 级旅游景区，与旅游业接轨。近年来，在旅游部门的支持下，北京郊区一批休闲农业与乡村旅游新业态进入了 A 级旅游景区的行列，包括 AAAA 级旅游景区 3 家（蟹岛绿色生态农庄、小汤山现代农业示范园区、北京张裕爱斐堡国际酒庄），AAA 级旅游景区 9 家（黄芩仙谷景区、北京鹅和鸭农庄风景区、留民营生态农场、采育葡萄大世界观光采摘园、北京顺义国际鲜花港、北京龙徽葡萄酒博物馆、北京蓝调庄园、韩村河景区、北京顺鑫绿色度假村），AA 级旅游景区 6 家（富恒农业观光园、大岭沟猕猴桃谷风景区、御林古桑园、古北口文化文物旅游区、紫海香堤香草艺术庄园、绿富隆观光园），A 级旅游景区 3 家（岔道古城民俗旅游度假区、柳沟民俗旅游度假区、里炮红苹果度假区）。下一步应搞好对接，公开创建信息，明确创建流程，加快创建步伐。

4. 打造特色业态集聚区

要结合北京郊区各区县的实际，不断总结经验，研究政策，推进乡村旅游特色业态的落地，打造特色业态集聚区。到 2013 年，已初步形成昌平乡村酒店集聚区，怀柔、密云国际驿站集聚区，大兴采摘篱园集聚区，密云生态渔家集聚区，通州休闲农庄集聚区，怀柔、密云山水人家集聚区，平谷养生山吧集聚区和怀柔民族风苑集聚区。要通过特色业态集聚区的建设，促进休闲农业与乡村旅游的集群化、规模化发展。

5. 推进乡村旅游智慧化

智慧旅游是乡村旅游发展的方向。2012 年，颁布了《北京智慧旅游行动计划纲要》，计划 4 年内建成智慧景区、智慧饭店、智慧旅行社和智慧旅游乡村。其中，"'智慧旅游乡村' 建设规范" 从村级网站、民俗旅游接待户建设、无线网络、智慧应用和自主创新 5 方面，详细规定了智慧旅游乡村建设的内容、标准等。要通过该规范的实施，推动和完善乡村旅游的信息化、智能化建设，带动乡村旅游特色产品升级，促进供需衔接和平衡。

三、开发乡村旅游高端产品

由于旅游者的需求是不断变化的，因此休闲农业与乡村旅游产品的创新也是永恒的。乡村旅游高端产品并没有固定的模式，也没有一成不变的开发路线图。借鉴世界城市郊区旅游产品发展经验，根据北京市相关规划和政策意见，京郊应鼓励发展古迹寻游、自行车骑游、露营、登山步道等新型旅游项目，以及葡萄酒庄、养老基地、农业主题公园等新型业态，逐步形成以时尚消费为核心、高端消费为重点的乡村旅游消费体系。现仅就未来发展前景看好的庄园、乡村休闲养老基地、农业主题公园、都市生活第三空间等几个产品适当展开分析。

（一）庄　园

庄园是乡村旅游的第三代产品（邹统钎，2013）。庄园大多依托大都市发展，距离大都市保持 1 ～ 2 小时车程；位于都市圈的远郊旅游带，一般与大农场结合，环境优良，乡村气息浓厚；游憩规模大，综合服务功能强；能够体现当地的文化气息，如美国牧场体现“西部牛仔”文化，欧洲庄园体现贵族生活文化，亚洲庄园体现农耕文化。因此，庄园经济是北京乡村旅游的高端形态（李平生，2010）。

从概念上看，庄园指乡村的田园及房舍。中国古代的庄园是包括住所、园林和农田的建筑组群。根据庄园主的地位，庄园有不同的名称：皇室的庄园为“皇庄”，称“苑、宫庄、王庄”等；贵族、官吏、地主的庄园为“私庄”，称“墅、别墅、别业、别庄”等；属于寺庙的庄园称“常住庄”。中世纪英、法等国出现带有防御设施的庄园宅邸，宅邸中的大厅为庄园主的会议厅和佃户集会的场所。从庄园内的布局看，典型的庄园中有一幢大屋或城堡，由田地、农舍、牧场和林地所包围，在大部分的情况下庄园都能自给自足。一些剩余的日用品可以与其他庄园作贸易以互补不足。随着中古时代演进以及城镇市场的发展，庄园开始变得专业化，能够更有效地生产少数几种商品，有些庄园会专门生产乳酪、葡萄酒、蔬菜，或发展养猪，来维持生计。

休闲庄园是以休闲、度假为目的的庄园，是借助特色农业、环境而建立的具有休闲、度假、养生功能，又兼具美好自然景观的旅游目的地。环境优美、空气清晰、远离尘嚣是休闲庄园的环境特色；娱乐轻松、活动快乐、身心放松是休闲庄园的魅力所在。从庄园的产品上细分，休闲庄园可分为：葡萄酒庄园、花卉庄园、有机农场、红酒庄园、香草庄园等。从庄园的功能上细分，休闲庄园又可分为五大类型：饮食类休闲庄园，如南海市里水满景园饮食休闲生态农庄；运动类休闲庄园，如杭州高家庄运动休闲山庄；体验类休闲庄园，如北京延庆华坤生态庄园；养生类休闲庄园，如重庆瑞泉养生庄园；商务类休闲庄园，如上海鹤丰庄园等。

休闲庄园要具有一些基本要素（刘思敏，2013）。首先，庄园一定要具备农耕文明的文化形态和物质形态。庄园与农牧业有关，是农牧文明的继承和发扬。要继承，就得有形态，包括文化形态和物质形态。在文化形态方面，有名人故事，或者特殊的历史故事；在物质形态方面，庄园建筑本身的外观应该是与农牧业相适应的形态。发展乡村旅游以后，面对游客需要，庄园可能在功能上会发生改变，但是其格局和框架要留有农耕文明的痕迹。其次，庄园必须具备生产和生活的功能分区。欧美的庄园是相对封闭的体系，在这个范围内，生产和生活是统一的，庄园内分布有生产区和生活区，细化为种植地、马厩、居所等，这样的区分规划使得每一个庄园相对独立，自给自足。而国内的常氏庄园、王家大院、刘氏庄园等，他们都只有“庄”没有“园”，即只有建筑，只具备居住功能，不具备生产功能，没有生产方式载体的呈现。这样的差异是由历史文化背景不同所导致的。再次，庄园还必须具备一定的空间和范围，规模太小难以成为庄园。

休闲庄园具有发展前景。随着经济的发展，人们的物质生活不断得到满足，但是精神、文化的匮乏越来越严重，直接推动旅游市场的蓬勃发展，现代都市人越来越热衷于寻找一个远离都市喧嚣，可以亲近自然、感受自然的地方。在这样一种大背景下，将旅游业与传统农业有机融合的休闲方式——休闲庄园旅游，便迎合了人们的这种需要。北京远郊区县地处首都这个国际大都市的郊区，区位条件优越，周边高端消费人群众多，休闲庄园发展的市场条件较好。

（二）乡村休闲养老基地

顺应北京市人口老龄化发展趋势和市民养老健身的需求，利用农村闲置房屋等存量财产资源为城市服务，建立休闲养老基地，已是完善城乡资源均衡配置，促进郊区乡村旅游产业升级的当务之急。

乡村休闲养老基地是指城市居民以追求健康为主要目的，到乡村居住、休闲、养老而形成的集中地。有的称之为乡村市民社区（王树进，2012）。利用北京郊区的一些空心村，发展乡村休闲养老基地，让城市不需要上班的人群到乡下阶段性居住，享受"采菊东篱下、悠然见南山"的悠闲生态慢生活，同时也盘活农民价值最高的土地资源和住宅资源，既可促进乡村休闲产业的发展，也可大幅度提高农民收入水平。

1. 人口老龄化加速

按照国际通行的"60 岁以上老年人占总人口的比例达到 10%，或 65 岁以上老年人占 7%，即开始进入老龄化时代"的标准，我国是从 2000 年进入老龄化社会的。北京市作为特大型城市，老龄化程度更高。2012 年，北京市 60 岁及以上户籍老年人口 262.9 万人，占总人口的比例达到 20.3%，远高于全国平均水平。从区域分布看，北京人口老龄化程度表现出明显的"内高外低"，首都功能核心区、城市功能拓展区、城市发展新区和生态涵养发展区 60 岁及以上户籍老年人口分别占本区域总人口的 23.1%、20.9%、18.1% 和 18.3%（北京市民政局，2013）。随着计划生育政策的实施、人口出生率的下降和平均寿命的延长，人口老龄化呈加速之势。如此多的老龄人口和如此快的老龄化速度给养老服务带来了新的挑战，机构养老床位明显不足，社区居家养老发展缓慢，传统家庭养老面临困境。如何创新养老模式，把养老与乡村休闲度假结合起来，发展新型养老产业，是一个迫切需要研究解决的问题。

2. 农村住宅闲置规模大

随着郊区工业化和农村城市化，农村劳动力大量转移，北京郊区出现了大量的"空心村"，在山区尤多。据怀柔区人民政府组织的摸底调查，

2014年上半年，怀柔区共有农村住宅68 244处，农村宅基地面积4 226.2公顷，其中闲置农村住宅约9 500处，闲置农村房屋面积约200万平方米，所占宅基地面积约687.5公顷。按农村住宅的数量算，平均闲置率约13.9%。从区域分布看，深山区由于农村劳动力转移较多，举家外迁户较多，农村住宅平均闲置率最高，达到25.4%；平原地区经济相对发达，农民收入较高，在城里买房户较多，但由于离城近，交通方便，有些在城里买了房的农民，农村房屋仍在居住，造成平原区农村住宅闲置率低于深山区，平均闲置率为14.3%；浅山区由于旅游业相对发达，农民就地就业相对充分，房屋资源利用程度比较好，农村住宅闲置率较低，平均闲置率为11.7%。

对于这些“空心村”和闲置的农村住宅，不宜继续采用“迁村并点”、“集中上楼”的改造思路，而应以保护和利用为主，引导市民去“填充”（张强，2012）。在基本不改变农舍外形外观的前提下，对院落、房屋内部加以城市化利用的改造，配置适合市民居住的设施条件，比如冬季取暖等。在此基础上，统一组织，供市民来此休闲、养老，形成养老基地。

3. 乡村休闲养老基地的构建

（1）市场定位。乡村休闲养老基地的客源市场，以城市60～75岁年龄段的中等收入市民为主。这部分市民已经退休，不需要上班，生活可以自理，有的还具有一定的劳动能力，一般在城区拥有自己的住房。他们可以将城区的住房出租，所得租金收入用于支付乡村农舍的房租及配套服务。他们的子女也可以在双休日或节假日来乡村探亲，顺便观光采摘、参与农事体验和从事观光休闲活动。

（2）基础设施配套。为满足市民的需求，除了配备涉农设施如小菜园外，还需要一定的公共服务设施，包括村头绿地、医护急救服务、必要的商业网点、餐饮服务、文化体育活动场所、公共交通服务、网络与通信服务等。这些公共服务设施可以纳入新农村建设规划之中。

（3）客源组织。对于城市的老年人，一般倾向于在熟人的圈子里生活与休闲，有的甚至有固定的“牌友”“棋友”“球友”等休闲娱乐的伙伴。因此，除通过市场化的方式组织客源外，还可采取“城市社区—乡村休闲养老基地”结对集群的方式，即由村委会（或乡村休闲养老基地的主办企业）与城市社区居委会（或大中型企事业单位）合作，共同组织休闲养老客源。这样，从城市社区到郊区乡村休闲养老基地，可以开辟“点对点”的专线班车，定时双向接送，便于市民对原住所的关照以及家庭成员、老同事之间的信息交流与互访走动。

（4）管理服务。在组织管理服务方面，可鼓励组建乡村休闲养老合作社或地区性乡村休闲养老服务组织，实施信息、客源、财务、质量、规划等多方面的服务与管理。如可以由农户自主经营管理，或由农户委托乡村集体经营管理，也可由农户和乡村集体委托企业或其他组织进行经营管理，鼓励农户之间或村与村之间的分工合作，取得的收益在房主与各经营管理主体之间合理分配。

（三）农业主题公园

农业主题公园是休闲农业园的细分产品，也是传统观光采摘园区的高级形态。它是在现代农业园区中融入公园的元素，将农业生产场所、农产品消费场所和休闲旅游场所结合为一体，按照主题公园的思路来运营，从而使农业具有旅游观光、科技示范、休闲购物、怡情益智等多种功能。农业主题公园与其他形式主题公园的开发具有相似性，只是其主题吸引物不同，所以，农业主题公园的开发可以借鉴其他主题公园的成功经验，并突出其农业特色。

1. 开发条件

农业主题公园的开发，需要一定的条件。一是良好的区位条件。最好位于城市近郊或景区附近，并且道路交通条件较好。如广东高要广新农业生态园就是依托星湖国家级风景名胜区，为其促销带来了极大便利。二是具备多样的农业景观。如农、林、牧、渔各类型资源的地域组合，乡村生态景观的配套等。三是优越的生态环境。营造并保持良好的区域生态环境，有利于休闲度假市场和商务会议市场的开拓。四是规模较大的土地面积。根据国外经验，园区的占地面积较大，资源丰富，才便于布局一些休闲、体验性项目。它可以是一个乡镇、几个村，或者多个园区相结合的区域，也可以是一个单独的大型园区，具备资源差异性大、代表性突出等特点。

2. 农业特色

既然是发展农业主题公园，其农业特色就必不可少。因此，在开发农业主题公园时，要以农业资源为主要吸引物，并保持园区的田园化、乡土化、景观化特征。比如，在应用农业元素时，应将传统农业与现代农业有机结合，吸取传统农业的精华，并借用现代农业的元素，从而发展出具有创新性的农业主题公园；建筑风格应采取当地乡村的传统建筑风格；建筑设计必须凸现乡村田园情调，建筑物宜低不宜高、色调与周围环境掩映成趣；娱乐与参与活动的内容应体现乡土性和田园性。

3. 多元化开发

多元化开发在这里指农业主题公园项目的多元化，以适应不同层次的游客群。在农业主题公园的规划中，要根据不同的市场分级，分期、分档次逐步开发，建设不同标准和服务内容的农业公园或休闲娱乐设施，坚持高、中、低档相结合，以满足不同的消费需求，游客可以根据自己的消费能力来选择消费项目。

4. 品牌化经营

要通过农业主题公园建设的精品化、旅游服务的优质化、旅游形象的鲜明化等途径，树立品牌化理念，最终形成真正意义上的休闲农业精品。

5. 发展前景

农业主题公园是休闲农业园的一个重要发展方向。它突出景观性与布局性，“农味儿”十足，产业链较长，乡村旅游项目丰富，游客可以在游览风景的同时，获取农业知识，甚至可以参与农业生产过程，体验农牧民生活，感受乡土文化。通过建设农业主题公园，可将农业资源开发与公园建设紧密结合起来，满足不同人群的需求，在展示农业文化的同时，创造了多元收益；在休闲娱乐大众的同时，促进了农业的发展，可谓一举多得。

（四）都市生活第三空间

乡村旅游产业的发展，不能孤立地进行，而应站在城乡统筹的高度，从空间地理、民俗文化、乡村产业、乡村生态、乡土精神、田园生活、民宿建筑等层面，构筑“都市生活第三空间”，使之成为乡村旅游产业的龙头（绿维创景，2012）。

从消费者的角度看，“第三空间”是指不同于日常工作与生活的空间场所，人们在这里能感受到不一样的体验与精神愉悦。从产业发展的角度看，“第三空间”旨在以乡村旅游产业为主导，创新城乡统筹模式，将乡村发展理念、乡村产业、乡土文化、生态环境等多项内容面统筹考虑，融合发展，为促进城乡一体化和新型城镇化进行有益探索。

1. 都市生活第三空间的内涵

都市生活第三空间是立足乡村既有资源，以乡村旅游为主导，以创意乡土文化为底蕴，以现代乡村产业为核心，对乡村土地进行综合的、合理的开发利用，是对乡村产业发展、乡村基础设施、乡村民居、社会文化建设等生产生活要素的集约配置，是一种规模化、多功能、现代化、开放性的乡村聚合空间。

2. 都市生活第三空间的特征

“第三空间”是按照城乡统筹的思想，发展乡村旅游产业龙头的成功模式，其主要特征有：①功能的多样性。“第三空间”不仅服务于城市居民，也服务于乡村旅游者，以及乡村居民，这就要求其必须具备城镇与乡村的多重复合功能。②效益的综合性。“第三空间”的本质特征决定了它不仅追求经济效益，而且追求文化效益、生态效益和社会效益，追求全方位的综合性效益。③要素的系统性。“第三空间”各个项目要素之间构成共生互补的能动关系，具有关联性。④产业的链条化。“第三空间”的目标是构建全景化的产业链体系，囊括乡村一产、二产、三产，努力实现多产业协同发展，产业层次合理，产业结构优化，产业链条延长。⑤城乡的融合性。“第三空间”旨在从城乡统筹发展的视角出发，打破城市和乡村相互分隔的壁垒，逐步实现城乡经济和社会生活紧密结合与协调发展，逐步缩小城乡差距，使城市和乡村融为一体。

3. 都市生活第三空间的打造

“第三空间”一般选址于都市郊区，便于都市居民往返于“第三空间”与城区之间。“第三空间”的构建，要以乡村旅游产业为先导和支撑，充分发挥其人流、物流的集聚平台作用，盘活人气，带动商气，进而为所在区域乡村产业、文化、社会的发展，带来能量与契机。

（1）以大地艺术为手法，营造田园景观。为体现“第三空间”的乡村性，也为乡村旅游者提供良好的休憩空间，有必要营造具有震撼力的田园景观。因此，有意识地从现代景观生态学的视角，应用大地艺术的打造手法，通过对自然地理气候、乡村地势地貌、农业景观作物及民俗风情等要素的统一把握，营造富有造型、具有冲击力的乡野大地景观，成为“第三空间”的旅游吸引物之一。

（2）以“第六产业”理念为指导，构建现代农业全景产业链。“第三空间”的打造，要以乡村特色产业体系作支撑。要通过创意农业的手法，以“第六产业”的发展理念为指导，创新传统乡村产业结构，构建乡村全景产业链，实现乡村产业的升级与经济的发展。“第六产业”概念是指对乡村第一产业（农作物种植等）、第二产业（农产品加工等）、第三产业（农村服务业等）协同发展的形象说法，目标是达到乡村一、二、三产业的“乘数效应”。“第六产业”的实质，是构建乡村全景产业链，包括核心产业、支持产业、配套产业和延伸产业相关联的一系列产业，实现传统农业与现代技术的有效对接，文化与科技的有机融合，促进乡村一、二、三产业的融合发展，最终带来产业的综合叠加效益。

（3）以“泛博物馆”手法，活化乡土民俗风情。我国是传统的农业大国，以农耕文化为核心的乡土文化，是我国文化之根，也是京郊农业发展立足之本。如何展示并传承乡土文化，使之在实践中发挥更大的作用，许多学者进行了探讨。笔者认为，利用“第三空间”载体，通过“泛博物馆”的手法，活化乡土民俗风情，在发扬中传承乡村文化，可为城乡可持续发展提供精神文化的动力。“泛博物馆”是指针对北京郊区乡土文化的展示，并不仅仅通过静态的、展览性的“博物馆”形态推向大众，而是把展示与活化利用结合起来，以参与性的休闲游乐和主题娱乐形式，形成多个开放空间与封闭空间紧密结合的“泛博物馆”形态。该形态可融合多种游憩方式和商业业态，并衍生多个混合消费的盈利点，是带动乡村文化大发展的有效途径。

（4）以创新现代中式民居为理念，建设乡村未来建筑文化遗产。在建筑形态设计上，“第三空间”秉持创造未来建筑遗产的理念，创新现代中式民居建筑。要以北京郊区的乡村建筑为借鉴原型，融入我国建筑文化的精华元素，适当添加现代建筑符号，凸显乡土文化，突出本地的“新本土主义民居”品牌，创新设计出“田园民居”。总之，通过设计创新，让乡村建筑风格成为“第三空间”的旅游要素，使城市人的乡村生活变成“心灵的栖息地”。

第五节　产品升级的策略

上一节以休闲农业与乡村旅游产品为单元，研究了产品升级的路径，这一节将以旅游“六要素”（吃、住、行、游、购、娱）为切入点，研究产品升级的策略。

经常去北京郊区游玩的市民发现，有的乡村旅游景区（点）总体上满意度较高，但对其某一要素不满意，比如在“吃”上，吃的没有特色、吃的花样太少、吃的价格太贵、吃的环境太差、吃的服务跟不上、吃的不健康、上菜等候时间太长、想加菜叫不到服务员等，不一而足；或者对其中的几个要素不满意。对这些休闲农业与乡村旅游产品，就要从局部入手，从薄弱环节开始改进和提升，而不是对整个产品进行否定，不是改行，也不是对硬件设施进行改建迁建。因此，为解决“吃、住、行、游、购、娱”等要素发展不均衡，内容不够丰富，游客多为“一日游”，人均消费额较少等问题，有必要以“六要素”为龙头，结合乡村旅游产品及周围的山体资源、水体资源、林果资源、历史文化资源、民俗资源等，进行创意策划，丰富产品内涵，提升要素质量，最终达到提高休闲产品品质和游客满意度的目的。

一、充实“吃”的内容

崇尚自然、返璞归真，追求乡土美味，已成为当今都市人的一种时尚。品位农家饭菜是多数人选择乡村旅游的主要目的之一。北京郊区应进一步完善和提高乡村旅游餐饮文化，发展特色菜肴，满足市民“胃”的需求。为此，要以“乡”为基础资源，开发乡村美食，充实“吃”的内容。这里的“乡”包含了3个层面的含义，即选用“乡土”食材，制作“乡味”菜肴，体验“乡情”服务。

（一）乡 土

坚持“吃在当地、吃在当季”的理念，尽可能地多选取本地产的原料来制作菜肴。全生态的乡土绿色菜肴具有新鲜、可口、无污染等特点，符合健康消费潮流。因此食材的选取，应以“乡土”为本，尽可能取自乡村，或是从野外采来，或是取自农民自己耕种的田地，并要尽量绿色、有机。在条件许可的情况下，在采摘蔬菜时可以让游客亲自参与，实现他们对体验的追求。

（二）乡 味

品尝具有“乡味”的农家菜肴是许多都市人的梦想。吃“农家饭”“体验农事”“睡农家大炕”等，说明了现代游客对乡味的追求。水峪嘴的“京味文化”、大营村的“开心蔬果、快乐农场”、东水峪的“原生态自然文化”、康陵村的“正德春饼”、留民营村的“有机蔬菜大观园”等，都充分体现了北京的乡土味道。

要充分利用郊区的乡村文化资源，开发“乡味”菜肴。一是培育特色，突出“一村一品”。如延庆县柳沟村的“凤凰城·火盆锅·豆腐宴”，把具有地方特色的火盆锅做成了大产业，带动全村84户从事民俗旅游接待工作，实现了富民。二是基于传统餐饮基础上的深度开发。如大兴区东营二村和留民营村的“三八席”、巴园子村的“二八席”，门头沟区韭园村的宫廷酱菜等，成为市民喜爱的品牌菜肴。三是结合新健康理念与村域资源开发新餐饮。如房山区中英水北台和平谷区刘家店镇前吉山村开发的药膳美食，房山区河北镇东港村的“山珍宴”，顺义区柳庄户村的“风情水果宴”、焦庄户村的抗战饭等。

（三）乡　情

游客去京郊吃农家饭，在某种程度上也是去寻找“家”的感觉，其背后是真情、朴实的服务。在民俗旅游接待过程中，游客最喜欢的就是原汁原味的“老乡”情。这些淳朴、善良的旅游接待充分体现出中国农民的传统优点，也是乡村旅游的重点内容之一。怀柔区桥梓镇上王峪村的“青山·碧湖·农家”、密云县溪翁庄镇口门子村的“京都游憩·薯味人家”和大兴区采育镇东营二村的“采育人家”等定位，充分体现了把游客当成贵客或者是亲戚探访的热情与大方，游客在这里就跟在自己家一样，游客与民俗接待户的主人成为“常来常往”的好朋友、好兄弟。

二、改善“住”的条件

“住”是乡村旅游的重要要素，也是延长游客逗留时间必须突破的一个环节。但京郊现有住宿产品与市民的需求有一定的差距，乡村旅游经营者的理念与游客的习惯也不吻合。比如，市民来郊区旅游主要是喜欢乡村自然的山水和古朴的村庄，感受和体验农村的风土人情，但他们在饮食起居方面又保持城市人的生活习惯。然而，北京郊区有的民俗村、民俗户在设施、建筑的外观设计以及材料的选用上却模仿城市的建筑风格，失去了乡村特色，游客找不到回归自然、放松身心的感觉；而一些民俗户在室内装修、卫生标准、起居条件等方面过于简陋，依然停留在农民过去的生活习惯上，游客感到不方便、不舒适。因此，要正视差距，从以下几个方面，改善“住”的条件，让乡村旅游者满意。

（一）住宿产品系列化

按照“市场引导、优化结构、合理布局、完善功能、强化软件”的方针，大力发展民营、个体、家庭旅馆，适应现代旅游者兴趣广泛和多样性需求，满足节假日高峰期的接待需求；结合新农村建设、乡村旅游国际化的趋势，开发出度假别墅、传统四合院、异国风情别墅、自驾车营地、蒙古包等住宿产品，满足高中低档不同消费层次游客住宿的要求；盘活乡村闲置资产，策划包装有特色、档次高的民俗村和乡村酒店，以带动和提升整个民俗旅游环境和接待水平。

（二）建筑风格乡村化

乡村旅游的主要客源市场是城市居民，他们希望走进乡村，感受原汁原味的乡村氛围，体验乡村生活。因此，在住宿上要坚持乡村化，强化“城乡差异”，而不是直接把城市宾馆、酒店搬到郊区。实现建筑风格的乡村化，可从3个方面入手。一是在外观上，与自然环境相协调。乡村建筑风貌与周边山水、生态环境等，保持自然和谐，浑然一体。二是在建筑风格上，与原有建筑相协调。乡村旅游区域内的建筑整体上须从“土”字出发，从“新”字着眼，以“乡土”为主要基调，避免与城市建筑风格的雷同。三是在建筑材料上，与乡村环境相协调。主要建筑材料取自于当地，建筑施工达到生态保护的标准。

（三）室内装修精致化

为满足乡村旅游者的住宿需要，乡村建筑的外观要“土”，但内部设施要“洋”，追求精致化。首先，内部装修要有自己的风格。或者与周围环境一致，或者自成一体，皆因住宿产品的不同而不同。其次，内部设施要全，能满足乡村旅游者的需要。应该说，市民的生活起居习惯及对住宿的要求，与农民是有差别的。要瞄准市民的需求与住宿业的标准，合理配制住宿设施。比如说厕所的设置，除要保持厕所的干净整洁之外，还要符合不同年龄阶段游客的需求，老年人和幼儿行动不太方便，所以厕所尽量设在一楼，且厕所地板要注意防滑，以防游客摔倒给整个旅游行程造成不便。再次，住宿环境要干净整洁。好的住宿环境，不要求多豪华，但一定要干净。良好的住宿条件，可以保持旅游者对乡村旅游的忠诚度和“重游率”。

（四）住宿服务人性化

乡村旅游的“住”还要求住宿的服务要好。服务好，并不是要求服务有多全面、多生动，而是要求服务要热情，这种热情正是京郊农民热情好客的集中体现。要通过热情的服务，给游客留下良好的“视觉体验”和“听觉体验”，其中“视觉体验”要求乡村旅游服务人员在接待游客时要面带笑容，动作举止要大方，体现北京郊区人纯朴、热情好客的态度；“听觉体验”指游客在乡村环境中，能听到鸟叫、蝉鸣、蛙声及小河流水声，能听到服务人员提供的教育解说服务，能听到接待服务人员的“主动问候”等。只有让乡村旅游者感受到京郊农民的热情好客，才能让他们保留住对乡村旅游经历的美好回忆。

三、实现“行”的目标

建立完善的道路指示系统和公共交通体系，提升乡村旅游地的可进入性，实现“快进、快出、慢游”。以交通方式为依据，可将京郊乡村旅游市场分为自驾车市场和非自驾车市场。

自驾车游客是乡村旅游的主体。北京市以京承、京张、京沈、京津、京平、京港澳、大广等放射性高速公路和 8 条国道形成的快速交通格局，大大缩短了从城区到郊区的时间。北京郊区县近年也加大了域内交通基础设施建设，将景区、景点、民俗旅游村与交通干线等连接起来，基本实现了村村通公路、村村通公交。下一步，针对自驾车游客，要逐步建立完善的道路标识系统，适当扩建停车场，跟进建设加油站、维修站等相关配套设施，让游客很方便地“进得来、玩得好、回得去”。

针对非自驾车市场，加强公共交通体系建设。一方面，不断完善中心城区与郊区的交通网络，扩展旅游集散中心专线对乡村旅游目的地的辐射范围；另一方面，改善乡村景区外部的交通条件，开设交通站点直达乡村景区的班车或公交线路，打通“微循环”，提高乡村旅游目的地的可进入性。

四、提升“游”的内涵

“游”是乡村旅游的核心要素。要通过挖掘乡村旅游的文化特色，丰富文化内涵，提升乡村旅游产品的吸引力。随着乡村旅游规模增加、新业态不断涌现，人们已不满足过去“吃农家饭、干农家活、睡农家炕”的传统生活体验了。要通过更加注重挖掘乡村的民俗文化、民族文化、历史文化，注重人文底蕴与自然表象的完美结合，提升“游”的文化内涵，促进乡村旅游产品的升级。

（一）突出乡土文化特点

北京的乡村记载着北京历史文脉的延续，处处体现着浓郁的北京乡土文化气息。这里有传统的农作物、动物、饮食、服饰、工艺品、歌舞表演等，都是塑造“一村一品”的好题材。比如，朝阳区高碑店村围绕运河文化为游客恢复传统的漕运节、河灯节，让这个古老的传统得以再现，丰富了高碑店村的文化内涵。密云县古北口镇河西村，这个“百家姓氏村”的命名，充分体现了中华民族融合的历史，是“大杂居、小聚居”的缩影。“法兰西乡情旅游”、“异国情调乡村度假领地”则反映了中西文化在首都乡土的融合。

（二）彰显民族文化特色

北京有着丰富的民族文化，特别是在乡村，保留着传统的生活饮食方式、耕作方式、工艺品制作传统、民族风俗等，对于生活在城区的市民来说，由于快节奏和工业化的影响，有着对传统民族文化的强烈好奇心理，因此，民族文化可成为塑造乡村旅游“一村一品”的重要源泉。发明于清朝、流传于现代的“三八席”彰显了满族招待贵客的高规格接待标准，如今经过包装之后，成为大兴区东营二村的招牌产品。将民族文化与自然资源融合后进行整体打造的怀柔“满风清韵”沟域、孙栅子村的“满乡情韵·森林之村”，更是将民族特色融入整个乡村旅游接待的各个环节之中。

（三）凸显历史文化优势

北京历史悠久，文化底蕴深厚，文化形式多样，这些特点也成为乡村旅游产品开发的重要依据。北京有军事文化、边塞文化、古车文化，有抗日“红色文化”，佛教、道教、伊斯兰教、基督教等宗教文化，还有名人故里文化等。这些文化瑰宝成为提升乡村旅游品质、培育差异性旅游产品的重要因素。名人故里文化如房山区张坊镇穆家口村的穆桂英故里文化、平谷区辛庄镇太后村的契丹民俗文化等，体现宗教文化的如门头沟区妙峰山镇樱桃沟的“农禅合一”、平谷区刘家店镇前吉山村的“丫髻祈福”、怀柔区琉璃庙镇八宝堂的“山水福音地·八宝养生堂”文化等。

这些基于文化内涵、融入非物质文化因子的乡村旅游产品，扎实树立起地域特色，在求发展乡村旅游的“同”中努力寻找自己的“异”，丰富了游客的视觉、听觉、文化感知与心灵之旅的内容，避免了乡村旅游的一哄而起、盲目发展、低端竞争、资源同质化恶性循环怪圈的出现，将为民俗旅游村的个性彰显、错位发展、品牌建设和市场形象的树立奠定良好的基础。

五、增强“购”的作用

购物对提高乡村旅游收入具有拉动作用。但目前购物在北京郊区乡村旅游收入中所占比重较小。据统计，2013 年，在民俗旅游收入中，农产品及其他商品销售收入仅占 7.41%；在休闲农业园收入中，农产品销售收入占 21.97%，其他商品销售收入占 5.61%，二者之和占 27.58%。其中的大部分农产品还是未加工过的鲜食农产品，加工产品、土特产品、工艺品等更少，这也从另一方面说明未来发展的潜力较大。立足京郊实际，多层次、多方位地开发具有地域特色和京味文化内涵的乡村旅游商品，提高乡村旅游购物档次和经济效益，是未来发展的重要方向。

（一）创意农产品

对农产品进行创意开发，改变农产品的包装、用途、功能，对农业废弃物进行艺术加工和创造。如大兴区把西瓜做成了玻璃西瓜，改变了西瓜的食用功能，使西瓜变成了艺术品，价格由每个十几元变成了 500 元 / 个，提升了附加值。

1. 做成礼品

通过改变包装，把普通的农产品变成礼品，如传统的柴鸡蛋、果品等，在更换包装、提高便携性的同时，也提高了档次和品位；通过创意手法，赋予其文化内涵，把农产品变成了可送人的礼品。比如，在农产品的果实上刻字，特定时间送给特定的消费者，如“人名”“寿”“生日快乐”等。

2 做成艺术品

如北京延庆，将各种豆子合理搭配，便成了妙趣横生的豆塑画。而门头沟的农民，将麦秸精挑细选，合理加工，便成了质地高雅的麦秸画。除这些外，还有艺术南瓜、艺术葫芦等，不胜枚举。

3. 做成功能食品

过去的农产品，只追求质量好，营养价值高，而追求对人体保健功能价值的不多。随着“既要小康、又要健康”等“双康”社会的到来，人们将在追求农产品质量好、营养价值高的基础上，根据人体的个性化差异，进一步追求农产品对人体健康的功能价值，所以把农产品的各种食疗功能挖掘出来，整理起来，宣传出去，并在农产品的介绍中注明，将会形成新的市场空间（冯建国，2012）。这种创意在北京郊区已有了萌芽，今后会有很好的发展。

（二）乡村旅游商品

乡村旅游商品是指在乡村旅游过程中供游客购买的富有当地特色的商品，是地域性与纪念性相辅、文化与娱乐相融的一种特色商品。广义上的乡村旅游商品还包括地方土特产品、工艺品、风景与文化遗存复制品等。

乡村旅游商品是提升旅游地和旅游服务影响力的重要标识，也是拉动旅游收入的关键环节，更是对外宣传旅游目的地地域特色和文化的重要载体，在北京郊区具有很大的开发潜力。然而，北京郊区不少地方缺乏对乡村旅游商品重要性的认识，有的将乡村旅游商品等同于一般的农产品，因而设计创意不够、缺乏新意、文化内涵不足、地域特点不明、企业设计力量无法跟进。特别是由于市场管理粗放、产品鱼龙混杂，致使乡村旅游商品没有获得在乡村旅游产业中应有的地位。

随着乡村旅游产业的发展，乡村旅游商品已经成为旅游大市场中不可或缺的一部分，其价值和地位将越来越明显。搞好北京郊区乡村旅游商品的开发，应做好“文化”“创意”和“工艺”3篇文章。一是文化挖掘。地域文化是地方的烙印和符号，是最能体现地域特色的认知。一个地方的文化是丰富的、多方面的，有反映饮食的，有反映民俗的，有反映历史的，也有反映现状的。乡村旅游商品对文化的挖掘所需要的就是找准角度，找出最具北京地方特色和代表性的景观符号或者人文遗产，对其文化内涵进行深度挖掘，并以适当形式表现出来。二是设计创意。创意是乡村旅游商品成功的核心要素。应根据乡村旅游商品的类型特征，选择造型、样式，并估计市场的接受程度，形成设计上的卖点。三是工艺创新。工艺创新是提高乡村旅游商品质量的重要途径，也给乡村旅游商品的开发，拓宽了思路，增加了可能。总之，要在鼓励发展“春饼”“灯笼”“剪纸”等传统乡村旅游商品的同时，通过创意、创新，拓宽乡村旅游商品的范畴，丰富乡村旅游商品的内容，提升乡村旅游商品的档次和质量。

（三）“北京礼物”

“北京礼物”是北京旅游商品的典型代表，是由北京特定生产或反映北京元素、体现北京文化，经北京市旅游部门认定的北京专属旅游商品品牌。从类型上看，“北京礼物”包括旅游纪念品、日常创意品、商务礼品、政务礼品、国宾礼品、艺术收藏品等。从经营模式上看，“北京礼物”由政府注册商标，采用特许经营，进行市场化运作。

创意农产品、乡村旅游商品也可能成为高端旅游商品。2012年，为落实京郊旅游发展大会精神，加快乡村旅游商品市场化步伐，北京市旅游委、北京市农委组织部分五星级饭店、饭店管理公司和饭店协会负责人赴房山区张坊镇琦彩鸿农业有限公司调研，促成了张坊镇与高档饭店的合作，解决了“冰柿”进高档饭店的问题。目前已有北京饭店、长富宫饭店等10多家高档饭店推出了“冰柿”产品，既满足了消费者的需要，也解决了“冰柿”的销路问题。从这个例子中得出重要的启示，即乡村旅游商品也可以进入高档饭店，登上“大雅之堂”。

创新机制，培育具有京郊特色的“北京礼物”。要把“北京礼物”开发机制进行推广，引入到乡村旅游商品开发中，把北京乡村旅游商品这条“短板”变长。一是要突出特色，尽量避免同质化。借鉴“民族的才是世界的”这一说法，“京郊的也是北京的”。只要乡村旅游商品有自己的特色，市民和游客是会喜爱的。二是要有文化内涵，发展创意农业。充分利用京城富集的文化创意人才资源，建成全国一流的创意农业研发基地，鼓励和引导开发特色农产品，在农产品的深加工、包装设计等方面引入文化创意，推动农产品向旅游商品化、高端化发展。三是把乡村旅游商品的开发放在“北京礼物”发展的远景规划之中，研究支持乡村旅游商品设计、开发、生产的政策措施和提档升级的路线图，争取把越来越多的乡村旅游商品列入“北京礼物”名录之中。

六、打造“娱”的亮点

娱乐是第一代乡村旅游产品的“短板”。因此，打造游客“听得到、看得见、摸得着、可参与”的娱乐项目就成为本市乡村旅游升级的重要环节。随着体验经济时代的到来，乡村旅游者越希望通过参与和体验获得难忘的经历和回忆。比如，延庆县旧县镇大柏老村创意开发的奶牛选美比赛、奶牛文化展示、给小牛喂草喂奶娱乐系列活动，通州区宋庄镇大邓村依托现有宠物犬养育产业基础，积极开发出宠物犬休闲旅游产品，开展宠物犬大赛、宠物犬嘉年华、年度文明养犬颁奖典礼等，这些时尚娱乐休闲项目的开发成为吸引游客的亮点。在实践中，可充分利用“三农”（农业、农民、农村）资源，开发设计参与体验性活动，寓教于乐，打造“娱”的亮点，如下表。

表　休闲农业体验活动

休闲体验活动类别	休闲体验活动内容
农业生产体验活动	犁田、播种、耕作、育苗、移苗、插秧、灌溉、嫁接、修剪、割草、喂牛、喂鸡、喂鸭、挤奶、农机具操作（牛车、耕耘机、中耕机）、农副产品加工、水产品加工、制陶、狩猎、垂钓、踩水车、打水井、推石磨、编织、织布、传统手工艺品制作等农事活动体验
农民生活体验活动	吃农家饭、住农家院、骑马、篝火晚会、露营、烧烤、捉泥鳅、放烟花、放风筝、乡土文物展示等乡村民俗体验，棋类、游戏、室外卡拉 OK、滑草、定向运动、草地网球、草地足球等文体娱乐活动，民族节庆、婚俗、丰年祭、赏花灯、舞龙舞狮、皮影戏、雕刻、绘画、香会、剪纸、赏花节、采摘节等民俗节庆活动，烤地瓜、烤全羊、包粽子、磨豆腐、打年糕、磨香油、住蒙古包等农家食宿体验活动
农村生态体验活动	果园、菜园、水田、梯田、稻田、花园、盆景园、草地、山川河流、瀑布、池塘等乡村田园景观的休闲观光；“二十四节气”图解、夜晚星空观测、冬季滑雪、夏季漂流、划船、观田园、听鸟鸣、闻花香等乡村景观与生态环境体验活动

（一）农业生产体验活动

农业生产体验活动可以从农事参与、农业丰收和农产品加工 3 个方面入手，进行开发设计。

1. 农事参与体验活动

耕作是指在农业生产中，配合植物生理、气候环境和经验法则等所采取的一系列周期性、技巧性的农田技术措施。在农作物生产阶段的不同时期，游客可利用传统农具进行耕作体验。例如，犁田、插秧、踩水车灌溉等。

2. 农作物收获体验活动

农作物成熟后的收获，尤其是水果采摘一直以来是农业体验活动的最主要组成部分。如摘桃子、采葡萄等。

3. 农产品加工体验活动

利用传统工具和制作手法进行部分农产品的加工，对城市居民颇具吸引力，可据此开发设计参与体验活动。例如果脯制作、火腿腌制、木雕、制陶等。

（二）农民生活体验活动

农民生活体验活动可以从农民食宿、农村娱乐和乡村文化 3 个方面入手，进行开发设计。

1. 农民食宿体验活动

农作物有很强的季节性，农村建筑有很强的地域性，可以利用北京郊区各地不同的食宿习惯和民居风格，开发设计参与体验活动。例如，制作各种民俗小吃、体验各地民宿等。

2. 农村娱乐体验活动

利用农村环境，结合农村民俗习惯，设计农村娱乐活动。例如烧烤、露营、放风筝等。

3. 乡村文化体验活动

农业文化与节庆活动是与乡村休闲息息相关的内容之一，也是农家乐体验活动设计的重要内容。例如，民间艺术表演、庙会等。

（三）农村生态体验活动

农村生态体验活动可以从农村气象景观、农村地理景观和农村民居景观 3 个方面入手，进行开发设计。

1. 利用农村气象景观开发设计体验活动

气象对农业生产和农民生活影响很大，常常是决定农业生产方式和农民生活习惯的重要因素，农业和农民对气象季节变化也最为敏感，“二十四节气”即是典型代表。可以利用气象对农业和农民的影响，开发设计体验活动，例如，冬天充分利用雪景设计观雪、滑雪等体验项目。

2. 利用农村地理景观开发设计体验活动

不同类型的地理景观在农村体现得最为充分，山地农村的溪流瀑布、平原农村的水网沟渠，各有特色和风貌。京郊不同区域的农村利用本区域地理特点设计体验活动，如山地农村可以溯溪、漂流，平原农村可以划船、泥浴，水库边的农村可以骑马、滑草等。

3. 利用农村民居景观开发设计体验活动

顺应地理、气候条件所种植的农作物，利用当地资源、材料配合地形建成的民居，组合而成最具乡村风貌的乡野景观，也是乡村体验活动的重要来源。例如，观田园、听鸟鸣、闻花香和感受袅袅炊烟等。

第七章 文化升级

文化内涵不足是京郊休闲农业的主要瓶颈之一。解决这个问题，不是一朝一夕实现的，但并不是无所作为。实现休闲农业的文化升级，需要多管齐下，其中发掘、保护、传承、利用农业文化遗产，发展创意农业，开发利用民俗文化资源，就是现实的出路。

第一节 发掘农业文化遗产

北京作为文化古都，地理位置显赫，山川雄奇，土地肥沃，物产丰富，历来被视为藏龙卧虎的神州宝地。北京的农业文明历史悠久、生生不息，农耕文化博大精深、丰富多彩，经过历代劳动人民的伟大创造，留下了极其光辉灿烂的农业文化遗产资源。对农业文化遗产进行发掘、保护、开发、利用，不仅可传承农业文化遗产，而且可拓展农业的多功能性，丰富农业的文化内涵，促进休闲农业的发展。

一、农业文化遗产的概念内涵与传承的意义

（一）概念内涵

农业文化遗产是指人类与其所处环境长期协同发展中，创造并传承至今的独特的农业生产系统。这些系统具有丰富的农业生物多样性、宝贵的传统知识与技术体系和独特的生态与文化景观等，对农业文化传承、农

业可持续发展和农业功能拓展具有重要的科学价值和实践意义（农办企〔2013〕22号）。具体体现以下6个特点：①活态性。该系统历史悠久，至今仍然具有较强的生产与生态功能，是农民生计保障与乡村和谐发展的重要基础。②适应性。该系统随着自然条件变化、社会经济发展与技术进步，为了满足人类不断增长的生存与发展需要，在系统稳定基础上，因地、因时地进行结构与功能的调整，充分体现出人与自然和谐发展的生存智慧。③复合性。该系统不仅包括一般意义上的传统农业知识和技术，还包括那些历史悠久、结构合理的传统农业景观，以及独特的农业生物资源与丰富的生物多样性。④战略性。该系统对于应对经济全球化和全球气候变化，保护生物多样性、生态安全、粮食安全，解决贫困等重大问题，以及促进农业可持续发展和农村生态文明建设具有重要的战略意义。⑤多功能性。该系统或兼具食品保障、原料供给、就业增收、生态保护、观光休闲、文化传承、科学研究等多种功能。⑥濒危性。由于政策与技术原因和社会经济发展的阶段性，造成该系统的变化具有不可逆性，会产生农业生物多样性减少、传统农业技术知识丧失，以及农业生态环境退化等方面的风险。

（二）认定标准

我国根据联合国粮农组织“全球重要农业文化遗产”（Globally Important Agricultural Heritage Systems，简称GIAHS）的精神与原则，结合中国实际，提出了“中国重要农业文化遗产”（China National Important Agricultural Heritage Systems，简称China-NIAHS）认定的基本标准，包括4个方面。

1. 历史性

从历史起源看，作为农业文化遗产的农业生产系统所在地是有据可考的主要物种的原产地和相关技术的创造地，或者该系统的主要物种和相关技术在中国有过重大改进；从历史长度看，该系统以及所包含的物种、知识、技术、景观等在中国使用的时间至少有100年历史。

2. 系统性

农业文化遗产在产品、生态、技术、景观、文化等方面具有独特性、多功能性、历史价值与现实意义。①物质与产品。农业生产系统的直接产品具有显著地理特征和地方特色，对于当地居民的食物安全、生计安全、原料供给、人类福祉等具有一定的保障能力。②生态系统服务。该系统在遗传资源与生物多样性保护、水土保持、水源涵养、气候调节与适应、病虫草害控制、养分循环等方面，至少具有其中两项功能，且作用明显。③知识与技术体系。在生物资源利用、种植、养殖、水土管理、景观保持、产品加工、病虫草害防治、规避自然灾害等方面，知识与技术系统较完善，对生态农业和循环农业发展以及科学研究具有一定的科学价值和实践意义。④景观与美学。能体现人与自然和谐演进的生存智慧，具有美轮美奂的视觉冲击力的景观生态特征，在发展休闲农业和乡村旅游方面有较高价值。⑤精神与文化。农业生产系统拥有文化多样性，在文化传承与和谐社会建设方面具有较高价值，在社会组织、精神、宗教信仰、哲学、生活和艺术等方面发挥重要作用。

3. 持续性

农业文化遗产具有较强的适应性和一定的恢复功能，能够确保当地人的基本生计安全。从自然适应性看，该系统能够通过自身调节机制，对气候变化和自然灾害影响，表现出一定的恢复能力；从人文发展适应性看，该系统在食物、就业、增收等方面，能够满足区域内人们日益增长的需要。

4. 濒危性

农业生产系统受到较多的负面影响，正在面临灭绝、消失的风险。从胁迫因素看，该系统受到诸如气候变化、自然灾害、生物入侵等自然因素和城市化、工业化、农业新技术、外来文化等人文因素的多重影响，这些影响对该系统的可持续发展是负面的；从变化趋势看，该系统在过去 50 年来的丰富程度，包括物种丰富程度、传统技术使用程度、景观稳定性以及文化表现形式的丰富程度等，处于下降趋势。

（三）传承的意义

我国悠久灿烂的农耕文化历史，加上不同地区自然与人文的巨大差异，创造了种类繁多、特色明显、经济与生态价值高度统一的重要农业文化遗产。这些遗产都是我国劳动人民凭借着独特而多样的自然条件和他们的勤劳与智慧，创造出的农业文化典范，蕴含着“天人合一”的哲学思想，具有较高历史文化价值。但是，在经济快速发展、城镇化加快推进和现代技术应用的过程中，由于缺乏系统有效的保护，一些重要农业文化遗产正面临着被破坏、被遗忘、被抛弃的危险。开展农业文化遗产发掘工作，不但对弘扬中华农业文化，增强国民对民族文化的认同感、自豪感，以及促进农业可持续发展具有重要意义，而且把重要农业文化遗产作为丰富休闲农业的重要历史文化资源和景观资源来开发利用，能够增强产业发展后劲，带动遗产地农民就业增收，可以实现“在发掘中保护、在利用中传承”。通过对农业文化遗产的发掘，在保护的基础上，将农业文化宣传展示与休闲农业发展有机结合，既能为休闲农业发展提供资源载体，为遗产保护提供资金、人力支持，又能有效带动遗产地农民的就业增收，推动当地经济社会的发展。

二、国内外农业文化遗产保护利用状况

尽管国内外在农业历史、农业考古、农业生态、农业民俗等研究中已经对农业文化遗产及其保护多有涉及，联合国教科文组织的世界文化与自然遗产中对稻作梯田、葡萄园等作为文化景观也给予了关注，但以活态性、动态性为主要特征并兼具生产发展、生态保护、文化传承等多种功能的农业文化遗产保护工作始于联合国粮农组织于2002年发起并积极推进的全球重要农业文化遗产（GIAHS）项目。

（一）全球重要农业文化遗产（GIAHS）

在许多国家，一代代农民、牧民、林农和渔民以多样化的物种及其相互作用为基础，利用适用于当地条件的独特管理实践和技术，创造、发展并保持着一些专门的农业系统和景观，通过反复试验，不断调整捕鱼、耕作和放牧的方式，既保护了环境，又获得了收益。这些建立在当地自然条件、知识积累和实践经验基础上的农业生产系统，巧夺天工地反映了人类

与自然环境的协调发展，不仅产生了独具特色的美学景观，维持了具有全球意义的农业生物多样性、具有自我调节能力的生态系统和具有重要价值的文化遗产，而且最重要的是，为人类再生产与可持续发展提供了多样化的产品与服务，保障了人类的生计安全和生活质量。

然而，当今技术、文化和经济的快速发展，正威胁着许多农业生产系统及其生物多样性和社会环境基础。在过去的几十年里，人们高度关注农业生产能力、专业化水平和全球市场，而忽视了相关的外部性与适应性管理的策略，导致全面忽视对这些多种多样、独具特色的农业生产系统的研究和发展的支持。生存的压力阻碍了农民的创造性，迫使他们采用不可持续的生产方式过度开发自然资源，导致生产力水平下降、实施农业专业化生产、引进外来物种等，进而引起了更为严重的基因污染、相关知识体系和传统文化的丧失，以及重要的全球性遗产传承断裂的风险，并可能将社区拖入到贫穷和社会经济动荡的恶性循环之中。如果不采取有效措施帮助这些农业生产系统应对所面临的威胁，那么在工业化、现代化和全球化浪潮中，这些系统及其所支撑的农村社区将面临消失的厄运。

在这种背景下，联合国粮食及农业组织（FAO）在全球环境基金（GEF）的支持下，联合有关国际组织和国家，于 2002 年发起设立了全球重要农业文化遗产发掘保护利用计划，旨在建立全球重要农业文化遗产及其有关的景观、生物多样性、知识和文化保护体系，并在世界范围内得到认可与保护，使之成为可持续发展的基础。全球重要农业文化遗产在概念上等同于世界文化遗产，联合国粮农组织将其定义为："农村与其所处环境长期协同进化和动态适应下所形成的独特的土地利用系统和农业景观，这种系统与景观具有丰富的生物多样性，而且可以满足当地社会经济与文化发展的需要，有利于促进区域可持续发展"。该计划旨在促进地区和全球范围内对当地农民和少数民族关于自然和环境的传统知识和管理经验的更好认识，并运用这些知识和经验来应对当代发展所面临的挑战，特别是促进可持续农业的振兴和农村发展目标的实现。

经过 10 余年的努力，截至 2014 年 5 月底，联合国粮农组织已经在 13 个国家认定了 31 项全球重要农业文化遗产，其中我国有 11 项，是入选数量最多的国家。从国际上看，通过研究与试点，已经在农业文化遗产价值挖掘、保护与利用途径探索、保护理念与经验推广、遗产地文化自觉和产业发展等方面开展了大量工作，全球重要农业文化遗产作为一种新的世界遗产类型已经得到了国际社会的广泛认可。在联合国粮农组织的财委会、农委会和理事会上，都将推进全球重要农业文化遗产保护工作写入会议文件中，并将其作为一项长期重要任务予以落实。

我国是最早响应并积极参与全球重要农业文化遗产保护的国家之一。2004 年以来，我国农业部、中国科学院大力支持，有关地方政府积极配合，不同学科的专家和遗产地人民广泛参与，在示范点选择与推荐、保护利用探索与经验推广、科学研究与科学普及等方面做了卓有成效的工作，获得了良好的社会效益、生态效益与经济效益，成为其他国家学习的榜样。先后有浙江“青田稻鱼共生系统”（2005 年）、云南“哈尼稻作梯田系统”（2010 年）、江西“万年稻作文化系统”（2010 年）、贵州“从江侗乡稻鱼鸭系统”（2011 年）、云南“普洱古茶园与茶文化系统”（2012 年）、内蒙古“敖汉旱作农业系统”（2012 年）、浙江“绍兴会稽山古香榧群系统”（2013 年）、河北“宣化城市传统葡萄园系统”（2013 年）、江苏“兴化垛田传统农业系统”（2014 年）、福建“福州茉莉花种植与茶文化系统”（2014 年）、陕西“佳县古枣园系统”（2014 年）11 项被列为 GIAHS 保护试点。农业文化遗产保护与利用已经成为“文化大发展、大繁荣”的重要内容，并且已成为农业功能拓展和多功能农业发展的重要基础，对促进农业和农村的可持续发展起到了积极的推动作用。

2012 年 10 月 2 日，农业部韩长赋部长在会见来访的联合国粮农组织达席尔瓦总干事时就进一步加强双方合作提出了 4 点建议，其中之一就是加强全球重要农业文化遗产的合作。在韩长赋部长与达席尔瓦总干事共同签署的双方加强合作谅解备忘录中，也明确提出将全球重要农业文化遗产保护工作作为一项重要内容。

（二）中国重要农业文化遗产（China-NIAHS）

我国农耕文化源远流长、内容丰富，是中华文明立足传承之根基。中华民族在长达数千年的生息发展过程中，凭借着独特而多样的自然条件和勤劳与智慧，创造了种类繁多、特色明显、经济与生态价值高度统一的传统农业生产系统，不仅推动了农业的发展，保障了百姓的生计，促进了社会的进步，也由此演生和创造了悠久灿烂的中华文明和丰富的农业文化遗产（杨绍品，2014）。它们体现着中华民族的生命力和创造力，贯穿于中国传统文化的始终，是各族劳动人民长久以来生产、生活实践的智慧结晶，是全人类文明的瑰宝。时至今日，我国农耕文化中的许多理念、思想和对自然规律的认知，在现代生活中仍具有很强的应用价值，在农民的日常生活和农业生产中仍起着潜移默化的作用，在保护民族特色、传承文化传统中发挥着重要的基础作用。

为与国际接轨，在中国科学院的技术支持下，农业部于2012年3月启动了“中国重要农业文化遗产”评选、认定工作。成立了中国重要农业文化遗产专家委员会，制定了《中国重要农业文化遗产认定标准》《中国重要农业文化遗产申报书编写导则》《农业文化遗产保护与发展规划编写导则》和《中国重要农业文化遗产管理办法》，举办了培训班，召开了专门会议进行部署，初步形成了“政府主导、多方参与、分级管理”的农业文化遗产申报、认定与管理机制。中国已成为世界上第一个开展国家级农业文化遗产评选与保护的国家。省级农业文化遗产评选与保护工作也已纳入工作计划之中，有望在部分省（区、市）中先行展开。

经地方挖掘整理、基层申报、专家评审、网上公示、农业部认定，农业部于2013年和2014年先后公布了两批共39项中国重要农业文化遗产。除11项已列为全球重要农业文化遗产外，其余28项分别是：天津“滨海崔庄古冬枣园”、河北“宽城传统板栗栽培系统”、河北“涉县旱作梯田系统”、内蒙古自治区“阿鲁科尔沁草原游牧系统”、辽宁“鞍山南果梨栽培系统”、辽宁“宽甸柱参传统栽培系统”、浙江“杭州西湖龙井茶文化系统”、浙江“湖州桑基鱼塘系统”、浙江“庆元香菇文化系统”、福建“尤溪联合梯田”、福建“安溪铁观音茶文化系统”、江西“崇义客家梯田系统”、山东“夏津黄河故道古桑树群”、湖北“赤壁羊楼洞砖茶文化系统”、湖南“新化紫鹊界梯田”、湖南“新晃侗藏红米种植系统”、广东“潮安凤凰单丛茶文化系统”、广西壮族自治区“龙胜龙脊梯田系统”、四川“江油辛夷花传统栽培体系”、云南“漾濞核桃—作物复合系统”、云南“广南八宝稻作生态系统”、云南“剑川稻麦复种系统”、甘肃“皋兰什川古梨园”、甘肃“迭部扎尕那农林牧复合系统”、甘肃“岷县当归种植系统”、宁夏回族自治区“灵武长枣种植系统”、新疆维吾尔自治区“吐鲁番坎儿井农业系统”、新疆维吾尔自治区“哈密市哈密瓜栽培与贡瓜文化系统”。这些遗产包括传统稻作系统、特色农业系统、复合农业系统和传统特色果园等多种类型，具有悠久的历史渊源、独特的农业产品、丰富的生物资源、完善的知识技术体系以及较高的美学和文化价值，在活态性、适应性、复合性、战略性、多功能性和濒危性等方面具有显著特征。

在农业文化遗产的试点示范与推广方面，我国通过开展培训、生产标准化、市场开拓、种养殖技术与产品加工服务、示范户带动、基础条件改善、科学研究、媒体宣传等多种途径，提高了基层干部和群众对于农业文化遗产及其保护重要性的认识，保护了农业生物多样性，提高了农民收入，扩大了其在国内外的知名度，促进了休闲农业与乡村旅游的发展。

三、北京市农业文化遗产资源条件分析与开发评价

北京作为具有悠久历史的文化古都，文化积淀深厚，文化气息浓郁，在郊区的广大农村沉淀了大量的民间艺术、民俗文化和多样的民俗风情；作为五朝帝都，一些特色农业品种，如玉皇李子、黄土坎鸭梨、苏子峪蜜枣等都曾是明、清时代的贡品，一般都有几百年历史。挖掘、整理、保护和利用这些地方特色资源，不仅可以促进农业农村文化大发展、大繁荣，而且可促进休闲农业与乡村旅游的可持续发展。

（一）农业文化遗产资源条件分析

“北京人”创建了北京农业。据考古专家对平谷区上宅遗址的考证，北京农业出现于新石器时期，距今至少有六七千年的历史。在2 000多年前的历史典籍《周礼·职方》中记载：“东北曰幽州……谷宜三种（指黍、

稷、稻)。”水稻是北京地区种植较早的作物，西周时期已开始种植；春秋战国时期，开始采用牛耕和铁制农具；西汉时期，随着铁制农具和耧播技术的广泛应用，大量土地得到垦种，农作物产量得到提高；东汉初年，渔阳太守张堪率众在孤努（今顺义北小营一带）开稻田 8 000 余公顷，教民耕种，“民致殷富”“乐不可支”。他谢世后，当地人民为敬仰他的业绩，建立“张堪庙”，庙壁画绘着“水直播”的种稻程序，至今约 1 900 年；隋、唐以来，大量种植小麦、水稻、谷子、高粱、豆菽等；辽金时期，燕京地区“蔬菜果实，稻粱之类，靡不毕出”；元代开凿通惠河，发展灌溉，大部分地区“治蔬千畦可当万户之绿”；明清时代相继引进玉米、甘薯等作物。明代不仅大批移民屯田种稻，引进玉米和棉花，围城四周还扩大种菜，部分菜地冬天“穴地熰火”，生产鲜嫩的瓜果、花卉，以供城市，京畿大兴水利，奖励垦荒，蔬菜花卉有较大发展，保护地面积扩大，不仅有风障阳畦，还兴起了暖洞子、温室等，麦、稻、玉米等广为种植，成为 3 大主要粮食作物。清康熙至乾隆年间，多次修浚永定河，为水稻种植扩大了水源。康熙年间，京西稻始为“贡米”。乾隆在颐和园外辟稻田百余公顷，种植其下江南时带回的水稻品种“紫金箍”，所产稻米归皇家享用。

在漫长的农业进化过程中，形成了独具特色的京郊农业文化。农业文化是指人类在农业文明发展过程中所创造的物质财富和精神财富的总和。最初的城市，都是从农业文明的土壤中萌发出来的。农业的直接结果是物质财富，例如，粮食、果蔬、油料、棉花等，供人类吃穿之用，这些产品及其生产过程渗透着人类的智慧、技能和知识。比如，野生稻植株瘦弱，籽粒较小，产量很低，易脱粒，而经过人类长期栽培驯化和选育，逐渐形成了分蘖力强、植株繁茂、穗大粒饱、不易落粒、品质好、产量高。正是人类的智慧与技能，使农作物色彩斑斓、形态多姿、营养丰富，不仅可供人类食用，还可供人们观赏，培养情操。京郊农业文化资源的内涵与形态十分丰富，归纳起来有以下几类（张一帆，2009）。

1. 种质文化

京郊农业种质资源丰富，农林牧渔优良品种辈出，土特名优风味各异，食用、观赏皆有，色彩斑斓，把城乡大地装饰得五彩缤纷，给人们的物质、文化生活增添无限的绚丽、营养与美味。这些种质资源和种质产品中，有的在京郊农业生产和社会供应中少则百年以上，长则上千年，历经时代变迁而不衰。至今有许多种质或产品仍为名特优农产品，而受到市场的追捧和游客的欢迎。①原生态种质文化。由“北京人”就地培（选）育创造的具有地域特色和风味，与一定的历史文化前景相适应，历经时代环境变迁而不衰，在长期传承中得到不同时代人们青睐并可持续发展的优良种质资源及其文化底蕴。比如，“北京人”培育的板栗文化历史悠久，诗情画意浓郁；北京油鸡古为贡品，今为宴席上品。②本土化种质产品文化。种质资源可能来源于外地，但在北京本地风土驯化下形成具有本土特色和风味的产品，历经时代变迁而不衰。比如，京西稻、庞各庄西瓜等不论其种质来源何方，经过上百年的驯化，已经成为北京地方的名优产品，有的被国家有关部门认定为北京的“地理标志保护产品”。

仅就传统农业品种资源而言，北京地区的果品类、养殖类以及中药材、玫瑰花、香椿、花椒、蜂蜜等均有数百年的栽培、养殖历史。这些农业品种一般与当地的自然生态条件密切相关，具有其他同类产品不可比拟的特性，同时也是“老北京”地方文化的重要内容。其中，果品类占到这些农业品种资源的80%以上，干果类包括板栗、核桃、仁用杏3种，鲜果类包括黄土坎鸭梨、大城子红肖梨、石峨玉皇李子、黄泉寺尜尜枣、西峰山小枣、张山营葡萄、红螺大脆枣、北寨红杏、苏子峪蜜枣、张坊磨盘柿、陇架庄盖柿、京白梨、妙峰山樱桃、庞各庄西瓜、富士苹果等十几种；养殖类主要是柴鸡、蛋鸭和冷水鱼，主要分布于怀柔、延庆、昌平等区县；中药材主要是怀柔西洋参和野生药材，主要分布于怀柔区汤河口和喇叭沟门乡；玫瑰花以门头沟妙峰山的玫瑰花最为出名；香椿主要有门头沟的雁翅田庄香椿；花椒以房山区佛子庄乡大红袍花椒最为知名；蜂蜜广泛分布于北京山区各边远乡镇。

2. 产品文化

由本地特色农业产品加工出独具地方特色的食品。例如，由北京板栗加工出的“糖炒栗子”，壳易剥，果肉细，糯性大，糖分含量高，清香味浓，“舌本流津”，在清代初始之年就已风靡全国，并陆续流传到东南亚国家及美洲大陆，走进欧盟国家的超市，成为全世界的美食。以栗加工的食品（如栗羊羹等）、药膳等就有几十种，其文化积淀极为深厚。

贡品是古时专供（贡）皇宫食用或观赏的农产品，是京郊农业产品文化的杰出体现。京郊农业既要养育一方人民，也要供养城市。那些在京的历代帝王除可天下招供（贡），亦需就近为便。久而久之，京郊农业培育出一批贡品，其中，有不少传承至今，成为传统的名特优农产品，有的在传承中发展壮大而形成现代特色产业。比如，京西稻（原为海淀区玉泉山一带特产，为清代贡品，称之为“御稻”）、御塘米（原为房山区大石窝镇高庄村白玉塘一带特产，俗称“石窝稻”，后被康熙品后赐名为“御塘米”，并被招为皇宫贡品）、心里美萝卜（原为大兴区西红门、高米店一带的特产，经清代慈禧太后品尝后定为清廷贡品）、五色韭（原为大兴区瀛海庄的特产，曾为清廷贡品）、红头香椿（产于门头沟区雁翅镇苇子水村、平谷区峪口镇东凡各庄村，曾为清廷贡品）、京白梨（主产地为门头沟区军庄镇东山村，曾为清廷贡品）、黄土坎鸭梨（密云县黄土坎村特产，曾为清廷贡品）、红宵梨（密云县大城子镇、平谷区镇罗营镇及怀柔区怀北镇等地特产，曾为明廷贡品）、金把黄梨（主产地为大兴区庞各庄镇梨花村，明朝万历年间招为贡品）、磨盘柿（主产于房山区张坊镇，明成祖朱棣封其为御用贡品）、郎家园枣（原为朝阳区郎家园一带特产，曾为清廷贡品）、洪村大枣（大兴区黄村镇洪村特产，曾为清廷贡品）、密云小枣（原为密云县西田各庄镇特产，曾为清廷贡品）、菱枣（房山区大石窝镇特产，曾为明清皇宫贡品）、龙泉务香白杏（主产于门头沟区龙泉务村，曾为清廷贡品）、御杏“铁吧哒”（顺义区北石槽镇特产，清帝乾隆赐名，清廷贡品）、燕山板栗（北京特产，从唐代起即为朝廷贡品）、樱桃沟樱桃（门头沟区樱桃沟和海淀区香山樱桃沟特产，曾为清廷贡品）、御皇李（密云县东邵渠镇石峨村和延庆县玉皇庙村特产，曾为清廷贡品）、八棱海棠（延庆县帮水峪村特产，曾为清廷贡品）、白蜡皮（大兴区安定镇特产，曾为东汉及清廷贡品）、灵水核桃（主产于门头沟区，以灵水核桃的知名度最高，曾为清廷贡品）、金顶玫瑰花（门头沟区妙峰山镇涧沟村特产，从辽金起为皇宫贡品）、庞各庄西瓜（大兴区庞各庄镇特产，从明代起为朝廷贡品)、宫廷金鱼(原产于崇文区金鱼池，曾为清皇宫贡品)、北京油鸡(原产于德胜门外洼里、清河一带，曾为清廷贡品)、北京鸭(原产于海淀区玉泉山一带，曾为清廷贡品)等，以及由地产农产品加成而成的北京特产贡品，包括糖炒栗子、冰糖葫芦、山楂糕、永宁豆腐、北京烤鸭等。

3. 耕作文化

农业由原始农业向传统农业、现代农业历史性演进的不同阶段划分，在很大程度上，是取决于农业生产工具。原始农业基于新石器的发明与应用，据考古发掘，京郊昌平、平谷、怀柔、通州、顺义、密云、朝阳和门头沟等区县都发现了新石器时代的石刀、石镰、石锄、石铲、石斧等，一直到西周时期，仍以石器工具为主。房山区刘李店、董家林商周遗址就出土有当时用于种植业生产的石器工具。到春秋战国时期，开始出现铁制生产工具，京郊出土有燕国铁制犁、镢、锄、镰、铲、锸、五齿耙、三齿镐和二齿镐等。铁犁的出现，其动力就是牛耕，比原来的“耦耕”(即二人耕种)前进一大步。西汉中期，蓟城附近农业生产中普遍应用犁耕、镢头、锄、铲、镰刀和耧具。到唐代，幽州地区的铁制农具比汉魏时更为普通和进步。到辽代，幽燕地区的种植业比隋唐五代时又有了进步。20世纪50年代后，在顺义、通州、怀柔、昌平、房山等区县出土的辽代农具，有铧、犁、镐、镰等。元、明、清承袭辽、金旧制，农具形制无大变化。如今，有些手工农具也与传统铁制农具(如镰刀、铲、镐等)无大区别。除农业生产工具外，耕作文化还包括耕作制度与农作物品种的选择与配置，以及载培与管理、收获与贮藏等诸多技术、文化要素。

4. 聚落文化

传统文化的根基在农村，传统村落保留着丰富多彩的文化遗产，是承载和体现中华民族传统文明的重要载体。北京有一批历史悠久、民俗独特的文化名镇(村)，如密云县古北口镇，门头沟区爨底下村、灵水村和龙泉镇琉璃渠村，房山区南窖乡水峪村等，集中体现了北京农业历史及农村文化的发展和传承，蕴含着先辈追求“天人合一”的朴素生态观念、水土资源综合利用的技术、因地制宜的农艺措施、独特的文化传承以及可持续发展的哲学思想。经过调查、筛选、评审、认定，北京有13个村庄列入

"中国传统村落名录"，分别是：房山区南窖乡水峪村；门头沟区龙泉镇琉璃渠村、三家店村，斋堂镇爨底下村、黄岭西村、灵水村、马栏村，雁翅镇苇子水村，大台街道办事处千军台村；顺义区龙湾屯镇焦庄户村；昌平区流村镇长峪城村；密云县新城子镇吉家营村；延庆县八达岭镇岔道村。这些村落形成较早，具有一定历史、文化、科学、艺术、社会、经济价值，是开发休闲农业与乡村旅游产业的重要支撑。

（二）农业文化遗产资源开发评价

在农业文化遗产挖掘、保护与利用方面，北京的工作与国内先进地区相比，相对滞后（闵庆文，2013）。虽然海淀等一些区县曾经开展了初步的农业文化遗产收集和整理工作，中国科学院地理资源所、北京农学院和北京市农林科学院的有关专家进行了一些初步研究，一些地方在休闲农业与乡村旅游发展中对农业文化遗产也有涉及，如在中国科学院的支持下，蟹岛生态农庄被联合国粮农组织命名为"全球重要农业文化遗产区域培训中心"，但从总体上看，北京市农业文化遗产资源底数不清，缺乏对农业技术、措施、模式、品种资源、传统知识等的系统整理、挖掘、提高和推广，未能充分发挥推动现代农业多功能发展的作用；缺乏对农业文化遗产潜在的生态与文化价值的科学评估；对全球重要农业文化遗产和中国重要农业文化遗产评选的参与度不够，也没有开展北京市农业文化遗产评选的规划与实施计划；北京市休闲农业与乡村旅游产业的发展还处在"吃农家饭""住农家院"和赏花、摘果、骑马、垂钓等较为初级的阶段，对农业文化遗产资源的开发利用不够，更没有把农业文化遗产保护和休闲农业发展很好地结合起来，游客难以通过观光对北京深厚的农业文化有较好的感知，也难以通过休闲农业发展拓展农业功能和传承农业文化。

综上所述，北京具有开发农业文化遗产资源，并申报全球、中国重要农业文化遗产的基础与条件，也可以此为契机，提升农业的文化内涵，促进北京休闲农业的发展、农业功能的拓展、农村发展和农民增收。

四、北京市农业文化遗产保护利用策略

北京开展农业文化遗产保护与开发利用工作意义重大，影响深远，正当其时。北京市应该提高认识，把农业文化遗产发掘保护利用工作列入议程，并采取有效措施予以推进。

（一）启动北京市重要农业文化遗产认定工作

全球重要农业文化遗产和中国重要农业文化遗产的数量少、要求高、认定难，北京郊区不少基层单位对此望而生畏，裹足不前。为搞好京郊农业文化遗产的发掘与开发利用，建议启动市一级重要农业文化遗产的认定工作。在广泛调研和试点的基础上，研究制定《北京市重要农业文化遗产认定标准与实施办法》，并部署落实。要研究制定政策措施，调动基层申报农业文化遗产的积极性，促进农业文化遗产的动态保护、文化传承和生态环境保护，推动北京郊区休闲农业与乡村旅游的可持续发展。

（二）成立北京市重要农业文化遗产专家委员会

农业文化遗产评审、认定和管理工作涉及领域广泛，知识性、科学性、专业性都很强，需要建立一支高水平的专家队伍，集聚各领域专家的智慧，以科学的态度、务实的作风、高效的决策，在北京市重要农业文化遗产发掘的政策研究、咨询服务、技术指导、评审认定、学术交流等方面提供有力的技术支撑。建议借鉴农业部的做法，成立北京市重要农业文化遗产专家委员会，由农业、生态、环境、经济、历史、文化、社会等领域的专家组成。委员会的职责是对农业文化遗产的资源、文化、经济和社会等价值进行系统研究，对发掘、保护、传承和利用等工作提供专家咨询和技术指导，协助政府部门做好北京市重要农业文化遗产的标准研制、管理办法制订、项目评审、学术研讨等方面的工作。

（三）组织开展农业文化遗产资源的调查、评价工作，摸清家底

家底清、情况明，是开展农业文化遗产保护传承的基础。发掘利用农业文化遗产，前提是做好农业文化遗产资源的调查评价工作。一是研究制定标准和工作方案。参照农业部关于中国重要农业文化遗产评选标准，根据北京市的实际情况，建议由北京市农业行政主管部门牵头，组织在京的农业文化遗产研究部门（中国科学院相关研究所、中国农业博物馆、北京市农林科学院、北京农学院等）和相关机构（北京市文化局、文物局、旅游委等），研究制定农业文化遗产标准与发掘保护利用工作方案。二是开展调查研究工作。在制定标准的基础上，选择门头沟等地区，开展农业文化遗产资源的调查研究和试点工作，为全面普查积累经验。三是适时启动农业文化遗产资源普查工作。制定北京市农业文化遗产评选办法，与相关部门、在京农业文化遗产研究组织和大专院校合作，开展农业文化遗产资源普查。在开展资源普查的基础上，开展农业文化遗产的多功能价值评估，特别是在促进农村文化发展与繁荣、休闲农业发展等方面的作用，从中筛选出重要的农业文化遗产。

（四）积极申报中国重要农业文化遗产和全球重要农业文化遗产

在资源普查的基础上，筛选重要的项目，通过包装、策划、设计，申报中国重要农业文化遗产和全球重要农业文化遗产。近期可考虑重点挖掘“永定河流域沙地传统农业系统”“北京沟域传统农业系统”“传统贡品农业生产系统”等项目，积极组织申报中国重要农业文化遗产和全球重要农业文化遗产，争取取得突破。

（五）尽快制定北京市重要农业文化遗产保护规划

根据北京市具体情况，建议由市农业行政主管部门牵头，组织相关部门和专家学者，研究制定《北京市重要农业文化遗产保护规划纲要（2014—2020）》和相应的工作计划，进一步明确北京市重要农业文化遗产保护工作的指导思想、基本原则、总体目标、重点任务、工作步骤和保障措施。

（六）认真做好北京农业文化遗产保护培训宣传

通过开展主题鲜明、形式多样的农业文化遗产保护宣传活动，营造全社会关心参与的良好氛围。①组织区县、乡镇相关部门负责人进行专题培训。聘请专家宣讲农业文化遗产发掘、保护、传承的重要意义，提高认识，统一思想，动员他们积极组织和投身到农业文化遗产保护工作中来。②提升社会关注度。通过《农民日报》《北京日报》《京郊日报》、北京电视台等媒体和北京“三农”各门户网站，向广大群众宣传农业文化遗产保护的相关知识，通报北京市开展此项工作的进展情况，形成良好的舆论氛围。特别要注重对农民进行农业文化遗产普及性宣传，鼓励农民自觉参与到该项工作中来。③举办专题活动。采取多部门合作的方式，利用会展农业活动平台，举办以“农业文化遗产保护”为主题的展览、讲座、广场宣传活动。

（七）加快搭建北京农业文化遗产保护展示平台

选择条件成熟的京郊休闲园区或民俗旅游村，在2～3年内力争建成一个市级农业文化遗产保护展示平台。通过实物、模型、书籍、刊物、影像等相关资料，让广大群众对农业文化遗产形成直观印象，为从事农业文化遗产研究的专家学者提供交流和学习的场所，为中小学生提供了解北京农业文化的科普基地。争取与农业部合作，把展示平台建设成为全国性农业文化遗产研究、培训和交流的基地。要不断深入挖掘农业文化遗产内涵，把保护利用工作和京郊休闲农业与乡村旅游工作有效对接起来，鼓励各郊区县创建农业文化遗产保护和休闲农业发展示范户、示范村，做好农业文化遗产地标识的使用和管理工作。

（八）争创农业文化遗产的世界平台，丰富中国特色世界城市建设内涵

提升北京的国际化职能效应是北京建设中国特色世界城市的一个重要方面。中国不仅拥有数量最多的全球重要农业文化遗产保护试点，而且

在项目实施、科学研究、农业文化遗产动态保护及持续利用实践探索等方面均处于国际领先地位。联合国粮农组织官员多次在不同场合对中国的农业文化保护工作给予高度评价，称赞“中国是所有试点国家的榜样，中国的经验对于世界农业文化遗产保护和可持续农业发展具有重要示范作用”。农业部也提出过将“全球重要农业文化遗产中心”落户中国的设想。建议北京市抓住有利时机，进一步发挥蟹岛生态农庄作为“全球重要农业文化遗产区域培训中心”的作用，充分利用北京农业文化资源优势和首都的区位优势，与农业部和中国科学院加强合作，牵头建立“亚洲农业文化遗产保护网络”，并积极推动世界农业文化遗产平台建设，为中国特色世界城市建设提供有力支撑。

通过上述几方面的工作，争取尽快在北京成功申报一两项世界重要农业文化遗产，进而促成“全球重要农业文化遗产中心”在北京落户，并以此为契机，进一步搞好北京市重要农业文化遗产的传承保护与利用。

第二节　发展创意农业

农业因创意而精彩，创意因与农业结合而丰富。把农业与文化创意等产业结合起来，发展创意农业，将是提升休闲农业文化内涵的路径之一。

一、创意农业的概念与特征

创意农业起源于20世纪90年代后期，随着创意产业的兴起、农业技术的创新发展和农业功能的拓展，创意农业在英国、美国、荷兰等国家和地区形成，并迅速在全球扩展（刘丽伟，2010）。我国的创意农业实践起步于21世纪初，目前，在京、沪、渝、闽、粤等地已出现一批创意农业项目。从北京来说，创意农业虽然起步较晚，但发展较快，对于转变农业发展方式，提升农业文化内涵，促进农民就业增收等发挥了积极作用。

学术界对于创意农业的概念有多种提法，其中，代表性的有两种。一种认为，创意农业是指对农业生产经营的过程、形式、工具、方法、产品进行创意和设计，从而创造财富和增加就业机会的活动的总称（秦向阳，2007）；另一种则认为，创意农业是通过创意，构筑多层次的全景产业链，把文化艺术活动、农业技术、农副产品和农耕活动以及市场需求有机结合起来，形成彼此良性互动的产业价值体系，为农业和农村发展开辟全新的空间，并实现产业价值最大化的一种新型农业发展模式（厉无畏，2007）。前者是从农业生产的研究视角，把创意农业界定为与农业生产过程相关的各类创意活动及其载体；后者则是从创意产业的视角，认为创意农业不仅是指生产若干创意农副产品，而是要借助创意产业的思维逻辑和发展理念，以农村的生产、生活、生态资源为依托，通过创意拓展和整合，将科技、文化、社会、人的创造力等各项资源作为生产要素，投入到农业研发、生产和销售产业链的各个环节中，创新农业发展模式。因此，与前者相比，后者是一个相对宽泛的概念。

在实践中，笔者认为，可以把创意农业的发展理念、创意农业要解决的问题和上述两个概念的核心要素结合起来，去界定创意农业。即创意农业是利用自然、文化、科技、资本等资源，从策略、技术、产品和营销 4 个方面为切入点，对农业生产经营的过程、形式、工具、方法、产品进行创意和设计，从而增加文化内涵，更好地满足人们的生活需要，并能创造财富和增加就业机会的活动的总称。对创意农业做这样的界定，既方便一线人员在实际工作中把握，又不偏离创意农业的本质，从而有利于促进创意农业实践的发展。

按照上述定义，创意农业具有如下特征：①独特性。创意、创新是创意农业发展的不竭动力。通过创意的手段，对农业生产经营的过程、形式、工具、方法、产品等进行重新策划、包装、设计，提升文化内涵，开发出具有独特性、唯一性的创意产品，才能获得市场的认可与消费者的青睐。②文化性。创意农业是创意灵感在农业中的物化表现。创意农业具有高文化品位，它能够将单纯的农业生产与丰富的多元文化相结合，通过语言、文字、艺术等手段，将农产品和农业生产过程赋予文化内涵和价值，使人获得超越物质的精神享受。③科技性。许多好的创意需要通过一系列的科技手段才能实现。创意农业的发展离不开科技进步。④融合性。在整个创意农业体系中，一、二、三产业要互融互动，传统农业与现代农业有效嫁接，农业、科技、文化等要素相互交融，最终实现集成创新，达到引领消费潮流的目的。⑤高附加值。传统农业的产出依赖于对自然资源的消耗，产业链条短，市场需求单一，因此附加值较低。而创意农业是通过"人的智慧"这一新生产要素的注入，把农业与文化、科技等要素整合，生产出的产品具有特色化、个性化、艺术化、智能化的特点，提高了附加值。从经济可行性的角度看，只有获得了高附加值，创意农业才能实现可持续发展。

二、创意农业发展的条件分析

创意农业的兴起是现代农业发展的必然，是传承乡土文化、创新发展方式、弘扬农业文明的重要方向，是实现农业"三生"（生产、生活、生态）功能、拓展市民休闲空间、促进农民就业增收的重要载体。从北京来说，大力发展创意农业，不仅必要，而且可行。

（一）必要性

农业是文化的源头。英文 Culture 或德文 Kultur，均起始于希腊文 Cultura，意为对土地的耕作与对植物的培育（蔡恒，2009）。在新的历史起点上，人们重新审视农业文化的地位与价值，并把它与创意和推进农业升级结合起来，这就是要发展创意农业。

1. 开发农业多功能性的需要

北京是大城市小郊区，市委市政府对农业的定位是都市型现代农业。发展都市型现代农业，关键是要着力开发农业的新功能，向农业的广度和深度拓展，促进农业结构不断优化升级，实现质量和效益的提高和统一。创意农业正是突出开发农业的新功能，不仅可以满足农民的增收需求，同时也可以满足消费者日益增长的个性化消费需求。

2. 展示农业文明、传承农耕文化的需要

北京郊区的农业与广大农区的农业相比，有其自身的特点。既有生产

成本高、受资源约束强的劣势，也有文化积淀深、区位条件好的优势。如何扬长避短、发挥比较优势、提高农业的文化内涵，发展创意农业是出路之一。

3. 满足城市居民多元化需求的需要

改革开放以来特别是近年来，首都居民收入增长较快，消费能力稳步提高，消费群体需求偏好形成显著差异，导致消费需求的多样化、个性化和多层次化，时尚、品牌、品位、格调、流行、个性等都成为影响消费的主要因素。在消费中人们越来越追求心理感受，对提供以人的体验感受为目标的消费需求发展迅速，从而催生了创意农业的兴起。

4. 建设美丽乡村的需要

在党的“十八大”号召建设美丽中国之后，中共北京市委提出建设美丽北京的目标。美丽乡村是美丽北京建设的重要组成部分。通过发展创意农业，实施农业景观创意、规划设计创意，推广生态高效的循环农业经济模式，利用节地、节水、节材、节能等各种技术，可以促进村庄的绿化美化、农业资源利用和节能减排，有助于加速实现科学规划布局美、村容整洁环境美的美丽乡村建设目标。

5. 促进农民就业增收的需要

通过创意农业的开发，可以创造农产品的需求，促进居民的消费，扩大市场占有率，从而促进农民的就地就业和增收致富。

（二）可行性

北京作为国际化大都市，发展创意农业具有良好的基础和条件。

1. 有丰富的自然、文化资源可以依托

北京是著名的历史文化名城，有 3 000 多年的建城史，800 多年的建都史，人文资源众多，农耕文化积淀深厚。北京地貌类型多样，自然资源丰富。丰富的自然、文化、旅游资源，为发展创意农业提供了重要依托。

2. 消费市场巨大

2013 年，北京市人均 GDP 已实现 15 052 美元[①]，达到中等发达国家

① 北京市统计局、国家统计局北京调查总队：《北京市 2013 年国民经济和社会发展统计公报》

的水平。北京作为全国最大、最密集的消费市场之一，具有消费群体规模大、消费层次多、消费需求变化快、消费质量高等特点。市民多元化的消费市场需求，为北京发展创意农业提供了广阔的市场空间。

3. 储备了一批创意农业人才

近年来，随着郊区生态环境、投资环境的改善，原来在市区里的国家级、市级的文化、艺术、民俗、设计、创意等方面的“大师”级人才，把工作的主战场转向北京郊区，在京郊创建了工作室，收了徒弟，开展了培训。比如，漆器大师刘忠英，在怀柔区渤海镇建立了生产基地，该基地生产的漆器，已作为国礼送给了外国领导人。

4. 符合产业政策

北京市鼓励包括创意农业在内的第三产业的发展，在郊区已建立一批创意农业集聚区。对这些集聚区，市有关部门从资金、基础设施建设、税收等方面给予了支持。

5. 有产业基础

近年来，北京市通过推进都市型现代农业建设，发展文化创意产业，促进了产业融合，形成了多层次的农业产业链，培育了一批创意农业点，不仅提高了农业的综合效益，而且拓展了京郊农民的就业空间，实现了多环节增收，为今后创意农业的发展奠定了重要基础。

三、推进措施与成效

发展创意农业是农村经济结构调整的重要方向，是新农村建设的重要内容，是文化创意产业的重要组成部分，是促进城乡交流，实现城乡和谐发展的有效途径。近几年来，在市委、市政府的领导下，市有关部门围绕创意农业发展做了一些工作，并取得了一定的成效。

（一）推进措施

1. 开展了创意农业的专题调研，基本摸清了家底

从2009年年初开始，利用半年多的时间，由市农委牵头，有关专家和郊区区县农委参与，开展了“北京市创意农业发展现状调研”，对创意农业的类型、分布等进行了调查，对创意途径进行了探讨，并提出了有关对策建议。这是京郊第一个创意农业方面的调研。通过调研，基本摸清了现状。

2. 举办了创意农业论坛，从理念、认识、理论、实践等方面对发展创意农业进行了动员

2009 年 12 月，北京市有关部门会同农业部乡镇企业局，举办了“中国创意农业发展（北京）论坛”。论坛的主题是：“创新、融合、文化、发展”。来自全国部分省（自治区、直辖市）农业主管部门的负责同志、专家学者、观光休闲农业园区代表、创意农业点负责人，共 200 多人参加了论坛。论坛就创意农业的理念、地位、作用，创意农业与观光休闲农业、都市型现代农业的关系，创意农业的理论体系与基础，创意农业的主要类型、特征与模式，区域创意农业发展的方向、重点和策略，创意农业的发展政策，创意农业发展的支撑体系（科技、教育、信息、金融等）建设，创意农业发展的体制机制创新，各地发展创意农业的做法、经验与体会，创意农业的典型案例解剖等内容进行了交流、研讨。通过举办创意农业论坛，达到了统一认识、开阔思路、交流经验、促进发展的目的。

3. 总结了创意农业的典型做法与发展模式，进行了推广

北京郊区在创意农业发展实践中，探索形成了一些具有北京特色的开发模式，其中，产品创意、文化创意、园区创意、产业创意和功能创意 5 种模式，尤为引人注目，受到了社会各界的肯定。市有关部门在调研的基础上，对这些模式进行了总结，并利用市支农资金等政策性资金，对部分项目进行了支持，对有关模式进行了推广。

4. 举办了休闲农业创意精品大赛，展示了创意的成果

为展示推介创意农业的成果，2012 年由农业部牵头，各有关省（区、市）休闲农业主管部门组织，广大休闲农业经营者积极参与，开展了全国休闲农业创意精品推介活动。该活动分预赛和决赛两个阶段。北京市承办了华北东北地区 7 省（区、市）的预赛（华北东北地区休闲农业创意精品大赛），并组团参加了在南京举行的决赛。经过网上投票、专家评审和现场展示 3 个环节，北京市在预赛上共获得金奖 13 项、银奖 23 项、优秀奖

36 项，占奖项总数的 31.6%，是其他省区市奖项平均数的两倍；在决赛上共获得金奖 5 项、银奖 8 项、优秀奖 11 项，位于各省（区、市）前列。除此之处，供需双方签署合作协议或达成交易意向 1.8 亿元，促进了成果转化，达到了搭建平台、扩大宣传、衔接供需、促进发展的目标。

5. 创立“北京农业嘉年华”，培育创意农业展示推广品牌

为打造较高层次的创意农业展示推广平台，培育品牌，从 2013 年开始，市农委等市有关部门会同昌平区人民政府，在昌平草莓博览园，连续主办了两届“北京农业嘉年华”。该活动以“自然、融合、参与、共享”为主题，以“农味十足、农技彰显、农果殷实、农调和谐”为主旋律，以展览展示、互动游乐、创意体验、观光采摘、休闲购物等为主要内容，搭建了城乡居民以农业产业为依托开发互动交流与共同娱乐的平台。因其主题明确突出、内容丰富多样、科技含量高、市民与农民双受益，以及在探索有效利用承办大型展会所留下的场馆与设施等方面所取得的经验，受到了社会各界的广泛好评。

2013 年 3 月 23 日至 5 月 12 日，举办了首届北京农业嘉年华，共策划设计了“三馆”“两园”“十项活动”。①“三馆”是创意农业体验馆，草莓科技展示馆、精品农业展销馆。“创意农业体验馆”包括蔬菜森林、番茄迷宫、欢乐农庄、梦幻花乡、芽菜世界和创意集市 6 个板块，主要向市民展示都市型现代农业最新成果，让市民直观体验和参与互动。“草莓科技展示馆”包括 3 个板块：一是草莓世界，包括草莓公社、草莓天瀑、草莓大观；二是农科博览，包括都市农业与节气养生共同组成的现代都市农业新模式；三是城市农业展示，包括欢乐家庭、空中菜园、绿色 CBD、创意乐园 4 个单元。“精品农业展销馆”主要用于北京优质农产品展销、食品加工展示，国内知名企业产品和各地名优特产品展卖，世界各地代表性的农产品销售。②“两园”是主题狂欢乐园和采摘体验乐园，其中“主题狂欢乐园”利用草莓博览园室外场地现有基础设施，开发了花海扬波、激情广场、美食坊、儿童乐园、购物街 5 个分园；“采摘体验乐园”依托兴寿镇香屯村农户日光温室，供市民采摘草莓、番茄等时令果蔬，兼具休闲、观光、体验等功能。③“十项活动”包括开幕式暨文艺表演、创意农业体验、草莓炫舞音乐节、草莓科技展、中国精品草莓擂台赛、主题摄影大赛征集展、万名青少年嘉年华农业体验、农业嘉年华狂欢娱乐、优质加工农产品展销暨北京区县特色农产品展销、高品质鲜食果蔬品尝会等活动。农业嘉年华以市民喜闻乐见的方式，集中展示400余种农作物，展销700种优质农产品，推出了30余项农业创意活动。在首届农业嘉年华期间，共接待游客101.71万人次，销售门票30.47万张，实现门票收入962.73万元，农产品销售收入2 428.27万元，周边草莓采摘销售收入1.8亿元，促进了创意农业的市场化。

2014年3月15日至5月4日，举办了第二届北京农业嘉年华。以“多彩农业、点亮生活”为宣传口号，以突出趣味性、知识性、科技性、互动性、参与性为原则，紧扣农业基调，共策划设计了“一展”“二区”“三乐园”“十活动”。与第一届活动相比，第二届农业嘉年华突出了“全国性”“动态性”“农业景观”3个特点。①举办了全国休闲农业创意精品展。由28个省区市的产品创意、景观创意、包装创意、活动创意等方面的产品、样品和图片等构成，让首都市民不出北京就可以看到外地创意农业发展的成果，许多参观者认为“大饱眼福”。②强化了展览的动态规模性。在场地规模几乎没有多大变化的情况下，第二届农业嘉年华增加了展览的内容，变换了展示的风格，如“蜂彩世界”打破了以往静态植物展示的传统，将动态农业完美地融入到第二届活动之中。③突出了农业景观、美丽田园的展示。举办了中国美丽田园图片展，设立了农业艺术体验区，利用各种农产品打造丰富多彩的立体农业景观，受到了市民的欢迎。例如，农业艺术体验区设在占地面积为26 496平方米的连栋温室内，由瓜样年华、紫蔬探密、幽兰奇境、五谷道场、奇妙乐园5大特色主题展馆和工艺长廊组成，以瓜类、蔬菜、兰花、五谷、功能植物及农业创意产品为主要内容，利用艺术创意表现手法，打造出42个新颖奇特景观，汇集了400多个农业品种，60多项先进农业技术和30多项创意农业体验活动。

6. 对创意农业进行了宣传推介，扩大了影响

制作了创意农业专题片《潮涌北京》《创意之光》，编写了《北京都市型农业发展典型模式》专辑，举办了北京农田观光季、休闲农业季等推介活动，对创意农业进行了宣传推介，拉近了创意农业与市民的距离，也促进了创意农业产品的销售与市场对接。

（二）初步成效

创意农业发展取得了初步成效。近几年来，京郊农民和一部分企业家，在市有关部门和郊区区县政府的支持下，以敢为人先的精神，充分利用自然、文化、科技等资源，将传统农业向融生产、生活、生态为一体的创意农业推进，取得了重要成果，开发了一批创意精品。据不完全统计，北京拥有创意农产品 20 多类，有一定规模的创意农业园 113 个，其中农业主题公园 50 多个，有一定影响力的农业节庆活动 60 多个，创意农业年产值约 20 多亿元。通过发展创意农业，提高了首都市民的幸福指数，丰富了北京都市型现代农业的内涵，促进了郊区农村一、二、三产业的融合，提高了农产品的附加值，促进了农民就业增收。

北京市的创意农业得到了有关领导和专家的肯定。我国创意产业知名专家、全国政协副主席厉无畏说："北京作为首都，作为历史文化名城，具有发展创意农业的独特优势。近年来，通过推进都市型现代农业建设，促进产业融合发展，北京市的创意农业呈现出类型多样、特色鲜明、科技含量高、文化内涵丰富等特征，不仅提升了北京农业的内涵与品位，也为全国创意农业的发展发挥了领头羊的作用"。

（三）存在的主要问题

创意农业资源的开发、创意农业产业的培育、创意农业人才的培养、创意农业机制的创新等是一项综合性的系统工程，涉及面广，投入大，需要坚持不懈地付出努力。但目前存在着缺乏顶层设计、力量分散、资源整合不够、机制创新不足等问题。主要表现在：①缺乏战略规划，创意农业虽然发展迅猛，但多数处于自发状态；②配套政策缺乏，资源整合不够，生产标准化程度不高；③创意农业的科技支撑、资金投入、土地配套不足；④创意农业的产业链短，产品同质化现象明显，机制创新不够，导致创意农业产业化水平低。为了更好地满足市民需要，促进产业发展，亟须明确创意农业发展的重点领域，研究政策措施。

四、创意农业发展的重点领域

北京市发展创意农业，要以挖掘、整理、传承农耕文化和农业技术创新为手段，以产品创意、节庆创意、园区创意、产业创意、功能创意为载体，以提高农产品的科技附加值、文化附加值、生态附加值、服务附加值为着力点，引导首都优势资源向郊区流动。今后一个时期，创意农业的发展方向与开发重点包括5个方面。

（一）产品创意

通过包装创意、栽培创意、用途创意、亲情创意等手段，充分利用农业副产品和废弃物，改变农产品传统的食用功能和传统用途，使得普通农产品变成商品、纪念品，甚至成为艺术品，提高附加值。比如，大兴区的玻璃西瓜，就是一个产品创意成功的案例。当西瓜还是“婴儿”时，就把它塞进一个大的圆形有机玻璃罩内，等西瓜长到和玻璃罩一样大时，灌入特制的保鲜液，再封住罩口。经过如此包装的西瓜就成为了可供长期观赏的艺术品，单个玻璃西瓜价格可达500元，远高于普通供鲜食西瓜的价格。

（二）节庆创意

以某种农作物或农事活动为主题，开发其文化内涵；以农业节庆活动为平台，融入文艺演出、互动赛事、农业展览与交易等活动，打造农业品牌，提高农产品的市场知名度。

北京郊区农业节庆活动有很多。比如，平谷的桃花节，“以花为媒、营销平谷”，已经成功连续举办了十四届，成为京津地区著名的春季旅游活动，实现了经济效益和社会效益的双丰收。经过十几年的精心打造与经营，平谷的县域小节今天已是跻身“中国十大地方节庆”的龙虎榜之上。仅2013年第15届桃花音乐节期间，平谷区就接待游客216.6万人次，实现旅游收入1.32亿元，同比分别增长29.2%和32.9%，创造了历史最高纪录。

此外，大兴西瓜节、密云农耕节、昌平苹果节、怀柔栗花节、大兴桑葚节、朝阳的螃蟹节、海淀的樱桃节等，节节庆庆、红红火火、风风光光，像一浪高过一浪的创意海洋，把北京的节庆创意型农业演绎得是高潮迭起、风光无限。

（三）园区创意

对传统的果园、菜园、农园等进行创意开发，对特定主题（如某一农作物）的栽培、管理、品种展示、文化开发等进行整体设计，创造出特色鲜明的体验空间，使游客获得一气呵成的游览经历，兼有休闲娱乐和教育普及的双重功能。要通过园区创意，对农业园区进行主题化开发，建成观光休闲型农业园区，使农业园区不仅好看，而且好玩。

农业主题公园是北京园区创意农业的点睛之作。比如，通州的桑瑞生态庄园，把小小桑叶做出了大文章。走入其中，不但一条长长的桑文化长廊引人注目，而且林下养殖也独具特色。更让人拍手叫绝的是，这里还开发出了一系列以桑叶为材料的“田桑宴”，主要菜品多达 10 余种，成为了一幅京郊创意农业不可多得的斑斓风景画。延庆县大榆树镇的华坤庄园，以南瓜种植为特色，1 200 米长的南瓜长廊挂满了五颜六色、形态各异的南瓜，品种超过 400 种，成为了游人眼中别具一格的视觉盛宴。

此外，昌平的苹果主题公园、通州的南瓜主题公园、房山的磨盘柿公园、怀柔的城市农业公园、丰台的世界花卉大观园等同样是京郊大地园区创意型农业的经典之作。这些园区的开发，进一步提高了各种农产品的附加值，增加了农民收入，为首都市民拓展出了五彩缤纷的采摘休闲、观光度假和体验游玩的新天地。

（四）产业创意

要以农业为基础产业，通过创意开发，向第二、第三产业延伸，促进农村一、二、三产业的融合，从而提高农业的加工附加值、服务附加值和文化附加值。比如，位于北京西郊的凤凰公社，将传统农业和传统文化巧妙地融为一体，依据中国传统中医文化“医农同根、药食同源”的理念，以药用与食用山药为特色，把普通的农产品种植、加工和充满创意的现代营销策略，整合成为了一条产业链条，成功地实现了农业与文化的珠联璧合，从而折射出了北京创意农业的无限魅力。

“春赏桃花、秋吃鲜桃”，平谷区在大打桃花节这张大牌的同时，还运用科技手段对大桃进行精深加工和综合利用，先后开发出鲜桃系列产品和富含文化意蕴的桃木制品。这样，从桃产品的研发、生产，再到借助“桃花节”进行市场营销，形成了一个集研发、生产和营销为一体的完整产业链，做大做强了平谷大桃的桃产业。

（五）功能创意

对农村区域（包括沟域、交通干道两侧、产业集聚区等）进行综合开发，对山水田林路进行综合治理，对生产要素的配置进行合理安排，对整体形象进行创意、创新，最后实现整体功能的转换。比如，环绕主要干道和沟域，通过资源整合和整体包装，将民俗旅游村、观光农业园与景区（景点）等串联起来，形成特色明显、资源互补、利益联结紧密、满足游客多元化需求的集群式乡村旅游目的地。同时，对基础条件较好、资源独特、有发展潜力的区域进行整体包装，通过资源整合和利益机制调整，建设观光休闲农业产业区等，都是功能创意的方向。

延庆千家店百里山水画廊的建设，就是功能创意的一个典型案例。“一条环线、十二节点”，将这里的山水风光、旅游景点、民俗文化和产业园区，像串糖葫芦一样串挂了起来。如今，一条既传承历史文化，又符合现代生活需求的高端创意文化休闲旅游产业带，像一幅泼墨写意的山水画卷，正在延庆的北部山区徐徐展开。创意正在改变着京北小镇千家店的一切。农田变成了观光园，民居变成了旅馆，农民变成了产业工人，普通的梨桃瓜果通过观光采摘而身价大增，各种基础设施因为满足市民的休闲游玩需要而得到极大改善。整条沟域的功能转换和提升，还无形地改变了原有生活观念和生产服务体系，实现了区域性和综合性的全身大变脸。

总之，要通过资源整合和机制创新，促进人才、资金、技术、土地、管理等生产要素向上述5个领域集聚，争取在短期内培育一批创意农业高地，形成创意农业发展的增长极，然后再以点带面，发挥其辐射带动作用，扩散开来，进而带动郊区创意农业的全面发展。

五、案例解剖：蓝调庄园①

蓝调庄园位于北京市朝阳区金盏乡境内，占地面积80公顷，其中薰衣草园27公顷。2009年，北京壹度创意规划设计研究中心（以下简称“壹度创意”）接受委托，对薰衣草园进行整体策划与建设规划。壹度创意在对项目环境及乡村旅游市场进行调研分析的基础上，最终将该项目定位于“中国最浪漫的艺术田园”，为农业贴上了一个时尚标签，由此开创了农业作为时尚产业、幸福产业、浪漫产业的先河。2010年，蓝调庄园薰衣草园正式对外营业，获得成功。经过几年的发展，目前，蓝调庄园已成为以薰衣草种植、“两莓”（蓝莓、草莓）采摘、蔬菜生产为基础，具有观光休闲、科普教育、婚庆摄影、生产加工、产品销售、特色餐饮、温泉养生、住宿会议等功能，闻名于京城的农业主题公园，为崇尚自然、热爱生活的人们提供了一个回归自然、参与体验、修身养心、表达情感的浪漫空间。

（一）策划背景

蓝调庄园薰衣草园位于朝阳区金盏乡楼梓庄村，西靠东高路，东临小坝河，距首都机场第二高速公路苇沟出口2千米，距北京国际贸易中心约18千米，驾车约需半小时，交通方便，地理位置优越。项目区占地27公顷，为农业用地，开发前主要种植小麦、玉米等。地貌类型为平原，较少有起伏。具有灌溉条件，适于种植芳草类植物，如四季薰衣草（鼠尾草）、马鞭草、洋甘菜、薄荷、迷迭香、罗勒、香茅、百里香等。在快速城市化的背景下，大城市近郊区都市型农业如何转型升级，才能既增加收入，又能更好地为市民服务？蓝调庄园对此进行了探索。

① 本案例由“北京壹度创意规划设计研究中心”策划设计。案例资料与图片均由“壹度创意”提供，特此致谢

（二）市场分析

根据北京乡村旅游发展状况，结合蓝调庄园所处的地理位置、交通条件、周边环境等因素，壹度创意对项目目标市场的消费者构成、消费心理及消费行为、各类竞争对手、可以整合的相关资源等进行了系统调研和分析。结果表明，薰衣草园作为以时尚为主要卖点的休闲农业项目，目标客源市场主要为都市中 18 ～ 35 岁的人群，即以“80 后”和“90 后”为主体，这类人群易于接受新鲜事物，对生活品质有较高要求，重视体验且善于分享，已经把休闲旅游作为生活中不可或缺的一部分；从性别看，目标消费者多为女性，约占 80% 以上，男性主要起辅助游览的作用；从受教育程度看，游客中 70% 以上拥有大专及以上学历，且是电影、音乐、文学、游戏、动漫等文化产品的主流消费群；从交通工具看，自驾车的旅游者占 60% 以上；从旅游信息获知和媒体到达率看，通过互联网渠道了解旅游信息的消费者占 53% 以上，其余依次为：电视（17%）、广播（9%）、报纸（7%）、杂志（5%）、DM 单页（4%），其他媒体（5%）。这些市场调研分析成果为项目定位和景观策划提供了必要的经验和数据支撑。

（三）策划理念

繁忙的都市生活，越来越多的都市人希望从繁杂的职业状态中解脱出来，通过度假休闲，使自己在悠然舒适的状态中达到身心的全面放松和最佳平衡，回归自然，回归内心，回归生命本源。他们渴望自主地控制生活的节奏，缓慢而悠闲地生活着，以欣赏的心态来感受周围的人和事，简单而快乐。

浪漫的情感是每个人最敏感的神经，人们在社会生活中渴望找寻那份属于自己的亲情、友情和爱情，找寻那份心灵的抚慰和浪漫，一个可以激发浪漫情怀和涤荡忧郁不快的世外桃源，以让整个心灵充满爱的阳光，幸福而快乐。

为满足都市人的上述需求，本项目以“现代景观设计”与“浪漫爱情”的有机结合为策划设计理念。利用薰衣草大片种植和对该项目形象以及品牌的塑造，呈现大面积浪漫花海，与游客达到情感上的共鸣，给游客带来愉悦放松、释放自我、寻找浪漫的感受。同时，透过对项目自身商业价值的开发及周边环境的充分利用，在有限的空间内与主题形成相对融合的氛围，使本项目有别于一般的旅游景区，成为北京地区最具创意、最浪漫的休闲田园。

（四）项目定位

基于前期旅游市场调研与分析，为适应旅游由观光型向休闲型的转变，克服传统乡村旅游项目不够时尚的不足，引导时尚消费，亟须在北京近郊区开创一个以“浪漫”和“爱”为主题的休闲农业项目。鉴于此，壹度创意对蓝调庄园的战略定位是“中国最浪漫的艺术田园”；市场定位是“把北京城区的情侣、家庭和朋友作为核心消费群”；层级定位是“小康家庭或小资消费群”；品牌定位是“爱的伊甸园”；商业模式定位是“香草种植—产品开发—旅游观光—婚庆产业—文化活动五位一体”。

（五）规划思路

本项目建设规划的整体思路是：以故事情节为线索，以景观互动为依托，以调动“五感”为核心，以激发情感为目标。其核心手段是通过“五感”（视觉、嗅觉、味觉、听觉、触觉），调动目标客户群的情感。即在视觉上，以大面积种植薰衣草来营造出无边无际紫色花海的效果；在嗅觉上，以多种香味浓郁的香草加上香雾系统营造出百里飘香的意境；在味觉上，建造时尚的主题餐厅，利用各种食用型香草为原料或辅料烹饪出芳香四溢的菜品；在听觉上，在整个园区布置音响系统，用于播放游客们耳熟能详的爱情乐曲；在触觉上，建造 DIY 教室，让游客们亲手参与芳香产品的制作。最后，通过这些完美的感官体验，结合浪漫爱情故事激发出游客的情感，在此留下最浪漫的回忆（图 7-1）。

图 7-1　蓝调庄园薰衣草园规划鸟瞰效果图

（六）功能布局

壹度创意按照“自然生态”与“人文关怀”相结合的原则，为农业园区打造一系列的浪漫爱情故事，并通过多种艺术手法，传达给目标受众，使之一入园区就有进入童话般身临其境的感受。整体功能布局是（图 7-2）：

——环路采用艺术化的线条，打破场地方正的边界，让空间更丰富；

——主要景点围绕中心区域薰衣草田布置，景观更具有内聚性，形成有机整体；

——视线相互为对景，每一条路都充分考虑了有景可赏，趣味十足，达到移步换景的效果；

——主题植物薰衣草、马鞭草采取环形带状布局，更能体现园区的韵律感；

——按照功能进行合理区域分割，动静结合，以满足未来经营需要；

——主入口应有一景观大门，但本项目考虑长期发展需要，弱化处理，以免造成不必要的浪费；

——园区地势过于平坦，周围无借景之利，适当添加地形起伏，屏障聚景，富有节奏；

——设计布局为园区冬季运营预留充分空间，区域内封闭的环形主路在冬季可变成溜冰道，中心大面积可用作戏雪乐园，同时所有景观都可与雪景呼应，并可举办“创意堆雪人”大赛等活动。

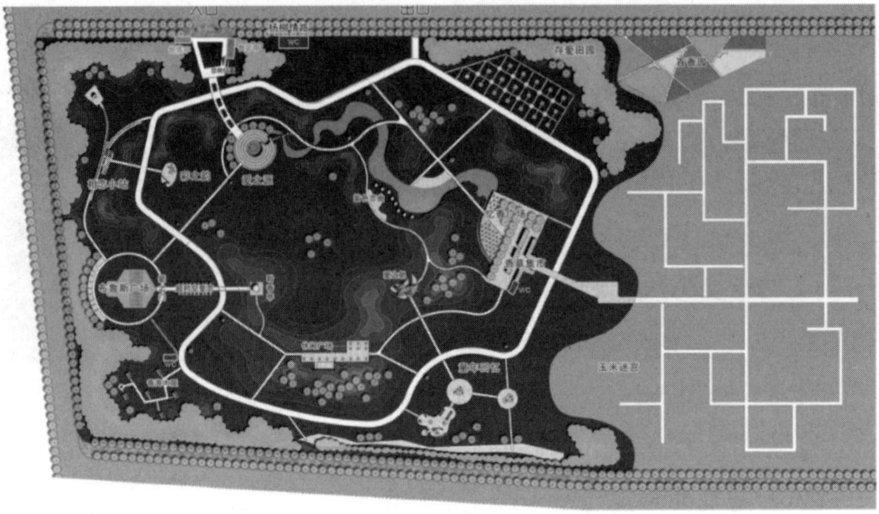

图 7-2　蓝调庄园薰衣草园规划平面图

（七）策划项目

壹度创意在园区的景观及小品设计方面同样煞费苦心，团队在设计之初集中研究了大量的爱情文学和影视作品，从中寻找那些最容易打动人心的场景，然后经过文化创意植入和视觉加工使之能完美地融入到园区中，成为游客争相拍照留念的标志性元素。壹度创意成功策划了香恋小站、紫色恋曲、布鲁斯婚礼广场、杨柳情路、彩之韵、聆香亭、跨越时空的爱恋、爱之门、爱之源、爱之帆、爱之谜、童年记忆、星之物语、花溪、存爱田园等十几个子项目，相互之间既成体系，又各有特色。

1. 香恋小站

香恋小站是以爱情故事为主线设计的重点景观节点。①形态：火车站台及轨道。②功能：观赏、休闲。③内容：上一站“香知”，下一站“香爱”，这一站有那么多留恋。游客沿铁轨行走，观看刻在枕木上的爱情铭文，永远记住那刻骨铭心的爱情轨迹。④寓意：薰衣草花海中的“香恋小站”其设计灵感就来自于“火车站”这个恋人们经常聚散离合的地方，站牌上写着“上一站‘香知’”“本站‘香恋’”“下一站‘香爱’”，铁轨边上的木牌上刻着“爱的旅途有千万里，我们要携手走下去”，站台上还设置了几间更衣室供女孩们换衣服拍照。一个如此简单的场景，不但拥有很好的拍摄效果，还能勾起了很多人关于爱的回忆，真正地做到了跳出传统思维做设计，为游客创造寓情于景、触景生情的体验（图 7-3）。

图 7-3 香恋小站实景图

2. 紫色恋曲

音乐是对爱情的最好表达形式之一。为把音乐与浪漫爱情结合起来，策划设计了紫色恋曲。①形态：大型音符雕塑。②功能：观赏。③内容：3～4 米的音符形状雕塑立于花海中，整个园区似乎在向相爱的人演奏动

图 7-4 紫色恋曲实景图

人的罗曼曲。④寓意：想念是一个音符，悲伤是一个音符，快乐是一个音符；不同的想念是另一个音符，不同的悲伤、不同的快乐又是另一个音符；慢慢的，音符共同起舞，这就是你的爱情（图 7-4）。

3. 布鲁斯婚礼广场

婚庆市场前景广阔。为给市民提供一个在开放空间举办婚礼的场所，策划设计了布鲁斯婚礼广场。①形态：草坪婚礼广场。②功能：观赏、婚庆、活动场地。③内容："布鲁斯广场""跨越时空的爱恋""聆香亭"一脉相连，且白色的聆香亭与香草海相衬，更显唯美。欧式的爱情庭廊、爱之门，四周用白色栏杆围合，用于举办婚礼、露天联谊会、新闻发布会等室外活动。④寓意：环绕在紫色花海中，由薰衣草做成圣殿，珠光牙白描绘纯真的爱，新娘无比娇媚；灿烂的阳光下，蓝天作证，在如茵的草坪上接受亲友们的真诚祝福；欢快喜庆的气氛充满着这个值得纪念的美好日子（图 7-5）。

图 7-5　布鲁斯婚礼广场实景图

（八）实施效果

蓝调庄园薰衣草园已于 2010 年 7 月 10 日正式开业。一个占地 27 公顷的园中园，通过一个与香草有关的故事，一片紫色大地景观，50多种实用香草的种植，10多个浪漫爱情景观小品，1 000平方米的草坪婚礼广场，7公顷的玉米迷宫，50余种香草主题旅游商品，30多种香草特色菜品，15栋住宿小木屋，一个划分男女两个不同板块的官方网站，深受都市青年男女的喜爱。薰衣草园从前期策划、规划、修建、营销到开园，只用了半年时间，且在年内就收回全部开发成本，创造了中国休闲农业发展史上的一个奇迹。从社会效益来说，蓝调庄园解决了周边约200名村民的就业问题，大规模的绿化种植美化了当地环境，吸引了大批市民前来观赏，促进了城乡居民的交流互动，在增加农民收入的同时，也提升了市民的幸福指数。后来蓝调庄园模式在全国其他地区得以迅速推广，充分证明了农业与时尚结合的魅力。

六、创意农业提升策略

发展创意农业是一项综合性的系统工程，也是对传统农业发展模式的一种创新。为此，要进一步解放思想，更新观念，创新体制，研究政策。

（一）搞好顶层设计，编制创意农业发展规划

搞好创意农业的发展，既有理念、思路问题，也有市场、销路问题，更有体制、机制问题。解决这些问题，除发挥市场机制的决定性作用外，还要发挥政府的指导作用，搞好顶层设计和宏观调控，其中首要的是编制创意农业发展规划。要根据《北京市“十二五”期间文化创意产业发展规划》的要求，围绕北京都市型现代农业的发展方向和创意农业的发展目标，组织市有关部门和相关科研单位，编制《北京市创意农业发展规划》，明确创意农业的发展方向、优势区域和重点开发领域。要通过创意农业规划的实施，带动和引领创意农业项目开发与产业的发展，到2020年左右，把北京郊区建设成为全国创意农业示范区和国家创意农业中心，使创意农业成为京郊都市型现代农业新的增长点和农民就业增收的来源之一。

（二）部门联动，整合资源

创意农业是农业与文化创意等相关产业的融合性产业。要通过部门联动，整合农业、旅游、园林、体育、宣传等部门的资源，实现政策集成、资金聚焦、资源整合，集中力量干大事。要借助“开心农场”的影响，促进农业与动漫、影视、网络游戏等产业的融合。要把农业向二、三产业延伸，延长产业链条，提高农业附加值。要通过机制创新，把城市的人才、资金、技术等生产要素引向郊区，与郊区的创意农业发展典型、创意农业重点项目、创意农业示范基地等联姻，发生“化学反应”，产生“1+1 > 2”的效果。今后农业、旅游、园林、宣传等部门，应把创意农业的发展纳入本部门的视野和工作领域，有专人负责，加强组织领导，形成工作合力。

（三）研究政策，加强指导

北京市有关部门要结合创意农业的发展方向和每年的工作重点，研究制定支持政策，并落到实处。市农业、旅游、园林、宣传等部门在安排政策性资金和项目时，应向创意农业倾斜。建议市农业主管部门会同规划、国土等部门，研究创意农业发展布局和建设用地问题，争取取得突破。市有关部门、科研院所、中介组织要加强对创意农业的业务指导和技术服务，搞好对创意农业人员的技术培训。郊区各级政府及相关部门应结合本地区、本行业的特点，在整合已有政策和资源的同时，研究制定相关支持政策，集中投入创意农业的重点地区、重大项目，并搞好相应的服务。

（四）创新机制，完善支撑体系

创意农业发展的历史短，底子薄，基础设施与项目建设投入不足，人才储备不够，知识产权保护不到位。要创新机制，加大对创意农业的投入，培养创意农业人才，切实保护创意农业知识产权。

1. 形成多元化投资格局

要充分发挥市场配置资源的决定性作用，调动各种社会力量的积极性，鼓励各类企业按照运行市场化、要素规范化、经营规模化的要求，积极投资开发创意农业。同时，要强化政府在基础设施投入、政策支持、规范管理、公共服务等方面的作用。从时间维度来看，在创意农业开发初期，政府应注重加大财政支持力度，为创意农业发展创造良好的外部环境。然后按照市场取向原则，逐步建立起多元投资机制。最终形成以财政投入为导向、社会投入为主体、金融资本为依托的多元化创意农业投入机制，形成多种经济成分共同发展的创意农业产业格局。

2. 建立创意农业人才体系

支持创意农业企业通过培养、引进、聘请等方式，形成一支创意农业策划、设计、制作、运营、管理的人才队伍。鼓励具备条件的大专院校，建立北京创意农业教育培训基地。政府应设立“创意人才奖励资金”等，用以奖励为北京创意农业发展做出突出贡献的个人。

3. 加强创意农业知识产权保护

知识产权是创意农业的核心。把农业创意发展成为创意农业，形成产业链条，进而做大做强，必须以保护知识产权为前提。要加强对知识产权的宣传教育，培养农民认识和保护创意农业知识产权的意识；要强化对创意农产品的商标注册，对注册较多的单位和个人进行奖励；要在调研的基础上，研究制定加强创意农业知识产权保护的条例或办法；加大执法力度，严厉打击各种侵害创意农产品知识产权的违法行为。

（五）培育品牌，争创名牌

创意农业的发展，要走品牌化之路。要加快创意农产品开发，推动创意农产品标准化生产，培育一批具有北京地方特色、具有一定知名度和市场潜力的创意农产品品牌。要集中力量，搞好创意农业名牌的培育，争创一批国家级、市级创意农业名牌。组织北京郊区创意农业搞得好的区县，积极参与农业部和国家旅游局“全国休闲农业与乡村旅游示范县”的创建工作。研究修订“北京市休闲农业与乡村旅游示范乡镇”评定办法，把创意农业发展情况作为考核的重要内容。市有关部门适时组织开展创意农业品牌的评选展示活动，包括优秀创意农产品评选、创意农业示范项目评选、优秀创意农业策划案例评选、创意农业先进乡镇评选等，以此来提高社会各界与基层对创意农业的认识，进而增强工作的主动性、创造性。

第三节　开发农村民俗文化资源

北京郊区农村民俗文化是北京文化的重要组成部分，具有重要的历史、文化价值。民俗文化不仅是宝贵的精神财富，也是巨大的物质财富。从总体上看，北京郊区农村民俗文化与华北地区农村具有一致性，但由于其占据拱卫京城的特殊位置，其民俗文化与京城的政治、经济、军事、文化等密切相关，从而形成不同于一般华北农村的京郊农村民俗文化。大力开发利用民俗文化资源，有助于促进京郊休闲农业的提档升级。

一、农村民俗文化资源及分布状况

北京郊区的农村民俗文化资源类型多，分布广。根据公布的第一批至第三批北京市非物质文化遗产名录，区县级（含）以上的非物质文化遗产项目共 315 项，其中，郊区共有 150 项，占总量的 47.62%。

（一）类型多，艺术性强

从类型上看，10 类民俗文化项目（民间音乐、民间舞蹈、民间文学、传统戏剧、曲艺、游艺传统体育与竞技、民俗、民间美术、传统手工技艺、传统医学）在北京郊区均有分布。其中，以民间舞蹈（37 项）、传统手工技艺（31 项）、民间文学（20 项）、民俗（19 项）为主体，占北京郊区非物质文化遗产总数的 71.33%。民间舞蹈类除京西太平鼓外，著名的还有延庆旱船、昌平后牛坊花钹大鼓、密云蝴蝶会、怀柔沙峪木马等。传统手工技艺以怀柔区“北京雕漆”工艺、顺义“牛栏山二锅头”传统酿制技艺、房山“菊花白酒”酿制技艺、怀柔板栗栽培技术、通州区“北京花丝”镶嵌制作技艺、昌平“王麻子”剪刀锻制工艺、门头沟潭柘紫石砚雕刻技艺、门头沟琉璃渠琉璃制作技艺、密云“瞎掰凳”制作技艺等最为有名。民间文学类代表项目有：延庆八达岭长城传说、平谷仁义胡同传说、平谷轩辕黄帝传说等。民俗类则以房山大石窝石作文化村落、怀柔杨树底下村“敛巧饭”风俗、门头沟“千军台、庄户幡会”、怀柔年丰村“善缘老会”等闻名。除此之外，还有民间音乐、传统戏剧、曲艺、游艺、传统体育与竞技、民间美术、传统医药等形式。多类型的民俗文化相互交织在一起，更增添了民俗文化的特色和色彩。

（二）分布广，特色浓郁

北京郊区非物质文化遗产项目广泛分布于京郊各区县，其中以通州区最多，全区共分布有 7 大类 24 项遗产项目，占郊区非遗总数的 16%。其他农村文化资源较多的区县依次为，平谷区 7 类 23 项、怀柔区 6 类 20 项、门头沟区 6 类 20 项、顺义区 7 类 16 项、延庆县 4 类 15 项、密云县 7 类 14 项、大兴区 6 类 9 项、房山区 3 类 5 项、昌平区 4 类 4 项。从区域集中程度看，东北部的通州、平谷、密云、怀柔、顺义、昌平等区县，农村文化资源分布非常集中，共有非遗项目十大类 101 项，占郊区非遗总数的 67.33%，在空间上联为一体，为开发利用打下了基础。

（三）构成差异明显，级别偏低

北京郊区 150 个区县级以上非物质文化遗产项目中，国家级项目仅有 1 项（门头沟区京西太平鼓），占 0.67%，占全市同级别项目总量（13 项）的 7.69 %；市级项目 53 项，占全市同级别项目总量（153 项）的 34.64%，占郊区总量的 35.33%；区县级项目 150 项，占全市同级别项目总量（315 项）的 47.62%。同级别项目数量比例分别比城 8 区低 84.62%、30.72% 和 4.76%。这种严重的等级构成差异，国家级项目太少，市级项目适中，区县级项目规模庞大，使得郊区民俗文化资源的开发受到一定限制，尤其是国家级非物质文化遗产数量太少，难以发挥龙头效应。

二、农村民俗文化资源的开发利用状况与评价

（一）开发利用状况

北京市重视农村民俗文化资源的开发利用，尤其是在非物质文化遗产的保护、传承、开发、利用等方面做了一些开创性的工作，受到了社会各界的肯定。

1. 名录体系建设内容逐步丰富

从 2005 年开始，北京市开展非物质文化遗产普查工作，共挖掘、保护、申请非遗资源 12 623 项。到 2013 年年底，有 9 个项目入选联合国科教文组织“人类非物质文化遗产代表作”，108 个项目入选国家级名录，90 人入选国家级代表性传承人。健全非物质文化遗产保护的督查和退出机制，保护领域从最初的民间文学、传统音乐、舞蹈、戏曲、美术等民族民间艺术，拓展到目前包括传统体育、游艺与杂技、传统技艺、传统医药、民俗等在内的十大门类，使得非物质文化遗产的内涵更加丰富，内容更加全面。

2. 非遗传承发展扶持力度不断提高

制定并出台了《关于加强非物质文化遗产保护传承的扶持办法》，给予市级非遗项目代表性传承人每人每年补贴 1 万元，用于开展展演展示、资料整理、学术交流、带徒授艺等传承活动。特别是对京剧、昆曲等列入人类非物质文化遗产代表作名录项目和国家级非遗名录项目的著名表演艺术家，给予足额支持。自 2010 年起，累计为市级代表性传承人发放传习补贴 644.2 万元，为 48 个市级代表性项目发放补贴 2 000 万元。开展抢救性征集代表性传承人实物作品工作，在制作过程中实现技艺传承，累计征集完成作品 180 件套。

3. 建立非遗保护示范基地

为促进非物质文化遗产的可持续发展，建立了非遗生产性保护基地。北京同仁堂（集团）有限责任公司等 5 个项目保护单位获得“北京市级非物质文化遗产生产性保护示范基地”称号，北京内联升鞋业有限公司、北

京市珐琅厂有限责任公司等 4 个项目保护单位入选“国家级非遗生产性保护示范基地”。积极开展非遗传承示范校建设，评选并命名 8 个传统节日“北京特色活动”、5 个“北京市非遗传承示范校”，推动非遗真正融入市民日常生活。为激发非遗保护工作人员的积极性和自觉性，12 家单位和 9 位个人获得北京市年度非遗保护贡献奖。编制国家级文化生态保护实验区规划纲要，落实非遗的整体性保护。

4. 全面开展非遗保护宣传展示活动

为进一步提高社会公众对非物质文化遗产的关注度，逐步形成社会公众参与保护的文化自觉，积极开展丰富的非物质文化遗产进校园和进社区活动。近几年全市开展非遗进校园专场演出 3 000 余场，在校学生观众累计达到 100 多万人次；在大中小学校园举办“北京市非物质文化遗产专题图片巡回展”和各类展示展演活动。以春节、清明、端午、中秋等传统节日和文化遗产日为契机，开展千余项传统文化活动，在国内外举办和参与 26 次大型非遗展示展演。自 2010 年起，市文化部门联合北京电视台共同推出 160 集非遗大型纪录片《守望》，记录、保存非遗项目，宣传展示北京非遗魅力。组织本市非遗项目参加第四届成都国际非遗节、恭王府中华传统技艺精品展、首届亚太传统手工艺博览会、第八届文博会以及 APEC 非正式高官会议展览展示活动，推动北京非遗项目走出去。

（二）开发利用评价

尽管北京市在非物质文化遗产保护上力度较大，也取得了较大进展，但就农村民俗文化资源整体来说，由于点多面广，涉及的乡村与农民众多，未来开发利用的潜力与空间很大。尤其是在城乡一体化发展的新形势下，如何处理好农村民俗文化资源开发与新型城镇化的关系，显得特别重要。

1. 农村民俗文化资源的挖掘不够，利用率低

在京郊众多非物质文化遗产项目中，除京西太平鼓、牛栏山二锅头酒、门头沟琉璃渠琉璃作品等，因等级较高、与人们生活关系密切、市场需求量较大等原因，生产具有一定规模且拥有较高的知名度外，其他大量

民俗文化资源利用率低，知名度小，甚至不为外人所知。一些表演艺术类遗产项目多以农民自娱自乐的形式分散于乡野村落间，既没有与休闲农业、乡村旅游产业相融合，也没有与新农村文化建设相结合，利用率较低。京西地区是中华儿女炎黄子孙的发祥地之一，生活在这个地区的民众在长期的生产、生活过程中，创造了璀璨的民俗文化——它以永定河文化为主脉，以丰富多彩的民间戏曲、民间歌曲、民间谚语、民间故事、民间花会为载体，以妙峰山、百花山、九龙山宗教文化为中心。但目前京西地区对民俗文化的挖掘利用不够，乡村旅游还停留在简单的食宿接待上，"民俗味"不浓。以爨底下村为例，目前只有少数几户人家展出了剪纸、窗花等一些民间工艺品，大多数民俗户还没有这样的意识，更谈不上行动。

2. 农村民俗文化资源的开发利用不够，部分项目失传

在调研中发现，郊区的一些民俗文化虽然能反映当地的特色，甚至在当地有上百年、上千年的历史，但因当地青壮年外出打工，非遗传承后继无人，致使郊区 43.7% 的非遗项目处于濒危状态（刘丽丽，2011），许多传统的民俗文化活动离我们逐渐远去。比如，通州运河船工号子，目前唯一传人是通州区永顺镇盐滩村 75 岁的赵庆福，传承上后继乏人。而且，与漕运共兴衰的运河船工号子，今天已失去了生存的空间，加之人们对其缺乏足够的了解与研究，面临失传。遭同样命运的还有密云县蔡家洼五音大鼓。蔡家洼五音大鼓已被评为北京市非物质文化遗产，但现存说唱组合是 5 位 60 ～ 70 岁的老艺人，年事已高，演奏技巧难度较大，加之农村年轻人口大量迁往城市，其服务对象主要是老弱妇幼，造成五音大鼓的传承危机。

3. 农村民俗文化资源开发与休闲农业发展的结合不够，融合度低

深入分析，自 20 世纪 80 年代末民俗旅游活动在北京郊区兴起以来，郊区各区县早已意识到乡村旅游业将会给当地带来巨大的就业机会和经济、社会效益，并积极引导和扶持农民开发这种崭新的旅游形态。但在发展过程中，一些地方对当地的民俗文化资源重视不够，开发利用层次较浅，没有形成产业链，也没有提升民俗旅游的文化品位，从而导致乡村旅游开发重点不突出、特色不鲜明等现象。仍以门头沟区爨底下村为例，接近九成的民俗旅游接待户以食宿为主，饭菜皆为普通的农家饭，如贴饼子、拌黄瓜、炖南瓜、小鸡炖蘑菇、葱花饼和少数几种山野菜等。户与户之间同质化严重，农家院落布局基本相同，住宿档次基本相同，饭菜品种基本相同，从而使游客对重游的兴趣不大，人均消费额也低。结果是，乡村旅游产业发展与民俗文化资源的开发利用出现“两张皮”的现象。

三、农村民俗文化资源的开发利用原则

（一）保持文化蕴涵

民俗是一个地区或民族的广大民众创造、传承并享用的生活文化，它是民众生活的体验，是伴随着生活的需要自然形成和历史传承的一种文化形态。民俗中所体现的文化内涵是民俗资源的灵魂，也是民俗资源开发的精髓所在。

（二）突出特色

民俗文化的特色源于民俗文化的差异性。不同文化背景下成长起来的民俗文化具有不同的特点，它真实地反映了一个地域独特的文化风格，代表了一种文化的浓缩。北京郊区农村的民俗文化具有较强的地域特征，京郊农村民俗文化开发应该尽量突出自身的特色，发挥京郊农村地区“唯我独有”的民俗文化资源优势，如京郊农村地区特有的手工技艺、民间习俗等，开发出带有“北京标签”的标志性民俗文化产品，使京郊休闲农业与乡村旅游形成鲜明的个性和独特的吸引力。

（三）发挥区域优势

十里不同风，百里不同俗。北京郊区各区县的农村民俗文化都是具有浓厚地域特点的文化资源，如京东通州区的花丝镶嵌制作技艺、京西门头沟地区的民间舞蹈太平鼓等。京郊农村民俗文化的开发要因地制宜，突出特色，而不能千篇一律。不同地区、不同特色的农村民俗文化，其开发利用方式和产品设计类型也应各有侧重。各区县应根据本地的实际和民俗文化资源的类别特征，在对当地民俗文化资源进行全面调查了解和综合比较

分析的基础上，在种类繁多的民俗事象中选择当地民俗文化的代表性资源，开发最能体现当地特色的民俗文化产品，发展“一村一品”，最大程度地保持不同地区民俗文化的个性特点，尽可能地防止民俗文化开发过程中的雷同现象。

（四）保护性开发

民俗作为一个地区或民族历史文化演变的产物，生动地反映了一个地区或民族民众的生活习惯、行为方式、信仰伦理观念以及心理结构等方面的传统特征，是构成社会民众生活文化史的主体和核心，是一笔宝贵的历史遗产。民俗文化一般是以言传身教的方式进行传播的。但随着现代文化的入侵和民间老艺人的退出、减少，民俗文化的保护和传承面临着艰难的处境。因此，北京郊区农村民俗文化的开发，应坚持保护性开发原则，以保护为前提，在保护中开发，实现民俗文化资源的持续利用。

民俗文化的保护与开发是相辅相成的。只有合理开发利用民俗文化资源，才能有力地促进民俗文化的保护，使其保持久盛不衰的活力，一代一代地传承下去；同时，保护的成果又会使民俗文化资源质量提高，吸引力增大，有利于开发出较高价值的民俗文化产品。只有将保护与开发统一起来，才能形成良性循环，防止民俗被同化和消亡，实现可持续发展。

四、农村民俗文化资源的开发利用方向

（一）市场导向

北京郊区各区县的民俗文化资源具有较大的差异性，应该选取哪些民俗文化资源首先进行开发是一个需要决策的问题，也就是民俗文化开发的时序问题。北京郊区农村民俗文化开发时序的市场导向，是指针对客源市场（目前主要是北京市区和北京周边省市的市民）的需求特征，结合各区县民俗文化资源的地方特色，对现时开发条件比较成熟的民俗文化资源进行筛选、加工、再创造，选择最能满足旅游者的需求，最易与市场接轨的民俗文化资源，然后设计出适销对路的民俗文化产品，使产品能够很快被

消费者接受，并受到旅游者的欢迎。坚持市场导向要求，在开发民俗文化产品之前，一定要进行市场调查和市场预测，以准确掌握市场需求及其变化规律，避免民俗文化开发的主观性和盲目性。

（二）产业导向

北京郊区休闲农业的发展已经走过了20年的历程，作为一个新型产业形态，休闲农业的发展正处于转型阶段。京郊休闲农业提供的产品和服务比较单一，同质化现象较为严重，文化内涵不丰富。北京郊区农村民俗文化开发时序的产业导向，是指北京郊区各区县依托当地的农业资源，将农业产业与民俗、文化等资源相结合，打造创意休闲农业，塑造农业产业文化，推出具有地方民俗文化特色的农业文化产品和活动，通过挖掘文化个性，增加整个休闲农业产业的附加值，拓宽农民增收的渠道。

（三）永续利用导向

北京郊区农村的民俗文化有不少处于濒临消失的境地。一些民俗的传承人年事已高，他们希望能把自己的手艺和技能传给年轻的一代，而年轻人由于外出求学或工作等原因，又大多不愿去学习和继承，致使民俗文化的传承出现后继无人的尴尬处境。北京郊区农村民俗文化开发时序的永续利用导向，是指通过对北京郊区农村民俗文化资源的开发利用，促进民俗文化的保护和传承，使民俗文化能够永续利用下去，实现可持续发展，避免出现民俗文化因后继无人或缺少开发利用措施而在民间消逝的情形。

（四）文化导向

文化创意已经被北京市列为重点支持发展的支柱产业。文化创意产业把每个地方的文化特色看作当地重要的文化资本，并将其作为未来产业发展的基础。民俗文化的开发实际上也是一个文化创意的过程。民俗中所体现的文化内涵是民俗文化资源的灵魂，也是民俗文化资源开发的精髓所在。北京郊区农村民俗文化开发时序的文化导向，是指在对北京郊区农村民俗文化资源进行开发时，要注意发掘民俗的文化内涵，能够使民俗文化中优秀宝贵的成分发扬光大，使民俗文化产品的设计体现出文化软实力，并以此为着力点来宣传推广和吸引客源。

（五）时空导向

农村民俗文化要想得到充分的开发利用，就需要与休闲农业、乡村旅游等产业有机融合，并实现市场化。要做到这一点，就要把农村民俗文化作为一种配置性资源，经过时间和空间的形塑与再造，赋予其新的功能（江立华、陈文超，2010）。只有经过重新包装和塑造，传统文化资源才能有效地展现于现实生活中，并获得人们的青睐。北京郊区农村民俗文化开发时序的时空导向，是指对民俗文化资源进行时间和空间的错位开发，赋予其享受、体验、愉悦的功能，以此作为破解休闲农业与乡村旅游同质化与文化内涵低的突破口与切入点。所谓民俗文化的时间错位，是指对传统的民俗文化通过时间倒置来加以开发利用。比如，水车是传统乡村社会中村民生产中较为重要的提水灌溉工具，如果我们经过时间层面的转换，把它作为一个休闲产品和传统文化符号来开发利用，则会起到意想不到的效果。所谓民俗文化的空间错位，是指对传统的民俗文化通过空间倒置，把传统文化场域放置于现代文化的空间中，来加以开发利用。通过形成强烈反差，凸显传统文化特性。因此，在农村民俗文化资源开发中，通过巧妙地运用时间和空间的错位，把传统的民俗文化与休闲农业、乡村旅游产业融为一体，使得传统的文化功能得到了延伸和利用，也使得休闲农业与乡村旅游产业提升了一个档次，给人以不一样的韵味。

五、农村民俗文化资源的开发利用模式

借鉴国外乡村旅游开发经验和社区营造的先进理念，结合北京郊区农村民俗文化资源开发的实际情况，按照国际化与本土化相结合的原则，提出社区参与的北京郊区农村民俗文化资源开发利用模式（图 7-6）。

社区参与的民俗文化开发模式，不是任何一个参与主体独立地操作一切活动或事务，而是在共同协调下，各参与主体相互协作，组成一个科学

有序的参与系统，来实现整个社区的共同目标。只有整个参与系统协调发展、共同作用，才能实现社区居民最大程度、最有效地参与，最终实现整体利益最大化。

从具体操作看，北京郊区农村民俗文化资源的开发实行“政府＋乡村社区组织＋社区居民＋专家学者”的模式。各参与主体的职能分工既是独立的，同时又存在着交叉。

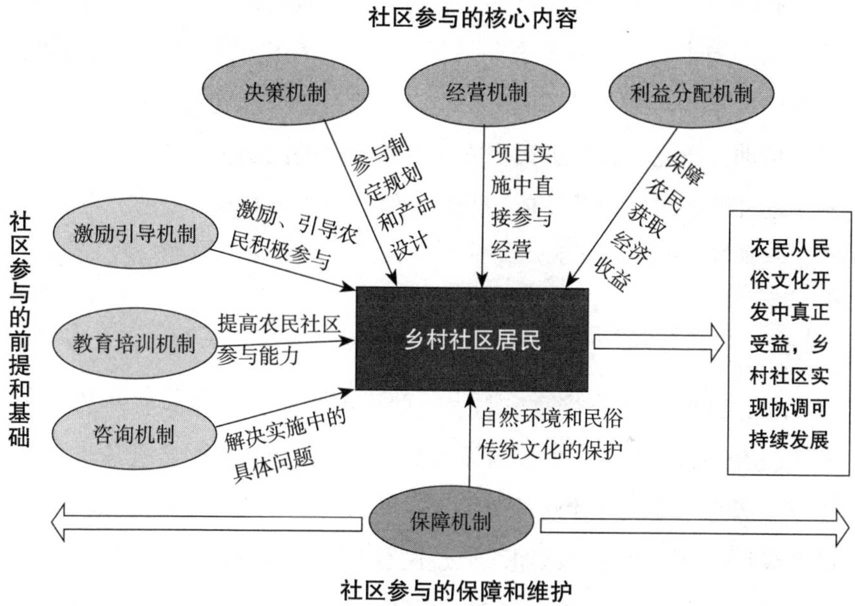

图 7-6 社区参与下的农村民俗文化资源开发利用模式

（一）政 府

北京郊区农村民俗文化资源的开发，需要政府的引导、扶持和激励。在此模式下，政府的职能主要包括：观念引导、制定规划、基础设施建设、资金扶持、宣传推广、生态环境保护、教育培训以及制定鼓励政策等。在北京郊区农村民俗文化资源开发之初，由于大多数农民的社区参与意识不强，政府应借助乡村社区组织的力量，通过宣讲、教育等方式，激励乡村社区居民积极参与到当地民俗文化资源的开发中来；政府应会同有关民俗专家和学者制定北京郊区农村民俗文化资源开发的整体规划，根据各区县民俗文化资源的特点，确定各地民俗文化资源开发的主题和方向，指导具体的民俗文化产品设计和创新，并在规划过程中通过乡村社区组织征求农民对于民俗文化开发的意见和建议；应适度开展基础设施（包括公路、绿化、水电、信息网络等）建设，对村容村貌和生态环境进行治理整顿，优化发展环境；在民俗产品的生产和民俗项目的实施上，给予农民以资金支持；积极开展民俗文化产品的宣传和市场推广，通过媒体宣传和组织乡村旅游推介会等方式，将各区县的单项民俗文化产品和跨区域的民俗文化产品推向市场；搞好生态环境保护工作，积极引导并通过政策设计，激发农民自觉参与到生态环境保护中来；组织专家学者对农民进行不定期的教育培训；研究制订促进民俗文化资源开发的激励措施，给予民俗传承人一定的补贴，对于申请并成功获得区级及以上非物质文化遗产称号的农民给予奖励等。

（二）乡村社区组织

乡村社区组织是联接政府与农民的中间组织，是社区参与的主导力量，代表农民的利益，由农民自发组成，成员可以包括村委会成员以及在村里有威望和一定领导才能的农民。在民俗文化资源开发规划和民俗文化产品的设计阶段，乡村社区组织通过民意调查、田野访谈等方式，听取农民对于当地民俗文化资源开发的意见和建议，并把农民的意见和建议反馈给政府部门和相关专家学者；对于一项具体的民俗文化产品的开发，乡村社区组织还要征求民俗传承人的意见，并将其反馈给政府部门和相关专家学者；待规划和设计完成以后，政府部门再次通过乡村社区组织将规划和设计方案在整个乡村社区内进行广泛传播和讨论，再次征求农民意见并讨论修改。这样反复几次，就可以基本保证民俗文化资源开发利用规划和具体产品的设计能够融入农民的创意，反映农民的意愿，基本保证农民能够真正从中受益。在民俗旅游项目的实施和民俗产品的生产阶段，乡村社区组织将民俗文化资源开发规划方案和民俗文化产品的设计方案细化为具体的行动方案，与政府部门一起，带领和组织农民积极参与到民俗旅游项目实施和民俗产品生产的具体工作中，并就工作中出现的问题向政府部门和专家学者寻求指导和帮助。

（三）社区居民

社区居民就是乡村社区中的农民，他们是民俗文化资源开发中最活跃和有着最直接利益的相关者，是社区参与的主体。只有让社区居民积极参与到民俗文化资源的开发中去，才能保证社区居民从民俗文化资源的开发中真正受益。社区居民的作用主要体现在4个方面：参与民俗文化资源开发的决策；参与民俗旅游项目的实施和民俗产品的生产；参与利益分配；参与教育培训。

（四）专家学者

专家学者主要是为北京郊区农村民俗文化资源开发提供智力支持，参与制定民俗文化资源开发整体规划，根据各区县民俗文化资源的特点，确定各地民俗文化资源开发的主题和方向，进行具体的民俗文化产品设计和创新，不定期对农民进行观念、知识和服务技能等方面的教育培训。

第八章

规模升级

休闲农业与乡村旅游的“小散低”，是一大诟病。解决这一问题，不仅要提高休闲农业与乡村旅游项目的单体规模，更重要的是通过制度创新，实现休闲农业与乡村旅游企业在一个区域的集聚发展和产业链的延长，提高区域规模和产业集中度。

从层次上看，“规模”有项目规模、产品规模、产业规模、经济规模等之分。本章从“产业规模”的角度切入，主要研究休闲农业与乡村旅游产品的空间集聚与产业链的延伸问题。对于休闲农业与乡村旅游的项目规模、产品规模与经济规模，虽有涉及，但并不是重点。

第一节　规模升级的必要性

近年来，北京郊区休闲农业与乡村旅游发展很快。在“点”上遍地开花的同时，开始在“线”上和“面”上取得突破，初步呈现规模化、集群化发展特征。随着北京都市型现代农业产业带的建设和沟域经济开发，在北京郊区形成了一批乡村旅游带雏形，并呈现良好的发展势头。如大兴区庞安路以西瓜采摘为主题的都市型现代农业休闲产业带，密云水库西侧以乡村旅游为主题的云蒙风情大道，延庆县千家店镇以生态旅游为主题的百里山水画廊。这些区域得到了广大市民和消费者的认可，并逐步形成自己的品牌。但从总体上看，休闲农业与乡村旅游产业的组织化、规模化程度较低，产业链尚未形成，空间集聚度不够，主要有以下表现。

（一）乡村旅游点多面广，游客的搜索成本很高

休闲农业与乡村旅游在北京郊区遍地开花，但宣传销售跟不上、供需信息不对称的问题尤为突出。经常出现市民出游“电话问不到、网上搜不到、图上查不到”等问题，致使北京郊区很多乡村旅游点无人问津，同时市民又不知道到哪里去的问题，供给与需求形成“两张皮”，缺乏有效衔接。而从经营者的角度来说，很多乡村旅游接待户和乡村旅游企业缺少市场意识，人员素质难以达到市场化运作的要求，经营上延续着小农经济的操作方式，乡村旅游宣传过多依赖地方政府和社区组织。

（二）组织化程度较低，规模效益和群体优势不明显

休闲农业与乡村旅游的龙头企业较少，尚不足以带动众多分散经营的观光采摘园、民俗旅游户，难以形成产业链；少数规模企业如蟹岛绿色生态农庄等，具备了龙头企业的条件，也有规模扩张、兼并重组的内在动力，但受资源、市场机制、企业文化等方面因素的制约，在北京郊区的产业化发展方面进展并不快。大多数的休闲农业园区与民俗旅游户独立经营，各自为战，缺少协作，难以发挥群体优势，行业的组织化程度低。北京郊区休闲农业与乡村旅游的经营者多为本地农民，整体素质偏低，市场化运作与合作的意识不强，且缺乏长远眼光，难以在乡村旅游配套服务、产品深加工及乡村旅游标准化等方面有所作为，导致了较为普遍的低水平重复建设与企业之间的正面竞争现象。

（三）乡村旅游服务尚未形成关联性和层次性强的产业链

休闲农业与乡村旅游项目较多，但是得到关联性产业的支撑不足，上下游相关产品缺乏融通，无法进一步产生更多的延伸产品和服务。现有的乡村旅游项目多集中在吃、住、游等几个主要环节，而行、购、娱等环节的产品尚为空白或严重缺乏，未能形成产业体系。

（四）乡村旅游资源和产权缺乏市场化配置，集聚化程度较低

乡村旅游企业与农民的合作关系多为松散型，尚未建立以产权为纽带的利益关系，也尚未形成诸如合同制、合作制、股份制、股份合作制、利润返还等多种利益联结方式，从而难以使企业与农民之间的分配机制由松散型向紧密型转变。一些地区民俗旅游户的自发与松散型经营比较落后，没有融入农业产业化进程，没有与现代经济组织发育相结合，乡村旅游发展与农村综合改革没有形成耦合。在某些区域，乡村旅游资源配置不合理，投资效益低，既不利于促进乡村旅游企业集聚，形成业态多样、结构合理的休闲农业与乡村旅游企业群，也不利于打造出本地的拳头产品与知名品牌。

解决上述“一盘散沙”问题，迫切需要创新发展模式，通过利益机制调整，把一个区域范围内的休闲农业与乡村旅游企业与民俗旅游户有效衔接起来，“添环成链”，实现集群化发展，形成产业链，提高产业集聚度，最终达到规模升级的目的。

第二节　规模升级的路径

实现休闲农业与乡村旅游的规模升级，须坚持两条腿走路：一是提高休闲农业与乡村旅游龙头项目的单体规模。只有把“龙头”做大，使“龙头”舞起来，才能更好地带动“龙身”和“龙尾”。二是提高休闲农业与乡村旅游产业的集群规模。即通过政策引导和机制创新，实现休闲农业与乡村旅游相关业态的集群发展，以便在更大的空间内为游客提供“六要素”服务，而不局限在一个项目内解决所有问题。这里就又可根据产业集群的空间形状和利益机制联接方式，划分为块状集群和带状集群。通过发展乡村旅游综合体、开发沟域经济、培育示范乡镇等，促进休闲农业与乡村旅游的块状发展；通过延伸休闲农业产业链条，实现休闲农业与乡村旅游产业化，促进休闲农业与乡村旅游的带状发展。

一、促进休闲农业与乡村旅游大项目落地

大项目对休闲农业与乡村旅游产业发展的带动作用非常明显。要通过引进、盘活、重组等多种方式，培育一批休闲农业与乡村旅游龙头企业和重大项目，充分发挥其龙头带动作用，不断提高市场竞争能力。

例如，密云县古北水镇项目是在北京市建设中国特色世界城市的背景下，结合密云县建设“绿色国际休闲之都”的发展定位，依托司马台长城的宏大背景，突出长城、冷泉、热泉等资源亮点，强化民俗文化展示，建设具有北方历史文化与建筑特点的“亲水山坡型”古镇，打造集观光游览、休闲度假、商务会展、文化创意等旅游业态为一体，服务与设施一流，参与性和体验性强，具有观光、休闲、度假、会议等功能的大型国际休闲旅游综合度假区。项目规划总占地面积 9 平方千米，总建筑面积约 45 万平方米，计划投资约 41 亿元人民币，已于 2014 年 1 月 1 日对外试运营。待古北水镇项目建成并成熟运营后，将拥有客房总量超过 1 500 间，年接待游客总数约 400 万人次，年综合收入 10 亿元以上，预计实现年净利润 2 亿～ 5 亿元，年上缴税收 2 亿～ 4 亿元，提供超过 2 000 个直接就业岗位，将成为带动所在地区休闲农业、乡村旅游及其他相关产业发展的增长极。

为此，要结合北京郊区实际，大力推进会议会展、休闲度假、生态观光、影视体验等功能性项目开发建设，着力培育一批各具特色的龙头骨干项目，带动乡村旅游产业转型升级；加大旅游资源整合力度，积极引导旅游企业以市场为导向，以资产为纽带，通过兼并、重组和股份制等方式，对规模小、档次低，且资源同质化的旅游景区实施有效整合，不断壮大企业规模，增强市场竞争能力；按照投资额大、带动性强、发展前景好的原则，超前谋划一批特色明显的休闲娱乐、养生度假、户外运动等新项目，不断创新招商方式，加大引进资金、引进项目力度，依靠大项目带动大投入，促进大发展。

二、延长休闲农业产业链

休闲农业发展也要走产业化的道路。要像把农业的贸、工、农等环节联接起来，推进农业产业化一样，积极推进休闲农业产业化。通过机制创新，把休闲农业与农产品加工、农村服务业等第三产业，甚至与乡村景区、景点、民俗旅游村、农业观光园等有机衔接起来，形成利益共同体，延长产业链，进而实现规模效益。

休闲农业具有规模经济性、产业集聚性、高外部性、产业关联性等特征。充分考虑这些特征，结合传统的农业产业化定义，休闲农业产业化是指以消费市场为导向，以资源开发为手段，以经济效益为中心，以休闲旅游为主题，以休闲农业与乡村旅游企业为龙头，通过利益机制，把休闲农业与乡村旅游有关业态紧密联接起来，实现区域化布局、一体化经营、社会化服务，形成“一条龙”的经营体制。

但是，休闲农业产业化与传统的农业产业化又不完全一致。传统农业产业化是在农业基本生产基础上产业链的直接延长，其加工、销售等与农业生产是分离的，各环节之间是串联的，是上下游产业关系，而休闲农业产业化发展不是或不仅仅是产业链的简单延长，其加工、销售、观光、休闲、体验等与农业生产是一体的，各环节之间是并联的，其一系列活动必须同时以农业生产为依托（弓志刚等，2009）。这就决定了休闲农业产业化的形式、道路、组织模式等，有自己的特色。

休闲农业产业链的延伸包括产前、产中、产后 3 个方面，其中“产前延伸”主要是为休闲农业的开发做好前期准备，以及研发工作，包括农作物的种植、畜禽养殖、优良农作物及畜物品种的培育等；“产中延伸”主要是利用乡村旅游资源，开发观光、体验、美食等各种类型的与乡村息息相关的旅游形态；“产后延伸”的范围较广，可以农产品为原料进行加工销售，也可以开发出一些带有品牌效应的特色农产品，从而形成乡村旅游“研发、生产、加工和销售”相联接的产业链（管晶晶等，2009）。下面结合乡村旅游产业的转型升级，从休闲农业与乡村景区耦合的角度，以北京郊区常见的蔬菜瓜果类、苗木花卉类、畜牧类、渔业类产品为例，对休闲农业产业链的延伸进行探讨。

（1）蔬菜瓜果类。蔬菜瓜果类产品的产前开发主要集中于优良品种的培育，通过对种子的选育、培育，可以建立优良品种基地，使乡村景区成为蔬菜瓜果类良种的推广中心；产中开发主要以参观体验为主，可以采用现代科学技术对蔬菜瓜果进行加工，比如改变瓜果的造型，在瓜果上刻字，用蔬菜瓜果来装饰拱门、装饰艺术画等，对于这些项目，游客可以在技术人员的帮助下完成，以提高参与性；产后开发主要以初、深加工为主，如现场制作各种果品罐头、营养价值较高的果蔬汁、果蔬粉等，并通过游客参与和传播，逐步形成休闲农庄的体验性活动和休闲农业品牌。

（2）苗木花卉类。产前开发可围绕研发及科普来进行，比如建立具有一流水平的苗木栽培及管理中心，开设培训课堂，讲授一些关于盆景、插花艺术等方面的知识，以吸引游客特别是女性游客参与；产中开发应围绕观赏、采摘等环节进行，比如建设特色花卉园，展出一些比较名贵的品种，供游客观赏和购买，以及基于苗木类产品的特性，开展一些野果采摘活动，游客可以在专业人员的指导下，辨认苗木类型，采摘乡间野果，并享受乡野乐趣；产后开发应围绕苗木花卉的深加工及娱乐性项目来进行，可开发一些草上娱乐项目，如滑草、悠波球、射箭、真人CS野战等，也可用苗木花卉资源制作工艺品，包括草编、干花等。

（3）畜牧类。畜牧类产品的产前开发与蔬菜瓜果类相似，开发重点也是放在优良品种的培育上；产中开发，一方面可以组织游客观赏牧场、养殖场、狩猎场、动物园等，体验牧业生产生活，参与手工挤奶等活动，另一方面组织游客骑马、参与动物竞技比赛等活动；产后开发重点放在畜牧产品的深加工上，一方面可以对牛奶等畜产品进行加工，生产有机食品，逐步形成品牌，另一方面可瞄准高端消费市场，开发牛奶浴、牛奶美容等养生类产品，吸引游客的眼球。

（4）渔业类。产前开发除培育优良鱼类品种外，还可通过科普讲堂，为游客提供各种观赏鱼类的饲养技术，并开发相应的渔具、鱼食等，出售给游客；产中开发重点放在有关鱼类及其他水产品的体验性活动，如摸田螺、鱼疗、垂钓等；产后开发重点放在水上活动的开展，以及开发以水产品为原料的饮食等，解决游客“吃”和“娱”的问题。

三、建立休闲农业与乡村旅游集聚区

建立休闲农业与乡村旅游集聚区的理论基础是产业集群。乡村旅游产业集群可以看作是在一定区域内由众多分散的乡村旅游景（区）点，民俗旅游村，旅游餐饮企业、酒店饭店企业，旅游商品的开发、生产、销售企业，特色农产品的生产、加工、销售企业等与乡村旅游相关联的产业要素聚集起来而形成具有较大空间规模和合理产业结构的旅游集合体（樊忠涛，2012）。一个民俗旅游村也可看作是一个企业。若干的乡村与企业相联，就形成一个企业群体。乡村旅游集群化发展有助于提高企业的自学习能力，降低单位面积开发成本，形成规模效益；有助于将分散的资金、土地和劳动力要素集中优化配置，提高资金、土地等资源的利用率；有助于宣传促销，对外统一形象，避免因产品同质化、恶性竞争导致无序发展；有助于推进乡村旅游合理布局和旅游产业相关要素的有效集聚，培育品牌，从而提高该区域乡村旅游产业的竞争力。

（一）积极打造乡村旅游带

环绕主要交通干道和沟域，通过资源整合和整体包装，将民俗旅游村、观光农业园与乡村旅游景区（景点）等串联起来，形成特色明显、资源互补、利益联结紧密、满足游客多元化需求的集群式乡村旅游目的地。同时，对基础条件较好、资源独特、有发展潜力的区域进行整体包装，通过资源整合和利益机制调整，建设观光休闲农业产业区。乡村旅游带和观光休闲农业区要以乡镇、沟域或流域为单位打造，具备一定的规模，努力做到“五个突出”：即突出特色，突出整体的包装，突出环境改善与产业发展的融合，突出机制创新，突出农民参与且受益。

（二）建立乡村旅游特色业态集聚区

近年来，北京郊区乡村旅游特色业态发展很快，除乡国际驿站、采摘篱园、乡村酒店、养生山吧、休闲农庄、生态渔家、山水人家、民族风苑8种特色业态外，房车营地、葡萄酒庄、中医药文化旅游示范基地等业态初见端倪，休闲农业与乡村旅游产业呈现由初级观光向高级休闲、由同质开发向差异发展、由单体经营向集群布局发展的良好态势。要在综合分析郊区各区县乡村旅游产业现状和存在的问题、资源禀赋、经济社会发展条件和发展机遇的基础上，选择一些条件较好的地区进行重点推进，形成一批乡村旅游特色业态集聚区。初步考虑，可对昌平乡村酒店集聚区，怀柔、密云国际驿站集聚区，大兴采摘篱园集聚区，密云生态渔村集聚区，通州休闲农庄集聚区，怀柔、密云山水人家集聚区，平谷养生山吧集聚区和怀柔民族风苑集聚区等进行重点培育。

（三）建设生态休闲旅游度假区

生态休闲旅游度假区是休闲农业与乡村旅游产业的重要载体。按照《北京市生态休闲旅游度假区评定规范》，生态休闲旅游度假区是指具有明确地域界限，面积不小于100平方千米，生态环境良好，生态系统多样性、生物多样性、景观多样性得到有效保护和永续利用，以开展生态休闲旅游活动为目的的特色旅游功能集聚区。要根据北京郊区的资源条件与开发基础，深入挖掘“都市休闲、生态野趣、温泉保健、民俗风情、养生健体、漂流历险、美食养生、红色经典”等特色旅游产品，建设市级生态休闲旅游度假区。

（四）创建休闲农业与乡村旅游示范乡镇

为调动乡镇一级政府发展休闲农业与乡村旅游的积极性，促进休闲农业与乡村旅游的规模化、集聚化发展，推进休闲农业与乡村旅游集聚区建设，带动农民就业增收，借鉴国家创建休闲农业与乡村旅游示范县的做法，北京市可开展休闲农业与乡村旅游示范乡镇的创建工作。创建示范乡镇的“基本条件”是：主导产业突出、基础条件具备、行业管理规范、市场认知度高。此外，还应从乡镇休闲农业与乡村旅游发展环境、产业基础、创建工作、产业规模、发展成效等方面，研究制订一些硬性指标。要通过 3 ～ 5 年的努力，在北京郊区培育 20 个左右的市级休闲农业与乡村旅游示范乡镇，使之成为探索资源整合机制、创新开发模式、集中展示北京郊区休闲农业与乡村旅游发展水平、发挥辐射引领作用的样板和基地。

四、打造乡村旅游综合体

乡村旅游综合体是基于乡村土地资源，以农业、乡村工业等乡村产业为导向，对乡村土地进行综合的、合理的开发利用，将乡村产业发展、乡村基础设施、乡村住宅、社会建设等生产生活要素集约配置，通过乡村旅游休闲项目有效联接的地域空间形态，是一种规模化、多功能、现代化、开放性的乡村聚合空间（何玲玲等，2011）。它不同于城市综合体，它的基质是乡村综合体，把乡村旅游作为乡村综合体外向联系的突破口，合理地开发利用乡村旅游资源和土地资源，以所开发的乡村旅游休闲项目、乡村配套商业项目、乡村休闲地产为核心功能，构筑整体服务品质较高的乡村旅游休闲集聚区。

（一）乡村旅游综合体的特征

1. 城乡融合性

从城乡统筹发展的视角出发，打破城市和乡村相互分隔的壁垒，逐步实现城乡经济和社会生活紧密结合与协调发展，逐步缩小城乡差距，使城市和乡村融为一体。

2. 功能复合性

乡村旅游综合体不仅服务于乡村居民，也要服务于乡村旅游者——城镇居民，这就要求其必须具备城镇与乡村的多重复合功能。

3. 要素系统性

乡村旅游综合体各个项目要素之间构成共生互补的能动关系。

4. 产业规模性

农业是乡村旅游发展的重要载体，农业规模化、集约化发展是乡村旅游综合体的重要特征之一，也是在城乡统筹背景下促进传统农业向现代农业成功转型的重要途径。

5. 效益综合性

乡村旅游综合体不仅追求经济效益，而且追求景观效益、生态效益和社会效益，追求综合效益的最大化。

（二）乡村旅游综合体的空间结构

乡村旅游综合体可按“岛式圈层”结构布局，其中，最外围圈层——乡村资源和乡村土地，主要是农业、工业等产业集聚区；中间圈层——休闲商业项目，主要指为乡村居民和乡村旅游者提供服务，具有多重功能的商业配套设施；核心圈层——乡村休闲地产，主要指以居住功能为主体的传统地产、居住小区、产权式酒店等乡村居所型地产；乡村旅游休闲产品——串起各个圈层的联接线。值得注意的是，“岛式圈层”结构的各个圈层之间并不是机械的，针对不同的乡村本底，各个圈层有不同的开发方向和主题，从而形成各具特色的乡村旅游综合体。

（三）乡村旅游综合体的开发策略

打造乡村旅游综合体，就是要深度挖掘乡村特色资源，倡导低碳、生态等科学理念，以乡村旅游资源与土地资源为基础，以乡村休闲旅游为脉络，以休闲商业为配套，以乡村休闲地产为核心，以高品质服务为保障，对项目地进行综合开发，把乡村打造成一个“岛式圈层”结构的乡村旅游综合体，提升综合效益。

从具体运作上看，大体可分为 4 个步骤。一是以乡村和乡村土地为资源点，由乡村的自然资源、人文资源、社会资源构成乡村旅游综合体的本底资源；二是以乡村休闲旅游为吸引点，打造不同类型、不同规模、不同层次的乡村旅游产品；三是以乡村休闲商业项目为支撑点，完善服务体系；四是以不同档次的乡村住宿设施为载体，如乡村酒店等，搞好旅游配套。

五、发展沟域经济

沟域经济的主导产业是休闲农业与乡村旅游。从概念上说，沟域经济属于区域经济范畴，是指以山区自然沟域为单元，充分发掘沟域范围内的自然景观、历史文化遗迹和产业资源基础，打破行政区域界限，对山、水、林、田、路、村和产业发展进行整体科学规划，统一打造，集成生态涵养、旅游观光、民俗欣赏、高新技术、文化创意、科普教育等产业内容，建成绿色生态、产业融合、高端高效、特色鲜明的沟域产业经济带，以达到服务首都和致富农民目标的一种经济形态。从理论上说，沟域经济是一种特殊的休闲农业与乡村旅游集聚区。通过发展沟域经济，为休闲农业与乡村旅游发展提供了一个平台。

（一）建设情况

从 2010 年以来，北京市把沟域经济发展列入工作计划，出台了《北京市人民政府关于促进沟域经济发展的意见》（京政发〔2010〕36 号），安排了专项资金，成立了“北京市沟域经济发展联席会议办公室”，每年重点支持 7 条重点沟域建设，取得了积极成效。2011—2013 年，共完成沟域开发工程项目 604 项，总投资 86.5 亿元，其中，公益性项目 451 个，完成投资 35.3 亿元；产业性项目 153 个，完成投资 51.2 亿元。

1. 生态环境有效提升

通过开展大规模环境整治和沟域形象打造，加大山、水、林、田、路、村的综合治理，开展拆违治乱，对村边、路边、河边实行绿化、美化、净化，推进生态造林、流域治理等工程建设，实施村庄统一风貌、景观节点、停车场、观景台等项目，加快旅游标识、景区指示牌、沟域入口的建设，沟域生态形象初步显现。延庆县四季花海沟域开展重点建设以来，林木面积新增 50.24 平方千米，比建设前增加 28%；新增花卉面积 333 公顷，成为北京山地景观的名片。

2. 基础设施不断完善

北京市有关部门在沟域内实施了水、电、路、通讯配套工程，加强旅游接待和公共服务设施项目建设，沟域环境承载能力和旅游接待能力大幅提升。沟域内山区搬迁工程有效推进，不仅改善了山区农民人居环境，而且腾出地方发展乡村旅游产业。比如，怀柔区天河川沟域自启动建设以来，建成新村 8 个，其中，下坊村和超梁子村分别推出“白河鱼宴”和“天河兔宴”等农家乐品牌，受到市民欢迎。

3. 以休闲农业与乡村旅游为主导的产业结构逐步优化

都市型现代农业园、高端高效特色农业、现代旅游服务业、龙头景区景点、文化创意产业等生态友好型产业，随着沟域经济的建设相继落户北京山区。已经形成了密云县“酒乡之路”的葡萄产业、延庆县“四季花海”的花卉产业、怀柔区天河川的“天河八宴”、平谷区十八弯的生态休闲游及丫髻山道教养生谷的道教养生产业、房山区仙栖谷的蜜蜂产业等特色产业。

4. 农民增收得到实惠

通过发展休闲农业与乡村旅游等特色产业，扩大了山区农民就业、创业和绿岗致富，增加了山区农民收入。2013 年，重点推进的 7 条沟域新发展民俗旅游户 390 户，有 3 条沟域农民人均纯收入同比增长超过 20%，其余均超过全市山区平均增长水平。平谷区雕窝村通过发展乡村旅游产业，全村已形成民俗旅游户 51 户，2013 年“十一”期间，接待游客约3.6万人，其中，住宿游客 8 320 人，实现民俗旅游收入 200 万元，户均近 4 万元。

（二）产业模式

近几年来，京郊沟域经济发展很快，已经成为休闲农业与乡村旅游集聚的重要载体。从类型看，沟域经济在发展过程中，各区县根据每条沟域不同的自然条件、产业基础、历史文化、发展趋势，创造出适合不同地区条件的发展模式，主要有 5 种类型。

1. 文化创意先导模式

通过创新思维改变人们已有的消费理念、方式和途径，依托自然、历史、文化资源开发文化创意产业，打造新的经济增长点。如密云县汤河沟域“紫海香堤”，以“浪漫香花·山水长城”为定位，打造长城脚下最具时尚浪漫、国际型的香草庄园。

2. 特色产业主导模式

利用已有特色产业资源，注入科技、绿色、健康内涵，延伸都市农业产业链，提升产业整体竞争力。例如，怀柔区的“雁栖不夜谷”，以虹鳟鱼养殖产业为支撑，发展特色民俗旅游。

3. 龙头景区带动模式

以知名景区为龙头，发展农业采摘园、民俗旅游村、宾馆饭店等配套服务设施，形成众星捧月的区域发展格局。例如，房山区以十渡景区为龙头，打造“十渡山水文化休闲走廊”。

4. 自然风光旅游模式

依托优美自然环境，发展农业体验、休闲养生、观光旅游业，带动区域产业发展。例如，延庆县千家店镇充分利用优美的自然环境，打造了“百里山水画廊”。

5. 民俗文化展示模式

依托传统民居、宗教寺庙、革命遗址等人文景观，发展民俗旅游、文化旅游和红色旅游，并带动特色林果业、休闲农业和农业科技园区的发展。例如，门头沟区斋堂镇利用爨底下村明清古建筑群资源，打造爨柏民居文化休闲旅游沟域。

（三）提升策略

当前，沟域经济的开发已进入关键阶段，迫切需要总结经验，明确思路，研究对策，促进休闲农业与乡村旅游产业发展，带动农民就业增收。

1. 沟域开发，产业为本

发展沟域经济，如果没有产业支撑，便成为无源之水、无本之木。这就要结合每条沟域的自然资源、区位条件、人文状况、市场容量等因素，进行统筹规划，明确主导产业。只有主导产业选对了，沟域开发才有希望，沟域经济才能成为规模经济，而不是规模不经济。

2. 整合资源，联动开发

沟域经济的发展不能搞单打一，要全面落实十八届三中全会精神，围绕“把土地流转起来、把资产经营起来、把农民组织起来”，整合土地等资源，实现联动开发。①要把土地流转起来，宣传推广妙峰山玫瑰谷陇上高新技术文化创意产业园生态修复利用模式，通过盘活土地存量、加快村庄改造等方式，融合沟域优势资源，以转包、转让、出租、互换、入股等方式，积极推动土地流转，吸引社会资本进入；②要把资产经营起来，引导社会各界投资建设沟域经济，实行规模经营或股份合作经营，盘活农村闲置住房，挖掘像冰川绿谷中冰臼自然景观、房山燕山绿谷丰饶之角水峪古村落等历史文化旅游资源，发展特色产业；③要把农民组织起来，借鉴密云县北庄镇干峪沟村的经验，引进高端高效企业，实行“公司 + 合作社 + 农户”模式，推动沟域经济创新发展。鼓励农民投资沟域经济建设，引导农民建设沟域经济合作联社，摒弃过去分散经营、家户单干的传统做法，让农民支配资源、经营资产、勇闯市场，真正成为沟域经济建设的主体。

3. 加大投入，完善公共服务设施

始终围绕“生态与休闲”这一主线，立足于自然、生态、乡土、历史文化等优势资源，开展生态设施建设，发展乡村景观，完善公共服务设施。要按照“生态优先、规划先行、突出特色”的原则，因地制宜、因沟制宜，继续开展生态环境建设，为游人创造良好的旅游环境；要逐步搞好公共服务设施配套，加强停车带、标识系统、观景台、公厕、登山步道、商亭以及村庄形象塑造等旅游服务设施建设；要按照点线面相协调的原则，培育绿色产业，打造具有北京沟域特点的乡村景观。

4. 创新机制，效率优先

小舶板捆在一起，并不是航母。一个地区、一条沟域的乡村旅游资源，如果不加以整合，很难发挥应有的作用，也很难提高利用效率。实现资源的整合，需要以创新机制为前提。但受不同利益主体和部门管理权限的制约，山区沟域经济开发和乡村旅游产业的发展受到一定的限制。比如，一条沟贯穿了几个乡镇，沟两岸的森林资源由林业部门管，沟里流的水由水务部门管等。因此，在资源整合的过程中，要坚持以效率优先为目标，以机制创新为手段，以农村社会和谐为底线。

5. 政策集成，形成合力

沟域经济发展需要各职能部门政策集成，调动社会力量，探索创新机制。聚焦北京市职能部门资金，要保持建设的集中性，把山区搬迁、基础建设、新民居改造、山区路网建设、新型农村社区建设、采暖煤改电、煤改气等项目资金，集中各级人力、财力、物力用于重点沟域，聚力打造，出亮点、显特色；要保持建设的延续性，持续推动沟域生态进一步提升，设施进一步完善，产业进一步培育，效果进一步增强，打造出沟域建设的品牌；要保持建设的原则性，对当年市级重点建设沟域，依据考评办法进行考评，并给予相应档次的奖励。同时，兼顾建设的积极性，对未纳入当年市级重点建设范围，而所在区县积极推进、项目有重大进展、且成为沟域建设亮点的现有规划建设沟域，经北京市沟域建设联席会议研究后，纳入当年沟域经济发展资金以奖代补范围，予以政策扶持。

第三节　规模升级的体制创新

乡村旅游产业的集聚发展和规模升级，不可能是一蹴而就的，需要组织模式的调整和体制创新。要通过建立利益联接机制和联动发展模式，提高产业集中度和组织化程度，发展产业集群，打造集聚区。

一、产业集群的自组织与他组织

自组织是社会经济生活中自发形成的组织，这种形式的组织在现代社会条件下仍然可发挥作用（钱津，2007）。比如，在北京郊区乡村旅游发展初期，有些农户看到其他农户通过搞民俗旅游接待发了财、致了富，便纷纷加入进来。户与户之间有共同的自然条件，共同的就业与致富目标，他们互相学习，互相模仿，没有行政命令，这种有意识支配的行为导致了无意识支配的结果——形成了民俗旅游村。同理，乡村景区周边搞民俗旅游接待的村与村之间的模仿和“学赶超”式的发展模式，导致了乡村旅游带和乡村旅游产业集聚区的形成。这个过程就是乡村旅游自组织形成的过程，也是北京郊区乡村旅游发展的初级模式。

乡村旅游产业集群的自组织有两个明显特征：一是它属于产业层面的自组织，而不是企业层面的自组织。这种组织不是由个人构成的，而是由休闲农业园、民俗旅游村及乡村旅游企业构成的。企业与企业在一个地区的集聚，没有规划，也没有人号召，而是自然形成的，是乡村旅游市场需求旺盛之后的自然产物。二是利益的联接具有区域性，而不是产业性。民俗旅游村与村之间不是产业链的上下游，乡村旅游企业与企业之间也没有组织规定的权利义务。他们都是为招徕客人，而在一个区域上的集聚。但他们之间有相互的默契与配合，追求共同的利益，也有共同进行管理的要求，其组织约束不具有强制性，但被组织内的各个企业所认可。这种自组织具有不确定性，包括构成成员上的不确定性和存续时间的不确定性。

与自组织相对应的是他组织。他组织一般为正式组织和非正式组织，其中以正式组织为主。在规范的认识中，正式组织是根据一定的法律程序而建立的具有正式的组织名称、明确的组织目标、组织章程与制度、稳定的组织结构形态以及确定的责权利关系的组织。而非正式组织是没有经过法律程序而建立的有共同兴趣或利益关系的社会群体组织。非正式组织可以是很大的，有庞大的组织成员；也可以是很小的，只有几个人。从乡村旅游产业集群的形成来看，随着民俗旅游户、村数量的增多，恶性竞争、欺客宰客、环境污染、游客投拆等问题随之出现，来自政府部门等的介入和规范不可避免。相对于自组织，政府部门就是他组织。政府部门对于自组织的规范作用主要体现在以下方面：①政府对自组织起到保护作用。自组织存在于乡村旅游产业之中，对于北京郊区农村经济的发展是有力的推进，因此，这种自组织受到了政府的欢迎，在各方面得到了政府的支持和保护。②政府会强行规范或约束自组织的发展。比如，产业集聚的企业达到一定规模后，政府开始限制新的企业进入，或提高企业进入的门槛，造成自组织的发展被他组织强行阻断或约束。③政府可能对自组织的领导层进行鼓励或限制等干预。政府可对自组织的领导成员进行表彰和鼓励，也可采取措施进行限制。

在自组织的存在及其活动中，会不断受到他组织的影响。在乡村旅游产业集群形成过程中，根据政府作用的大小、时间、调控力度等因素，可分为两种模式：①自下而上的市场驱动型。围绕已成功开拓旅游市场的乡村景区（景点）而自发形成的乡村旅游产业集群，市场机制是促进集群形成的基本动力，外来投资和社会投资以及非乡村集体性质的旅游企业占集群的多数；当地政府虽然不是投资主体，但对集群发展给予了产业政策和基础设施建设等方面的支持，为乡村旅游产业发展创造了良好的外部环境。②自上而下的政府推动型。即政府为乡村旅游产业设定未来发展的重点框架，制定促进乡村旅游产业的政策，完善旅游基础设施配套，扶持参与乡村旅游集群的旅游企业和相关行业企业，建立起集群内部管理体制。其后，政府逐渐从主导型转变为服务型，集群主要依靠市场规则运行。该模式的标志性特征恰好与市场驱动型模式相反，政府投资和乡村集体投资以及乡村集体性质的旅游企业占集群的多数。

二、产业集群化发展的体制创新

采取多种方式，支持休闲农业与乡村旅游企业通过体制创新，建立以利益为纽带的松散型或紧密型合作关系，实现产业链延长与空间集聚。

（一）完善“一区一色”发展机制

为促进休闲农业与乡村旅游的特色化发展，北京市有关部门在对郊区乡村旅游资源、区位条件及发展潜力进行调研的基础上，提出了特色化、差异化发展战略，即“一区一色”，每个区县都有自己的特色和乡村旅游主导产业，如朝阳区为“中国商务旅游第一区”，海淀区为“皇家园林旅游区”，丰台区为“国家旅游休闲生态示范区”，门头沟区为“山都水谷·北京第一山水庄园”，房山区为“北京祖源·休闲胜地”，大兴区为“绿海甜园”，通州区为“滨水新城·漕运古镇”，顺义区为“临空型商务会展旅游之都”，昌平区为“商务花园新区·温泉会展胜地”，怀柔区为“不夜怀柔”，平谷区为“休闲绿谷”，密云县为“渔乐圈”，延庆县为“国际旅游休闲名区”等。北京市政府也出台了《关于做好旅游功能区规划建设工作的指导意见》(京政发〔2012〕38号)。要立足北京实际，搞好“一区一色”差异化发展战略的实施，为休闲农业与乡村旅游集群的发展创造良好的外部环境。应通过政府引导，企业参与，促进各种要素向相关地区聚集，建设具有区县特色的乡村旅游产业集群；研究制定支持政策，对符合区县特色和发展方向的产业项目，优先安排用地指标，优先安排市政配套，优先安排财政资金支持；研究推进机制，北京市政府建立由市领导牵头的工作协调机制，协调市级相关部门推动全市重大产业项目在相应区县的落地建设，对符合“一区一色”条件的重大项目，进入相应的“绿色通道”，加快审批步伐；相关区县政府要建立乡村旅游产业集群的推进机制，研究制定配套政策。要通过北京市、郊区各区县和社会各界的共同努力，把“一区一色”战略落到实处。

（二）支持企业兼并重组

乡村旅游企业兼并重组是通过企业兼并、资产重组，对乡村旅游企业的资源、资金、资产、劳动力、管理等要素进行重新配置，构建新的生产经营模式，使企业在变化中扩大规模和保持竞争优势的过程。要采取措施，积极推进乡村旅游企业的兼并重组，培育品牌，提高产业集中度，促进规模化、集约化经营，提高市场竞争力。研究制定政策，把乡村旅游招商引资与提升乡村旅游产业集中度和组织化水平结合起来，大力引进知名旅游集团；要依靠市场机制，在坚持自愿的前提下，“合并同类项”，打造乡村旅游经营合作体系，使民俗旅游接待户、乡村旅游企业、供应商、辅助性服务企业之间建立结构合理、稳定协调的共生关系；要积极推进乡村旅游的标准化，打造乡村旅游特色产品品牌体系，使乡村旅游产品在“标准化”基础上，实现“特色化”发展和规模化经营；乡村旅游行业是竞争性行业，要鼓励民营资本的进入，增强产业集群的活力；要通过政府的介入和机制的创新，打破村域、镇域之间的合作壁垒，理顺地区之间的利益分配关系，实现乡村民俗旅游村、户、企业等能够分享乡村旅游产业集群发展和企业兼并重组的成果。

（三）实施连锁经营

乡村旅游作为零散化产业，由很多中小企业构成，不存在规模经济或经验曲线，但可以通过连锁经营的模式来创造规模经济或经验曲线（丁鸿，2009）。连锁经营是一种组织形式和经营制度，指经营同类商品或服务的若干个企业，以一定的形式组成一个联合体，在整体规划下进行专业化分工，并在分工基础上实施集中化管理，把独立的经营活动组合成整体的规模经营，从而实现规模效益。

1. 连锁经营的必要性

北京郊区的乡村旅游规模大而不强，地理区位集中而综合效益低，存在形式广而无明显竞争优势，开发模式多而成效不高。大多数市场主体还处在“单打独斗”式的分散经营状态，民俗旅游户由于文化素质及观念的限制，更是“各家自扫门前雪”。这种“单打独斗”式的分散经营模式已成为发展的瓶颈，亟须进行体制创新，连锁经营是出路之一。

2. 连锁经营的形式

连锁经营包括3种形式：直营连锁、自由连锁和特许经营。其中，直营连锁是连锁经营的基本形态，由连锁企业总部通过独资、控股或兼并等途径开设门店、发展壮大自身实力和规模，连锁企业的所有门店是在总部的直接领导下统一经营，总部对各门店实施人、财、物及商流、物流、信息流、资金流等方面的统一管理；自由连锁是企业之间为了共同利益结合而成的事业合作体，各成员店是独立法人，具有较高的自主权，只是在部分业务范围内合作经营，以达到共享规模效益的目的，即各店铺资本所有权独立，采用共同进货、协议定价的一种商业横向联合；特许经营指特许经营权拥有者以合同约定的形式，允许被特许经营者有偿使用其名称、商标、专有技术、产品及运作管理经验等从事经营活动的商业经营模式，在特许经营体系下从事经营活动，并向特许人支付经营费。把这些形式与京郊乡村旅游结合起来，可以把乡村景区作为连锁企业总部进行连锁经营，也可采取乡村旅游线路连锁经营、乡村酒店连锁经营、民俗旅游村连锁经营等形式。

3. 连锁经营的策略

从本质上看，乡村旅游产业与一般的商业还不完全一样，标准化差，因此，在推进连锁经营过程中，要充分考虑其特殊性。①差异化策略。由于乡村旅游资源空间分布分散，乡村旅游产品不一致，消费者的需求多样性等，导致乡村旅游连锁经营必须采取差异化策略，即在基础性高度一致的基础上，提供差异化的乡村旅游产品和服务，以满足不同类型旅游者的需要。②品牌策略。品牌输出和品牌经营是连锁经营的核心。乡村旅游连锁企业将经营的所有产品和服务，都使用同一的品牌，从而有利于建立"企业识别系统"，降低新产品推广成本，节省大量广告费用。如果乡村旅游企业声誉甚佳，新产品销售必将强劲，利用统一品牌是推出新产品最简便的方法。采用这种策略的企业必须对所有产品的质量严格控制，以维护品牌声誉。③技术管理策略。通过加强管理和采用先进的技术系统，提高连锁经营的效率。如适应形势的需要，适时采用中央预订系统（CRS）、物业管理系统（PMS）、客户关系管理系统（CRM）、供应链管理系统（SCM）、企业资源计划系统（ERP）等，提高管理的科技含量；采用中央化的客源聚集平台、网络化的客源配送系统、人性化的客源会员制度等，稳定并增加客源；采用标准化的运营体系、质量体系、服务体系、财务体系等，降低运营的成本。④人力资本策略。通过组织化的人力资本，打造北京乡村旅游连锁经营企业核心竞争力。基于人力资源的乡村旅游连锁企业核心竞争力不是建立在单个个体上的，而是建立在一种相互协调、相互默契、相互包容的团队之中的，它不会因为某个个体的离开而消失。同时，充分尊重人力资源的个体价值，使其在连锁经营企业内部的价值大于其市场价格，使他们本身不愿意轻易离开乡村旅游企业。⑤本土化策略。乡村旅游连锁经营企业只有扎根于北京郊区的"土壤"，融入当地文化，才能长期经营下去，否则有可能会"昙花一现"。

（四）建立松散型联合体

根据前后台分离原理，把集群内各个休闲农业与乡村旅游企业的业务分为前台业务和后台业务，通过建立松散型联合体，把各个企业的后台业务剥离出来，整合成立专门的后台业务共享中心，实现后台业务的集约化、产业化，提高资源配置效率（陈觉，2010）。

1. 前后台分离原理

前后台分离（Front-back Stage Decoupling）原本是服务组织为应对服务提供中顾客接触这一特点而采用的“传统”的服务系统空间结构设计理念，即把服务系统从空间上分离成前台和后台两个部分，在前台与顾客进行接触并提供服务，在后台开展高效率的无顾客干扰的支持性工作。自1990年以来，随着信息技术的发展和全球化进程的加速，作为一种传统的服务系统设计理念的前后台分离又得到了新的应用，通过把后台业务外移、外包等措施，实现了产业化，也降低了成本，在有效提升企业经营绩效的同时，也提高了社会资源的利用率。目前，电信、IT服务和连锁超市等众多服务行业都开始了新一轮的以前后台分离为核心的运营系统空间结构优化。

2. 建立松散型联合体的必要性

针对乡村旅游发展过程中出现的一系列问题，为了实现资源的优化配置，改善小规模、零散化经营现状，从产业链整合延伸的角度出发，对乡村旅游产业集群可以通过建立松散型联合体，实行集团化经营。集团化经营可以由政府牵头，将分散的乡村旅游经营户联合起来，成立松散型联合体，进行统一的品牌设计和营销，制定统一的行业准则和产品质量标准，并开展监督管理。联合体中各民俗旅游户之间，休闲农业园区与乡村旅游企业之间是竞争与合作的关系，遵循市场机制和行业准则，共享资源。通过集团化经营，优化产业集群内资源配置，实现资源共享，节约生产成本，提升服务质量，发挥整体营销优势，培育品牌影响力，从而壮大经济实力，提高自身抵御市场风险的能力。在此基础上，可为进一步整合延伸乡村旅游的产业链创造条件。

3. 松散型联合体的构成

在乡村旅游产业集群实现集团化经营的基础上，可从整体流程优化的角度出发，对集群的空间结构进行以前后台分离为核心的重新配置。以创造价值与杜绝资源浪费为标准，对构成乡村旅游集群的主要旅游企业与组织的业务流程进行分析，区分业务流程中的核心环节与非核心环节，据此确立乡村旅游的前台与后台。

（1）乡村旅游的前台。乡村旅游的前台是指与旅游者发生直接接触的服务功能单元，由硬件设施和软件服务组成，具体包括景观区域与游览设施、住宿设施、餐饮设施、零售设施和娱乐设施及其与之对应的乡村景区导游服务、住宿和餐饮及娱乐的游客接待服务、农副产品和手工艺品的销售服务等。

（2）乡村旅游的后台。乡村旅游的后台是指那些不与旅游者直接接触的服务功能单元，是为前台业务提供支持的设施及相关服务，包括部分生产活动、营销、培训、环保等方面。后台生产的是半成品和可用于直接出售的最终产品或服务，如餐饮半成品、农副产品、手工艺品和旅游纪念品的加工，乡村酒店的洗涤。另外，营销平台的建立和营销策划方案的形成以及员工培训等多种管理职能和乡村旅游区污水处理等环保功能也在后台处理。但在北京郊区一些传统型民俗旅游村中，部分后台功能有可能成为旅游者体验的一部分而转化为前台功能。这需要在前后台分离中加以重视和考虑。

（3）后台业务共享中心。乡村旅游产业集群可以在集群空间内或外建立后台业务共享中心。该中心可以由政府或龙头企业牵头，各相关乡村旅游企业集资建立，也可以外包，实行市场化经营。首先，乡村旅游后台服务共享中心的业务范围应该是那些非核心、可移动的后台业务。其次，从经济成本和产业链角度出发，选择其中可实现规模经济和有利于产业链整合延伸的业务。再次，要从环境角度出发，考虑环境成本因素，将环境成本较大的后台业务并入后台服务共享中心，通过高技能的技术处理减少其对乡村旅游区的环境污染，保护生态环境。后台业务共享中心的建立，既可提高乡村旅游区内包括土地资源在内的多种经济资源的利用率，又能减少部分后台功能所造成的环境污染，促进乡村旅游区环境保护和可持续发展，还可以提高后台业务的专业化水平，为前台经营户提高服务质量提供有效支持。

（五）开发星级酒店与民俗旅游村“结对子”活动

星级酒店与民俗旅游村“结对子”活动是指在自愿的基础上，通过旅游行政管理部门牵线搭桥，在星级酒店与民俗旅游村之间建立一对一的对应关系，由星级饭店输出管理、技术和培训，民俗旅游村以低于市场价格给星级酒店提供自产优质农产品，双方之间逐步形成互惠互利的合作关系。这是一种初级的产业耦合与集群发展模式。

通过酒店管理公司与北京郊区民俗旅游村“结对子”活动，改变民俗旅游村（户）现行的一家一户式的经营方式，改进和提升民俗旅游村的经营和管理水平，实现品牌经营、特色经营和规模经营，从而进一步推动北京市乡村旅游的发展。

从操作层面看，初期可先组织市级民俗旅游村与所在区县的三星级（含）以上饭店结对子，由饭店为民俗旅游村提供业务培训和管理咨询，提高民俗旅游村（户）管理与服务水平，并可以推荐住店客人参加民俗旅游村的农事节庆活动等民俗娱乐项目；由市级民俗旅游村为饭店提供绿色有机食品和特色农产品。待实施一段时间后，再总结经验教训，逐步完善合作机制。从长远看，要通过“结对子”活动，探索上下游产业链密切协作方式与机制，找出利益结合点，最终达到双赢或多赢局面，促进乡村旅游产业的集群化发展。

三、产业集群化发展的组织保障

上述促进休闲农业与乡村旅游产业集群化发展的模式，无论体制机制如何创新，都涉及 3 个组织要素的关系，即政府、社区和农民。根据樊忠涛（2012）等人的研究，在现实条件下，实现乡村旅游集群化发展，需要坚持“政府推动、社区主导、农民受益”的思路。

（一）政府推动

要形成乡村旅游产业集群，首先要改变现有乡村旅游景区“小、散、乱”的现状，需要政府牵头制定乡村旅游发展规划，并监督执行，确保乡村旅游沿着正确的方向发展。其次，乡村旅游景区的开放性特征使得景区与社区、旅游专用设施与公共设施的边界并不十分明确，景区的道路、水电、厕所、停车场等基础设施建设需要大量资金，政府作为社区基础设施和公共服务的提供者，在乡村旅游发展过程中同样扮演着重要角色。再次，乡村旅游景区规划、建设过程中涉及规划、环保、建设、土地、农业、林业等行政部门，经营过程中涉及工商、税务、消防、卫生、消协等众多行政部门，需要政府出面协调，形成合力。最后，从利益分配上看，乡村旅游产业集群涉及到原有参与企业、个人和社区居民的利益整合和重新分配，需要政府从宏观上进行把握，以确保决策的中立性和利益分配的合理性。

（二）社区主导

乡村社区是乡村旅游产业集群化发展的直接利益相关者。乡村基础性旅游资源如自然景观、独特的人文景观和乡村民俗文化是在长期的乡村生活中形成的，是自然界和老祖宗留下来的遗产，所有权属于全体乡村社区居民。在乡村旅游发展过程中，乡村社区居民长期承受因发展旅游业引起的物价上涨、环境恶化、治安混乱、生产生活受限、道路拥挤、出行不便、活动范围受限等问题，应该成为乡村旅游发展的受益者。乡村社区的主导作用主要通过社区参与乡村旅游的形式来实现。要不断丰富社区参与的形式，通过参与制定规划、参与决策、参与管理和参与利益分配，确保乡村社区在乡村旅游发展中的主动权；通过技能培训、业务培训、考察交流、小额贷款等途径，提高乡村社区居民参与乡村旅游和提高接待服务的能力；确保乡村社区享有充分的知情权和通畅的诉求表达途径，主动听取社区居民对乡村旅游的看法和意见，优先吸收社区居民参与乡村旅游景区就业，形成合理的利益反馈机制，使社区居民共享乡村旅游发展成果。

（三）农民受益

乡村旅游集聚区的发展需要农民的参与且受益。乡村景区不仅应为社区居民提供就业机会，而且应吸收社区居民代表参与景区的管理。国内大多数成熟乡村旅游景区成立了乡村旅游协会、乡村旅游委员会等乡村旅游民间产业组织。乡村旅游民间产业组织由管理部门、经营者和乡村社区居民代表共同组成，介于政府和景区经营者之间，是联接政府、经营者和乡村社区的桥梁与纽带。他们向政府反映经营者和乡村社区的诉求，协助政府制定和实施乡村旅游发展规划和产业政策；监督乡村旅游景区的服务质量、竞争手段和经营作风；维护社区在乡村旅游发展过程中的主体地位，致力于规范乡村旅游业发展和维护乡村旅游景区形象，具有舆情沟通、经营监督、行业自律、利益协调等功能，可以弥补政府管理的缺失，规范乡村景区的持续、健康、和谐发展，促进乡村旅游集聚区的形成。要充分发挥乡村旅游民间产业组织的作用，为农民真正受益提供组织保证。

第九章

组织升级

规模升级是休闲农业升级的重要内容，而实现规模升级的前提和核心是组织升级。通过组织结构、机制和模式转变，形成以利益为纽带的共同体，促进休闲农业由个体经营向规模经营转变，由分散经营向集约经营转变，由独立经营向分工合作转变，由散状经营向乡村旅游带转变。

第一节　组织升级的必要性

以家庭为主体的小规模经营方式已成为休闲农业与乡村旅游发展的瓶颈。要通过组织模式的升级，引入集体经济组织、农民专业合作社、各类社会化服务组织、龙头企业等经济组织参与休闲农业与乡村旅游开发，提升经营层次与规模，将成为必然趋势，也是京郊休闲农业与乡村旅游发展的必由之路。组织经营能够彻底改变休闲农业与乡村旅游原有的经营模式，变农户各自分散提供休闲产品为组织集中提供产品，实现休闲资源和设施的有机整合、休闲市场的统一开发、经营过程的统一管理，提升休闲农业与乡村旅游的专业化、集约化水平。由于北京郊区各区县乡村自然环境与经济社会发展条件的不同，各类经济组织市场化程度不一，休闲农业与乡村旅游的组织模式可以多元化，并在实践中加以不断探索与创新。

一、组织与组织模式

组织与组织模式是产业经济学的两个基本概念，也是组织升级要研究的对象。

所谓组织，一般有两种含义：一种是动词，就是有目的、有系统地集合起来，如组织群众，这种组织是管理的一种职能；另一种是名词，指按照一定的宗旨和目标建立起来的集体。对于名词的组织，有广义和狭义之分。从广义上说，组织是指由诸多要素按照一定方式相互联系起来的系统；从狭义上说，组织就是指人们为实现一定的目标，互相协作结合而成的集体或团体。

所谓产业组织模式，是从产业的角度，同一产业内部各单元之间在进行经济活动时所形成的相互联系及其组合形式。因产业组织模式不同，产业内部各单元及企业间相互联系机制和形式不同，资源利用效率及产出效益也就有可能不同。因此，针对不同的产业和产业的不同发展阶段，采用不同的组织模式，实现产业组织的合理化，并借此达到资源有效利用、产出收益提高，便成为产业经济学和产业政策追逐的目标。

休闲农业与乡村旅游产业组织模式是指提供乡村旅游产品和服务的个体或者企业之间的分工、竞争与合作关系。乡村旅游产业组织涉及的主要参与者包括直接或间接提供乡村旅游产品和服务的农户、个体工商户、企业、农民合作经济组织、乡村旅游协会，以及农村社区居民、村委会、当地政府等。

二、京郊休闲农业与乡村旅游组织化状况

北京有着平原、山区、丘陵等多元立体的生态环境，为发展休闲农业与乡村旅游产业奠定了坚实基础。经过20世纪90年代的自发萌芽、21世纪初的集体建设和最近几年的私人资本的涌入，北京郊区休闲农业与乡村旅游产业得到了迅速的发展。实践证明，休闲农业与乡村旅游已经成为市

场需求大、农民增收见效快的重要产业，对于拓展农业多功能、促进农民就业增收、推进美丽乡村建设、满足城乡居民日益增长的休闲消费需求，起到了积极的作用。

随着休闲农业与乡村旅游规模的不断扩大，农户分散经营、“单打独斗”的弊端也开始显现，信息不灵、市场竞争力弱等逐渐制约农民与市场之间的良性互动。为扭转这一局面，一些地方的集体经济组织或者农户，按照自愿、互利的原则，组建了一批旅游协会、乡村旅游专业合作社等专业合作组织，成为提高组织化程度和集约化水平的生力军。据北京市农村合作经济经营管理办公室公布的数据，2012 年全市融合农村一、二、三产业的合作社达到 826 家，占全市合作社总数的 17.3%。涌现出密云县石城镇民俗旅游合作联社、延庆县井庄镇柳沟乡村旅游专业合作社、顺义区天天康乐果品合作社、顺义区甜利农果品产销专业合作社、通州区西集镇泊浒种植专业合作社、密云县古北口河东村民俗旅游专业合作社、怀柔区渤海镇麒岭核桃种植专业合作社等一批从事休闲农业与乡村旅游经营的优秀合作社。通过产业融合与农民合作，提高了组织化程度，延伸了产业链条，提升了经济效益。

但是，从总体上看，从事休闲农业与乡村旅游的农民组织化程度不高，规模化、集约化水平不强，在观念、体制、政策等方面还存在着障碍。因此，在休闲农业与乡村旅游市场竞争日益激烈、利益主体日趋多元化的新形势下，亟须构建农民利益群体与休闲农业市场良性互动机制，将农民的利益诉求通过组织化行为得以实现。

三、休闲农业与乡村旅游组织模式升级的必要性

休闲农业与乡村旅游长期处于“小、散、低”的状态，很大一部分原因，就是缺乏组织化。这种“小、散、低”，使得城市里成熟的社会化服务不能进入农村，使得农民处于要么低层次自我发展、要么替外来资本打工的两难境地。解决“小、散、低”的问题，不是说民俗旅游要扩大单体规模、泯灭个性，而是指面对市场，通过机制创新，由散户自我组织起

来。深入分析，提高休闲农业与乡村旅游市场主体的组织化程度，是由乡村旅游的特殊属性决定的。

（一）乡村旅游的乡村属性决定了农民成为产业主体的可能性

如前所述，乡村旅游是旅游者到乡村地区进行的以具有乡村性的自然和人文客体为旅游吸引物的旅游活动。那么，作为乡村土地的主人和乡村经济活动的主体，农民就理所应当成为乡村旅游不可或缺的主体。乡村旅游产业中的农民主体地位，不仅体现在农民应当成为乡村旅游产业的投资主体，而且应当成为乡村旅游的经营主体，更应当成为发展乡村旅游产业的受益主体。我们国家提倡大力发展乡村旅游产业的初衷，就是为了通过发展乡村旅游带动农村经济的发展和农民群众增收致富。

（二）乡村旅游的可复制属性决定了农民成为产业主体的不确定性

作为以都市人体验农村风情、景色、民俗为主的旅游，都市人“住农家院、吃农家饭、干农家活、享农家乐”、享受田园风光的旅游活动是北京市乡村民俗旅游的初始发展阶段。在这一阶段，农户是接待旅游者的当然主体。但是，由于乡村旅游具有极强的可复制性，不但从事乡村旅游的农户不断增加，而且出现了国有企业、民营企业、社会个人和其他法人纷纷涌入农村地区从事乡村旅游业的局面。乡村旅游业的经营主体出现了多元化，农民还能不能成为乡村旅游产业的主体出现了极大不确定性。

（三）乡村旅游的高回报属性决定了产业的高度竞争性

旅游产业号称是“无烟工业”，是投资回报率较高的新兴产业。正是由于其投资的高盈利性在吸引着越来越多的投资者进入这一行业。乡村旅游产业经营主体的多元化和经营主体数量的不断增加，导致乡村旅游成为竞争日益激烈的产业。乡村旅游产业的竞争，不仅有从事乡村旅游产业的农民之间的竞争，也有农民与其他外来经营者的竞争。而竞争的方式，既有旅游产品价格方面的竞争，也有旅游产品质量方面的竞争，还有旅游产品成本方面的竞争以及旅游产品服务方面的竞争。乡村旅游市场激烈的竞争，进一步动摇了农民的乡村旅游主体地位。

（四）乡村旅游市场需求的可变属性决定了产业的经营集约性

随着城市旅游者生活水平的提高，对乡村旅游产品追求档次的提升，北京市乡村旅游的内涵发生了重大变化。过去在自家院里腾间房、摆张床、支张饭桌就能开张的简单经营模式已经远远不能满足旅游者的需求。北京市乡村旅游正在从观光型向休闲度假型转变，北京市民对乡村旅游的需求由初级的以吃住产品为主，向高级的以体验型、文化型、娱乐型产品为主的转型过程中。适应旅游市场需求的变化，必须在改变经营理念、调整经营战略的基础上，增加资金投入、开发培育新产品、发展新型业态，实行适度规模经营与集约经营。这是一家一户分散经营的农户难以做到的。

通过上述对乡村旅游产业特殊属性的分析，可以得出一个简单而明确的结论，那就是农民群众只有联合起来，提高组织化程度，或者通过组织创新，与其他类型的乡村旅游企业或机构建立合作关系。只有这样，才能够在激烈的乡村旅游市场竞争中站稳脚跟，立于不败之地。

第二节　组织模式的类型与升级方向

根据对北京郊区的调研，把京郊休闲农业与乡村旅游组织的主要模式分为 7 类（耿红莉，2012），即农户分散经营模式、乡村旅游专业合作组织模式、“企业 + 农户”模式、“公司 + 社区 + 农户”模式、村办企业模式、股份合作制模式、承包租赁模式。对每种模式，分别研究提出了升级方向。

一、农户分散经营模式

（一）发展状况

农户分散经营在北京郊区的乡村民俗旅游中较为普遍。农户分散经营是指乡村旅游产品和服务的提供没有企业参与和组织，完全由农户以户为单位经营，他们提供的产品或服务具有同质性。从组织形式上看，一个村庄的民俗旅游户在自发的基础上，以个体农户为单位，各自经营自己的民俗旅游业务，而村庄往往没有统一的乡村旅游管理服务机构。从经营内容上看，民俗旅游户一般提供餐饮、住宿、休闲或者娱乐服务。从空间分布看，农户分散经营模式主要出现在城市郊区农村游憩地、文化景观型乡村旅游地、自然风光型乡村旅游地和景区依托型乡村旅游地（向富华、金颖若，2011）。

（二）优势与作用

农户分散经营比较适合乡村民俗旅游刚开始发育的地区或者是民俗旅游户比较少的村。由于是分散地自主经营，项目的所有权、经营权合二为一，可充分调动民俗户的积极性。为了取得较好的收益，民俗旅游户会充分发挥自己的聪明才智，营业时间长，服务态度好，也会注意节约成本，因此在某种程度上，这也是他们发家致富的一条路子。同时，由于民俗旅游户都是本村的，没有外来经营者的利益冲突，避免了经营摩擦，邻里之间的关系相对较好。此外，民俗户对农村自然资源和乡土文化资源的保护意识也比较强，有利于人与自然的和谐相处。

（三）矛盾与问题

由于农户投入的资金有限，产品和服务具有同质性，随着分散经营农户的日益增多，竞争会越来越激烈，难以避免户与户之间的正面竞争，也难以抵御市场风险；宣传推介的成本很高，由于是散户经营和独立营销，难以实现规模效益；户与户之间没有分工，也没有合作，难以形成产业链；由于分散经营的农户对于其他农户和整个村庄来说具有外部性，每个农户的行为都会影响到整个村庄的乡村旅游发展，农户经营的机会主义难以避免，容易导致对乡村旅游环境、生态的破坏，进而影响整个村庄的可持续发展。

（四）提升方向

1. 成立乡村旅游专业合作社

对于已形成一定数量的农户分散经营，可以考虑成立乡村旅游合作社，借此把分散的农户联合起来，使户与户之间的外部性内部化，以解决在很多地方出现的“公地悲剧”和“飞地化”现象。

2. 引入“企业＋农户”的经营模式

对于有乡村旅游资源，且民俗旅游户较多的村庄，可以引入“企业＋农户”的经营模式，利用企业的力量，来制止农户分散经营的机会主义。企业可以是本地企业，也可以是外来企业；可以是公司制，也可以是股份合作制。

3. 由村集体或政府进行引导和规范

对处于发展初期阶段的散户，建议由村集体或乡镇政府进行有意识地引导和规范。作为一个过渡阶段，可采取多种方式把目前没有加入乡村旅游专业合作社的民俗旅游经营户组织起来。一是发挥村党支部和村民委员会的作用，成立民俗旅游管理办公室，采取村民自治的办法，制订民俗旅游经营户行为公约，对旅游客源分配、接待标准、收费价格等进行规范。二是发挥乡镇党委和政府的作用，成立乡镇民俗旅游管理办公室或者旅游协会，对乡镇范围内的民俗旅游经营户进行登记、制定服务标准、规定收费标准、进行技术培训、帮助经营户解决经营中的困难，指导民俗户提高经营水平。

二、乡村旅游专业合作组织模式

（一）发展状况

农民专业合作经济组织是指农民自愿参加，以农户经营为基础，以某一产业或产品为纽带，以增加成员收入为目的，实行资金、技术、生产、购销、加工等互助合作经济组织。乡村旅游专业合作组织是以休闲农业与乡村旅游为主业的农民专业合作经济组织。在北京郊区，乡村旅游专业合作组织出现的时间不长，但发展势头较猛。目前，大概分为两类。

1. 乡村民俗旅游协会

由乡镇政府或村委会发起成立，协会自我管理、自我服务、自我教育。北京郊区的市级民俗旅游村中，约有1/3的村庄有乡村旅游协会，但多数协会并不规范，有协会名称，但却由于没有在民政部门正式注册，无法收取会费、接受捐助，因此，基本没有自主开展协会活动的能力。正式注册的协会具有独立的社团法人资格，主要通过村集体支持、收取会费、接受捐赠和赞助开展相关活动。在实际运作中，以村为单位的乡村民俗旅游协会的理事长、副理事长和秘书长多是由村书记、村主任或村委会成员兼任，协会与村委会重合。多个村联合组成的协会多以乡镇政府主导，部分建有自己的网站，帮助会员进行网络营销，收取会费。大部分协会的工作基本停顿或是仅限于组织会员参与旅游主管部门开展的培训、营销等活动，协会自主性、独立性和自我发展的能力普遍偏弱。

2. 乡村民俗旅游合作社

北京郊区的乡村民俗旅游合作社是在2007年7月1日《中华人民共和国农民专业合作社法》正式颁布以后出现的以休闲农业与乡村旅游为经营内容的新的专业合作组织，其中，以村级为多。组建、运作基本按照农民专业合作社法的规范进行。专业合作社属于经济组织，由5名以上成员组成，向工商行政管理部门申领营业执照，具有法人资格；理事长是合作社的法人，实行一人一票的民主决策机制；社内不以营利为目的，但对外追求组织利益最大化。成员按照合作社章程参与合作社内部事务管理，有利用本社提供服务和生产经营设施并分享盈余的权利，同时承担一定的合作社经营资金需求。如密云县新城子镇花园村“桂芬养鱼合作社”、密云县“石城镇石塘路村休闲农业合作社”、怀柔区雁栖镇官地村“北京不夜谷官地农家乐种养殖合作社”等。

（二）优势与作用

乡村旅游专业合作组织将外部市场内部化，起到联结农户与企业、联结生产与市场的作用。农民组织化程度的提高，也提高了民俗旅游户在市场中的谈判地位和抵御风险的能力，有助于形成乡村旅游品牌。具体来说，乡村旅游专业合作组织的作用主要体现在5个方面：一是平息民俗旅游户之间的无序竞争，稳定市场价格；二是创新原材料购买方式，降低经营成本；三是改善乡村旅游服务质量，提高农民收入；四是调动各方投资积极性，促进产业规模化、集约化经营与乡村和谐发展；五是拓宽农民就业渠道，加速农民向民俗旅游服务等非农产业转移。

（三）矛盾与问题

虽然北京已出台政策明确了乡村旅游合作社的身份，可以登记注册，但目前仍不能像其他合作社那样通过企业化运营实现营利。同时，由于多数乡村旅游专业合作组织是在政府的倡导和鼓励下组建的，内生动力不足，在运行过程中也存在一些问题。

1. 以政府主导为主，具有较浓的行政色彩

乡村旅游专业合作组织的形成与其他农民专业合作组织一样，是介于政府强制与农民逐利动机下自发行动之间的，在政府主导下内生需求诱导型的制度变迁。虽然有独立发展的市场化业务，比如，帮助民俗户组织客源、经销本地土特产品、组织业务培训等，但总体发展并不好。相对而言，行政色彩更浓一些。

2. 组织形式较为松散，自我发展能力不强

乡村旅游专业合作组织的组织形式普遍较为松散，没有自有的固定资产，内部协调成本也比较高。这种松散的组织形式往往导致运作资金缺乏。没有资金上的保障，不仅组织发展壮大成问题，甚至连组织内的正常活动也难以开展。

3. 内部管理不够规范，运行机制不够健全

乡村旅游专业合作组织属于新生事物，内部管理不够规范，稳定性差，对内服务缺乏，惠及成员的能力较弱，导致参与的农户容易失去对合作组织的信任；作为经济组织或准经济组织，最吸引组织成员的是组织的营利能力，而现有乡村旅游专业合作组织内部运行机制普遍不够健全，使得大部分乡村旅游专业合作组织无法对外营利，因而对农民的吸引力很弱。

4. 合作环境存在较大局限

民俗旅游经营者大多文化水平低，企业化、产业化意识不强；自给自足观念较强，合作意识比较淡薄；过多注重小利益、当前利益，而忽视长远利益；诚信不足，自律意识有待提高。从个体理性和集体理性之间存在较大距离，大大提高了合作中的摩擦成本，导致合作组织运转困难。

（四）提升方向

《中华人民共和国农民专业合作社法》为农民专业合作社定了性，并指明了发展方向，用根据自身特点和环境背景而拟定的章程来约束合作社的运作，承认差别的同时强调了共同发展，符合国际上农民专业合作组织的发展潮流，也从法律层面为农民专业合作社的多元化提供了机会。根据北京郊区的实际，乡村旅游专业合作社的未来发展与提升方向如下。

1. 健全制度，向规范的乡村旅游专业合作社方向发展

北京郊区多数乡村旅游专业合作社成立的历史不长，监督管理制度还不健全。要根据《中华人民共和国农民专业合作社法》和北京市“实施办法”的要求，建立健全社员大会或者社员代表大会制度，完善民主选举、民主决策、民主监督制度。合作经济组织资产经营方式的变更、重要资产的处置、重大固定资产的购置等，都要履行民主决策程序，做到公开、公平、公正，严禁暗箱操作。要完善集体资产管理制度和各类内部控制制度，完善收益分配制度，杜绝各类腐败行为的发生，让群众真正通过参与合作，得到乡村旅游发展带来的好处，增强合作经济组织的内部凝聚力和向心力。

2. 转型改制，向企业化方向发展

经济组织的定性使专业合作组织区别于非营利组织，说明其功能不仅仅是服务于成员，还要求专业合作组织必须参与市场竞争并通过市场竞争获得发展，企业化经营将成为一些专业合作组织发展壮大的必然要求。从实践看，无论是专业合作社，还是其他形式的专业合作组织，除了继续提供各种服务、施惠于自己的成员外，能不能通过企业化运营实现营利，已经成为专业合作组织发展的重要前提。现有乡村旅游专业合作组织自身缺乏营利能力，但最根本的是缺乏有营利动机的企业运营机制，农民不能从合作组织中得到好处，不能得到超过平均利润以外的盈余，当然也就缺乏对社员的吸引力。因此，京郊一些具备条件的乡村旅游专业合作社，在开展对内服务的基础上，要努力实现对外营利，朝企业化方向发展。

3. 整合资源，积极发展社区型乡村旅游合作组织

社区合作经济组织与专业合作经济组织的最大区别，就在于社区型合作经济组织拥有土地、山场以及村集体资产的所有权，而专业合作经济组织不具备这个权利。因为城市市民到乡村来旅游欣赏的是整个乡村的景色，而不可能是一家一户承包地的景色；城市市民到乡村来旅游体验的是整个村庄的农耕文化，而不是一家一户的文化。因此，无论是乡村旅游硬件的建设还是乡村旅游软件的改善，都离不开社区型合作经济组织。所以，在具备条件的一些地方，应努力将专业型乡村旅游合作组织改造成社区型乡村旅游合作组织。

4. 创新模式，创办乡村旅游合作联社

在分工的基础上，走协作的道路，是乡村旅游专业合作组织未来发展的一个方向。在一个乡镇甚至几个乡镇的范围内，要努力建设乡村旅游合作联社，把单一功能的旅游服务产品“串珠成链”，整合为具有复合功能的组合型旅游服务体系。同时，把原来的乡村旅游专业合作社，调整改造成为合作联社的核心业务，比如，农业观光园合作社、乡村民俗旅游村合作社、乡村酒店合作社、乡村旅游商品合作社、B2C模式网上商城、乡村旅游商品创意工作室、乡村旅游服务中心等。通过多种营销渠道集中推介，有效改善当前信息错位的现象，为供需双方搭建电子商务交易平台，提供旅游综合服务。要在满足旅游者消费需求的同时，造福当地百姓，进而调动当地农民参与合作联社建设的积极性，促进乡村旅游的可持续发展。

三、“企业＋农户”模式

（一）发展状况

企业一般是外来投资的企业，既可能是股份制企业，也可能是合作制、股份合作制、独资企业；农户则是民俗旅游户、个体工商户，一般从事餐饮、住宿、娱乐等接待服务。企业和农户之间是分工合作关系，其中，企业提供主要的产品和服务，农户则提供相关的配套服务，大概分为两种类型。

（1）旅游景区依托型。旅游景区分布在乡村地区，农户依托乡村旅游景区带来的客源，利用位于景区内部或者附近的区位优势，提供以餐饮、住宿或临时休息为主的配套服务。典型的例子如房山区十渡镇西庄村、佛子庄乡中英水村、门头沟区潭柘寺镇赵家台村、海淀区苏家坨镇车耳营村等。这种类型“企业+农户”模式的企业与农户之间属于松散型合作关系。

（2）资源整合型。企业将乡村民俗旅游资源整合，形成统一规划、边界清晰的乡村旅游景区，其中景区的风貌保护、景观建设、基础设施、卫生和秩序、市场营销等由企业统一负责；部分配套服务及乡村旅游商品销售等由相关乡村民俗旅游村、民俗旅游接待户负责，这些民俗村（户）分散经营。典型的例子如门头沟区斋堂镇爨柏沟域，在镇政府主导下，成立“北京斋城旅游开发有限公司”，整合爨底下、青龙涧、柏峪、双石头、黄岭西、柏峪台6个百年历史的古村落和黄草梁自然风景区，打造新的爨柏旅游景区，进行整体规划、开发、包装和宣传，按照等级景区的标准规范，对外提供接待服务等。又如，延庆县在县政府主导下由北京京西北房地产集团投资成立“北京延庆京西北乡村休闲旅游有限公司”，整合延庆乡村旅游资源（民俗村户、景区、景点），进行项目开发、整体营销，规范接待服务等。这种类型“企业+农户”模式的企业与农户之间属于紧密型合作关系。

（二）优势与作用

企业与农户作为乡村旅游经营活动的两个利益主体，产权边界清晰。外部性促使经营一体化发生，以获取更大利润，但农户的产权专用性又限制了一体化经营。企业不拥有农户的产权，也不会产生资产专用性而导致沉没成本问题，但企业可通过“企业+农户”模式对农户的经营活动进行规范，达到了经营层面上的一体化，如旅游景区公司可以拥有农家乐的价格制定权和管理权。由企业负责开拓市场，引进客源，而农户则给游客提供食宿等配套服务，可以发挥双方各自的优势。

从深层次运作机制分析，以上述第一种情况"旅游景区依托型"为例，根据 Williamson（威廉姆森，1977）的交易费用理论，"旅游景区公司＋农户"的模式属于双方治理结构，旅游景区公司和农户的交易属于经常发生的交易行为，农户的接待设施具有比较强的资产专用性，而且双方交易过程中可能会出现各种不确定性因素，在这些因素的影响下，旅游景区公司和农户之间用关联式契约约束双方的行为，从而产生对双方都有利的交易模式，降低双方的交易成本，农户按照旅游景区公司的规定长期给游客提供饮食和住宿服务，旅游景区公司为农户长期输送游客。这种模式保证了服务质量，有利于整个乡村旅游的可持续发展（向富华、金颖若，2011）。

（三）矛盾与问题

在企业的约束下，农户的机会主义行为被大大遏制，但是农户提供的毕竟是比较简单的服务，面对旅游市场的变化，如何去提升旅游者的满意度是农户面临的很大挑战，比如在经营时，农户可能会因产品畅销或滞销而出现私自改变产品价格和服务标准的行为；企业与农户的经济实力与地位不对等，往往使农户在与公司谈判时处于劣势，农民的利益很难从根本上得到保证；纯粹的企业行为容易对乡村旅游资源造成破坏性开发，不利于保护当地的生态环境和传统文化。

（四）提升方向

由于企业比农户对旅游市场更为了解，企业可以发挥给农户提供旅游信息和带来客源的优势，对农户的经营进行指导，包括对农户开展统一培训，规范接待服务设施，制定统一的服务标准，同时加强对农户的监督管理，并受理游客的投诉等，以此促使外部性内部化；地方政府应对企业或旅游公司提供宽松的政策环境，并搞好基础设施配套，加强与企业的沟通，使企业在与农户谈判时能充分考虑农户的利益；在当地政府或社区的见证下，签订或重新签订企业与农户的合作协议，明确各自的责任、权利和义务。企业负责开拓客源市场，进行经营管理，农户负责提供特色的休闲农业产品，提供入户接待、住宿等服务。乡村旅游开发所需资本，可以通过协商按照一定的出资比例，由企业和农户共同承担，也可以采用入股的形式，村民的房屋等个人财产可以作价入股，按股分红。特别需要指出的是，在协议中要明确双方的社会责任，比如生态环境保护、污染控制与治理、乡土文化传承、公共服务设施的完善、对地方社会发展的贡献等。

四、"公司 + 社区 + 农户"模式

（一）发展状况

"公司 + 社区 + 农户"模式是指公司通过社区居间服务，组织农户参与乡村旅游。其中，"公司"是指村办企业，而不是外来企业；"社区"一般是指村委会；"农户"是指乡村民俗旅游户或个体工商户。在该模式中，"公司"具体负责本村乡村旅游的经营业务，包括基础设施建设、对外营销、接待并分配游客、开展对农户的培训、制订农户接待服务的规范并监督服务质量、定期与经营农户结算等；"社区"在公司和农户之间发挥协调作用；"农户"则直接提供接待、住宿等服务，参与乡村旅游经营，并接受公司的培训，规范服务质量。这种模式与"公司 + 农户"模式的不同之处是，村办企业只是经营管理机构，并不从事直接的接待和服务。"公司 + 社区 + 农户"模式在北京郊区比较常见。

（二）优势与作用

"公司 + 社区 + 农户"模式是对"公司 + 农户"模式的一种改进。在这种模式下，公司作为村办企业，不直接从事接待和服务，能充分保障开发投入和利益合理分配；农户是提供服务的主体，其收益能得到充分保障；公司和农户的经营行为都受到村委会的管理协调，一体化程度比较高，且能较好地保护和传承乡土文化；公司、社区和农户的职责明确，利益分配均衡，三者之间是相互制约的关系，既保证了经营管理过程的公

平，又保证了乡村旅游产品的质量。

（三）矛盾与问题

公司的运营会因缺乏对利润的追逐冲动而失去效率；村委会对农户的管理由于在现实中碍于人情、面子等，很难避免机会主义；村委会有时要扮演“裁判员”和“运动员”的双重角色，导致对公司的监督难以到位。

（四）提升方向

为从根本上解决上述矛盾和问题，建议对“公司＋社区＋农户”模式中的“公司”和“社区”进行重构，形成新的运行机制。①改革“公司”。应通过体制机制创新，加强管理，形成村办企业逐利的原动力。有两个思路：一是通过村委会与村办企业签订奖罚分明的经营协议和目标责任书，明确每年的工作任务和经营目标，超过则奖，不足则罚，形成对村办企业的硬约束；二是对村办企业进行公司化改造，通过设立村集体股、吸收村民股、引进社会股等，形成产权清晰、权责明确、自负盈亏、风险共担的股权结构和按股分红的分配机制，并聘任职业经理人，组建经营班子。②重构“社区”。把社区构成由目前的村委会改成村乡村旅游协会。村乡村旅游协会是由村民俗旅游接待户组成的自我组织，一户派一名代表参加，履行自我管理、自我服务、自我教育的职责。与村委会相比，村乡村旅游协会由于是民俗旅游户的自我组织，对民俗旅游户的约束力更强，在分配游客等问题的协调上有更大的话语权。当然，在重构该模式后，村委会并不是与此完全无关，它仍然可以通过教育说服方式对村民进行劝导，同时依据相关政策，建立惩罚机制，对村民形成约束。只不过其发挥作用的方式，由“前台”移到了“后台”，由“直接”变成了“间接”。

五、村办企业模式

（一）发展状况

村办企业模式，在北京郊区较为常见。村办企业开发模式是指由村一级的企业，对乡村旅游资源或景区进行统一开发、经营、管理，利益分配由村集体统一考虑，一般在全体村民之间进行。实际上，该模式往往是由村委会主持的。根据乡村类型的不同，可大致将乡村旅游村办企业分为两类。

对于城市化的乡村，乡村旅游村办企业具有以下特点：一是以大型企业集团为支撑，集团为村集体所办，已经通过非农产业、“非旅”产业等获得了强大的经济实力；二是旅游企业实行现代企业制度，聘用职业经理人和务工人员；三是旅游吸引物多样，比如农业主题公园等。另外，“村庄”的现代化居住区和村属企业也可能作为旅游点，如房山区韩村河村、丰台区王佐镇南宫村等。

对于特色化的乡村，一般由村委会筹资组建公司，由该公司负责乡村旅游项目的开发建设，项目所需资金可以由当地财政拨款，或者申请专项资金，还可以通过村民集资或入股方式筹集，村民也可以用自己的实物资产作价出资。经营中除了少数管理人员和技术人员以外，一般的工作服务人员，以当地村民为主。村民既可通过劳动获得工资性收入，又可按照出资比例分红。如平谷区大华山镇挂甲峪村。

（二）优势与作用

由村集体或村集体办的企业牵头，可以获得当地政府的支持或担保，乡村旅游项目开发建设快，质量有保证，对于开发大型乡村旅游景区较为有利；由于企业是村办集体企业，与农民的摩擦和利益冲突少，有利于整合资源，集中力量办大事；在项目开发时，能够把一些真正体现当地乡风民俗的特色保留下来，有助于乡土文化和原生态的保护，有助于实现经济、社会、生态效益的统一；在项目建成投入运营后，可以尽可能多地消化吸收当地农村劳动力，使村民无需离乡即可就业，同时也可降低项目的劳动成本；在收益的分配方式上，决策权一般在村委会或村集体经济组织，有利于保护村民利益，带领当地农民脱贫致富。

（三）矛盾与问题

对于集体经济组织实力较弱的村，村办企业的融资受到限制，影响到乡村旅游项目规模扩大和水平的提高；由于村办企业的实际决策权在村集体经济组织，或者村委会，甚至村党支部，中间环节多，机制不灵活，决策效率较低，难以实现决策的科学化、民主化，甚至有可能把乡村旅游项目建成村领导的“面子工程”“形象工程”；基层组织的换届选举带来的领导更替，有可能使村里对企业发展缺乏长远规划和统一考虑，市场创新有局限。

（四）提升方向

1. 多渠道融资

随着金融体制改革的推进，融资问题除通过申请财政拨款和向国有商业银行贷款外，还可以通过村镇银行、农村资金互助社、小额贷款公司等渠道解决。只要项目好，投资回报率高，是不用担心融不到资金的。

2. 把村办企业进行公司化改革

为从根本上解决村办企业行政色彩浓厚、政企不分、运行效率低的问题，建议对村办企业进行公司化改造。通过设立村集体股、吸收村民股、引进社会股等，形成产权清晰、权责明确、自负盈亏、风险共担的股权结构和按股分红的分配机制，并聘任职业经理人来经营管理。对此，可从全国乡村旅游两个杰出代表——安徽省西递、宏村两个村的比较中得到一些启示。

西递、宏村都是徽派文化和农耕文化融合发展的代表，都是世界文化遗产，两村相距也不过十几千米，但由于两村的管理体制与经营模式不同，经营效益却相差很大。以 2010 年为例，西递全年接待旅游总人数 65 万人次，实现旅游门票收入 2 650 万元；宏村全年接待旅游总人数 110 万人次，实现旅游门票收入 4 850 万元（傅欣，2011）。深入分析，西递村的西递旅游开发公司是在镇政府领导下的村办旅游公司，属于集体性质的企业，村书记兼任公司的总经理，西递“两委”与旅游公司是“一个机构、两块牌子”，党政不分，政企不分，导致企业受到的行政干预较多，管理不规范；宏村由北京中坤集团开发经营，政府与中坤集团签订转包开发协议，中坤集团享有对宏村的独家经营权 30 年不变，公司对宏村实行市场化运作、标准化管理，政府对公司经营的干预较少。两种不同的体制机制，导致两种不同的结果。

3. 建立鼓励创新的长效机制

为实现乡村旅游项目的创新发展，从短期来看，可聘请专业规划公司或科研院所专家，进行乡村旅游规划或策划。从长期来看，在对村办企业进行公司化改革后，可通过引进外来投资者合作或实施重组，组建综合性或专业化的大型乡村旅游企业，向集团化方向发展，充分发挥其管理优势、品牌优势和企业集团的中心带动作用，提高乡村旅游产品开发、市场开拓和抗风险能力。

六、股份合作制模式

（一）发展状况

股份合作制是由劳动者全员入股、自愿组织起来，从事产业经营或服务活动，进行民主决策和管理，按资分红和按劳分红相结合，利益共享，风险共担，独立核算，自负盈亏，并以企业财产独立承担民事责任的一种新的企业制度形式。根据资源的产权，可将北京郊区的旅游资源界定为国家产权、乡村集体产权和农户个人产权 3 种产权主体。采取国家、集体和农户个体合作，把乡村旅游资源、特殊技术、劳动量转化成股本，通过土地、技术、劳动等形式参与乡村旅游的开发，进行股份合作制经营，收益坚持按股分红与按劳分红相结合，是一种制度创新。典型例子如大兴区庞各庄镇梨花村、顺义区赵全营镇北郎中村等。

（二）优势与作用

产权关系明晰，风险共担，利益均沾，有利于调动农户参与发展乡村旅游的积极性。股份合作制乡村旅游企业通过公积金的积累，完成扩大再生产和乡村生态保护与恢复，以及相应旅游设施的建设与维护；通过公益金的形式，投入到乡村的公益事业，以及维持社区居民参与机制的运行等；企业的税后利润在按规定提取公积金、公益金后，可由股东会决定投资回报率，没有一定的限制；通过股金分红，支付股东的股利分配，国家、集体和个人按照各自的股份获得相应的收益。在实践中，股份合作制往往实行一人一票与一股一票相结合，它吸收了股份制的同股同权原则，兼顾了成员权利和资本权利，因此它融合了股份制与合作制的两种制度优势，具有广阔的发展前景。

（三）矛盾与问题

在运行中，乡村旅游股份合作制的主要问题是，股权分散决策难，股东注重短期回报，缺乏长期投资的信心（向富华，2011）。①股权分散决策难。乡村旅游企业中绝大多数的职工都是股东，人人是股东，容易形成新的大锅饭。在经营过程中往往表现为两种极端，或者“人人是股东、人人不负责”，或者“人人是股东、人人要作主”。②一人一票效率低。股份合作制企业章程规定，在股东代表大会表决时采用一人一票和一股一票相结合的方式，由于股权高度分散，企业经营者的决策往往受制于人。③资本积累空间小。股东存在注重短期回报的心态，缺乏对企业长期投资发展的信心。由于每年保持较高的分红率，易出现企业赢利而资本权益减值的怪现象。

（四）提升方向

乡村旅游股份合作制模式适用于以乡、村为单位或若干家庭和个人自愿集资、出劳力，组成产权明确，资产、责任与利益相关联的联合开发、自主经营的乡村旅游景区和企业。建议通过股权转让，实现股权相对集中。受让方可以是管理层，也可以是原股东。通过部分股东或管理层增资扩股，实现控股经营，最终达到提高股份合作制企业决策和运行效率的目的。

七、承包租赁模式

（一）发展状况

将乡村旅游资源、项目或景区的所有权和经营权分开，授权给一家企业进行较长时间经营管理，成片租赁开发，发展成为一个相对独立、具有乡村特色的景区。如构建乡村景观，移植民俗成立的休闲农庄、乡村酒店、休闲农业园区等。典型的例子如朝阳区蟹岛绿色生态农庄、怀柔区鹅和鸭农庄、怀柔区渤海镇慕田峪村国际驿站等。其特点是，乡村性、文化性更为突出；项目品位、活动内容等总体吸引力较高，能够满足游客过夜的需求；较大程度脱离原生态的乡村文化，通过移植、仿制等，汇聚民俗、休闲娱乐项目，使乡村景区具有一定规模或档次。企业的组织模式一般是有限责任公司和独资企业，承包、租赁双方按约定的比例分享经营收益。

（二）优势与作用

将乡村旅游资源、项目或景区承包给企业经营，可以充分发挥企业在创意、资金、市场、经营、管理方面的优势，将乡村旅游产品较快地推向市场。政府和当地农村社区对景区资源、规划、环保等方面实施监督，二者相互配合。景区内农户比较少，可以在企业就业，解决收入问题；周边农户可为景区提供原材料和劳动力，实现优势互补，同时通过在景区内就业，促进当地经济发展和社会稳定。

（三）矛盾与问题

企业长期经营景区，通过市场化发展，易形成垄断，并导致对资源与环境的过度消耗甚至破坏，形成负的外部性；企业与当地农民利益关系的处理，也是一个困难。

（四）提升方向

承包租赁模式不是将乡村旅游景区（点）全交给企业，而只是把景区（点）的经营权交给企业，在景区（点）规划、环境保护等方面，政府和当地社区还要采取措施，实施有效的监督。因此，为有效规避上述矛盾与问题，当地政府应加强监管。一方面要支持企业的发展，给予其公共设施、政策方面的支持帮助；另一方面要监督企业的经营方向，督促企业保护当地资源和农民利益，促进乡村旅游的可持续发展。

第三节 案例研究：石城乡村旅游合作社

密云县石城镇地处密云水库上游，下辖15个行政村，其中石城村、石塘路村、梨花村等8个村为市级民俗旅游村；全镇共有民俗旅游经营户274户。为把民俗旅游户联合起来闯市场，促进休闲农业与乡村旅游的提档升级，摘掉“小、散、低、乱”的帽子，从2004年开始，石城镇的各个民俗旅游村陆续成立了民俗旅游合作社。2008年之后，石城镇又建立了镇民俗旅游专业合作联社，在整合资源、促进分业分工、统一服务标准和价格、避免恶性竞争、引领产业发展方面等建立了更加广阔的平台，使全镇休闲农业与乡村民俗旅游的面貌焕然一新。

一、主要做法

通过组建民俗旅游合作社，把民俗旅游户组织起来，在合作社内部，逐步实现了“五统一”，对内避免了恶性竞争，对外避免了宰客欺客现象。

（一）统一床上用品洗涤配送

由密云县财政统一为民俗旅游户配备1.6万余套按宾馆标准制作的床单、被罩，并在县城指定大型洗涤公司，负责床上用品的洗涤、消毒、熨烫。床单、被罩由石城镇民俗旅游合作联社按一定标准统一配发到274户社员家中，完全可以满足接待高峰期“一客一换”的使用。合作联社在每个民俗旅游村设立“中转站”，聘请1～2名村民负责本村床上用品的统一保管、收发。合作联社制定了完善的规章制度，对床上用品的押金、正常洗涤费用、特殊洗涤费用（顽固污渍）、损坏赔偿等方面做了明确的规定。经实践检验，这套机制运行良好，村民拥护，游客欢迎。

（二）统一采购主要外购食材

石城镇耕地少，不少蔬菜、肉类以及辅料、调料需要外购。合作联社购置了货车，统计每天社员的需求，每天清晨到正规的批发市场应需采购，既保证了食材的新鲜、安全，又极大地方便了民俗旅游户，同时还降低了采购成本。

（三）统一订立服务标准和规范

农民从伺候庄稼，到服务游客，角色转变的跨度很大，在乡村旅游服务中不可避免地存在着不规范的现象。合作联社统一制定了服务标准，从如何接打电话、招呼客人，到如何摆桌上菜、沏茶倒酒；从饭菜质量，到住宿接待，都作了较为详细的规范，并且通过经常性的培训、交流、比赛，使这些标准和规范真正深入人心。民俗旅游户逐步意识到，只有遵守这些标准和规范，才能吸引更多的客人来，也才能把石城旅游的蛋糕做大，获得更多的收益。现在合作联社 70% 的社员都拥有劳动部门颁发的初级厨师证书，这在过去“单打独斗”的情况下是难以想象的。

（四）统一主要菜品和住宿价格

合作联社针对乡村旅游的餐饮、住宿不规范，游客不敢消费的问题，统一制作了点菜单和住宿价格。这样做的好处有两个：一是解决了漫天要价、欺客宰客问题，使游客消费得明明白白；二是解决了压价压质、恶性竞争问题，使农民丧失应得的利润，产业不能健康发展。

（五）统一指路牌和门头牌匾

为方便游客，提高农家院形象，合作社聘请专业策划制作公司，对民俗旅游村的门头牌匾和指路牌进行统一设计和制作，并免费安装。现在各民俗旅游户的门头牌匾风格统一，特色突出。

二、主要成效

（一）促进了专业分工，提升了软、硬件服务标准

只有合作才能分工，只有分工才能分业，只有分业才能专业，只有专

业才能不断提升水平。民俗旅游合作社及合作联社的建立，极大地提升了石城镇乡村旅游的服务水平。如今到石城值休闲、度假，绝对没有拉抢客人、蒙骗客人、强制消费的现象，没有不讲卫生、不讲文明礼貌、让客人感觉不舒服的现象，处处是安宁、和谐、世外桃源般的景象。连续光顾了石城10年的回头客感叹“变得都不认识了”；原本游览了“桃源仙谷”“黑龙潭”景区就打道回府的市民，也抵挡不住雪白床单和可口农家饭的诱惑，留下来体验石城镇山村宁静的夜晚。2012年，在101国道施工、周边环境和道路通行受到影响的不利情况下，石城镇民俗旅游接待游客90万人次，实现旅游综合收入4 841.1万元，与2011年相比，增幅接近20%。

（二）增加了农民收入

按照优质优价的原则，合作社统一提高了房价。带卫生间、空调、电视的标准间，由以前的80元/间/日提高到120元/间/日；普通间床位由过去的10元/床/日提高到30元/床/日。现在一些多年的回头客主动提出加价，比如，石塘路村“张老师农家院”，在2000年时住普通间，吃住一天是50元/人/日，现在客人主动要求涨到100元/人/日。

（三）节约了用水，保护了生态

密云县石城镇地处密云水库上游，属于一级水源保护区。按照过去的做法，床上用品的洗涤，会耗费大量珍贵的水资源，污水排放对密云水库生态也构成了威胁。如今，这些矛盾和担忧迎刃而解了。按照洗一遍清两遍的标准，过去如果民俗户自己洗，洗一套床上用品平均大约耗费10千克水，而洗涤厂使用大型设备，洗一套只需大约2千克水。按照洗涤一套节水8千克计算，石塘路村2 823套床上用品都洗一遍，即节水22.6吨。2012年国庆黄金周期间，全镇接待游客25 640人次，一客一换就是洗涤25 640套，节水达到205吨。更为重要的是，洗涤厂远离了水库，又便于污水的集中处理，彻底消灭了污染源。

（四）改善了整体投资环境

合作组织规范化的经营方式，不仅打造了旅游接待的品牌，而且极大地改善了石城镇的投资环境。镇域内 8 个 A 级景区与合作联社签订门票代销协议，合作联社入股经营，实现了在更大范围内整合资源、互利互惠的和谐共生局面，前来洽谈合作、投资的客商络绎不绝。如合作社与北京市民政局合作建设的“喜庆婚庆文化城”项目，已经完成了论证、签约环节，该项目的实施，将给石城镇带来更多的人气和经济效益。

（五）使“一个民俗村就是一个乡村酒店”的理念和做法成为可能

合作联社将民俗旅游户组织起来，通过统一规范，使吃、住、游样样有标准。特别是由于有了专业分工，还将一些特殊的公共服务功能，如会议室、娱乐设施等，实现统一兴建和管理，使“一个民俗村就是一个乡村酒店、一个民俗接待户就是一个房间”的理念和目标成为可能。让每一位来这里的游客，不仅可以感受到田园牧歌的绿色风情，还能享受到高水平、高规格的“星级服务”。

三、几点启示

（一）农民专业合作组织解决了乡村旅游社会化服务交易成本过高的难题

在市场经济条件下，任何一个产业的发展，都离不开社会化的大协作，乡村旅游产业的发展也是如此。农村居住分散，社会化服务成本高，使得既有的、成熟的社会化服务（如洗涤公司服务、规划服务、培训服务、管理咨询服务等）进不了村，严重阻碍了乡村旅游产业的提档升级。提高农民的组织化程度，有效地降低了交易成本，使农民享受到了现代化的社会服务。

（二）农民专业合作组织保证了政府扶持资金的有效利用

农民专业合作社依据《农民专业合作社法》进行企业法人登记，有理事会、监事会等一套完善的组织机构和章程，有各级经管站的服务与监督，能够建立起一套承接政府扶持的管理机制与保障机制。以石城镇为例，民俗旅游合作联社配合镇党委、镇政府，利用政府扶持资金先后完成了街道、停车场硬化、公厕改建等多项基础设施建设，实行每户“门前三包”（包卫生、包绿化、包秩序），开展了垃圾源头分类处理，在密云水库上游消灭了众多的垃圾桶，彻底改善了乡村旅游的发展环境。

（三）农民专业合作组织增强了乡村旅游发展过程中农民的主动权

乡村旅游的开发建设，离不开社会资本的进入，也不应该排斥社会资本的进入。但是，农民只有在党和政府的领导下，自己组织起来，才能真正保证主人翁地位。中共北京市委主要领导曾明确指出：“首都的农民是拥有集体资产的市民。”随着乡村旅游产业竞争的加剧和乡村旅游产业的转型升级，从事乡村旅游产业的农民只有组织起来，通过合作经济组织实现规模经营和集约经营，才能维护好、利用好和发展好自己手中的集体资产，真正成为休闲农业与乡村旅游产业的投资主体、经营主体和受益主体。

第四节 组织升级的策略

（一）转变思维方式，促进组织升级

实现休闲农业与乡村旅游的产业升级，必须对休闲农业与乡村旅游的内涵与表现形式重新认识，明确农民参与休闲农业与乡村旅游的方式可以多样化。特别是随着我国土地流转制度改革的深化，必然会吸引很多非农企业投入休闲农业与乡村旅游项目的开发。他们凭借理念、资金、技术、市场优势，开发出来的休闲农业与乡村旅游项目必然与传统的农家乐有很

大的不同。因此，必须摆脱传统思想的束缚，既鼓励发展大项目，又支持发展小项目。要用产业项目升级来带动组织升级，反过来用组织升级来促进产业升级。

（二）综合考虑各种因素，选择适当的乡村旅游产业组织模式

受区县功能定位、资源、经济发展水平等因素的影响，北京郊区各区县乡村旅游发展并不平衡。每个乡村旅游项目选择哪种产业组织模式，需要综合考虑乡村旅游产业发展阶段、社区管理水平以及乡村旅游在当地经济发展中的地位等因素。如果该地区经济发展水平较高，农户从事乡村旅游已形成一定规模，可考虑采取乡村民俗旅游合作社的产业组织模式；如果所在地区农村社区管理水平较高，可以采取本地社区参与的产业组织模式；如果当地政府将乡村旅游作为支柱产业来推动，则可以采取政府主导型组织模式；资金匮乏地区必须借助外部企业的力量，可以采取“企业＋农户”“公司＋社区＋农户”等组织模式。此外，对于同一地区选择的产业组织模式也并非一成不变，而要根据内外部因素的变化，进行动态完善或创新。同时，无论选择何种产业组织模式，一定要保护利益相关者的权益，特别要注意通过加强当地政府的调控和社区、协会的参与，来保证当地农民的利益不受侵害，防止出现“飞地化”现象。

（三）加强政府引导作用，充分发挥其服务、引导、辅导及监督职能

政府引导乡村旅游发展，是指政府不直接参与乡村旅游的开发和经营，而是使市场在资源配置中发挥决定性作用的前提下，加强政府的宏观调控，对乡村旅游发展给予引导、支持、规范，达到防止市场失灵、优化资源配置的目的。在北京郊区乡村旅游产业组织模式中，对于企业长期独立控制和垄断性经营乡村旅游景区的地方，需要加强政府支持与监管。一方面，地方政府要支持企业的发展，在基础设施建设、优化企业发展环境等方面，给予企业必要的帮助；另一方面，地方政府也要监督企业的经营行为，督促企业保护资源、生态、环境和当地农民的利益，促进乡村旅游

的可持续发展。对于企业和农户合作中出现的问题，政府要出面协调解决，正确处理企业发展与农民利益保护的关系。对于以村办企业模式发展乡村旅游的，要坚持政企分开，避免政府过多干预企业的经营行为，同时要给予企业必要的政策引导和服务指导。

（四）加强对乡村旅游合作经济组织的扶持，提高乡村旅游产业组织化程度

随着乡村旅游产业发展呈现出规模化、集约化的特点，乡村旅游合作组织成为适应这种发展趋势的有效载体之一。要采取多种措施，切实促进乡村旅游合作组织的发展。一是加大资金的扶持力度，对于农民合作经济组织发展乡村旅游的资金缺口，可给予一次性补贴，或通过贷款贴息的办法解决，保证其良性运转；二是允许和鼓励乡村旅游合作经济组织在成员内部开展资金互助，设立资金互助组织，并依法登记；三是对乡村旅游合作经济组织发展较好的乡镇、村和沟域，在道路修建、公共交通、污水处理等基础设施建设方面给予优先安排，为其提供尽可能多的公共产品；四是对于乡村旅游专业合作社给予一定的税收优惠，财政部、国家税务总局《关于农民专业合作社有关税收政策的通知》（财税〔2008〕81号）文件规定的税收优惠政策同样适用于乡村旅游专业合作社，要配合有关部门，搞好政策的落实工作；五是各级农村合作经济经营管理部门要切实加强对乡村旅游专业合作社的指导监督，帮助合作社提高经营管理水平，村民委员会要尊重乡村旅游合作社的经营自主权，自觉抵制各种侵犯合作社合法权益的行为；六是推动成立乡村旅游合作联社，形成合力，提高招商引资吸引力，推进乡村旅游提档升级。

（五）充分发挥首都优势，促进产业组织模式的创新

前述7种乡村旅游组织模式各有千秋，无所谓好坏，区别在于应用环境与条件的不同。在实践中，除了搞好这些组织模式的运用外，还可以充分发挥首都的科技优势，对乡村旅游产业组织模式进行创新。比如，在借鉴贵州省天龙堡“四位一体”产业组织模式（政府＋旅游公司＋旅行社＋

农民旅游协会）的基础上，加上科研院所，形成“政府＋旅游公司＋旅行社＋农民旅游协会＋科研院所”的“五位一体”模式（耿红莉，2012）。该模式既能发挥政府的指导、协调作用，又能利用社会力量解决资金、经营管理等问题，还能通过科研院所的介入，发挥专家咨询、规划项目编制、人员培训等方面的优势。但在组织模式创新时，要坚持“政府引导、社会参与、市场运作”不动摇。其中，“政府引导”是指要发挥政府在产业发展方向把握、基础设施建设支持、生态环境建设监督等方面的引导作用；“社会参与”是指乡村旅游产业发展的主体是农民，在项目开发和收益分配时，要充分考虑农民的利益；“市场运作”是指乡村旅游项目要市场化运作，实现投资市场化、经营市场化，而不能全靠政府。在这个原则下，乡村旅游产业的具体组织模式可因时、因地、因项目而异。

第十章 营销升级

休闲农业与乡村旅游的发展离不开市场营销。市场营销是连接休闲农业供给与需求的桥梁，是促进休闲农业市场化的重要一环。但是，由于休闲农业的营销理念不新、营销手段不多、营销机制不活、营销主体较少、营销经费不足、营销的针对性不强等原因，导致休闲农业的营销效果与预期还有差距，亟须升级。

第一节 营销升级的必要性

近年来，北京市创新乡村旅游发展模式，强化推进措施，运用政府公关、社区营销的模式，针对首都市民，策划并组织实施了丰富多彩的乡村旅游营销活动，实现了快速发展的乡村旅游市场需求和乡村旅游产品有效供给之间的对接，取得了较好的社会和经济效益（安金明，2011）。

但从总体上看，休闲农业与乡村旅游的市场营销还不能满足产业快速发展的需要。目前，北京郊区开展休闲农业与乡村旅游的村镇，多数没有建立一套自己的旅游产品预定和销售系统，没有横向和纵向的网络体系，多数限于口碑传播，与北京的各旅行社联系也不密切，没有形成整体营销，市场推广明显不足，造成一定的资源闲置；休闲农业与乡村旅游经营者的自主营销意识和能力较弱，产品宣传推介方式单一或没有宣传，销售方式陈旧无新意，难以吸引旅游者的目光；随着手机互联网的迅猛发展，微博、微信等微媒体已成为市民特别是年轻人发布信息、沟通交流、对外联络的主要渠道之一，但京郊休闲农业与乡村旅游企业对此却不敏感，通过微博、微信营销的很少，开发乡村旅游 APP 应用的也不多；休闲农业与乡村旅游从业者的综合素质普遍偏低，缺少市场营销的专业知识和技能，旅游服务意识较差，经营过程简单粗放，已经严重影响到乡村旅游健康快速发展。休闲农业与乡村旅游的营销升级势在必行。

面对瞬息多变的市场，北京市应不断创新休闲农业与乡村旅游营销方式，大力实施主题营销、品牌营销、整合营销等战略，围绕休闲农业与乡村旅游产品，打造设计营销活动，并实现营销理念、营销手段和营销主体的升级。其中，营销理念升级要求乡村旅游营销以“绿色”为核心，运用绿色营销手段，传播绿色理念，树立乡村旅游的绿色形象；营销手段升级表现为整合多种营销手段，打造全方位营销网络，通过口碑营销、网络营销、事件营销、关系营销、媒体宣传等各种营销方式让游客了解乡村旅游项目，并运用广泛营销和重点营销相结合的方式强化营销效果；营销主体升级表现为乡村旅游的营销要实现行政主管部门、行业协会组织、乡村旅游企业、乡村旅游个体经营者等多主体的合作。

第二节 营销升级的路径

休闲农业与乡村旅游市场营销正在发生着重要的变革，这种变革所体现出的趋势主要有：乡村旅游营销理念紧扣可持续发展主题；乡村旅游营销平台更强调整体性，特别是乡村旅游文化服务理念的协调一致、乡村旅游资源的整合、乡村旅游从业人员与游客的沟通与协调；乡村旅游市场营销手段强调新颖性，针对目标消费市场群体，更多地采用新媒体进行营销，以提高营销的针对性和营销效果。适应这些变化，休闲农业与乡村旅游营销升级的路径包括以下几个方面。

一、更新营销理念

传统的休闲农业与乡村旅游营销模式是以乡村旅游企业为中心的，而不是以市民或旅游者为中心的。它是针对自己既定的产品，通过广告、销售促进、公共关系和人员推销等手段说服消费者，达到购买其产品和服务的目的。这种营销模式和理念已不适应网络时代的要求，需要更新。

随着现代信息技术的发展和消费者需求的个性化，对乡村旅游营销提出了更高的要求，迫切需要由传统营销模式向现代营销模式转变。传统乡村旅游营销的基本目的仅仅在于销售企业的产品，而现代旅游营销传播是以构建并维护稳定的游客关系作为企业或品牌长远发展目标。市场背景的变化使得营销传播的目的不再停留在单一的销售层面，而是在促成企业或品牌与旅游者之间的情感建立关联的同时，与旅游者达成沟通共识，传统营销模式进入了瓶颈发展期。伴随着新的信息技术的发展，现代营销模式应运而生（杨怡，2012）。现代营销传播模式的主要特征有：

（一）营销目的从以企业为中心向以旅游者为中心转变

营销的目的是要满足旅游者的需要，而不是仅仅销售乡村旅游产品。这就要求乡村旅游企业要从以往的根据自身情况制造产品，确定目标，再寻找和说服旅游者，向企业首先应该确定目标消费者，然后制定营销目标，最后达到销售产品的方向转变。为此，乡村旅游企业首先应该系统地研究游客的消费行为，并与他们双向沟通，在此基础上整合企业的信息传播渠道，最终达到生产、制造并销售产品的目的。

（二）营销模式从“由内而外”向“由外而内”转变

传统的乡村旅游营销模式是“由内而外”的。广告立足于企业的诉求，从企业的当前利益出发，说服潜在旅游者；公关旨在宣传，侧重于对受众进行灌输，满足于一种简单的短程刺激。而没有建立在游客需求基础上的传统营销传播模式，既不能与游客达成互动交流，也无法长期稳定与游客之间的关系。这就要求乡村旅游企业立足于传播渠道和传播方式的多样化，从“由内而外”的营销模式向“由外而内”转变。

（三）营销传播从“单向传播”向“双向沟通”转变

传统的乡村旅游营销模式主要是通过向游客单向地传递大量的信息，以达到影响游客购买行为的目的。但随着社会的发展和游客自主意识的提高，这种影响在不断地减弱。乡村旅游企业应该通过与游客的双向沟通，在将有关信息传递给游客的同时，获取游客对这些信息的反馈，通过反复交流和产品改进，最终达成游客的购买行为。从技术上来说，手机互联网、自媒体、微媒体的发展，为供需双方的“双向沟通”提供了现实的可能。

综上所述，在现代信息条件下，乡村旅游企业应以“游客”为中心，重视游客的需求，并要求企业相关部门及其人员以统一的目标和统一的形象，实现与游客的双向沟通，迅速树立乡村旅游企业、产品、品牌在游客心目中的良好形象，建立乡村旅游企业与消费者之间的长期密切合作关系。

二、创新营销模式

要调整营销手段，创新营销模式，将城乡社区、目的地社区、虚拟社区、客源社区等确定为休闲农业与乡村旅游的目标市场，开展丰富多彩的营销活动，提高营销效果。

（一）城乡社区，互动营销

1. 概念界定

社区互动营销是指以社区服务中心和社区文化广场为固定场所，以城乡互动为基本方式，通过展板、图片展览、讲座等形式，生动、灵活、持久地传播乡村旅游目的地信息的营销方式。

2. 优势分析

社区互动营销的优势主要体现在 4 个方面。①受众面大。社区互动营销活动可以在北京城区全面开展，直接影响大量中高收入、最具消费潜力的城市中产阶级及以上人群。②传播时间长。社区互动营销活动不受其他因素干扰，传播时间自由选择，可以持续一周、一个月，甚至一年。③方式灵活。社区互动营销既可以采用图片展览、展板展示等静态营销方式，也可以采用广场文艺演出、乡村旅游目的地讲座、现场咨询、乡村旅游宣传品入户等动态、交互式手段，营销方式十分灵活。④信息损耗低。社区互动营销不用借助于新闻媒体等中间传播渠道，直接将大量、丰富的信息传达给潜在消费者，中间环节少，信息损耗低。

3. 营销实践

北京观光休闲农业行业协会与北京农商银行合作，已连续 6 年开展"凤凰乡村游、体验新农村"活动。2011 年，双方合作建设了凤凰乡村游网上商城，2012 年合作开展乡村旅游刷卡有奖促销、春季踏青节、夏季纳凉节、赏秋采摘节等特色活动，深受市民欢迎。截至 2013 年 3 月，已在京郊布放 4 726 台 POS 机，刷卡 400 万笔，刷卡交易额达到 25 亿元，引领约 78.54 亿元城市资金到农村地区。特别是推出的 20 条精品乡村旅游路线和一系列优惠活动，满足了不同消费者的需求，使广大市民有了更多的选择。"凤凰乡村游"活动有力地支持了社会主义新农村建设，促进了休闲农业与乡村旅游产业的发展，增加了农民收入。

2012 年，北京观光休闲农业行业协会会刊《大美田园》全年 6 期面向全社会征集图片、文字稿件，编辑文字超过 18 万字，集中宣传了休闲农业特色区域 7 个、休闲采摘园 120 家、民俗村 15 个、京郊特色农产品 50 余种，宣传报道草莓节、樱桃季、西瓜节等主题活动 6 次，凤凰乡村游、体验新农村活动 9 次，刊登了社会各界对休闲农业的体会、评价与期望，充分展现了京郊休闲农业的风采。在深入社区，开展各项促销活动期间，免费向市民发放《大美田园》，实现了为消费者、经营者服务的目标。

4. 发展前景

城乡社区互动营销非常适合休闲农业与乡村旅游产业，具有广阔的发展前景。①随着北京城市建设的推进和郊区城市化进行的加快，将造就越来越多的居住社区（一户一院——四合院——筒子楼——小区）。人数聚集必然存在一个巨大的社区消费人群，社区自然成为一个巨大而丰富的广阔市场。②大众媒体的数量急剧增加，媒体受众人群分散，造成收视率、有效率普遍下降。爱森尼尔公司对媒体的调研发现，消费者广告免疫力增强，媒体总收视率在逐步下降。③国家大力提倡社区服务。1986 年，为配合城市经济体制改革，民政部首先倡导社区服务，旨在城市开展以民政对象为主的福利服务和便民利民服务。从此之后，社区服务进入千家万户，深受群众欢迎，为方便城市居民生活起到了积极的作用。通过城乡社区互动营销，不仅会促进乡村旅游产业的发展，还将促进城乡交流，统筹发展。

（二）虚拟社区，网络营销

1. 概念界定

网络营销是以互联网为基础、以其他媒体为整合工具，并以互联网特性和理念去实施营销活动，促成交易活动的实现，更有效地提升企业品牌的营销方式。

2. 优势分析

乡村旅游业是信息密集型产业。①从乡村旅游资源来说，它包括一些人们无法直接通过感官感知的无形的非物质成分，如乡村居民的思想意识、道德情操、价值观念、心理特征、思维方式、民族性格、风俗习惯、宗教信仰、乡土文化等。它们是乡村旅游的精髓，但它们又是无形的，需要人们通过仔细品位和亲身体验，才能领略到其独特魅力。这些资源通过传统的营销方式很不容易被游客所感知，简单的图片宣传很难引起共鸣，而通过网络，以图、文、声等各种媒介相结合的传播形式，则可以让旅游者很直观地感受乡村旅游的独特景观和文化意象。②从乡村旅游企业来说，与传统的旅游景区、古代与现代的人文旅游景点等相比，乡村旅游企业的知名度不高，也缺乏对旅游者需求与动机的了解，因此在营销策略上，乡村旅游企业要力争比其他著名景区景点更系统、更完善、更富于个性化。③从乡村旅游产品来说，多数具有异地性、不可储藏性、无形性、整体性、脆弱性等特点，非常适用互联网电子交易方式。④从乡村旅游者来说，互联网可以使他们更方便地了解乡村旅游目的地的情况和信息，并通过电子商务方式实现预定等，完成产品的购买过程。

3. 营销实践

北京市农业技术推广站推出了“农田观光使者”招募、农田观光使者采风、农田观光博客大赛等活动。2012年招募了120名农田观光使者，组织了8次采风活动；博客大赛吸引了新浪、搜狐、网易等门户网站的60名博主参加，共发表农田观光主题博文85篇，博文点击数达到220 784次，评论和转发4 936次；北京农田观光攻略在5大门户网站发布，在30个论坛同步进行推广，截至2012年12月31日，网络访问总量达2 593万次。

4. 发展前景

随着乡村旅游的迅猛发展，以农户、乡村等为基本单元的生产模式与社会化、知识化、规模化甚至网络化的乡村旅游消费模式出现了脱节。区域旅游网络体系逐渐形成，这样的体系要求整体规划，进行联合促销。互联网的大规模发展，提高了使用的便利性，降低了游客搜索和交易成本。在现代旅游营销理论的指导下，运用先进的网络技术，开展乡村旅游营销和电子商务服务，将成为很多乡村旅游企业实施营销推介的首选，乡村旅游的营销模式将逐渐向网络化延伸。

（三）舞台社区，节庆营销

1. 概念界定

节庆是基于地方自然、文化、经济等特色举办的周期性或突发性的大型的有组织的活动。节庆营销是指公众节日或自创节日期间，以“节庆”为由头，利用或触发消费者节庆消费心理、行为，进而开展一系列营销活动的营销方式。

2. 优势分析

中华文明是世界诸多文明中惟一没有中断的文明，北京的农耕文明历史悠久。北京郊区的节庆总是在传统与现代、本土与外来各种文化元素的相互碰撞中融合、创新与发展，并使之成为一条捆绑历史的文化绳索。它一头牵着祖先，一头牵着今人，在变化中有不变的文化核心价值，不变的文化价值总是在变化的形态中得到更新的诠释。北京郊区深厚的文化内涵、良好的自然环境为其开展节庆营销活动提供了有效的资源依托。郊区各区县通过不同形式节庆活动的开发，既可提升乡村旅游目的地品牌形象，也可以拉动当地经济的发展。

3. 营销实践

2013 年，北京市农委整合郊区特色农产品资源，推出了“休闲农业季”系列活动，包括北京草莓季、樱桃季、花季、瓜季、鲜桃季、柿子季等。编写了《香草天空》《北京瓜顶呱呱》《京郊如此多娇》等主题性宣传册，策划设计了《北京樱桃地图》等系列特色农产品地图，制作了《北京休闲农业季 2013》笔记本，推出了约 1 000 张精美图片，开通了“北京休闲农业季手机微信客户端”。这些活动以季为周期，以京郊为特色，以优质农产品为旅游吸引物，贯穿全年，带动市民到郊区采摘、休闲，把农村产业与休闲农业发展有机结合，打破了区县的行政区隔，树立了“北京休闲农业”这一整体形象，收到了较好的效果。北京市农业技术推广站在“以农造景、以景带旅、以旅促农、农旅结合、协同发展”理念的指引下，以农作物为主线，围绕油菜、向日葵、薰衣草、水稻、五谷杂粮、观赏菊、小麦 7 类作物，建立了 110 个农田观光示范点，把京郊的农田变成了靓丽的风景区。观赏时间从 4 月下旬起，一直延续到了 10 月中旬。通过设置参与性强、互动性好的游乐项目，大大提高了乡村景观与休闲农业项目的观赏性、参与性、趣味性。据统计，2013 年度北京农田观光季活动推出的 110 个观光点，共接待游客 675.5 万人次，旅游接待收入达到 2.71 亿元。除此之外，北京郊区各区（县）也结合各自特点，举办了农耕节、美食节、采摘节、登山节、赏花节、滑雪节等，这些活动累计约有 150 项，分布在全年不同的季节。通过举办这些农业节庆活动，促进了供需衔接，拉近了消费者与农民的距离，促进了北京郊区休闲农业与乡村旅游的发展。

4. 发展前景

北京郊区每年都举办丰富的节庆活动，如北京旅游文化节、大兴西瓜节、密云渔王美食节、怀柔满族风情节、平谷国际桃花节、朝阳国际商务节、海淀大西山旅游登山节、丰台南宫温泉养生节、延庆冰雪旅游节、门头沟金秋采摘节、昌平苹果文化节等。这些节庆活动，一头连着农民，另一头连着市民，对于促进城乡交流，发展乡村旅游等发挥了重要作用。通过举办节庆活动，能充分展现北京乡村旅游目的地的民俗文化；可弥补乡村旅游淡季需求的不足，通过举办别具匠心、多姿多彩的节庆活动，既吸引了游客、实现了创收，又调整了乡村旅游产品结构，拉动淡季的乡村旅游市场经济；能有效塑造北京乡村旅游目的地的整体形象。总之，旅游节庆是乡村旅游内容的一个重要组成部分，也是乡村旅游营销的一种重要方法。

（四）主题社区，体验营销

1. 概念界定

体验营销是以向顾客提供有价值的体验为宗旨，在提供产品和服务的同时，将消费过程看作是一种整体体验，以体验为导向设计、制作和销售产品，注重顾客的参与和氛围的营造，力图通过满足顾客的体验需要而达到吸引和留住顾客、获取利润的目的。

2. 优势分析

体验营销是伴随着体验经济的到来而不断发展起来的一种新的营销方式。其核心理念是，通过为顾客提供满意的产品和服务，使顾客与企业进行行为和心理的双重互动，使他们得到有价值的体验，从而实现两者之间的高度认同，获得顾客的长期忠诚。B. Joseph Pine II（约瑟夫·派恩）和James H. Gilmore（詹姆斯·吉尔摩）指出，产品是实体的，服务是无形的，体验是难忘的。从产品经济和服务经济时代的传统营销，发展到体验经济时代的体验营销，不仅是营销模式的改变，而且是营销视角的转换与营销理念的升级。体验营销与传统营销相比，具有鲜明的特征（盛永进，2011）：①参与性。在产品营销中，企业将消费者看作是其产品的“用户”，把他们看成自己生存和发展的工具；在服务营销中，企业将消费者看作能为企业带来利益的“客户”，通过为他们提供完善的服务，使企业获得发展；而在体验营销中，消费者是企业的“客人”，也是体验活动的“主人”，企业更加注重顾客的参与和互动，重视顾客的体验与感受。②个性化。在产品营销中，企业通过为顾客提供标准化的产品获得盈利与发展；在服务营销中，虽然企业可以根据客户的需要来定制产品与服务，但总的来讲，还是缺少顾客的参与互动；而在体验营销中，企业重视的是顾客体验，企业产品要有效吸引顾客参与，达到互动的目的。为此，企业在设计体验营销活动时，就要考虑顾客之间不同的个性，才能满足不同消费者的需求。③感性化。在产品营销中，企业认为顾客是“经济人”，不重视消费者的感情需求；在服务营销中，企业只是把体验作为销售商品的辅助手段，大多数顾客也仅是以商品为依托，来感知服务质量；而在体验营销中，认为消费者既是理性的，又是感性的，消费者的感情需求同样能引起购买行为。④持续性。在产品营销中，就整个购买过程来说，顾客付了款，企业将产品交付后，购买过程也就随之结束了；在服务营销中，企业向顾客提供一系列完善的服务，服务结束后由顾客对服务质量进行评价；而在体验营销中，消费者通过积极主动参与获得一种体验感知，这种体验感知并不会因一次体验的完成而马上消失，而是具有一定的延续性，会影响他们对产品的重复购买。⑤主观性。在产品营销中，为增强市场竞争力，企业用合理的价格、产品的高质量或产品的高性能等营销策略来吸引顾客；在服务营销中，企业根据顾客的不同需求提供差异化的服务，增加产品的让渡价值，通过完善的售前、售中、售后服务来提高顾客对产品的忠诚度；而在体验营销中，企业为顾客提供机会，使其参与产品或服务的设计，让顾客亲自体验产品或服务的生产和消费过程，并形成对产品的长期忠诚和依赖。

3. 营销实践

从2011年开始，至2012年年底，北京观光休闲农业协会共举办了9期“凤凰乡村游、大美体验客”活动。该项活动的网友是北京观光休闲农业协会从国内10多家大型论坛上招募的。这些网友在到北京郊区旅游观光、品尝京郊美食、体验农事活动时，通过网络新媒体实时发布图文信息和游记，让潜在的旅游者获得了直观、即时、有用的信息。“凤凰乡村游、大美体验客”活动的直接与间接辐射人群达到千万余人次，不仅为久居都市的市民传递了一种健康、快乐的休闲方式，而且把北京郊区的休闲农业与乡村旅游点推介了出去，是一次成功的营销实践。

4. 发展前景

体验是一种价值载体。它的存在形态是多重的，一方面体验可以依附于产品和服务而存在，另一方面体验又可以作为单独的出售物而存在。正是由于体验的这种特性，加上体验内容的丰富性，就为体验营销在休闲农业与乡村旅游中的应用提供了多种可能的途径。①娱乐体验。以娱乐为诉求，通过使消费者尝试某种娱乐项目而达到对产品满意。乡村旅游目的地就是要为游客创造完美的娱乐体验，让游客拥有一次难忘的旅游经历。为此，乡村旅游目的地可以设置蔬菜瓜果的采摘、花卉和农作物的欣赏观光、不同特点的庆典与表演活动和各种民俗节目等娱乐项目。②情感体验。指在消费的过程中，企业和消费者产生互动，通过心理的沟通和情感的交流，赢得消费者的信赖和偏爱。在乡村旅游目的地的营销过程中，如果能使游客产生正面、积极的情感，就会提升消费者的满意度和忠诚度，促进游客对乡村旅游目的地的喜爱。③生活方式体验。以消费者所追求的生活状态为诉求，经营者通过产品的某种特性与生活方式相结合，从而达到吸引消费者的目的。乡村旅游目的地的生活方式不同于城市的喧嚣、紧张，它是淳朴、简单的，“吃农家饭、住农家院、干农家活”这种简单的生活状态，让游客感到新鲜和满足。④教育体验。通过教育体验，游客能够了解对自己来说并不是很清楚的事情，产生强烈的兴趣，并从中获取新的知识。城乡的差别，农业与乡村的多样性，为教育体验提供了丰富的内容。⑤审美体验。审美体验是以人们对美的向往为诉求，经由知觉刺激，提供给顾客以美的愉悦、享受与满足，是一种感官体验。如果说娱乐体验是想找到愉快、兴奋的感觉，教育体验是想找到知识学习的话，那么审美体验是让游客亲临现场、体验美感。乡村旅游目的地的审美体验营销要突出其独特的美感，青山、绿水、小桥、农舍、农田等来源于大自然的恩赐，都可以转化为游客审美体验的对象和载体。⑥文化体验。农耕文明、乡土文化是有别于城市文明的。如果乡村旅游经营者能充分认识乡土文化的价值，将文化体验寓于旅游活动中，则能迎合都市居民的消费需求，取得良好的经营业绩。

(五) 掌上社区，微媒体营销

1. 概念界定

微媒体营销也称微营销，是指以移动互联网为主要沟通平台，以微博、微信等为主要载体，配合传统网络媒体和大众媒体，通过有策略、可管理、持续性的线上线下沟通，建立和转化、强化顾客关系，实现客户价值的营销方式。

2. 优势分析

随着移动互联网时代的到来，微博、微信被大量应用，微媒体营销是发展趋势。根据中国互联网络信息中心《第33次中国互联网发展情况统计报告》，截至2013年12月，中国手机网民规模达到5亿，年增长率为19.1%。相对于传统的营销平台，微媒体有其独特的优势，主要表现在：①信息成本低。企业信息发布及用户搜索的成本都很低。②信息传播精准度高。用户之所以关注企业的微博、微信，说明该用户对企业感兴趣，是该企业的"粉丝"，亦即企业的目标受众，因此，当企业向这些"粉丝"传递信息时，就具有很高的精准度。③信息实时性强。微博信息的简短和即时分享性，使得企业能做到对微博信息的及时更新和用户有用信息的及时接收。对企业来说，这些信息的实时性强。④"粉丝"的忠诚度高。微博以其信息的及时性和较强的互动性，使得微博主和其"粉丝"形成了比较稳定的"关注—被关注"关系，他们彼此互相关注，从中获得各自所需的信息。⑤互动性强。微媒体颠覆了传统营销传播中企业作为唯一的"发言人"和消费者只能被动地接收信息的地位，使得消费者既是一个听众又同时拥有了"发言人"的地位，企业同时既能向消费者传递信息又可以及时接收到消费者的反馈，信息交流是双向的。

3. 营销实践

以农产品微营销为例，2013年农产品微营销的最大赢家莫过于甘肃省陇南市成县的核桃，因为作为成县县委书记的李祥以"@成县李祥"的微博成功营销，将地处欠发达地区的成县核桃，一下子传播到大江南北，几乎家喻户晓。如今，成县有400多家淘宝商店，专卖当地特产鲜核桃，成县鲜核桃已经成为知名的区域农产品品牌。成县县委书记李祥因为在网上推广鲜核桃，而成为网络红人[①]。

核桃是成县的一大特色产业，是国家林业局认定的“中国核桃之乡”之一，“成县核桃”是国家质检总局地理标识产品保护认证品牌。当地人口总数不到30万，却拥有着3万多公顷核桃园，1 100万株核桃树，2013年核桃坚果产量达到1万吨，产值达到1.5亿元。其核桃富硒富锌，营养价值高，口感好。

由于核桃从价值到物理特性都适合网购，成县县委书记李祥敏锐地意识到网络销售的广阔空间和助农增收的巨大潜力。2013年6月19日，新浪实名认证微博“@成县李祥”发出信息：“今年核桃长势很好，欢迎大家来成县吃核桃，我也用微博卖核桃，上海等大城市的人都已开始预订，买点我们成县的核桃吧！ 7月上市。”仅9月12日举办核桃节这天，“粉丝”数量就增加近1万人，达13.2万人。目前“粉丝”已经超过19万，他不遗余力为成县核桃做推广，起到了产品推广大使的作用。2013年的核桃节上来自全国各省市20余家核桃营销加工企业代表专程前来“核桃之乡”参加节会，上海、山西等8省市的17家企业，与成县和相邻的康县、西和县共签订3.12亿元的购销合同与合作协议。

4. 发展前景

在如今以市场需求为主导的网络经济时代，消费者的需求呈现出精细化和多样化的特点，细分市场日渐成熟，同时在互联网技术快速进步和应用的刺激下，乡村旅游市场的发展节奏也在不断加快。因此，乡村旅游企业需要正视这些变化，积极探索采用微营销的方式把自己推向市场。①注重有效信息的合理整合。拟发布信息的选择要注重其必要性和生动性。乡村旅游企业要选择用户所关心或有意义的消息进行发布，在没有合适的消息的时候宁可少发布信息也不要发布无聊的信息。在对信息进行发布时，要尽量选择用个性活泼的语气更新话题，创造轻松的交流氛围，以加深受众对乡村旅游企业的认知和好感。②注重信息发布的及时性。乡村旅游企业信息的发布要控制好合适的频率，不宜过多，但也不宜过少。如果信息

① 焦宏：特色农产品“微营销”很火，《农民日报》，2014-01-11（007版）

发布得过多，会使得信息轮动性过大，可能造成目标群体错过信息。而信息发布过少，会让受众感觉企业更新太慢，信息可能被其他过快更新的微博、微信信息淹没，造成微营销的失败。③注重微博的互动性。微博的魅力在于互动，拥有一群不说话的“粉丝”是很危险的，因为他们慢慢会变成不看你内容的“粉丝”，最后可能离开。因此，乡村旅游企业应积极地创造一个彼此互动、交流的环境。既可以发起各种各样的相关话题吸引游客的参与，又可以组织各类线上活动来实现与“粉丝”的互动。④注重对信息的有效控制。微博信息传播的速度惊人，但它同时也是一把双刃剑，可能产生正面的作用，也可能产生负面的影响。因此，乡村旅游企业要学会危机管理，一旦出现负面情形，就要及时跟进处理，控制局势，而非放任自流。总之，要通过微营销以及建立在微媒体基础之上的客户关系管理，通过“拉新”（发展新客户）、“顾旧”（转化老客户）和“结盟”（建立客户联盟）等“多条腿走路”的办法，实现“路人变客户、客户变伙伴”。

（六）目的地社区，品牌营销

1. 概念界定

品牌是消费者对产品整体认知的总和。一般认为，品牌可分为两个层面：一是品牌的实体层面，如质量、功能、价格与外观等；二是品牌的精神层面，包含价值、个性、信誉、形象与时尚等。品牌营销就是各营销主体通过一系列的营销活动，将品牌的实体层面与精神层面联系起来，培养品牌差异，建立品牌个性，并获得消费者认知、青睐，最终提高品牌的知名度与美誉度的营销方式。

2. 优势分析

品牌营销是营销的高级形态。其基本理念是，营销不是建立庞大的营销网络，而是利用品牌符号，把无形的营销传递到社会公众心里，把产品输送到消费者心里，使消费者选择乡村旅游消费时，认这个乡村旅游目的地或产品，投资商选择合作伙伴时认这个企业。通过品牌营销，有助于实现如下目标：①吸引旅游者。出于对旅游高水平身心享受的追求和对旅游产品增值消费的期望，乡村旅游者对乡村旅游品牌要求和呼声越来越高。

②增强竞争力。乡村旅游品牌营销可以提高知名度和美誉度，增加客源和经营收入，从而增强竞争力。③挖掘持续发展的潜力。乡村旅游品牌营销可以提高旅游者的忠诚度，“言传身教”强于广告功效，进而吸引潜在的客源。

3. 营销实践

近年来，北京市积极打造休闲农业与乡村旅游主题产品、营造主题社区，策划开发了内容丰富的乡村旅游特色产品，组织了主题鲜明的社区营销活动，不仅有效整合了媒体资源，拓宽了宣传渠道，强化了北京乡村旅游产品的深度开发，而且提升了北京乡村旅游产品的品质，构建了北京乡村旅游产品体系，提升了北京乡村旅游的品牌价值。例如，从休闲农业与乡村旅游产品来说，培育了 83 个市级休闲农业园区，227 个市级民俗旅游村，9 970 个市级民俗旅游户和一批乡村旅游特色业态；积极参与农业部和国家旅游局组织开展的全国休闲农业与乡村旅游产业荣誉称号的认定、创建、评选工作，建设了一批国字号的休闲农业与乡村旅游基地。从乡村旅游活动来说，成功开展了“北京最美的乡村”评选活动、乡村旅游进社区活动、大兴西瓜节等一批节庆活动。这些产品或活动已经成为北京乡村旅游的品牌，在北京市民中具有较高的知名度。

4. 发展前景

在乡村旅游消费日益个性化、理性化、享乐化、生态化、体验化的今天，乡村旅游品牌化趋势日益明显，旅游市场竞争日益白热化，粗放的旅游开发、低水平的旅游管理和滞后的旅游营销理念难以满足市民不断增长的旅游消费需求，无法让旅游者获得他们所期望的陶冶情操、愉悦身心等核心价值，也无法解决乡村旅游业发展过程中存在的深层次矛盾。这就迫切要求各级管理部门和乡村旅游经营者从目前片面强调开发速度和开发数量向品牌塑造和品牌营销转变。

三、实施整合营销战略

随着乡村旅游需求向高级化与差异化方向的转变，以广告等为促销形式、以大众媒体为主要依托的传统单一营销模式，已经不能很好地适应快速变化的市场环境，实施整合营销战略势在必行。

整合营销传播理论（Integrated Marketing Communications，简称 IMC）的创始人 Don Schultz（舒尔兹）教授指出，整合营销传播是企业为了实现既定目标，应以消费者为核心来重组企业行为和市场行为，使现有顾客及潜在消费者接触统一的企业资讯，而这种资讯是完全源于需求的变化，从而使其产生购买行为，并维持消费忠诚度。从乡村旅游的角度来说，整合营销就是立足于现有或潜在旅游者的需求，以统一而系统的信息渠道，在企业与游客之间建立起即时、互动、双向的沟通方式，进行有关品牌或企业的推广，并渗透其中，使之接受的运作方式。在当今竞争激烈的市场环境下，只有统一的、互动的沟通传播，才能产生差异化的竞争优势，才能创造较高的品牌忠诚度，使企业或组织利润保持持续成长（舒尔兹，2004）。

（一）产品：提升品牌、突出体验

北京市乡村旅游营销的一个重要方面就是不断丰富营销的客体，即乡村旅游产品，并提升乡村旅游产品的品牌价值，以此为基础开展品牌营销活动。同时，为了取得更好的市场营销效果，未来北京乡村旅游产品必须在打造品牌的基础上，突出体验性。具体来说，体现在 4 个方面：一是主题化。体验营销的实施需要围绕一个明确的主题，主题的确立要遵循“因地制宜”和“创意独特”两个原则。二是情感化。北京乡村旅游在营销的过程中，要站在游客的立场上考虑问题，提供真正使游客满意的产品和服务。三是规范化。这就要求行业主管部门要加强体验营销的引导，制定规范化的标准及科学的模式，确保乡村旅游体验营销的实施效果。四是精品化。北京乡村旅游产品在打造过程中要突出品质，提升品位。

（二）价格：分级定价、物有所值

为使北京乡村旅游营销活动取得更好的效果，必须对北京乡村旅游产品进行合理定价。为此，可以根据产品的品质、市场受众等因素实施分级定价，这也要求乡村旅游产品在开发过程中体现层次性。另外，还可以采取淡旺季差别定价等方式，实现全年游客量的均衡发展。但所有乡村旅游产品必须做到物有所值，才能捕获游客的“芳心”，提高游客的忠诚度。

（三）渠道：多管齐下、突出网络

北京乡村旅游应当建立体系完整、规模庞大的分销网络，采取多管齐下的方式获取客源。比如，选择主要的传统销售代理商（旅行社和旅游代理商等）作为战略合作伙伴；为输送团量大的旅行社提供优惠和年终奖励计划；启动针对旅行社销售部门的“北京乡村旅游专家培训计划”，如设计旅游专家课程，此课程是专为旅行社业者设计，以便让从业人员对北京乡村旅游的地理风貌、季节变换、气候特征、特色旅游景点及旅程安排有更多的了解，使之成为当地游客旅行决策最好的“智囊团”；同专业会议组织者、专业兴趣旅游组团机构、国际背包旅游组织建立良好合作关系等。

（四）推广：创新方式、节事助力

北京市乡村旅游的推广方式应该多样化。目前较为成功的“乡村旅游进社区、城乡和谐手拉手”和“星级饭店与民俗村结对子”等城乡互动营销方式、评选“北京最美的乡村”等品牌营销方式、系列网络推广活动、各种乡村展会和节事活动等，在科学评估其营销效果的基础上，有序推进，不断提升活动水平。同时，要策划举办新型的节事活动，如可以根据乡村旅游产业发展水平，结合消费模式变化，举办个性节事展会；在现代数字娱乐行业和文化创意产业推动下，与各媒体共同举办创意集市等艺术交流和产品交易活动等；充分发挥北京国际化大都市的优势，积极争取创办、主办或承办各种大型的、具有国际影响力的乡村节事活动等。另外，要加快各种节事与会展活动的市场化进程，制定相应的市场化鼓励政策。

第三节　营销升级的策略

北京市应在整合营销传播理论的指导下，针对休闲农业的产业特点和北京郊区的实际情况，更新营销理念，转变营销策略，调整营销方案，提高营销效果。

一、营销理念革新：游客请注意→请注意游客

根据整合营销传播理论，从“由内而外”的单向线性说服模式到“由外而内”的规划思考模式转变，后者本着“以人为本”的原则，强调从消费者的观点来进行营销传播规划，了解消费者和潜在消费者的核心需求，与消费者进行双向沟通，建立长期联系。由此，引发对北京市乡村旅游营销理念的思考。以往是先建好休闲农业园区再找客源，或者是“跟风”经营，看谁家做得好就“复制”过来。由于这种“拿来主义”的做法对市场饱和度没有先期判断，缺乏创新，注定了“复制”产品的“短命”，而且经常会导致北京郊区乡村旅游企业之间的恶性竞争等不良现象。今后应进行营销理念的变革，在策划开发项目之前，投资者就先去发现乡村旅游者需求，抓住需求缺位，按需开发、设计产品，并在经营过程中，留心收集乡村旅游者的信息反馈，不断了解掌握他们的旅游感受，并据此积极改进、升级自身的产品和服务。

二、营销方案创新：增强科学性、规划性、持续性

乡村旅游营销是一个系统工程，需要进行创意的策划、科学的设计和系统的安排，要克服并改变“宣传促销无长远计划，想到什么做什么”等无整体性的随意促销状况。建议乡村旅游企业根据市场情况，结合自身实际，制订一个连续几年的宣传促销总体方案。在方案中，首先要明确企业的总体发展目标，所有的营销方案都要围绕实现这个目标展开；其次，要研究市场，比如，周边市场怎样开发，远程市场怎样开拓，传统市场如何巩固和发展，新兴市场如何开辟和培育，各类市场的需求是什么，产品开发如何与市场需求相适应；再次，从营销的时间序列上看，研究分析今年做什么，明后年做什么，几年内各种宣传促销手段如何有机组合、优势互

补、形成合力。

三、营销工具升级：网络营销 + 口碑营销

网络营销吸引来的客源已占北京市乡村旅游客源市场的“半壁江山”，这个比例还有扩大的趋势，将来甚至有可能取代传统营销方式。因此，乡村旅游企业应重视和利用好网络等新兴媒介。京郊乡村旅游企业应选择主要的 OTA（在线旅游服务代理商）作为新兴战略合作伙伴，与乡村旅游行业内专业门户网站、国内外重点门户网站旅游频道实现链接。当前尤其要重视网络营销的作用，如实现民俗旅游村全部通网络、增加网络的电子商务功能、开展大型的网络促销活动等。

根据乡村旅游者网络搜索习惯统计结果，微博、论坛等交流性平台和第三方旅游资讯网站比企业自建的旅游官方网站点击率要高得多，受众面更为广泛。因此，建议乡村旅游企业先期不必投入资金建设自己的旅游官网，而是应积极尝试、发展微博、论坛等交流性平台，积累“粉丝”人气，引发乡村旅游者的关注，适时发起免费体验活动。微博上的博友有一个共性特点，即当其获得较好的旅游感知后，会发帖、晒照片，分享自己的旅游感受，与自己的“粉丝”互动，这无形中就为乡村旅游企业完成了一次很好的口碑宣传。乡村旅游企业可以邀请新浪旅游、搜狐旅游、驴妈妈等影响力较强的第三方旅游资讯网站免费体验产品，从而获得发表宣传“软文”的机会。

除此之外，乡村旅游企业在占领市场的初期，可与信用相对较高的品牌团购网站合作，连续推出几期团购产品，实现在短期内迅速提升人气的效果。需要注意的是，“团购”只是一个借力平台，不能长期依赖，最终目标是把“团购”来的旅游者培养成自己的忠实客户和口碑宣传的载体。要做到这一点，还要配合推出会员制、会员优惠、发帖晒图并“@官方微博”送优惠码等业务。总之，要打“组合拳”。

为搞好北京乡村旅游产业的整体促销，利用网络平台扩大产业的吸引力，建议针对大量的网游用户，开发一款蕴含北京乡村旅游资源的网络游

戏（张磊，2012）。网民对网络游戏的参与度很高，潜移默化的影响力很大。京郊乡村旅游资源丰富，不仅有众多名特优农产品，还有悠久的种植历史；不仅有明清古建，还有民俗传说；不仅有丰富的农耕文化，还有深厚的非物质文化遗产技艺等，这些都能成为网络游戏的创作素材，如：游戏的人物身份、技能、装备、主题场景、道具、关卡等。乡村旅游网络游戏的设计要与京郊的人文、地理、山水、历史相结合，使麦田、果园、村庄等作为各关卡的主题场景，农业知识、农耕文化、民间技艺作为游戏人物的职业技能。通过策划、开发、推广乡村旅游网络游戏，达到创新营销工具、在网民中推广京郊乡村旅游资源、普及农业知识、扩大农耕文化影响力的目的。

四、营销策略转变：重视区域联营与合作

乡村旅游者的需求，呈现出多元化、复合型的特点。但一个乡村旅游企业往往难以覆盖所有类型的乡村旅游产品，也不能满足旅游者的所有需求。此时，开展区域联营与合作是一条捷径。要把一个区域内的利益相关者结成联盟，共享资源，共谋发展，以增强整体的核心竞争力，获取利润最大化。联营与合作最大的优点就是节约资源，提高资源的利用率。但是，联营与合作的前提是，各个休闲农业与乡村旅游点在地理位置上相近，并且资源特色与产品形态有差异，特别要避免资源特色的重复性。

为实现区域联营与合作，应积极组织京郊乡村旅游企业参加国内、国际旅游展。目前，北京乡村旅游已经成功进驻北京市内各类旅游展会，如北京国际旅游博览会等。未来，北京乡村旅游企业应积极参加国内外的各类旅游展会，如中国国内旅游交易会、中国国际旅游交易会、中国国际假日旅游展览会、中国国际商务会奖旅游展览会、中国北方旅游交易会、中国西部（西安国际）旅游交易会、中国西部旅游产业博览会、广州国际旅游展销会、上海世界旅游资源博览会、香港国际旅游展、美国国际游乐展会等。通过参加这些高规格的旅游展会，既是一种营销方式，也可以促进旅游合作。

五、营销主体多元：合理分工与有效配合

由于休闲农业与乡村旅游资源分布广，企业单体规模小，且具有同质性，乡村旅游信息真伪难辨，乡村旅游产业的宣传营销应坚持主体多元化，政府、行业协会、中介组织、乡村旅游企业等都有责任开展乡村旅游的宣传促销。其中，政府公关主要是利用“有形的手”发挥无形的力量，通过强化服务功能，主动设置话题，不定期接受国内外主要媒体采访，向广大市民和旅游者全方位、持续性地宣传北京乡村旅游的产品和服务，有效地塑造乡村旅游产业的整体形象，提高乡村旅游信息的可信度和权威性；休闲农业与乡村旅游行业协会等是联结乡村旅游企业与广大消费者、政府部门的桥梁和纽带，对于规范乡村旅游企业的经营行为，组织集中宣传推介，策划主题活动和树立行业形象等，有着不可替代的作用；通过制度设计和机制创新，让旅行社承担起中介组织的作用，将北京郊区的乡村旅游目的地编入地接社的国内、国际旅游线路，采取市场化战略进行乡村旅游宣传营销，进一步拓宽乡村旅游营销渠道；乡村旅游企业是市场营销的主体，通过组织系统性的市场营销及参加政府或行业协会组织的推介活动，把自己产品或服务的特色向广大市民和游客传递出去，把消费者吸引过来。上述几个方面应合理分工，在营销的时空选择上有机配合，以取得营销效果的最大化。

第十一章 休闲农业升级的支撑体系

实现休闲农业的提档升级，除搞好项目自身建设和经营管理外，还有赖于当地的社会、经济、政策环境。要积极创造条件，通过提高认识和创新机制，优化休闲农业发展的外部环境，为推进休闲农业产业的转型升级提供支撑。

第一节 休闲农业投融资

无论是开发乡村景区，还是发展乡村民俗接待、开办观光农业园、开发休闲度假村、举办乡村节事活动，都需要一定的资金投入。但是，目前由于农民资金量有限，投融资渠道相对狭窄，招商引资难度较大，政府支持力度有限等，休闲农业与乡村旅游发展的资金还比较缺乏，这也在某种程度上导致休闲农业与乡村旅游产品难以实现升级发展和集群布局。因此，对休闲农业与乡村旅游的投融资模式进行研究，建立适合北京郊区特点的金融支撑体系便显得非常必要。

一、投融资的特点

近年来，北京市乡村旅游产业投融资规模明显扩大，投资主体趋向多元化，融资形式和融资渠道趋向多样化。政府多渠道投资有力促进了北京市乡村旅游的发展，优惠政策和投资环境优化吸引了企业的规模投资，乡村旅游组织化程度的提高增强了融资实力，乡村土地使用权和房屋使用权流转制度的不断完善为北京市乡村旅游融资开辟了新空间，促进了休闲农业与乡村旅游项目的落地和特色业态的培育。

（一）政府投资公益性项目，促进产业发展

北京市政府及有关部门通过转移支付的方式分别支持了北京郊区农村基础设施建设项目、新农村建设项目、生态农业项目、观光农业项目、农业产业化项目和生态涵养项目等，这些投资都直接或间接促进了乡村旅游发展。比如，从农业部门的投入来说，市区两级对设施农业、生态农业和观光农业的投资，不仅促进了北京都市型现代农业的发展，而且延伸了产业链条，把农业资源转化为旅游资源，进而促进了农旅融合与乡村旅游的发展。从旅游部门的投入来说，虽然资金规模不大，但投向的都是乡村旅游薄弱环节，有利于整合、梳理、链接由其他各类投资产生的资源和产品，在推进产业发展方面起到了倍增放大效应。从其他部门的投入来看，政府投资绝少直接进入乡村旅游经营领域，进入的都是基础设施建设项目和公益性项目。但这些项目改善了北京郊区休闲农业与乡村旅游发展的投资环境，为引进社会民间投资起到了先导和示范作用。

（二）投资主体呈多元化，融资方式呈多样化发展

在发展初期，北京市休闲农业与乡村旅游的投资主体主要是政府部门、乡村集体经济组织和乡村居民，政府投资引导，农民投资跟进。经过多年发展，在政府大力支持下，投资主体已经呈现多元化局面。政府部门通过项目投资、转移支付等形式，对基础设施、特色产业、生态补偿等关系乡村旅游发展领域的引导性投入，吸引民间资金、外来资金以各种形式投向北京乡村旅游业，形成了“百川汇流融天下”的良性资金投入局面。农民和乡村旅游合作社以房屋和土地租赁方式，或者以房屋和土地使用权入股方式招商引资，吸引外地企业斥资进入乡村旅游业。一些本地企业转行发展休闲农业与乡村旅游，这些企业有的原本是农业生产企业和农产品加工企业，现在向旅游产业延伸；有的原本是服务性企业，现在向乡村旅

游拓展，带来先进技术和管理，发展新的乡村旅游业态。不仅国内资金进入乡村旅游，国外资金也在北京郊区这块“热土”集聚，从异域文化情调的“意大利农庄”、怀柔区慕田峪村、北沟村的“国际驿站”，到国际色彩浓郁的北京张裕爱斐堡国际酒庄都有外商投资的印记。

（三）政企民投融资合作，创多方共赢格局

外来企业投资开发乡村旅游经营性大项目，因担心村民不守信用，不愿与村民直接打交道。而村民担心企业回报多，自己获益少，在经营上被边缘化。因此，双方直接谈成的项目不多。为解决这一问题，北京一些区县探索出了“政府主导、企民合作”的模式，即地方政府出面搭建合作平台，外来企业与村民构建合作机制。在外来企业与村民的合作方式上，主要分为股权融资模式和权益融资模式两种，其中股权融资模式是成立股份有限公司，外来企业出资入股，村集体以村落资源为不动产入股；权益融资模式是由地方政府主导，农民以村集体为单位向企业出租不动产。二者都是由地方政府所属的企业管理服务中心代理各村与企业签订协议。政府及其代理机构成为企业信用和农民信用的担保者，减少了项目投融资成本，增加了项目合作成功率。这两种融资模式使企业与村民的双方博弈变为政府、企业、村民的三方合作，创造了共赢格局。

（四）社会集资依托乡村基层组织，促进产业组织化

一些集体经济实力较弱又缺少政府和企业投资的村庄，为发展乡村旅游，往往采取集资的方式来实现，即通过乡村旅游合作社，把村民组织起来，每户出一定的份额，聚零为整。从社会集聚来的资金主要用于美化、优化村落环境，改善村落基础设施，保护村里的历史遗存，开发乡村旅游项目，涵养本地的生态环境。通过社会集资发展乡村旅游，旅游资源得到整体开发，旅游产品品质提高，在一定程度上改变了过去农民“单枪匹马”办旅游，组织化程度低、产品低水平重复、业内纷争多发、村落景观和环境退化等不利于乡村旅游可持续发展的局面。能够从社会成功集资办乡村旅游的村，一般来说，基层党组织的战斗力较强，有一个好的带头人

和团结奋进的领导班子，能得到广大村民的信任和支持。

（五）旅游投融资新模式以土地使用权流转为前提

乡村旅游项目的开发与落地，都涉及乡村集体土地的占有与使用问题。无论是哪种投融资模式，都是以土地（包括宅基地）使用权和林权流转为前提。在符合政策的前提下，一些村庄由乡镇政府主导，将部分土地使用权整体转让给开发企业，发展乡村旅游。有的是村民集体获得开发企业的土地租金，有的是以土地招股方式获得企业投资，有的是村民散户将土地使用权转让给村集体，成立合作组织发展乡村旅游，分享经营利润。无论是哪种形式，都促进了乡村旅游发展，为农村产业结构调整、富余劳动力的再就业做出了贡献。

二、投融资的模式

北京乡村旅游投融资模式的形成背景是，政府在主导或引导乡村旅游发展过程中发挥强势作用，农村土地使用权流转和金融改革为乡村旅游投融资开辟了广阔的空间。因此，呈现出以政府公益性投资、土地使用权流转和乡村旅游的组织化为前提，因地制宜，因项目而异，采取多种形式投融资，实现政府、企业与农民的合作共赢。根据北京市旅游委组织的调研，京郊乡村旅游投融资模式主要有 8 种。

（一）转移支付模式——政府部门联动投资

近年来北京市、区县两级政府和各委办局通过转移支付的方式全方位支持京郊新农村和现代农业建设，使乡村旅游投资环境得到优化。北京郊区少数村庄乡村旅游业的发展主要得益于市区政府的大力支持。这些村庄一般是全国或市级在某一方面的先进单位，或是古村落，具有发展观光、休闲、旅游的先天条件，但在发展初期，村庄自身的接待能力和资金积累有限，没有启动资金。为使这些村庄发挥窗口作用，带动乡村旅游产业和区域经济的发展，北京市有关部门和区县政府往往以转移支付的方式给予它们一些资金支持，用于完善基础设施，改善村庄环境，提高乡村旅游接待水平。

例如，大兴区长子营镇留民营生态休闲农庄就是以政府转移支付为主发展起来的。20 多年前，留民营村被联合国环境规划署授予“全球环保五百佳”，由此成为著名的“中国生态农业第一村”。前几年，留民营每年的基础设施建设投资约 1 000 万元，服务设施建设投入约 100 万元，陆续完成道路建设与改造工程、太阳能灯照明建设工程、会议厅改造工程、活动中心改造工程、沼气综合利用工程、国际生态农业学术研究培训中心建设工程和农业项目等，促进了乡村旅游的发展。这些投资款项基本来自市、区两级的项目投资，分别属于文化、科技、农业和环保等市级部门和大兴区有关部门。北京市旅游部门也将其列入重点打造的“一村一品”的名单中，给予创意策划的支持。

（二）复合投资模式——政府投资起导向作用

乡村旅游项目启动之初，由政府投资基础设施建设，为企业投资开辟道路，吸引企业进行较大规模投资，并输入乡村旅游项目所需要的技术和管理，也可以称之为“一揽子投资”。多数投资企业原本就从事乡村旅游的关联产业，如花卉种植、生态农业和农产品加工等。他们依靠政府的支持，在原有企业基础上，通过延伸产业链，或者开发相关项目，搞起了乡村旅游。怀柔区的雁栖不夜谷、通州区漷县镇的北京吉鼎立达市花主题公园和延庆县旧县镇的北京绿富隆农业观光园为复合投资模式的典型代表。以雁栖不夜谷为例，该项目总投资 10 多亿元，其中，政府投资约 1 亿元，占不足 10%，主要用于基础设施建设；雁栖不夜谷里的“山吧”“那里”等 50 多家企业投资约 10 亿元，占总投资的 90% 以上，多数为社会投资。

（三）权益融资模式——土地使用权流转融资

村集体或村民散户出让土地使用权，并一次性或多次向受让方，即乡村旅游开发企业或乡村旅游经营户，收取土地租赁费。权益融资模式的特点是，村集体或农民放弃对土地的使用权、经营权和经营所得，以得到租赁费为补偿，同时为地方争取到企业对乡村旅游的投资，但村集体或农民在乡村旅游开发企业中并不占有股份。密云县巨各庄镇“张裕爱斐堡国际酒庄”和古北口镇“紫海香堤香草艺术庄园”为此模式的典型代表。

（四）股权融资模式——土地使用权招股融资

村集体或村民散户出让土地使用权，换取企业的投资或者包括资金、技术和品牌的“一揽子投资”，出让方和受让方依据土地使用权的长短和投资额的多少分配各自的股权。之所以称为“股权融资”，是区别于“权益融资”，农民或村庄放弃对土地的使用权、经营权和经营所得，并不以租赁费为补偿，而是占有乡村旅游企业的部分股权，甚至控股，参与企业的经营和分红。这是对村民比较有利的融资方式，是解决乡村旅游“飞地”效应问题的唯一途径。门头沟区斋堂镇“爨柏沟域”项目为此模式的典型代表。

（五）社会集资模式——成立合作社规模发展

近几年，在政策支持下，北京郊区乡村旅游合作组织如雨后春笋般涌现。农民或者联合起来经营，或者以房屋使用权、土地使用权入股，交给乡村旅游合作社来经营，或者再由合作社委托专业公司经营，从而获得经营性收入之外更高的资产性收益。与过去单个民俗旅游户经营方式相比，乡村旅游合作社体现出了规模经营的优势，并产生较好的经济效益。如果在成立合作社的基础上，再对外招商引资，与“单打独斗”的个体经营相比，乡村旅游合作组织的信誉明显提高，招商引资的实力显著增强。外来企业参股经营，合作成本减少，成功率提高。另外，合作组织的信用程度提高，金融机构愿意为其贷款，中介机构愿意为其担保。京郊农村以社会集资模式发展乡村旅游的例子很多，密云县新城子镇花园村就是其中之一。

（六）外商投资模式——吸引国际资本与品牌

北京郊区一些优质的，或独具特色的旅游资源，可以吸引外国投资者的眼球，获得海外投资。其中，有的外商投资带来了国际品牌，带来了新的开发理念，丰富了北京乡村旅游产品的种类。

作为国际化大都市，北京的休闲农业与乡村旅游一直受到外商的关注。目前，北京的常驻外籍人士已经达到总人口的1.5%，他们当中的一些人已经成为京郊乡村旅游的参与者。外商对这些外籍人士的休闲消费习惯更为了解，因此，会萌生在京郊投资乡村旅游的念头。怀柔区慕田峪的小园餐厅、顺义区的意大利农庄就是依靠外商投资模式发展起来的。

（七）贴息贷款模式——靠政府产业优惠政策获贴息贷款

个体经营者、合作组织或企业为发展乡村旅游从商业银行贷款，政府为了支持本地乡村旅游产业发展，利用财政资金为贷款企业支付一定比例的贷款利息（如50%～100%），以减轻企业负担。获得商业银行贴息贷款是北京乡村旅游企业负债融资的方式之一。这种形式在北京郊区较为常见。例如，密云县政府为推动本地乡村旅游的发展，对新建、翻建、改建、扩建房屋用于乡村民俗旅游接待的农户，给予贷款贴息或补贴。

（八）小额贷款模式——促农村金融体制改革

个体经营者、合作组织或中小企业为发展乡村旅游从非银行金融机构获得贷款（北京郊区小额贷款的上限是8万元），虽然贷款额度不大，但是在一定程度上解决了过去长期存在的乡村旅游经营户和中小企业资金不足、贷款难的问题。村镇银行、农村资金互助社和小额贷款公司等经营灵活、快捷，适合民俗旅游接待户和中小企业的需要。毕竟北京郊区乡村旅游经营主体大多数是个体经营者和中小企业。例如，平谷区黄松峪乡为提高民俗旅游的整体水平，通过抓示范村、示范户进行引导辐射，在资金不足的情况下，一些乡村旅游专业户从当地的小额贷款公司获得小额贷款，投入乡村旅游接待。

上述乡村旅游投融资模式中，既有政府投资，又有民间投资；既有资产融资，又有债务融资；既有国内投资，又有外商投资，实现了“投资主体多元化、融资渠道多样化”。用一句话，可以将其概括为“政府引导、企业主体、市场运作、农民受益”。

三、投融资面临的困难与问题

受产业特性、政策导向、比较效益、抵押物等因素的制约，京郊休闲农业与乡村旅游产业仍然是资金约束型，在投融资总量、工具、结构、布局等方面都难以满足产业发展的要求，面临以下主要困难与问题。

（一）投资总量不足，投资结构不优

京郊乡村旅游面临经营者和管理建设都缺乏资金的状况。民俗旅游接待主要靠村民自筹资金，大多停留于小规模经营状态，难以形成规模效应，对游客的吸引力和当地乡村旅游业的带动力都明显不足。乡村旅游的管理建设和乡村旅游产品的促销也存在资金匮乏瓶颈，使得产业升级成为难题。从乡村旅游投资结构看，也不尽合理。住宿、餐饮和采摘类的投资项目较多，而参与类、教育类、娱乐类项目投资较少，重复性、趋同性、低品位项目投资占有相当比重，致使乡村旅游产品结构不合理。

（二）项目后期投入不足，金融支持不够

从休闲农庄开发来说，前期投入大部分是企业老板的自有资金。他们大多是建筑、房地产、电线电缆、市政工程、电力工程等相关行业的成功人士，然后返乡创业，发展休闲农业，前期投入较为充足。但由于休闲农业投资周期长，环节多，见效慢，且事先估计不足，致使后续建设资金跟不上。因为休闲农庄涉及种养、加工、三产服务等多个环节，其发展需要大量资金投入，光靠企业自身积累远远不够。在完成了首次大量资金投入之后，大部分企业很难拥有第二次投入能力。加上多数休闲农庄是利用租赁土地兴建的，产权不明晰，地面建筑物没有产权证，种植的果林没有果（林）权证，养殖的水域没有养殖证，其土地和房屋等不能作为抵押物，因而难以办理贷款，致使休闲农业发展受到很大限制（朱华武、张剑，2012）。

（三）投融资主体缺位，金融支撑体系不健全

从融资主体来说，大体可分为民俗旅游接待户等个体经营者、乡村旅馆等微型企业、休闲农业园区等中小企业、乡村景区等龙头企业、乡村旅游合作社等合作组织5类。对于民俗旅游接待户来说，由于经营分散、资产规模小、收入水平低、抵押物缺乏等原因，很难从正规金融机构融到资金；从乡村旅馆来说，由于规模小、经营不稳定、抵押担保品不足等原因，也很难从银行贷款；休闲农业园区具有一定的规模，自身资产总量相对较大，有抵押物，可以获得贷款，但贷款规模难以满足自身需求；乡村景区是乡村旅游的龙头企业，体量大，资产存量高，能够满足金融机构的贷款担保要求，一般会受到金融机构的青睐；乡村旅游合作社从严格意义上讲，并不是法人企业，也没有足够的资产可以抵押，因此，如果没有村集体经济组织等提供担保，也难以获得足够数额的金融贷款。从投资主体来说，受历史及现实条件的限制，休闲农业与乡村旅游的金融支持主要来自于银行业的信贷，而证券、保险、担保等行业的金融支持几乎为空白，金融产品的创新不够，金融支撑体系的建立任重而道远。

（四）政策性融资平台少，作用发挥不够

为促进新农村建设和都市型现代农业的发展，北京市政府投资设立了北京农业担保有限公司等7个政策性公司。但从京郊休闲农业的发展实践看，并没有取得预期的效果。

四、金融支撑体系建设

休闲农业与乡村旅游的发展与提档升级，必须以建立完善的金融支撑体系为前提。要以财政资金为基础，以金融创新为核心，以投资服务平台建设为突破口，合理调配金融资源，创新金融工具和产品，充分发挥银行、保险、证券、担保等行业的优势，探索建立具有北京特色的金融支撑体系。

（一）发挥财政资金的引导作用，依靠政府投资撬动社会投资

突出政府投资的引导和放大作用，政府投资先行，通过政府投资建设基础设施和旅游配套服务体系，吸引更多的企业投资乡村旅游产业，促进休闲农业与乡村旅游业科学发展与转型升级。

1. 设立休闲农业与乡村旅游基金

北京市政府从振兴经济的资金中，每年拿出一定份额，作为休闲农业与乡村旅游发展专项基金，主要用于项目区及周围地区公共基础设施的建设、改造升级，乡村旅游项目的投资补助或贷款贴息等，为乡村旅游业的发展提供更多的公共产品。

2. 研究制定优惠的财政政策和金融政策，支持大型乡村旅游项目落地

对那些拉动京郊经济发展作用明显、有发展前景、惠及本地农民的乡村旅游项目投资，可以适当增大财政资金的支持力度和投融资优惠幅度。政府部门应出台优惠的财政政策，吸引社会对乡村旅游的投资，并建立申报审批制度，使乡村旅游投资项目的立项和实施走向正规化、程序化。

3. 支持做好产业规划与项目包装

要搞好休闲农业与乡村旅游发展规划和重点区域的项目包装与前期论证。积极引导社会资金投向对区域经济拉动较大的项目，投向大规模、片区式、已有开发基础的项目，投向全功能型和复合消费型的项目，投向乡村旅游中的“三品”（品位高、品质好和品牌响）项目，提高北京郊区乡村旅游集群化、规模化水平。

（二）创新信贷产品，改进信贷服务

银行业是金融支撑休闲农业与乡村旅游发展的主体。要创新信贷产品，改进信贷服务，加强对休闲农业与乡村旅游业的信贷支持。

1. 创新符合乡村旅游特点的信贷产品

鼓励金融机构在依法合规、风险可控和符合国家产业政策的基础上，探索开展乡村旅游景区经营权质押和门票收入权质押业务，积极开展休闲农业与乡村旅游企业建设用地使用权抵押、林权抵押等抵质押贷款业务。

对具有一定知名度、发展良好且初步形成规模或集中连片的区域特色休闲农业，金融机构要有针对性地创新金融产品，进一步简化贷款程序，降低贷款利率，给予重点支持。

2. 切实改进乡村旅游的信贷服务

对符合条件的小型微型乡村旅游企业实行差异化的信贷管理和考核办法，合理扩大基层机构审批权限。涉农金融机构要努力满足乡村旅游业的资金需求，对于合理利用农业与农村景观资源、乡村空间、古村古镇、民族村寨等发展观光、特色和休闲旅游的项目与企业，要积极采取多种有效信贷模式和服务方式予以支持。针对休闲农业的特点和乡村旅游行业的财务特征，制定和细化符合乡村旅游业经营规律的授信标准，改进和完善风险评价体系。对旺季乡村旅游企业的短期小额贷款，要在有效控制风险的前提下适当简化审批手续，确保符合条件的乡村旅游企业获得方便、快捷的信贷服务。逐步加大对农家乐、观光采摘园的贷款支持力度。增加 POS 机等金融服务机具在北京郊区的布放，进一步提高民俗旅游经营户的支付结算能力。

3. 适当扩大担保物范围

可探索开展“四荒资源”及水面使用权抵押贷款和股权、应收账款质押贷款等，满足休闲农业与乡村旅游企业的融资需求。对被评为五星级休闲农业园区（企业）的，应视同市级农业产业化龙头企业，列入信贷扶持范围，优先给予支持。鼓励发展休闲农业融资性担保公司，逐步建立起功能完善的担保服务体系。支持涉农担保基金为民俗旅游接待户等提供担保。

（三）开发休闲农业保险产品，完善风险管理服务

休闲农业的基础是农业。鉴于气候突变、病虫害危害等特点，休闲农业风险系数较大。因此，开发休闲农业保险产品，健全休闲农业保险体系，完善风险分担机制，显得尤为重要。

1. 开发休闲农业保险产品

鼓励保险公司创新保险服务，大力推广“农家乐综合保险”“财产

险”“责任险”等保险产品，为休闲农业经营主体提供适合其特点的风险管理手段。探索开发休闲农业项目融资保险产品，以“项目保险”分类打包的形式，提升创投基金、信贷基金的投放信心，弱化“项目风险”（朱华武、张剑，2012）。

2. 完善风险管理服务

承担政策性农业保险业务的保险公司，应依托现有业务网络，进一步加大对休闲农业的支持。已经开办有关休闲农业险种的保险公司，应加大业务拓展力度，提高服务水平。对于已经形成特色和一定规模的休闲农业形态，北京郊区区县政府可以按照政策性农业保险的有关规定，配合保险公司研发区域特色险种，并经市政策性农业保险协调领导小组审定后，按照有关规定给予不超过保费金额 40% 的市级财政资金补贴。

3. 探索设立休闲农业的再保险

充分整合保险业界资源，探索设立休闲农业再保险基金，提升再保险自身“造血”功能，吸引各大保险机构提供休闲农业再保险支持。

（四）健全投融资机制，创新投融资方式

充分利用金融机构支持旅游业加快发展的有利时机和政策措施，健全北京郊区休闲农业与乡村旅游投融资机制，灵活运用多种投融资方式，促进多渠道、多模式融资。

1. 支持优质乡村旅游企业直接上市融资

支持乡村旅游资源丰富、管理体制清晰、符合国家旅游发展战略和发行上市条件的乡村旅游企业上市融资。积极支持优质乡村旅游龙头企业，利用资本市场进行并购重组，做大做强。积极协调证券交易所、保荐机构等相关机构，对京郊乡村旅游企业进行发行上市的辅导培育等工作。

2. 建立市场化融资机制

探索和运用发行企业债券、私募基金、资产证券化及股权融资等多种投融资方式，开拓多元化融资渠道。制定系列的乡村旅游产业政策，使乡村旅游项目采用不同的方式，如 BOT 方式、BT 方式和 TOT 方式等进行融资，还可以选择文化创意融资、专项资金融资和产业政策融资等。

3. 引进乡村旅游大企业

要通过组合优惠政策，拓宽投融资领域，积极吸引外商和国内大集团、大企业、上市公司投资开发经营北京郊区乡村旅游基础设施，开办乡村旅游服务项目，推动乡村旅游开发上规模、上档次。要采取现代商业模式招商引资，减少投资风险，让投资商真正能赚到钱，优化北京郊区乡村旅游投资的外部环境。

（五）建设乡村旅游投资服务平台，提供投融资信息服务

北京有丰富的金融资源和行政资源，目前因缺少有权威、有规模、有影响的投融资平台，大项目招商比较困难，乡村旅游融资比较优势没有充分发挥出来。解决方案之一是，打造新形势下的统一、权威、专业、高效的乡村旅游投融资服务平台。这个平台要坚持政府主导与市场运作结合，全市集中统一，发挥集聚效应，便于信息资源共享和实时交流探讨，提高投资洽谈的效率；要具有权威性，由全市性的权威机构来操办；要具有专业性，可举办专业性的乡村旅游投资洽谈会，提高达成合作协议的可能性；要依托互联网，开发运用乡村旅游投资信息网络，随时为旅游投资相关主体提供信息和双向互动交流服务。

第二节　休闲农业用地

发展休闲农业除了需要投入资金和人力以外，更重要的是要进行土地资源的整合。土地作为农村的主导性资源，也是休闲农业发展最重要的基础，但是，由于受农村土地制度与政策的影响，休闲农业的产业化、规模化发展受到严重制约，形成了农村土地的分散性与休闲农业集中发展要求的现实矛盾。如何在保护农民利益的前提下，通过创新土地流转模式和利益分配机制，实现休闲农业发展与农用土地合理整合之间的均衡，是本节要研究的核心问题。

一、土地流转的迫切性

休闲农业是农业和旅游业相结合的产业，具有以土地为根本、以服务为主要内容的产业特征。要发展融合型的休闲农业，除了资本和人力要素的投入以外，还有赖于土地要素的投入。土地的规划利用直接关系到休闲农业组织形式、发展规模、经营管理水平以及标准化推进的难易程度，关系到休闲农业升级的成败。

（一）分散经营的农村土地制约了休闲农业与乡村旅游的规模化经营

土地是农民主要的生产和生活资料，也是休闲农业与乡村旅游产业发展的重要基础。但是，由于受到我国长期以来的土地制度的影响，休闲农业与乡村旅游的产业化、规模化受到制约，造成了农村土地使用的分散化与乡村旅游规模发展的集中性之间的矛盾。建立在一家一户土地分散经营基础上的乡村旅游，大多是农民自愿、自发、自主经营，在发展过程中，其弊端逐渐显现，表现为旅游接待能力和经营规模较小，旅游资源和资金无法形成有效合力，乡村的基础设施和环境建设难以得到根本改善，这使得乡村旅游产业在增强创新能力、获得互补性利益以及提高整体竞争力方面步履维艰（杨阿莉，2012）。由于受土地分散经营的制约，乡村旅游企业的数量多，规模普遍偏小，开发的产品雷同，并且企业之间无序竞争，阻碍了乡村旅游产业链的形成、延伸和组织化发展，制约了乡村旅游的转型升级。

（二）乡村旅游设施的配套需要农村建设用地的支撑

为给游客提供“吃、住、行、游、购、娱”等服务，在休闲农业园区内部需要建设游客接待、餐饮、停车场、农产品售卖亭等服务设施，需要一定规模的建设用地。但是多数园区没有建设用地指标。在调研时，京郊广大休闲农业经营管理者对此反映强烈，迫切需要在休闲农业的建设用地上能够“破题”。

(三) 土地经营权流转为乡村旅游产业化发展打开了一扇门

土地经营权流转是指在农村土地所有权归属和用地性质不变的情况下，拥有土地承包经营权的农户将土地经营权（使用权）转让给其他农户或经济组织的行为，其实质就是保留承包权，转让使用权。我国正式从法律上确认农村土地流转的合法性，是2007年7月1日第十届全国人大常委会第二十四次会议上审议通过的《中华人民共和国农民专业合作社法》。2008年10月12日，中央十七届三中全会通过的《中共中央关于推进农村改革发展若干重大问题的决定》，从政策上确立了农村土地流转这一核心问题的基本原则，即"依法、自愿、有偿"。2013年11月12日，中央十八届三中全会通过的《中共中央关于全面深化改革若干重大问题的决定》，再次强调"鼓励承包经营权在公开市场上向专业大户、家庭农场、农民合作社、农业企业流转，发展多种形式规模经营"，并明确提出"赋予农民对承包地占有、使用、收益、流转及承包经营权抵押、担保权能，允许农民以承包经营权入股发展农业产业化经营"。这一系列的规定和政策为农村土地流转提供了可能。

二、土地流转的模式

《中共中央关于推进农村改革发展若干重大问题的决定》明确指出"现有土地承包关系要保持稳定并长久不变"，改变了以前"确保农村土地承包关系长期稳定"的提法，这个变化一方面可以稳定现有的土地流转方式，另一方面又保障了农民的土地流转权益，提高了农民土地流转的积极性和土地流转效率。在休闲农业项目规划开发过程中，可以通过以下方式推动土地承包经营权流转。

(一) 转　包

转包是指承包方将部分或全部承包经营土地在一定期限内的使用权转给同一集体经济组织的其他农户从事农业生产经营。转包后原土地承包关系不变，原承包方继续履行原土地承包合同规定的权利和义务。接包方按转包时约定的条件对转包方（原承包方）承担责任。作为村集体经济组织成员的农民可以通过转包的方式，将其他村民的承包土地一定年期内的使用权租过来，从而获得发展休闲农业所需的土地资源，并通过串地的方式，使其集中在适合开发休闲农业的地点。此种方式适用于作为集体经济组织成员的农民。

（二）出　租

出租是指承包方将部分或全部土地承包经营权以一定期限租赁给他人（包括个人、集体、企业或其他组织）从事农业生产经营，出租人向承租人收取租金。出租后原土地承包关系不变，原承包方继续履行原土地承包合同规定的权利和义务。承租人按出租时约定的条件对出租人（承包方）承担责任。在出租引起的各主体关系中，发包方与承包方之间存在土地承包经营权关系，属于用益物权关系；承包方（也即出租人）与承租人之间存在租赁关系，属于债权关系。如果发展休闲农业的主体并非是当地集体经济组织的成员，则可以通过承租的方式获得当地农民的土地使用权，然后再进行休闲农业的开发。

（三）互　换

互换是指承包方之间出于各自需要或者方便耕种管理的目的，通过自愿平等协商，对属于同一集体经济组织的承包地块进行交换，同时交换相应土地的承包经营权。互换后，原土地承包合同规定的权利义务可由原承包者承担，也可随互换而转移。作为集体经济组织成员的农民可以利用互换的方式换取适合于搞休闲农业的地块，也可以利用互换的方式将自己所拥有的零散地块合并在一起，从而有利于休闲农业的开发。此种方式同样适用于作为集体经济组织成员的农民。

（四）入　股

入股是指实行家庭承包方式的承包方之间为发展农业经济，将土地承包经营权作为股权，自愿联合，组成股份公司或者合作社等，从事农业生产经营，承包方按股分红。由于休闲农业经营需要较多的投入，因而通过股份制获取相应的资源是十分必要的。通过土地承包经营权自愿入股，是解决休闲农业开发和其他资源筹集的最有效手段之一。通过入股的方式既可以解决土地问题，也可以解决资金问题，甚至劳力问题。

（五）反租倒包

反租倒包模式就是在农户自愿的前提下，由集体经济组织向农户支付一定租金，将农户承包地的使用权收归集体，集体经济组织再将其直接租赁给想要发展休闲农业的组织或个人。反租倒包是两个租赁行为的统一，即村集体经济组织先租赁农民的承包地，然后再将其租赁给其他组织或个人。这种模式的优点是明显的。在没有集体经济组织的介入下，休闲农业的投资者，尤其是外地的投资者，很难进入村落并租到地。因为投资者与分散农户打交道的成本很高，分散农户所承包的土地又分散在各处，只要其中有几户不愿意出租，投资者就难以获得成片土地搞规模化经营。而通过村集体经济组织的介入，由村集体先与村民交易，然后投资者再与村集体交易，无疑会降低外界企业进入休闲农业的交易成本。

三、土地流转背景下休闲农业用地可持续发展的策略

土地流转为农村土地资源整合提供了一条现实路径。但在土地流转的过程中，会遇到土地流转合理模式、农村建设用地供应、农民利益保障等新问题。要结合北京郊区实际，按照公平与效率相结合、当前利益与长远利益相结合、增加增量与盘活存量相结合的原则，从规划、体制、政策等方面出发，多因素配合，有效解决这些问题。

（一）编制休闲农业与乡村旅游用地规划

要在北京市土地利用总体规划指导下，按照“珍惜每一寸土地、统筹安排、合理开发”的原则，在搞好资源调查评价的基础上，划定休闲农业

与乡村旅游用地，编制休闲农业与乡村旅游用地规划。在用地规划中，要综合考虑常住人口和乡村旅游常态人口，并以此来确定乡村旅游公共服务设施、基础设施配套和乡村旅游实体项目建设用地指标。北京郊区各区县、乡镇在修编土地利用总体规划时，要根据本地实际和自然条件，在符合上位规划和相关要求前提下，合理安排休闲农业与乡村旅游用地。积极支持利用废弃矿山、腾退宅基地、垃圾场等存量建设用地及荒山、荒坡、荒滩、荒地开发乡村旅游项目，支持企事业单位利用存量房产、土地资源，开发乡村旅游。在与土地规划和城乡规划相衔接的基础上，“未利用地”在不影响原用地功能、不改变原用地性质、确保生态安全的条件下，可建设节地型、不压覆土地或可拆除复原的休闲农业与乡村旅游服务设施；在废旧工矿用地上开发乡村旅游项目时，实行有利于乡村旅游产业发展的土地征用占用方式。要科学地、前瞻性地结合乡村旅游用地自身特点，确立一定时期内乡村旅游用地开发利用的方向，对乡村旅游用地进行时空上的优化组合，并制定详细的管理制度，以确保乡村旅游顺利开发、持续经营。

（二）积极探索适宜的土地流转模式

北京郊区各地的情况不同，每种土地流转方式适用的对象与条件各异，要根据各个休闲农业与乡村旅游项目的特殊性，选择合适的土地流转方式。对于承包地，除上述转包、出租、互换、入股、返租倒包等形式外，还可探索其他可行的土地流转方式。比如，土地流转可以在采取委托流转、互换等方法的同时，允许农民以土地入股，实行保底分红，这样有利于更好地维护农民利益，并以价格杠杆推进土地向休闲农业园区集中。只要符合党的十八届三中全会精神，坚持“依法、自愿、有偿”原则和“三不规定”（不改变土地集体所有性质、不改变土地用途、不损害农民土地承包权益），对土地流转方式，就要允许探索和试验。对于宅基地，可采取“一对一流转”（即一个农户对一个乡村民俗旅游户，或一个农户对一个乡村旅游企业，由村集体牵线搭桥，把前者的宅基地流转给后者，用于乡村民俗旅游接待，并由村集体居间签订流转合同，以示公允）、“多对一流转”（即多个农户对一个乡村旅游经营户或一个乡村旅游企业，把多个农户的宅基地流转给后者，用于集中发展乡村民俗旅游，并实现规模化经营）、“土地整理，拆堂并院”（即由村集体或外来投资者对农民宅基地进行整理，在原址或者改建居民点，集中安置农户，进而置换出集体建设用地，集中发展乡村旅游）等形式进行流转（黄葵等，2012）。对于流转出的宅基地，可作为农村建设用地建设乡村旅游接待服务设施，用于提供具有当地乡村特色的餐饮、娱乐、住宿、购物等服务。

（三）确立合理的利益分配机制

在土地流转过程中，农民作为承包地用益物权的拥有者，由于对相关土地法律法规和政策知之甚少，每个农户的土地数量也不多，在谈判时缺少话语权，加上无法预测土地的未来增值收益，因此往往处于弱势地位。为实现土地的顺利流转，切实保障农民权益，要按照“效率优先、兼顾公平”的原则，因地制宜地确定合理的利益分配机制。一是做到土地流转合同公开、透明，进而实现公正和公平。可借鉴通州区于家务乡建立“乡农村土地流转管理服务中心”的做法，由乡农村土地流转管理服务中心统一受理各村土地流转业务，并提供信息咨询、合同签订、纠纷调解、土地流转指导价提供等服务。二是建立土地增值部分按比例返还的机制。根据北京郊区的实践，每隔 5 年，土地流转费按一定比例递增。三是对于失地农民，在签订土地流转合同时，可把优先安排农民在乡村旅游企业就业作为一个前置条件。这样农民不仅可获得土地流转费用，而且实现了再就业，有了工资性收入。总之，在土地流转制度安排下，利益分配机制的核心应是始终把尊重农民意愿、维护农民的根本利益作为土地流转的出发点，以此维护农村社会稳定。

（四）研究探索建设用地不足问题

建设用地不足问题已成为制约休闲农业发展的重要瓶颈和关键因素。台湾为规范休闲农业建设用地问题，在《休闲农业辅导管理办法》明文规定，“休闲农场设置休闲农业设施不得超过休闲农场内农业用地面积 10%，并以 2 公顷为限；休闲农场总面积超过 200 公顷者，得以 5 公顷为限”。建议借鉴台湾经验，结合北京实际，对休闲农业区的建设用地，进行统筹研究，合理安排。

鉴于休闲农业项目的建设用地问题涉及国家土地政策，省市一级无法突破，建议国家有关部门在进行专题研究的基础上，开展试点，争取能“破题”。具体设想是：①对于休闲农业园，允许有 3% ～ 5% 的面积作为建设用地，用于建设管理服务中心、土特产品销售厅、停车场、餐饮住宿设施、园内道路、标志标示牌等。为避免搞乱，应明确休闲农业园的准入标准，严格评审制度，对符合条件的休闲农业园给予建设用地指标支持。在具体操作中，有两个思路：一是只给国家休闲农业示范点和省区市级休闲农业示范园建设用地指标，以控制建设用地的总体规模；二是拉开档次，对于国家级和省区市级休闲农园允许 5% 的建设用地，地市级休闲农园允许 3% 的建设用地。对这项政策，可以按照从严掌握、区别对待、便于实施等原则，从农业部评定的国家级休闲农业示范点先行试点，再逐步推开。②对于民俗旅游村、乡村旅游带，建议用同样的思路来研究操作办法。

（五）切实保护农民利益

在农村，一些乡镇政府急于招商引资，在与客商签订土地包租合同时，并没有规范土地用途，一些企业就在耕地上建起厂房或其他永久性建筑，破坏了耕地的固有属性，即使到期收回，农民也难以再行耕种。随着城市的扩张，城区土地与城郊农村用地的界限在模糊，大量城市商业性用地打着公益性的名义非法侵占农用耕地，随意转变土地的性质和用途，严重侵害了农民的利益。此外，部分地方在实行税改之前出租的土地，流转价格偏低。实行税改之后，国家免除了农业税和“三提五统”，并实行粮食补贴，农产品价格也逐渐攀升，土地自身价值也相对提高，原来确定的流转价格显失公允。对于上述问题，应通过健全制度，严格管理，加强部门间的协调与租赁双方的协商，严格执法，从根本上加以解决。

第三节 休闲农业标准化

休闲农业标准化是实现休闲农业发展的重要内容，是促进休闲农业转型升级的关键环节。开展休闲农业标准化建设，对于规范休闲农业园区及企业行为，提升服务质量，保障乡村旅游者权益，提高休闲农业的竞争力，具有重要意义。

一、标准化建设的必要性

根据国家标准 GB/T39351-83 的规定，标准是对重复性事物和概念所作的统一规定，它以科学、技术和实践经验的综合为基础，通过有关方面协商一致，由主要管理机构批准，以特定的形式发布，作为共同遵守的准则和依据。因此，标准具有以下特点：①它是对重复性事物和概念的统一规定，因此对于该类事物具有一定的普适性；②标准的制定须遵循一定的原则，有对应的批准机构和相应的制定程序；③标准具有一定的效力，要求被规范者遵守。

休闲农业标准化是指运用“统一、简化、协调、优选”的原则，以休闲农业生产、服务、管理全过程为对象，通过制定标准、实施标准和实施管理，指导生产，引导消费，确保休闲农业产业的质量和安全，规范休闲农业市场秩序，促进休闲农业规范化，以达到提高休闲农业服务水平和竞争力为目的的一系列活动过程（徐广才等，2012）。休闲农业标准化包括标准体系建设、标准编制、修订和发布、实施等过程。

北京是我国发展休闲农业与乡村旅游产业较早的地区之一，在标准化建设方面也走在了全国的前列。已陆续制定一系列休闲农业地方标准，并积极推进标准示范区建设，通过典型示范，以点带面，形成了标准化的管理体系，推进了休闲农业的发展。但与标准化建设的内在要求、乡村旅游者权益的有效保障、休闲农业产业的蓬勃发展相比，北京休闲农业标准化建设还存在一些矛盾和问题。

（1）缺乏顶层设计。休闲农业标准数量少，尚不能涵盖休闲农业的新兴业态；休闲农业标准体系的建设不足，对休闲农业标准的规划与制定缺乏宏观性、系统性、前瞻性的设计；从实施来看，仅考虑当前的需要，没有长远发展的安排，休闲农业标准的开放性不足。

（2）规范的内容单一。现有标准以规范设施为主要目标，对休闲农业的服务、乡村旅游者的权益、休闲农业生态环境的保护等规范得不具体，在实施过程中也缺乏有效的约束。随着休闲农业的发展，休闲农业标准的规范对象，要从注重硬件设施向注重物质环境、服务要求、生态环境与乡土文化保护等方面的兼顾转变。

（3）限制性条件规定不足。现有的休闲农业标准多为推荐性标准，缺乏强制性标准。对休闲农业经营主体行为的上限和下限控制不足，没有强制执行和禁止执行的条款；对从业人员资格要求与资格审查不足，难以从源头上保证休闲农业服务的质量；限制性条件规定不足，缺乏对违反限制条件的处罚和管理规定。

（4）重建轻管。在实践中，相对于标准的制定与标准化体系的建设，在实施上力度不够。一方面源于多部门管理，各部门之间沟通协调起来复杂，另一方面源于缺少法律层面的专门规定，使有关部门的执法缺乏了法律依据。

实施标准化是休闲农业规范发展、提升水平、完善管理的重要手段，对休闲农业的健康和持续发展将起重要作用。要通过休闲农业标准化建设，构建休闲农业标准化体系，促进休闲农业转型升级。

二、标准化工作的进展

进入21世纪以来，北京市有关部门积极推行休闲农业与乡村旅游的标准化管理，引导行业自律，取得了初步成果。

北京市围绕都市农业多功能性与三次产业融合，拓展标准化领域，从单纯注重农业生产向农业服务延伸，做好休闲农业标准化的发展与试点工作，形成生产、生态、生活功能相结合的农业标准化建设新模式，发挥标准化的平台效应，推进了休闲农业的规范发展。早在2003年，北京市农委就制定了《北京市观光农业示范园评定标准（试行）》，此后评定了4批共95个北京市观光农业示范园。随着实践的发展，2009年对该标准进行了修订，并更名为《北京市观光休闲农业示范园评定标准（2009修订）》。2011年，评定主体由北京市农委调整为北京观光休闲农业行业协会，相应地对评定标准进行了修订，并以北京观光休闲农业行业协会的名义印发了《关于开展北京市休闲农业星级园区（企业）评定工作的通知》（京观农协〔2012〕1号）。

休闲农业标准化已经成为都市型现代农业标准化的重要组成部分。2009年1月13日，北京市质量技术监督局《关于印发〈北京市重点发展的技术标准领域和重点标准方向〉的通知》将休闲农业标准化作为都市型现代农业标准化的重要组成部分，列入了北京市重点发展的技术标准领域和重点标准方向。2010年，北京市启动了休闲农业标准化体系建设研究工作，探索建立休闲农业标准化体系需求和农业服务标准化工作方法，为建设旅游观光、采摘休闲农业标准体系，拓展农业标准化基地（示范区）建设内容奠定了基础。目前，北京市已建成的49个国家级农业标准化示范区项目中就有42%从事观光采摘旅游，市级标准化基地中有21%从事观光采摘旅游（徐广才，2013）。

为推进乡村旅游的有序发展，北京市坚持“边建设、边制定标准、边规范”的原则。2002年，北京市农委和北京市旅游局联合制定了《北京市郊区民俗旅游接待户评定标准（试行）》和《北京市郊区民俗旅游接待户评定暂行办法》。2005年7月，《北京市乡村旅游发展规划（2005—2010年）》通过专家评审。2006年，北京市地方标准《乡村民俗旅游村等级划分与评定》（DB11/T350-2006）和《乡村民俗旅游户等级划分与评定》（DB11/T351-2006）开始推行，把乡村旅游分为“村”和“接待户”两个层次，其中“村”的规范和标准主要规定了乡村民俗旅游接待村所应具备的基础设施、环境等宏观条件，以及管理机构、安全、卫生等乡村旅游管理和服务基本要求；“接待户”的规范较为细致地规定了接待户应具备的基本条件，并在住宿、餐饮等方面做了详细规定。同时，这两个标准也是评比标准，主要从环境、软硬件设施、卫生安全、活动等方面，对乡村民俗旅游接待村和户进行评比打分，划分等级，符合条件的，评定为市级民俗旅游村（户），并授牌。2008 年 5 月，制定了《北京市乡村旅游景观管理公约》。2009 年 1 月，北京市颁布地方标准《乡村旅游特色业态标准及评定》(DB11/T652-2009)，规定了国际驿站、采摘篱园、乡村酒店、养生山吧、休闲农庄、生态渔家、山水人家、民族风苑 8 个乡村旅游特色业态的接待与评定规范，成为全国首批乡村旅游新业态地方标准。这一系列乡村旅游标准从不同侧面指导着北京市乡村旅游的规范发展，全面推进了乡村旅游产业的升级。

2011 年，延庆县被国家旅游局确定为全国旅游标准化试点县，开辟了从一个区域上，对整个旅游行业进行标准化建设的先河。

三、标准体系的基本架构

开展休闲农业与乡村旅游标准化建设，前提是研究制定标准体系的基本架构，进行顶层设计。

休闲农业与乡村旅游标准体系是休闲农业与乡村旅游相关标准按其内在联系形成的有机整体，是按照一定的结构进行逻辑组合而组成的标准系统。建设休闲农业与乡村旅游标准体系，就是要使其基本架构能覆盖整个休闲农业与乡村旅游领域，并对休闲农业与乡村旅游产品的提供过程和后续消费过程进行质量控制和管理，每一个标准都能在体系中进行准确的定位。休闲农业与乡村旅游标准体系在标准化过程中处于统领地位，是确保标准制定的完备性、前瞻性和科学性，引领和统筹标准制定工作的重要基础。

休闲农业与乡村旅游标准体系的层次结构通常包括基础标准、通用标准和技术标准。其中，基础标准涉及休闲农业与乡村旅游管理、运营、规划中公共利益与公共安全的部分，与相关行政法规中的原则和内容对应，具有法律强制性；通用标准则对应于下位标准中的术语、标志等基本要素，与行政法规、标准中的定义条款对应；而技术标准与大部分涉及休闲农业与乡村旅游的行政规章对应，涉及乡村旅游的实体性和程序性内容规范，属于推荐性标准的范畴，详见下表（周建明等，2011）。

表　乡村旅游的三位标准规范体系

标准体系	与其他领域标准关系	法律法规体系	相互关系	依据强制性的划分类型	制定机构	核心内容
基础标准	全文引用	行政法规	指导其他两类标准	强制性标准	有关政府部门	乡村旅游中的公共利益和公共安全；乡村旅游相关标准制定、实施、监督
综合标准	部分引用	定义条款	指导下位标准	推荐性标准	旅游主管部门	乡村旅游标志、术语、资源、规划
技术标准	未必引用	实体性内容	遵守上位标准	推荐性标准	旅游主管部门；乡村旅游行业协会	乡村旅游景点、设施（农家乐、游客设施）、服务、产品、方法、用地、管理者、从业人员、旅游者、环境

（一）基础标准保障公共利益

休闲农业与乡村旅游标准体系中的基础标准主要为涉及质量、安全、卫生、环保和公众利益等目标要求的规定，或为达到这些目标而必需的技术要求及管理要求。该层次标准对休闲农业与乡村旅游各层次标准均有制约和指导作用，部分内容要求按照法律法规进行强制性要求，标准内容全文引用国家标准化管理委员会、国家旅游局等部委所指定的《生活饮用水卫生标准》《旅店业卫生标准》等标准规范。休闲农业与乡村旅游基础标准的制定，其意义在于对休闲农业与乡村旅游发展实践中最为核心的原则、要求、细节加以规定，从而体现出休闲农业与乡村旅游标准的政策属性，对公共利益的维护以及对于下位标准的制约和有效衔接。

（二）通用标准体现科学性

休闲农业与乡村旅游的通用标准主要为涉及休闲农业与乡村旅游其他

标准定义和使用的术语、基本分类、基本原则、符号、计量单位、图形、规划等内容的标准。例如，制定乡村旅游中民俗旅游接待户、乡村酒店等专业术语的标准，将有利于乡村旅游设施与服务的明晰化和准确化表述，适用于进一步技术标准的编制、运用、监督等工作，适用于从乡村旅游规划编制到乡村旅游管理者、经营者、当地居民、乡村旅游者的实践，是休闲农业与乡村旅游标准科学性的重要体现。

（三）技术标准全方位规范休闲农业与乡村旅游

技术标准是关于休闲农业与乡村旅游设施、服务、产品、方法、用地、从业人员、环境等具体要素的标准。此类标准在现实生活中最为常见。①从制定主体上说，技术标准的制定主体主要包括休闲农业与乡村旅游的管理主体、经营主体和中介服务组织等，旨在通过全方位、多要素、多载体的技术标准制定，促进休闲农业与乡村旅游规范化、有序化发展。从未来发展看，应更多地发挥行业协会在制定和实施技术标准方面的职能和作用。②从内容上说，技术标准又可细分为休闲农业与乡村旅游建设和评价标准、休闲农业与乡村旅游服务规范和操作规程，其中休闲农业与乡村旅游建设和评价标准主要关注各个业态的规划、建设与评价标准，休闲农业与乡村旅游服务规范和操作规程主要关注各个业态规范服务的需求。③从具体的技术标准上说，由于休闲农业与乡村旅游的资源分类、规划设计、设施建设和园区管理、产品质量和检验方法、形象宣传等各环节都应有相应的标准和规范，标准间应相互联系，形成有机整体，所以休闲农业与乡村旅游标准体系不仅包括已经颁布的相关农业、旅游、生态环境的标准、法规、规范条例，还包括正在立项和预计颁布的各类标准、规范条例。根据徐广才等人的研究（2013），北京市休闲农业技术标准体系应包括标准 59 项，其中，已有标准 23 项，需要另行制定的标准 36 项。

四、标准化建设的主要任务

推进北京市休闲农业与乡村旅游标准化建设，一方面要在标准体系的指导下，搞好有关标准的制修订，另一方面要搞好在编标准的试点和已有标准的实施工作。

（一）搞好旧标准的修订与新标准的制定工作，逐步健全完善休闲农业与乡村旅游标准体系

修订《乡村民俗旅游村等级划分与评定》《乡村民俗旅游户等级划分与评定》等地方标准。北京市地方标准《乡村民俗旅游村等级划分与评定》（DB11/T350-2006）和《乡村民俗旅游户等级划分与评定》（DB11/T351-2006）是2006年颁布实施的，对于促进民俗旅游村（户）的健康规范发展起了积极的作用。但是，由于乡村旅游发展环境的变化和消费需求的升级，原有的标准存在着诸多的不适应，甚至在一些方面阻碍着乡村民俗旅游业的发展，亟须修订。建议根据乡村民俗旅游业发展现状、发展趋势、服务规范等要素，对这两个标准进行修订，并实行星级管理。

制定新标准。在上述休闲农业与乡村旅游标准体系基本架构指导下，落实《北京市"十二五"时期标准化发展规划》和《北京市旅游标准规划》，在广泛调研的基础上，研究制定休闲农家、休闲农园、市民农园、庄园、休闲农业集聚区、乡村旅游综合体等标准。

严格标准制（修）定程序，提升旅游标准制（修）定水平。组织好每一个新标准研究制定的论证工作，确保新标准制定的可行性、操作性和前瞻性。加大对休闲农业与乡村旅游标准制（修）定的指导力度，跟踪了解，动态把握，严把质量关。北京市有关部门应通过组织召开座谈会、研讨会等，加强标准制（修）定研究，总结工作经验和成功做法。

（二）强化休闲农业与乡村旅游标准化试点工作，积极创建标准化示范单位

继续推动北京市首批旅游标准化试点工作有序开展。深化首批全国旅游标准化示范单位推进工作，认真总结经验。按照国家旅游局要求，指导延庆县继续完善实施办法和措施，保证示范工作有力度、有深化、有效果。要有计划地推进市级和区县级旅游标准化试点工作。

加大对旅游标准化示范单位经验推广。通过召开座谈会、经验交流会、培训会等形式，为推广示范单位经验提供平台。通过组织试点单位工作人员赴休闲农业与乡村旅游标准化示范单位参观学习，获得感性认识。

培育优质旅游品牌。以旅游标准化试点示范工作为推进休闲农业与乡村旅游标准化工作的突破口，促进标准的推广和普及，促进乡村旅游品牌的培育，促进服务质量与管理水平的提高。

（三）加大现行休闲农业与乡村旅游标准实施力度，扩大各类标准的覆盖范围和影响力

加大休闲农业与乡村旅游标准的宣传力度，开展标准（国标、行标、地标）的宣传贯彻培训。重点加强对休闲农业与乡村旅游单位领导层、管理层和标准化工作层干部职工的培训，提高其标准化意识，增强执行标准的自觉性。应分批、分类，开展相关标准的宣传、贯彻培训。

加强对民俗旅游村（户）、乡村酒店、乡村景区等复核检查工作。按照现有标准，不定期组织检查，由有关专家和执法人员组成检查小组，对休闲农业与乡村旅游点贯彻落实相关标准的情况进行抽查，对于不合格的，要督促其改正，不能限期改正的，由有关部门给予摘牌等处罚。要通过复核、检查，推进现有休闲农业与乡村旅游标准的实施，严格规范服务行为，提高服务质量。

有序推进标准化实施方式的转变，提高标准化工作的有效性。按照“政府部门指导、行业协会运作、企业共同参与”的基本原则，加强组织协调，共同推进现行休闲农业与乡村旅游标准实施。探索现行标准化实施新形式，力争在标准的宣传、贯彻、指导、实施、检查等方面走出一条具有北京特色的新路子。

（四）加强统筹规划，推进休闲农业与乡村旅游标准化建设深入发展

加强对标准化建设的统筹协调。按照《首都标准化战略纲要》《北京市“十二五”时期标准化发展规划》的要求，制定北京市休闲农业与乡村

旅游标准化工作实施计划，加强对北京郊区各区县及相关休闲农业与乡村旅游点标准化工作的指导。

建立北京市旅游标准化工作专家库。丰富休闲农业与乡村旅游标准化专家人才队伍，为开展标准化研究、试点示范和推广应用标准化成果提供基础力量。

完善休闲农业与乡村旅游基础设施建设。按照相关标准，进一步完善乡村旅游道路行车导向标识系统，逐步完善休闲农业与乡村旅游景区（点）、民俗旅游村、观光采摘园周边的导向标识建设。

第四节　休闲农业培训

休闲农业的可持续发展离不开人才，需要一批守法纪、懂技术、会经营、讲诚信的休闲农业经营管理人才和具有职业道德、明礼守信、专业技能强、热情大方的服务人员。但目前，这支队伍离消费者的要求还有距离。开展培训是现实路径之一。

一、培训的必要性和迫切性

以 2011 年京郊旅游大会召开为标志，北京郊区休闲农业与乡村旅游迈入了新的阶段，从规模数量型向质量效益型转变，对从业人员的素质提出了更高的要求。但目前从业人员整体素质偏低，难以适应这种转变，亟须提升。

从休闲农业与乡村旅游产品开发看，对高端专业性人才的需求非常迫切。随着消费者需求的提高和休闲农业与乡村旅游的深入发展，一些乡村旅游新业态初见端倪，如汽车营地、葡萄酒庄、庄园经济等，对高层次、专业性经营管理者的需求日趋旺盛，而供给跟不上。从产品营销上看，随着信息技术的飞速发展和自媒体的广泛应用，迫切需要既了解休闲农业与乡村旅游专业知识，又掌握信息技术、金融业务、营销手段等的复合型人才，而现有的人员从素质、结构、能力等方面都不能满足需要。

从休闲农业与乡村旅游企业来说，亟须通过培训提升人员素质。随着乡村旅游的深入发展，市场竞争将更趋激烈。企业的竞争，归根到底就是人才的竞争。乡村旅游企业要开发互动性强、参与性强的项目，推出高品质的产品，提供一流的管理与服务，关键是要有一流的经营管理人才和一支合格的旅游服务人员队伍。要达到这一点，除花重金从外面引进外，重要的是搞好现有人员的培训。

从休闲农业从业者自身看，存在着诸多的不适应。“放下锄头，从事旅游；淡季种地，旺季旅游”“村姑变导游，农夫成老板”是很多乡村民俗旅游接待者的写照。从乡村旅游从业者来说，服务意识淡薄，服务水平低，还没有实现从一产农业生产者向三产服务者的转变。乡村居民在长期的生产生活中形成了散漫、自由、不受约束的习惯，与旅游接待服务的要求存在强烈的反差。同时，农民从自我管理的农业生产转向统一管理的接待服务工作，在心理和行动上难以平衡心态，导致旅游服务意识较弱。从乡村旅游经营管理者来说，以当地的农民为主，绝大多数没有经过专门的培训，对自己所从事的行业缺乏基本的认知。他们对城市消费者的需求了解不多，对于乡村旅游目的地吸引游客至关重要的一些因素如地方特色、乡村环境、服务水平与质量往往重视不够；他们乐意在主体建筑、设施设备上花钱，而不愿在经营特色、服务质量、社区环境方面投入；他们多数靠经验来经营管理，而对先进的管理知识知之甚少；他们“单兵作战”多，团结协作少，缺乏团队意识和协作理念，因而真正意义上的乡村集群在郊区难以形成。

二、培训的原则

（一）坚持统筹推进，突出重点

围绕休闲农业与乡村旅游产业发展的长远目标与内在要求，依托职业院校、行业协会和产业基地，开展系列休闲农业管理和服务人员培训，切实提高从业人员素质。同时，考虑到京郊各区县的特点与培训资源的稀缺性，采取“非均衡”的培训战略，有重点、分阶段地逐步推进。

（二）坚持分层分类培训，优化结构

对休闲农业管理人员，重点开展政策法规、宏观管理、发展理念、农业创意、信贷融资、生产安全、综合服务等知识培训，提高其经营管理水平。对一线员工，开展专业知识、服务技能和服务礼仪培训，重点培训职业道德、作业内容、操作规程、工作方法、产品知识、安全生产等知识，增强服务意识，提高服务技能。

（三）坚持参加培训班与走出去学习相结合，提高效果

编写通俗易懂的培训教材，举办培训班，对从业人员进行农业与乡村景观、技术知识、接待礼仪、餐饮、卫生、客房服务等内容的职业技能培训，提高从业人员的经营和服务技能。同时，结合不同的专题，通过外出观摩、学习、取经等，提高学习培训效果。

（四）坚持考核评估，保证质量

培训不能流于形式。要从培训前期的准备工作、培训组织的过程以及培训之后的考核评估等多个方面综合协调，以确保整个乡村旅游培训工作的质量，使受训者真正从培训中获益，并且能够把所学的知识与技能运用到实际的乡村旅游经营过程中。

三、培训的内容

根据休闲农业与乡村旅游发展过程中存在的问题以及乡村旅游建设的目标，合理选择培训课程，编写培训教材，科学挑选培训师资，有重点、分阶段地开展实地的培训工作以及事后的考核与反馈工作，从而不断提高乡村旅游参与主体的乡村旅游管理、经营与接待的综合能力，形成“多方合力促旅游、农户主动求参与、因地制宜谋发展、自觉规范搞经营、整体联动奔小康”的良好局面（罗辉，2009）。针对不同的人群和不同的培训目标，培训的内容也不相同。从总体上看，对休闲农业与乡村旅游从业者

来说，可以考虑以下几个方面。

（一）职业道德

职业道德是休闲农业与乡村旅游从业人员在职业活动中所形成的道德观念、道德情操、道德品质以及所应该遵循的与其特定职业活动相适应的道德规范。道德的缺失，不仅会损害到游客的利益，也可能会损害到乡村旅游企业和其他经营者的利益，甚至于损害到国家和社会的整体利益。因此，良好的职业道德是乡村旅游从业人员职业素质的核心，也是乡村旅游业健康发展的重要保证。作为乡村旅游从业人员，国家旅游局《关于加强旅游行业精神文明建设工作的意见》中所提出的72字职业道德要求（爱国爱企、自尊自强、遵纪守法、敬业爱岗、公私分明、诚实善良、克勤克俭、宾客至上、热情大度、整洁端庄、一视同仁、不卑不亢、耐心细致、文明礼貌、团结协作、顾全大局、优质服务、好学向上）和“游客为本、服务至诚”的旅游行业核心价值观，应是其职业道德素养的基本准则。

（二）文化素养

随着乡村旅游业的快速发展，旅游者的旅游消费行为日益成熟。在产品的选择上，旅游者更关注于乡村旅游产品的“质”而非过去的“量”，他们更多地是想要了解乡村历史、感受乡村文化和体验乡村生活。可见，旅游者对乡村旅游产品的消费从本质上讲是一种文化消费行为。乡村旅游产品如果没有乡村文化内涵的支撑，就必然缺乏生命力和竞争力。而旅游产品文化内涵的挖掘与传播，在很大程度上取决于乡村旅游从业人员素质的高低。因而，无论是乡村旅游产品的开发人员，还是乡村旅游目的地的管理人员、服务人员，都需要具备较高的文化修养。唯有这样，才能保证乡村旅游产品能够凸显当地特有的文化特色，受到旅游者的青睐。

（三）发展理念

突出表现为保护乡村资源、乡土文化的理念和可持续发展的理念。乡村有无数的旅游资源，但存在“枕着金山不识宝、捧着金碗要饭吃”的现象。因思想落后，有些民俗旅游接待户意识不到自然山水、文物古迹、风土人情、森林生态、气候条件等是重要的资源，意识不到他们可以造福当代，荫及后世，因而不知道如何去开发、利用，造成有的丢弃不管，有的进行了建设性破坏。一些村民为了给游客提供舒适高级的居住条件，以及为了改善自己的居住和生活环境，建造一些非本地风格、非本地取材的房屋，并仿照城市的风格进行了装修，破坏了乡村原有的特色。因过分城镇化，使郊区有些地方失去了乡村原有的风貌，失去了乡村旅游赖以发展的资源基础，也失去了对城里人的吸引力。因此，要通过培训，让乡村民俗旅游接待户认识到，对乡村资源和乡土文化，要在保护中开发，在开发中保护，最终实现产业与资源互融互促与可持续发展。

（四）实用技能

实用职业技能是从业人员从事该项职业所必须具备的基本技能。乡村旅游的职业技能，包括接待礼仪、餐饮服务、客房服务、与游客沟通和交流、特色餐饮制作与创新、游客招徕与市场开拓的技能、管理的方式与手段等。这方面的培训内容最为直接，效果也最为显著，是规范乡村旅游经营管理行为、提高乡村旅游服务质量的重要手段，同时也是最容易为培训对象认可和掌握并取得成效的部分。

在这里特别要指出的，应搞好休闲农业解说员的培训。教育解说服务是休闲农业园区的一项重要内容，对于游客了解园区内容，增进游客对农业文化的认知，拉近游客与园区的距离等具有重要作用。我国台湾的休闲农场都有解说员，游客从进园到离开，整个过程有解说员的陪伴和服务。与之相比，北京郊区的休闲农业园区在这方面要差很多。要通过培训，帮助休闲农业园区建立一支解说员队伍。

四、培训的保障

（一）培训经费的保障

将休闲农业从业人员培训作为一项公益性工程纳入国家和北京市财政

支持范畴，加大投入力度，扩大培训规模。整合现有培训资源，将农业部门的农村劳动力转移培训阳光工程、新型农民科技培训工程等与旅游部门的京郊旅游“百千万”培训工程结合起来，将休闲农业与乡村旅游从业人员技能作为培训内容。

（二）培训机制的创新

为了提高培训质量，激发受训人员的学习动机，建议在各级政府继续加大培训投入、提高培训惠及面的同时，让受训人员承担一定比例的培训成本。同时，将休闲农业讲解员、乡村旅游导游员、民俗旅游接待服务人员等职业纳入到国家职业技能鉴定体系，经培训合格后，颁发职业技能鉴定证书，并将这些证书作为所在休闲农业园区、乡村旅游企业评星升级的前置条件或重要依据。

（三）培训基地的建设

在依托各类培训机构，大力开展休闲农业管理和服务人员培训的同时，按照“政府引导、市场化运作”的方式，试点建立休闲农业与乡村旅游培训基地。组织专家精心编撰培训教材，确保培训质量。充分运用现代传媒技术在培训方面的优势，开展远程培训，显著提升信息化对休闲农业发展的支撑作用。在农业院校中，设置休闲农业与乡村旅游专业，培养休闲农业与乡村旅游专门人才。

第十二章 休闲农业升级的案例研究

休闲农业升级的思路与措施最终要落实到具体的实体项目上。本章选取在京郊有代表性的两个休闲农业园区、两个市级民俗旅游村、一个乡村旅游带，进行案例解剖。

第一节 小毛驴市民农园：租赁农业模式

市民农园是由都市或近郊区的农民提供农地，让市民参与耕作的园地。这是都市居民参与农业的一种新模式。小毛驴市民农园位于北京西郊著名自然风景区凤凰岭山脚下，是市民农园中运营比较成功的一个典型案例（图 12-1）。

一、引 言

市民农园是指利用都市或近郊区的农地，规划分割成若干小块，分别出租给具有耕种意愿的城区居民，以种植蔬菜、瓜果、花草，或经营家庭园艺，收获的产品归市民所有的农业经营模式。其主要目的是让市民亲近自然，体验农业生产过程，享受田园乐趣。但市民农园是以休闲体验为主，而不是以生产经营为方向，多数租赁者也只能利用节假日到农园耕作，平时则主要由农地提供者代管，而且市民农园里所生产的农产品不能出售，只可自己享用或分赠亲朋好友。从农地所有者来说，他们将农地出租收取租金，同时又可帮助忙于工作的市民照顾农园，收入要远多于自己种田，因而这是一件使出租、承租双方皆受益的大好事。

图 12-1　小毛驴市民农园 LOGO

德国是世界上较早发展市民农园的国家。在 19 世纪初，德国就出现了由政府提供小块田地，供市民做自给自足的小菜园。1919 年，德国制定了《市民农园法》，确立了市民农园的现在模式。日本原以一二十平方米的生产性菜园为主，1991 年前往德国考察后即开始推动二三百平方米的体验性市民农园。日本市民农园的类型较多，依据承租对象的不同，又可分为家庭农园、学童农园、高龄农园、残疾人农园（如盲人农园）等。

我国台湾省从 1994 年开始设立市民农园，经过近 20 年的发展，已有市民农园 50 多个（段兆麟，2012）。台湾的市民农园仿效于德国与日本，土地大都由农民提供。从土地规模看，一个市民农园的面积一般为 2 公顷左右，而农园内每一小块田地的面积，新北市以 3 ～ 10 坪（1 坪 =3.3 平方米）为多，新竹等地则为 20 ～ 100 坪不等。从承租目的看，台湾的市民农园既有自助菜园型，又有休闲游憩型，还有田园生活体验型。从租期看，一般为一年，但可年年续租。从经营主体看，北部地区一般由农民直接将农地分块出租给市民，而中南部地区则大多由农会进行居间管理或由承租户组成的管理委员会管理。

二、小毛驴市民农园的创立与发展

小毛驴市民农园创立于 2008 年，位于海淀区苏家坨镇后沙涧村，占地 15.3 公顷，是由中国人民大学农业与农村发展学院和海淀区人民政府共建的，以借鉴“农业三产化、社会化”的国际经验，发展“市民参与式合作型现代生态农业”为核心的产学研基地。农园的土地由海淀区苏家坨镇后沙涧村提供，日常经营管理则由中国人民大学乡村建设中心所属的国仁城乡（北京）科技发展中心负责。农园成立以来，积极倡导并实践“发展生态农业、支持健康消费、推动公平贸易、促进城乡互助”的理念，推动食品安全、生态文明与城乡良性互动，促进中国城乡统筹和可持续发展。其发展历程大致可分为 3 个阶段。

（一）规划建设阶段（2008 年）

小毛驴市民农园从 2008 年 4 月立项，到 2008 年年底，用不到一年的时间，基本完成了园区规划和基础设施建设，具备了农业生产能力。从自然条件看，这里曾经是一片多年荒弃的苗木地和农地，经检测，园区土壤符合有机耕作要求；从规划设计看，在台湾著名生态建筑师谢英俊先生领导的乡村建筑工作室的支持下，按照生态农场的要求，完成了整个农园的景观与建筑规划设计工作；从生产要素看，按照种植、养殖相结合，资源循环利用的要求，设计与建造了发酵床猪圈，布局了农作物种植区、畜禽养殖区，并配套了废弃物收集利用设施。

（二）单一产品试运营阶段（2009 年）

2009 年，小毛驴市民农园在对基础设施建设进行扫尾和对园区进行绿化美化的同时，于 3 月份正式对外运营。初期的主要业务是市民租地和蔬菜配送，产品相对单一，服务内容也较少。由于市民农园在我国是一新生事物，一经推出，便受到了媒体的广泛关注，进行了大量宣传报道。

（三）多产品综合发展阶段（2010—2013 年）

在试运营一年之后，小毛驴市民农园于 2010 年对外全面开放，经营内容逐步增多，开展的活动进一步丰富，管理服务更为规范，参与的市民越来越多。2010 年 1 月，由小毛驴市民农园牵头，组织召开了第一届全国社区互助农业（Community Supported Agriculture，简称 CSA）经验交流会。2011 年，小毛驴市民农园利用园区特有的农业环境和教育资源，专门为孩子们开设了田间学校和 DIY 木工坊，举办各种自然教育活动。

2012 年，增设“亲子社区”，为数千个家庭和孩子提供了接触自然的机会。2012 年 10 月，农园针对劳动份额成员成立“劳动份额社区委员会”，让市民组织起来，通过自我管理和自我服务，参与小毛驴农园的社区经营。这在市民农园的发展史上有划时代的意义。

经过 5 年的培育和发展，小毛驴市民农园在北京乃至全国有较高的知名度，是市民农园领域的一个知名品牌。2011 年，获得了北京市农委颁发的“社会主义新农村建设创新奖”；2012 年 10 月，在农业部主办的全国休闲农业创意精品大赛上，获得“园区创意银奖”。

三、小毛驴市民农园的主要做法

小毛驴市民农园将生态农业的种养模式与市民农园的经营管理相结合，形成了一个包含市民租地、有机农产品产销、生态农业示范、参观体验、社会参与、培训教育、人才培养、技术研发、环境保护、理论研究与政策倡导等多领域相结合的综合发展平台，见图 12-2。

图 12-2　小毛驴市民农园发展模式

（一）在生产上，坚持生态农业种养结合模式

小毛驴市民农园在最初设计时，就体现了生态农业、资源循环利用等理念，既有种植又有养殖，既有农田又有草地和树林，各种元素相互配合，有利于发挥协同效应，形成良性生态系统和生态循环。在种植环节，

主要是利用劳动替代资本的资本浅化机制，依靠人工种植，不使用化肥和大型农业机械，不使用转基因农作物种子。在生猪养殖方面，农园采用自然养殖法，其核心是依靠本地有益土著微生物分解排泄物，以达到降低污染、节约用水、增强猪抵抗力的效果。在土壤改良方面，主要措施包括制作堆肥、使用有机肥、禁用化学合成农药和除草剂。农园的肥料来源主要有 3 个途径：园区通过发酵床养猪法沤制的猪肥，其中，在沤肥过程中使用的微生物也是园区自己采集和培养的土著微生物；园区自建堆肥栏，将厨余、菜叶和秸秆等原料，堆制成有机肥；以外购牛粪、蚯蚓肥作底肥，麻渣作追肥。在病虫害防治方面，农园追求整体生态系统的多样化，一方面利用天然植物制作的营养液，通过物理方法，防治病虫害；另一方面，通过轮作、间作、多样化种植、休耕等方式，尽可能降低病虫害大规模发生的几率和风险。

（二）开辟租赁农园，发展体验农业

租赁农园又称劳动份额，是指市民在小毛驴农园承租一块农地（30 平方米为一单元），农园提供种子、水、有机肥、劳动工具等物质投入和必要的技术指导等服务，市民依靠自身劳动进行耕作，收成完全归市民所有。如果市民没有时间管理，可以委托小毛驴农园代为管理，市民承担委托管理费。

根据市民与农园合作关系的不同，租赁农园又分为 3 种类型：①自主劳动份额。市民需要自己打理农园，从移苗到收获都由市民自主完成。②托管劳动份额。市民只需自己播种和收获，其他农活可由农园代为打理。③家庭健康菜园。农园按照市民的要求，种植相应的农作物品种，并提供全面的管理和服务，收获的蔬菜等产品也由农园负责配送到市民家里。每种类型的面积、双方的权利义务、服务内容、费用等，详见表 12-1。

表 12-1　小毛驴市民农园劳动份额类型

份额类型	菜地面积（平方米）	份额特征	服务内容	份额费用（元 / 年）
自主劳动份额	30	自己播种，自己管理，自己收获——完全自主的都市农夫！	农资、工具免费，技术指导，免费活动	1 500
托管劳动份额	30	自己播种，农场管理，自己收获——悠闲快乐的耕种体验！	农资、工具免费，技术指导，托管服务，免费活动	3 000
家庭健康菜园	60	自己设计，农场种植，农场管理，农场收获，即时互动，配送到家——健康安全的有机享受！	农资、工具免费，技术指导，保证产量，配送到家，免费活动，赠采摘、餐饮	12 000

资料来源：《小毛驴市民农园 2012 年 CSA 社员手册》

劳动份额是市民农园的一项基础业务，深受市民欢迎。市民参与劳动份额的数量，2009 年为 17 份，2010 年为 113 份，2011 年为 236 份，2012 年为 374 份，到 2013 年则升为 443 份，详见图 12-3。

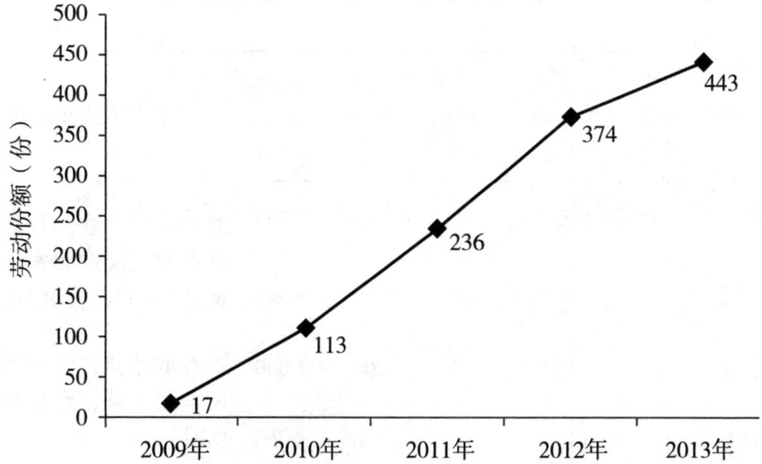

图 12-3　小毛驴市民农园劳动份额变化情况

（三）开展蔬菜配送，促进产销对接

蔬菜配送又称配送份额，是指市民与农园建立风险共担的合作关系，在一个季节的种植之初，就预先支付整个季节蔬菜份额的全部费用，农园则按照预定的计划和技术规程，负责任地生产健康的有机蔬菜和各种农产品，并定期配送到市民家庭。由于配送的蔬菜是由农园自己生产的，市民无法选择自己想要的蔬菜品种，而是接受农园搭配好的蔬菜品种组合。但市民可以不定期参与农园的劳动体验活动，并监督农园的农业生产，以确保农产品的品质。

小毛驴农园的蔬菜配送周期为一年 25 周，每周 1 次或 2 次；每次蔬菜品种不少于 3 种；配送时间一般为周三和周六，周二（五）下午开始采摘耐贮存的蔬菜，周三（六）早 5 点就开始采摘叶菜，以保证新鲜度；配送的蔬菜总量依据协议分为全年累计 100 千克、150 千克、200 千克、250 千克不等，相应的费用也不同；供应的方式分为到农园自取、到取菜点自取、配送到家，其中，配送到家的费用为 500 元 / 年，自取则免收配送费。2012 年，小毛驴市民农园的蔬菜配送方式、重量、费用等，详见表 12-2。

表 12-2　小毛驴市民农园常季配送份额类型

家庭人口	每周菜量（千克）	配送频率	送菜次数（次）	送菜总量（千克）	份额菜金（元）	送菜方式及运费
2 人家庭	4	一周 1 次	25	100	2 000	取菜方式：农园自取、取菜点取、配送到家，不同配送方式运费不同（另计）
3 人家庭	6	一周 1 次	25	150	3 000	
4 人家庭	8	一周 2 次	50	200	4 000	现有取菜点：农园、苏州街、回龙观、雍和宫、阜成门
5 人家庭	10	一周 2 次	50	250	5 000	

资料来源：《小毛驴市民农园 2012 年 CSA 社员手册》

小毛驴农园为每份蔬菜准备了配送箱，贴上记录成员信息的卡片。农园每周制作《小毛驴市民农园 CSA 简报》，随蔬菜一起配送到市民家中，让不能经常来农园的市民了解园区动态。市民也可通过简报和信息卡反馈个人要求或其他信息，达到反馈意见、彼此交流的目的。

配送份额是小毛驴市民农园结合社区互助农业（CSA）推出的一项创新业务。市民参与配送份额的数量，2009 年为 37 份，2010 年为 280 份，2011 年为 460 份，2012 年为 620 份，到 2013 年则升为 1 026 份（夏季和冬季份额之和），详见图 12-4。

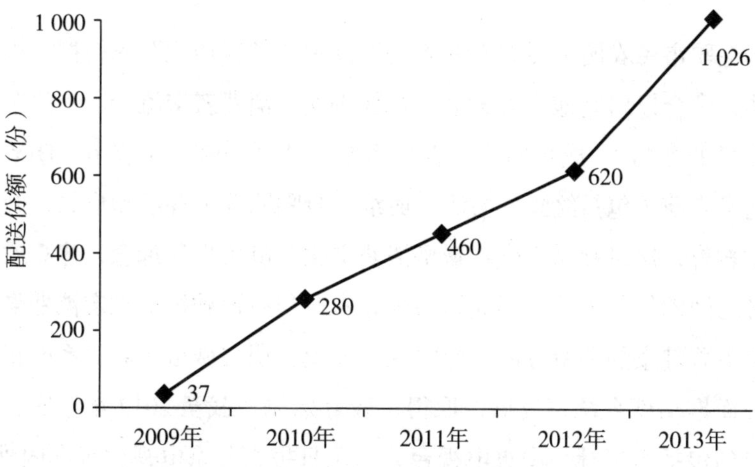

图 12-4 小毛驴市民农园配送份额变化情况

（四）传播乡土文化，打造独具特色的市民休闲体验场所

小毛驴市民农园是对都市型现代农业实现形式的积极探索，是对农业生活功能的深度开发，是对乡土文明和农耕文化的挖掘、展示与传承。当市民与农园签订劳动份额合同后，就可以随时带家人、朋友到农园打理自己的菜园，参与农业生产劳动，享受亲近自然、认识作物、体验农耕、分享收获的愉悦。当市民加入配送份额成为农园的会员后，可以定期或不定期来农园参加劳动，体验当农夫的乐趣。与此同时，市民还知道了自己的食物是在哪里生产的，是何时生产的，是由谁生产的，因此吃起来更放心。“亲子社区”是 2012 年小毛驴市民农园新推出的家庭农业教育主题平

台，家长可以和孩子一起认识植物、亲近动物，动手制作手工艺品、美食、木制玩具，或者晒太阳、欣赏风景、享受亲子时光。农园还是一个宣传教育的公益平台，每年都会组织各种主题活动，如为播种祈祷的开锄节，体验传统文化的端午节、中秋节，庆祝收获的丰收节，以及与生产者见面的有机市集、成员回访日等，并且对自然教育、都市农耕、食品安全等内容开办相应的讲座与课程，使市民与生产者互动，达到在参与中强体魄、在娱乐中长知识、在分享中增友谊的目的。

（五）扩大宣传教育，吸引公众参与

小毛驴市民农园通过对农业多功能性中“教育功能”的挖掘，以农园为载体，配合以田间地头聊天会、社区讲座、消费者交流会、开锄节（有上千市民的参与）、成员回访、农夫市集、社区团购、丰收节、DIY 木工坊、艺术表演（包括绘画、书法、剪纸、合唱团等）等活动形式，开展市民生活教育，探讨食品安全、新型消费文化与健康生活理念，建立农园与消费者之间的信任关系，形成认同生态农业与有机种植的稳定消费群，引导社会沿着健康的消费方向，建立起对乡土文明与城市发展关系的正确认识，进而推动城乡统筹发展，取得了较好效果。截至 2012 年年底，农园已经得到包括新华社、中央电视台、人民日报、北京电视台等海内外 300 多家媒体的采访报道；接待 1 000 多批包括 300 多位国际友人在内，共约 4 万人次来访，扩大了对外交流与合作。小毛驴市民农园已成为市民了解农业、认识农村、接触农民的平台。

四、小毛驴市民农园的创新

小毛驴市民农园的推出，为北京市休闲农业的发展提供了一个新的模式，也为其他市民农园的建设提供了一个成功范例。笔者认为，至少在以下 5 个方面取得了突破与创新。

（一）理念创新

小毛驴市民农园在成立之初，就以发展社区互助农业（CSA）为理念，吸引了众多的参与者和追随者。起源于日本、兴盛于欧美的社区互助农业（CSA），是一种回归到为本地社区居民提供健康食物生产的小型农耕模式，农民和消费者互相支持，共担农业生产风险，并共享收益。这种生产者和消费者直接互动、保护环境、生产健康食品的农业模式，是城市可持续发展和市民健康生活的基石。随着我国工业化、城市化进程的加快和环境污染、食品安全问题的频繁出现，远离了农地的城市居民，越来越关注自己的健康和食品安全，对社区互助农业（CSA）的兴趣与日俱增。小毛驴市民农园秉承“人民生计为本、互助合作为纲、多元文化为根”的宗旨，“发展生态农业、支持健康消费、推动城乡互助、走向生态文明”的行动原则，以及“关注乡村、热爱土地、与自然合作、以土地为生”的指导思想，与人们关注环境、渴望健康、追求和谐的生活态度是不谋而和的。因此，小毛驴市民农园一经推出，便受到了北京市民的热议和广泛参与。

（二）业务创新

发展租赁农业，把农地租给市民，是市民农园的基础业务，也是德国、日本和我国台湾地区市民农园的经营内容。小毛驴市民农园在提供劳动份额的同时，结合自身实际，推出了配送份额，不仅扩大了经营范围，增加了园区收入，而且创新了农产品直销模式，受到了市民的欢迎。目前，有机农产品在市民心目中的信誉不高，在很大程度上取决于供需双方不见面，产业链长，在产业链两端的消费者与生产者之间缺乏应有的信任。小毛驴市民农园通过吸收市民为CSA成员，发展配送份额，将自产的蔬菜通过配送网络直接送到市民家里，缩短了产业链，增加了信任度，让消费者吃得放心。随着消费者认可度的提高，小毛驴市民农园在常季配送份额的基础上，相继推出了常季附加份额、冬季配送份额、冬季附加份额等新业务，市民选择的空间越来越大。此外，小毛驴市民农园还根据市民的需求，推出了农业教育、技术培训、社会实践、亲子社区、农夫市集等新的业务内容，取得了良好的效果。坚持与时俱进，推进业务创新，形成良性循环，是小毛驴市民农园发展的不竭动力。

（三）管理创新

海外市民农园的单体规模较小，承租户也不多，管理机构与服务内容都相对简单。与之相比，小毛驴市民农园建立了比较精干的管理队伍，形成了比较健全的管理体系，制定了较为完善的管理制度。①专家顾问团队。聘请中国人民大学温铁军教授等十几位专家学者担任顾问，对小毛驴市民农园的发展方向、重大问题、技术要点等提供咨询，并与地方政府进行沟通，协调解决出现的矛盾与问题。②管理团队。由国仁城乡（北京）科技发展中心负责管理，下设小毛驴市民农园运营部、会员部和推广部。该中心是非营利性的社会企业，在业务上接受中国人民大学乡村建设中心指导，旨在“以解决社会问题为出发点，不追求利润的最大化，而是用一种商业形式形成可持续的对乡村建设公益项目的反馈和支持”。③实习生团队。从 2008 年开始，小毛驴市民农园每年从全国招募 10 个左右的社会青年或即将毕业的大学生来农园实习。他们 3 月份来，11 月份离开，学制 9 个月。实习生一边学习，一边劳动，学习农园经营管理知识，参与整个农业生产周期中的各项工作，体验乡村生活。他们不仅是农园工作团队的骨干力量，而且在结业后，为各地输出一批青年农业人才，成为各地发展 CSA 的带头人。④劳动份额社区委员会。为了让市民参与农园的管理，增进劳动份额成员之间的交流，2012 年 10 月，成立了劳动份额社区委员会筹委会，并出台了《小毛驴市民农园劳动份额社区委员会筹委会暂行管理办法》，旨在让市民组织起来，通过自我管理和自我服务，参与农园社区的经营。上述 4 个团队或机构，相互关联，形成一个有机的整体，保障了农园的规范运作和高效运营。

（四）服务创新

小毛驴市民农园提供的服务，除农用工具、有机肥料、农作物种子、浇水等公共服务外，还提供信息服务，并举办农业节庆活动。①公共服务。小毛驴市民农园设有导览牌、工具室、打谷场、停车场、食堂、田间学校、配菜棚、木工坊、宣传栏、生态厕所、垃圾分类箱、堆肥池、田间地头茶棚、乡土家园等公共服务设施。承租市民在认领地块并缴纳年费后，可免费利用农园提供的农具、农作物种子、种苗、有机肥料、其他农资、灌溉网络，并可及时获得农园技术人员提供的农业技术指导。这比笔者在台湾参观考察市民农园时看到的公共服务项目要多，内容更丰富，服务更规范。②信息服务。为给承租户提供专业、及时的信息服务，建立了小毛驴市民农园网站，编印了《小毛驴市民农园 CSA 简报》《劳动份额入门指导手册》《CSA 配送份额成员指导手册》，设置了宣传栏。③农业节庆活动。包括春天的开锄节（4 月）、立夏粥（5 月），夏天的端午节（6 月）和秋天的丰收节（10 月）。每个农业节庆活动，既有固定的内容，也结合季节和文化传统，有不同的特色。比如，开锄节突出劳动份额成员开春后到农园来报到、抽签、分地、开耕；立夏粥突出市民自带米豆杂粮等，集体煮“百家粥”；端午节突出包粽子；丰收节突出农产品采收、市集和展览。据笔者现场调查，承租的市民对农园提供的服务满意度很高。

（五）组织创新

小毛驴市民农园除自身发展外，还通过组织创新，推动生产者联合，推动消费者联合，以及推动生产者与消费者面对面，以实现更大范围、更多层面的城乡联合和互助发展。①推动生产者联合。北京国仁绿色同盟（以下简称“绿盟”）成立于 2006 年，是国内首个绿色生产合作社的联合体。为了填补小毛驴市民农园除生鲜蔬菜之外的粮油副食空白，支持更多的小农向生态农业转变，2012 年 10 月，农园将绿盟成员生产的农产品引入配送份额业务，为小毛驴市民农园 CSA 成员提供代销份额，旨在通过农园与“绿盟”的合作，在生产型合作组织之间形成联合，进一步整合资源，构建城乡绿色农产品生产网络。2012 年 12 月，在第四届全国“社区互助农业”大会上，以“市民农业 CSA 联盟”为基础，小毛驴市民农园参与发起了“生态农业互助网络”，更大范围地促进生产者之间的联合。②推动消费者联合。从 2009 年起，借助 CSA 会员群体和社区工作基础，小毛驴市民农园开始尝试发动社区开展共同购买活动。2010年，在回龙观的一群妈妈们发起了“回龙观妈妈团”；中关村的一些学生家长们组成了时安健康合作社。2011年，小汤山、芍药居、望京、月坛西街等社区也纷纷发起共同购买型的社区团购活动。通过建立消费者之间的联合，形成“共同购买型”消费合作社，可凭着集体的力量，减少交易成本，降低有机农产品的销售价格，并可更有效地与生产型合作社对接，实现资源合理分配与利用。③农夫市集。农夫市集是欧美流行的农产品销售模式。与普通市集不同，农夫市集的参与者一般是城市近郊的农场或小型加工企业，出售自产当季产品。在定时定点的农夫市集中，市民与农民通过面对面交流，彼此形成一种互相信任的社区氛围，这是普通超市或商店所无法实现的功能。小毛驴市民农园参与推动的北京有机农夫市集始创于2009年9月，如今每周末两天在市内不同地点举办，对推广生态农业、社区互助农业的理念，支持北京周边小型生态农场的发展，起到了不可忽视的作用，也产生了积极正面的社会影响（钟芳，2012）。

五、小毛驴市民农园的提升策略

在调研中，小毛驴市民农园的劳动份额与配送份额会员，在对其产品、管理、服务等表示满意的同时，也认为一些方面有改进提升的空间。主要表现在：①生产信息的透明公开。在种植、养殖过程中涉及的生产信息，包括种子、肥料的来源，农业生产技术，病虫害防治方法，土壤、水源等农业生产环境状况，以及其他影响食品安全的因素等，都要向会员甚至向社会公布，做到透明公开。②有机认证。虽然小毛驴市民农园的农产品是按照生态农业原理和有机方法生产的，但并未经过专门或权威机构的检测，也没有获得相应的认证证书。③公共服务设施的完善。目前，小毛驴市民农园没有更衣室、淋浴室等设施，还不能满足前来耕作市民洗澡的要求。从宏观上看，还存在着小毛驴市民农园的品牌如何推广、农民的权益如何得到保证等问题。为此，提出如下提升策略：

（一）逐步完善公共配套服务设施

随着小毛驴市民农园规模的扩大和会员的增多，各种参与者对农园公共服务内容及设施的要求呈多元化态势。建议近期考虑更衣室及淋浴设施的配套问题，以满足劳动份额成员洗澡的愿望。因小毛驴市民农园离城区较远，农忙时节多数在夏季，多数开车来参加农事活动、耕作、收获的会员，在劳作之后，不愿带着汗水和一身泥土回到车里，希望能冲冲澡，然后休憩一下。当然，这种淋浴服务可以是有偿的。今后，农园可定期或不定期征求会员的意见和建议，并结合农园的实际，逐步完善配套设施和服务功能。

（二）进一步公开农业生产信息

市民通过加入市民农园来参与农业生产，除了休闲体验外，多数人还有一个愿望，就是想获得健康的农产品，因此对农园内与农业生产有关的信息格外地关注。比如，种子是从哪里买的，是否转基因的；肥料是猪场的猪肥，还是外购的牛粪，如是外购的，是从哪里购的；靠什么除虫，是生物农药还是防虫网；农业生产技术及规程是否符合农业标准化生产的要求；土壤、水源是否经过检测，是否符合农业生产的条件等。小毛驴市民农园对这些信息，有的是公开的，有的是不公开的，其公开程度在业内算是好的（尹瑞庆，2012），但与会员的要求相比，还有距离。随着市民食品安全意识的觉醒和消费者的日渐成熟，建议逐步扩大信息公开的范围、内容、渠道，以更好地满足消费者的要求，真正取信于民。对于由此引起的人力、物力成本增加，可由生产者、消费者共同承担。从长远上看，谁在信息公开上走在前面，谁就能赢得更多消费者的信任。

（三）适时引入参与式保障体系

通过第三方认证，在符合生产条件和指标检测合格后，获得有机产品证书，是一种常见的有机产品认证方法，但缺点是时间长、成本高。为解决这个问题，国际上提出了针对小农场和农户的参与式保障体系

（Participatory Guarantee System，简称 PGS），也称农业社会认证体系，即通过社会力量参与农业生产过程，由消费者和生产者共同监督农产品的生产流程，确保农业生产过程中不使用化学合成农药、化肥或转基因原料，确保生产的产品是健康安全的。参与式保障体系与第三方认证的目标是一致的，都是为有机消费者提供可靠的农产品保障；其区别在于认证方式的不同，第三方认证是委托经授权或认可的第三方机构开展认证，并出具认证书，而参与式保障体系不仅鼓励而且要求农民甚至消费者直接参与认证过程，农业生产信息公开透明，认证中所涉及的管理层数尽可能小，烦杂的文档与农事记录尽可能少，认证成本也会相对较低。小毛驴市民农园的面积不大，参与的会员很多，这些会员对生态农业、有机产品的热情较高，符合参与式保障体系的基本要求。建议小毛驴市民农园在借鉴发达国家经验的基础上，结合我国实际，对参与式保障体系进行探索，包括参与各方、认证组织、认证过程、认证程序、认证标识等环节，找到切实可行的社会认证方法与途径。

（四）推广小毛驴市民农园的品牌

小毛驴市民农园在全国已有较大的知名度，已成为市民农园领域的一个知名品牌。从 2012 年开始，小毛驴市民农园的管理团队与北京市海淀区苏家坨镇柳林村合作共建“小毛驴柳林社区农园”，开始了小毛驴品牌输出的新纪元。柳林村位于海淀区苏家坨镇中心区域，靠近西山旅游风景区，西临京密引水渠，北距小毛驴市民农园约 5 千米。该村土地面积 332 公顷，其中农用地 199 公顷，农业资源丰富，民风淳朴，发展潜力较大。经规划设计，小毛驴柳林社区农园将建成集市民农园、采摘篱园、社区文化广场、社区体育广场以及其他农业生产配套设施于一体，具有农耕、生活、文化和教育功能的综合性农业生活社区。根据双方签订的协议，小毛驴柳林社区农园由村集体统一提供土地和相关配套，国仁城乡（北京）科技发展中心与村民共同组成经营团队，经营收入由双方按比例分配。2012 年，小毛驴柳林社区农园在经营的第一年就已实现盈亏平衡，取得了初步成效。建议小毛驴市民农园在柳林社区取得经验的基础上，按照“双方自愿、优势互补、资源整合、利益共享”的原则，进行品牌输出，把小毛驴市民农园的管理团队、管理经验、实习生制度等与其他市民农园的资源有效结合，在北京地区逐步形成一个市民农园连锁企业，然后再择机向全国推广。

（五）切实保护农民的利益

小毛驴市民农园作为中国人民大学与海淀区人民政府共建的产学研基地，在政策上得到了海淀区政府与村里的大力支持，由地方政府先行建设农园的基础设施，并免除3年的土地费用。即便如此，据小毛驴市民农园负责人严晓辉介绍，受聘在农园工作的当地农民收入每月也就2 000元左右，属于半志愿性质。在发展市民农园的过程中，如何增加农民收入，切实保护农民的利益，是一个迫切需要研究解决的问题。实践证明，凡是农民能够得到实惠的事情，农民就支持，这项事业才能取得长足发展。因此，不管市民农园如何设立，机制如何创新，经营管理方式如何调整，农民作为受益主体的地位不能丢。只有这样，市民农园这个新生事物，才能长期得到农民的支持，才能拥有持久的活力，才能实现可持续发展。

第二节　北京鹿世界主题园：农业主题公园模式

北京鹿世界主题园坐落在“中国影都”——怀柔区杨宋镇。园区占地22公顷，以“注重自然、突出鹿文化、引导参与、科普教育、养鹿富民”为理念，是一处集鹿养殖技术研发、产品加工、农民技术培训、养鹿知识普及、旅游、鹿文化鉴赏等功能于一体的鹿世界主题园。2012年接待游客12万人次，总收入3 500万元，其中，休闲旅游及餐饮服务收入占总收入的65%，实现利税500多万元，成为京郊休闲农业园区的新亮点。

一、发展概况

北京鹿世界主题园位于杨宋镇安乐庄村，原是一片废弃多年的沙坑。为防止偷盗沙石料，村里需安排专人看护，每年仅看护费用就需

7万～8万元。北京绿神鹿业有限责任公司（以下简称“绿神鹿业公司”）把沙坑租赁过来以后，先后投资1 500万元，建设了茸鹿养殖联合小区，实现了“七统一”（统一规划建设、统一控制品种质量和品种改良、统一防疫灭病、统一技术服务、统一产品质量控制和采收、统一档案管理、统一保护价回收销售产品）。养殖品种有梅花鹿、马鹿、黇鹿、驯鹿、狍子、麋鹿等11种（含杂交种），存栏量1 200余只，其中马麋鹿、花麋鹿为我国特有的鹿类新杂交种。为把鹿的养殖与鹿文化展示结合起来，该公司在茸鹿养殖联合小区的基础上，建成了鹿世界主题园，包括科技研发区、产业发展区、休闲体验区3个区域。

科技研发区占地13 700平方米，包括繁育圈舍、繁育研究室、化验室等，设备设施齐全，主要用于鹿养殖与繁育技术研究、良种培育、产品研发等。在这里，北京鹿世界主题园先后启动了鹿的人工授精、鹿的胚胎移植等科研项目，世界上第一只花麋鹿、我国第一只马麋鹿就出生在这里。特别是园区与北京大兴麋鹿苑共同合作进行麋鹿人工授精技术研究并获得成功，为我国鹿的保护和繁育发展做出了突出贡献。

产业发展区占地面积22 000平方米，以鹿文化展示和鹿产品宣传为主线，集中展现了以鹿产品为原料的工艺品和乡村旅游商品。从硕大宏伟的鹿角灯，到尺寸虽小但独具特色的鹿头杯、皂具盒、洗手液瓶等，应有尽有。在这里，游客不仅一年四季都能观察鹿茸的生长，而且可以欣赏到连续7次打破世界鹿茸纪录的超级大鹿茸。除此之外，以鹿肉及鹿产品为特色的生态餐厅，吸引了主题园周边及来自北京城区的食客，深受欢迎。

休闲体验区占地73 920平方米，是依靠科技带动农户发展鹿养殖，并在此基础上，将养殖小区对外开放，把鹿的观光、鹿文化展示与休闲体验结合在一起，具有科普、教育、休闲、体验等功能于一体的区域。建设了鹿文化展示厅、人鹿互动体验区、鹿产品加工体验区等，引进了白鹿、驯鹿等稀有鹿种，开展了小鹿跳水、骑鹿、坐鹿车表演、小鹿亲子彩绘等，完善了科普设施和旅游接待设施。为了吸引游客，该园区还对鹿进行了驯化，这些驯化鹿不仅可以和游客零距离接触，而且也受到了影视剧组的青睐，参与了多部电影、电视剧的拍摄，2 000多元/天的出场费使它们也成为了“明星大腕”。游客来鹿世界主题园，可以“赏鹿茸，鉴世界之最；戏百鹿，寻童年之趣；品鹿肉，享寿星之福；观鹿苑，探文化之鹿”。

二、主要做法

（一）将鹿文化展示作为园区的主题

北京鹿世界主题园是以鹿文化为基础，通过对“真实文化—文化解读—文化展示—文化体验”的方式演绎形成的特色主题文化产品。依托悠久的鹿文化，打造“观赏—回归—体验”的文化体系链，以鹿文化为切入点，延伸各个方面，形成相互依托、共同发展的局面，营造浓郁的鹿文化氛围，培育鹿文化品牌，进而提升园区文化附加值，带动人气，形成地气，推动旅游营销。通过斗鹿、养生产品加工、科普长廊和其他体验项目的设置，增加园区的体验性功能，让游客在娱乐中重新认识和体验鹿文化。

（二）突出科普功能

北京鹿世界主题园的最突出优势是科技优势。全国知名养鹿专家、鹿直肠把握输精法创始人、拥有“中国鹿王”之称的赵裕方，是北京鹿世界主题园的技术总监。园区拥有鹿的人工授精、幼鹿培育、胚胎移植等近 30 项科研成果，获得国家专利一项、省市级奖励数十项，在全国同行业中处于领先水平。通过杂交繁育，世界第一只花麋鹿（梅花鹿和麋鹿杂交种）和中国第一只马麋鹿（马鹿和麋鹿杂交种）就诞生在该园区。为展示鹿品种及繁育知识，园区设有图文并茂的展板、绘声绘色的科普视频，并通过举办鹿科普系列讲座、专职讲解员讲解、随堂卡测试、有奖问答等，与中小学生互动，达到寓教于乐的目的。

（三）提高游客的参与性

围绕游客特别是青少年的需求这根主线，满足其好奇、好玩、参与、娱乐的愿望，创新鹿文化开发利用方式，发展体验性项目。好奇、好玩是孩子的天性，不好玩就不是孩子。不过一般的动物园，只是让游客观光，能够允许游客与动物互动的很少，让游客与动物零距离接触的更少。为满足游客的这种需求，北京鹿世界主题园开发了一系列参与体验性项目，包括饲喂体验、认仔游戏、斗鹿游戏、现场临摹、DIY 绘鹿、小鹿跳水、小鹿游泳、辨认小鹿等，让游客与鹿现场互动。通过这些参与性项目，让孩子们充当鹿宝宝的小饲养员、小驯化员、小医生和小科学家，以激发他们的求知欲，增加爱心，延长在园区内的逗留时间。

（四）坚持一、二、三产业融合发展

在北京鹿世界主题园内，将鹿的养殖、鹿产品加工、鹿文化展示与休闲旅游结合在一起，实现了一、二、三产业融合发展，生产、科普、教育功能集中体现。①变废为宝，发展特色养殖。怀柔区有丰富的板栗叶资源，对于鹿来说，这是优良的饲料。栗农把板栗叶清理后，卖给养鹿户，既增加了收入，而且降低了板栗叶可能造成的火灾安全隐患，还保护了环境。一个农民秋季靠卖板栗叶，每天就可增加收入 300 ～ 400 元。②发展深加工，提高附加值。北京鹿世界主题园在提供种鹿、冷冻精液、鹿茸等传统产品的同时，对鹿产品进行深加工，开发了鹿茸片、鹿茸粉、鹿酒、鹿保健胶囊，成为独具特色的乡村旅游商品，既让游客满载而归，也提升了产品附加值，增加了企业收入。③与旅游结合起来，充分展示、宣传、体验鹿文化。

三、基本成效

北京鹿世界主题园是以鹿文化的宣传、科普、体验为主要功能的主题公园。依托先进的科技优势，致力于搭建科普文化体验平台，培养青少年的科学素养，激发游客关爱动物、保护环境、热爱生活的热情，取得了丰硕的成果。2009 年，北京鹿世界主题园被北京市科委命名为“北京市农村科普示范基地”；2011 年，被北京市旅游委评定为“北京市乡村旅游特色业态——休闲农庄”；2012 年，被北京市农委认定为“北京市农业产业化

龙头企业”，并在全国休闲农业精品创意大赛中获得华北东北赛区园区创意银奖、包装创意银奖和产品创意优秀奖。北京鹿世界主题园是北京市畜牧兽医总站、北京麋鹿生态试验中心、吉林农业大学等多家农业科研院所的实验基地或合作单位，也是中国农业大学选定的唯一野生动物教学实习基地。

四、发展方向：打造中国顶尖的鹿文化主题公园

日本于50多年前，开始建设农业公园，将农业生产场所、农产品消费场所和休闲旅游场所结合于一体。农业公园一般依土地的地形与原有农产品种类而构成其风格特色，其中，有以单一农产品，如水稻、果品、花卉、茶叶、桑等构成专业性的农业公园，但以综合性的农业公园居多（范子文，1998）。一般在农业公园内规划有服务区、景观区、草原区、森林区、水果区、花卉区及活动区等，其中，以果树为主体者又可称之为果树公园，以花卉为主体者称之为花卉公园，而在水果或花卉中也有以梨或兰花为专业者，分别称之为梨公园和兰花公园等。

将鹿文化作为主题，建设主题公园，还较为少见。绿神鹿业公司在怀柔区杨宋镇建设鹿世界主题园，具有良好的条件和优势，主要体现在以下5个方面。

（1）有技术。绿神鹿业公司科技力量雄厚，拥有近30项科研成果。近几年积极开展茸鹿养殖等方面的科研及科技成果推广应用工作，取得有效进展。该公司先后投入1 500万元，完成了由其主持的国家级星火计划《茸鹿增光增茸增值技术示范推广》项目、北京市科委市绿色通道重大科技专项《茸鹿产业发展关键技术研究与集成示范》课题和国家标准化委员会第七批农业标准化示范区《茸鹿标准化养殖示范基地》建设等，取得了一批成果。通过科技创新，使企业的科技实力明显增强，养殖、加工技术明显提高，增加了产品附加值，延伸了产业链条，增强了抵御市场风险的能力，促进了企业的可持续发展。

（2）有市场。北京鹿世界主题园背依首都这个特大型城市和巨大的消

费市场。从2009年开始，北京市人均GDP突破1万美元大关，进入世界中等富裕城市行列。2013年，北京市人均地区生产总值93 213元人民币，折合15 052美元，同比增长6.6%。随着收入的提高，首都居民对特色农业主题公园、体验性产品和养生产品的需求日益提升。

（3）有资源。怀柔地处北京北部山区，拥有近2万公顷板栗。对于板栗叶，牛羊都不吃，但却是鹿的餐中美食。采集秋天的板栗叶喂鹿，不仅解决了茸鹿产业饲料保障问题，而且也为板栗种植户增加了收入。更重要的是，减少了冬春防火隐患。

（4）有群众基础。在绿神鹿业的倡导下，成立了北京绿神茸鹿养殖专业合作社。合作社带动怀柔区14个乡镇1 100余户农民社员从事茸鹿养殖及相关产业。合作社利用田间学校，每年举办培训班20余次，培训社员400余人次。通过科研成果的示范推广，使合作社社员养殖的茸鹿生产性能明显提高，与其他养殖户相比，平均每年每只鹿多增收2 000元以上。因此，农户加入合作社养鹿的积极性很高。

（5）不容易被模仿。相对于其他类型的农业主题公园，如蔬菜、果树、葡萄等农业公园，鹿文化主题园不容易被模仿，也就不容易形成同质性，可以保持自己的特色。

综上所述，北京鹿世界主题园加快发展的时机已经成熟，条件已经具备，应该在现有基础上，乘势而上，努力建设成为中国一流的鹿文化主题园区。

第三节　柳沟村：品牌餐饮模式

柳沟村位于延庆县井庄镇，距延庆县城15千米，距北京市区约80千米。村域面积5.73平方千米，有402户，1 120人。2003年，在“挖掘历史文化、丰富民俗文化、融入旅游文化”的理念下，柳沟村依托丰厚的历史文化底蕴和传统豆腐制作工艺等优势，打造出“火盆锅·豆腐宴”特色餐饮，受到了北京市民的欢迎，柳沟村的乡村民俗旅游业由此逐步发展起来。到2012年，柳沟村的乡村民俗旅游接待户达到84户，年接待游客

67.8 万人次，实现旅游收入 3 735 万元。10 年来，柳沟村从一个默默无闻的半山区村，成长为闻名京城的市级民俗旅游村，走的是典型的品牌餐饮带动型的路子。

一、“火盆锅 · 豆腐宴”的缘起

柳沟，古时又称凤凰城，早在明朝曾是屯军之所。古城为两山环抱，东邻燕羽山，西靠九龙山，北临妫河，南望长城，村内至今保留着北城墙和北城门、老槐树等历史遗迹。而“凤凰城”的由来，是因为古人曾站在燕羽山上观赏村貌，发现村北像凤之首，村南似凤之尾，于是便取此名。

柳沟曾是古战场。炎黄之战和 1 624 年齐桓公助燕讨伐山戎之战，均发生在柳沟及附近阪泉一带。据延庆《县地名志》记载，明清时期柳沟作为居庸关一重要门户，设驻军把总属，担负着明皇陵的防务重任。明嘉靖 20 年，朝廷为防鞑靼进犯，在八达岭长城之外，又设两道防御土长城，全长 303 千米，筑有很多烽火台，攻守皆宜。嘉靖 30 年（1551 年），修建柳沟城，以保京城。全城总面积 6 300 平方米，城内以驻军为主，城外以驻民为主。城内原有 18 座古庙，其中，城隍庙最大，建筑面积 73 平方米，明建正殿 3 间，清重修，现仅存遗址。村西九龙山上存有外长城遗址，城墙与烽火台的轮廓清晰可见。在明时期，柳沟城非常繁华，有商铺和当铺、早市。每遇逢年过节，则更为热闹，有庙会、灯会、花会。除此之外，每年还唱几次大戏。明末清初，撤了衙门和军事设施。抗战时期，城墙被毁。400 多年的积淀，为柳沟开发乡村民俗旅游提供了深厚的文化底蕴。

火盆是旧时我国北方农村冬季取暖器具，隆冬时节，在其上放一砂锅，加以白菜、豆腐、五花熏肉等，则成火盆锅。春节时，家人围坐，共吃年饭，象征来年日子红红火火。柳沟人在传统火盆锅的基础上，不断改进创新，由刚开始的在餐桌上放一个火盆锅，增加到一个餐桌上可以同时点燃 2 ～ 3 个火盆锅。在豆腐品种上也不断推陈出新，在黄豆磨制豆腐的基础上，研制出了具有祛火清热功能的绿豆豆腐和补肾强体的黑豆豆腐。在民俗接待户的精心搭配下，白色的鲜豆浆、黑色的豆腐脑、绿油油的葱拌豆腐、黑白相间的烧豆腐、黄灿灿的豆角炖炸豆腐等一系列由黄豆、绿豆、黑豆磨制成的白、绿、黑 3 种颜色的豆腐而制作的“豆腐宴”，再配以农家自制的小菜和各种具有民俗特色的小吃，就成为柳沟民俗旅游的一大亮点。“火盆锅 · 豆腐宴”的特点是，以素为主，荤素搭配，油而不腻。在主锅的四周，配以具有农家特色的 3 个辅锅、4 个小碗、6 个凉菜，取“三羊开泰、四平八稳、六六大顺”之意。从此，“火盆锅 · 豆腐宴”成了柳沟的一大特色餐饮品牌，成为游客前往柳沟的主要吸引物。

二、依托“火盆锅 · 豆腐宴”发展乡村旅游

柳沟村乡村旅游成功的重要原因，在于对“火盆锅 · 豆腐宴”这一餐饮品牌的打造和有效推广。

（一）创新菜品，打造品牌

柳沟村在发展民俗旅游的过程中，紧紧依托古城文化，围绕火盆锅、酸浆豆腐等极具地方特色的资源，开发出“火盆锅 · 豆腐宴”这一特色餐饮，并不断丰富完善。2004 年 10 月，成立了井庄镇民俗旅游协会，展开了“三色豆腐”的开发工作。在对当地豆腐做法与吃法进行研究的基础上，推出一系列与豆腐有关的菜肴，制作出“火盆锅 · 豆腐宴”标准菜谱。在延庆县旅游局等部门的支持下，以“柳沟”“柳沟 · 火盆锅 · 豆腐宴”为品牌，进行了第 43 类餐饮服务内容的商标注册，并推广使用。

在经营上，采用“酒楼 + 包间”的经营模式。柳沟村在民俗旅游发展过程中，逐渐形成了统一品牌、统一服务、统一促销、统一价格的做法，避免了村内不同民俗户之间的恶性竞争。各户之间主要是从火盆锅的样式、菜品的种类与特色等方面着手改进，通过“苦炼内功”来提高自家对游客的吸引力，而不是打价格战。在这种理念指导下，柳沟村就像是一个经营有道、市场影响力强的特色“酒楼”，而各家民俗旅游接待户则是这个“酒楼”的一个个“特色包间”，如“豆府”“豆香亭”“塞外园”等。

10 年来，柳沟村以“火盆锅 · 豆腐宴”为主打产品的乡村民俗旅游

业，一年一个台阶，获得了较快的发展。2004 年，柳沟村被评为“北京市级民俗旅游村”；2006 年，开发的柳沟乡村旅游专供酒——“柳下醉”，被国家轻工业协会评为优质产品，柳沟村被旅游部门评为 A 级旅游景区；2007 年，“火盆锅 · 豆腐宴”，被中共北京市委农工委、北京市农委评为京郊十大金牌农家菜，接待户闫和花被评为“京郊十大金牌民俗户”，柳下醉被评为“京郊新农村建设十大创意奖”；2008 年，柳沟被评为“北京最美的乡村”。曾多次接待国家和北京市领导，得到了领导肯定。

（二）完善基础设施，提升公共服务质量

近几年来，柳沟村利用各级政府的扶持政策以及新农村建设资金，开展了村内基础设施和公共服务设施建设。为方便游客出行，改造了柳沟村东环路、进村路，并投资 16 万元为全村乡村旅游接待户更新街道指示牌，安装美观醒目的灯箱、牌匾；投资 26 万元，修建 2 座标准公共厕所，解决了游客如厕难的问题；为缓解游客周末及节假日停车难，先后投资建设了 4 个公共停车场，并全力整治公共交通，统一管理停车位，规范经营摊位，停车场管理更加有序；建设旅游咨询服务中心，强化对游客的公共信息提供、民俗旅游户的接待咨询，并接受游客投诉；为让更多的游客住下来，投资 2 000 多万元，建设了柳沟新区，打造了一批精品住宿接待户；为确保游客就餐安全，投资 10 万元，为全村民俗旅游接待户统一安装一氧化碳警报器，民俗旅游户覆盖率达到了 100%；统一配发餐桌、餐椅、餐具，为首批民俗旅游接待户发放冷藏冰柜；加大旅游环境整治力度，投资 100 万元对柳沟主要道路沿线两侧墙体进行粉饰，并对沿线两侧 3 ～ 8 米空地进行设计、整形，分片种植丁香、连翘、榆叶梅及宿根花卉等，以增强沿线环境美感，基本实现了“拆违拆旧，亮出来；植树种草，绿起来；节点建设，美起来”的目标。2011 年，柳沟顺利通过了国家旅游标准化领导小组的标准验收工作，成为了乡村旅游标准化示范单位；2012 年，在北京首届美食论坛上，柳沟的“火盆锅 · 豆腐宴”被评为“北京十大火锅宴”；2013 年，新建了柳沟新区停车场、九曲黄河阵、艾草堂，并正式对外开放，柳沟的公共服务设施进一步完善。

（三）成立合作社，坚持“四统一”

随着柳沟村知名度的提高和游客的大量涌入，民俗户为了接待更多的客人，赚取更大的经济利益，出现了盲目扩大规模、私搭乱建、拉客揽客、饭菜质量与服务质量下降等问题，严重影响了柳沟村的形象。为此，在延庆县经管站和井庄镇政府的帮助支持下，2012 年 5 月 16 日，柳沟村正式成立了乡村旅游专业合作社。合作社最初吸收社员 34 户，其中，餐饮接待 5 户，住宿接待 16 户，餐饮、住宿同时接待 13 户。成员以货币资金入股，股金为 1 000 元 / 户。经选举产生了合作社理事会和监事会，制定了合作社章程和各项管理制度。合作社成立后，实行了“四统一”。

1. 统一包装

为了统一合作社的对外形象，合作社共统一购买服装 200 套、床单被罩 240 套，提供给社员。①服装。合作社为就餐接待户提供 10 套 / 户，就餐、住宿同时接待户 5 套 / 户，住宿接待户 3 套 / 户。②床单被罩。合作社为住宿接待户提供 10 套 / 户，就餐、住宿同时接待户 5 套 / 户。

2. 统一接待

凡是经合作社介绍来的客人，都进行统一分配，统一接待。例如，在“延庆县第十七届消夏避暑节暨柳沟豆腐文化节”期间，合作社接待演艺团队及相关工作人员 500 余人，由合作社统一安排，在社员家就餐、住宿，总收入达到 6 万余元；在 2012 年端午节期间，合作社接待汽摩协会团队，为其安排了就餐、住宿。实践证明，由合作社统一接待大型团队，既避免了一个民俗户接待不了、其他各户之间相互拉客的不文明现象，也统一了接待标准和饭菜质量，提高了接待效率。

3. 统一标准

为避免游客接待标准不统一，造成游客投诉问题，合作社要求就餐民俗接待户统一按照“一主、四副、六热、八凉、十道主食”的标准制作统一菜单，每个社员的菜单由合作社审定后才能使用。同时，合作社为住宿接待户统一了接待标准。对于带独立卫生间、独立洗浴的标准间，收费 120 元 / 间 / 日；对于不带独立卫生间、不能独立洗浴的房间，则收费

80元/间/日。

4. 统一管理

合作社为了持续运营和发展，对就餐接待户和住宿接待户适当提取少量管理费，作为合作社收益，纳入统一管理。其中，就餐接待户每接待一位游客（以每位26元标准计算），向合作社缴纳管理费1元；住宿接待户接待住宿游客，游客每利用一间房，接待户需向合作社缴纳管理费10元。合作社的照盈余分配则按照盈余分配制度执行，即提取30%作为合作社发展基金，10%作为风险基金，剩余资金中的60%按照游客接待量和交易量返还社员，其余40%则按照入社股金比例进行分配。2012年，合作社通过餐饮住宿接待提取管理费8 000余元。

（四）加强培训，规范服务

柳沟的民俗旅游户过去都是农民，对种庄稼、养猪、养鸡熟悉，但对经营民俗旅游业是外行。为了帮助其实现由第一产业生产者向第三产业服务者的转变，规范服务行为，加强培训是关键。

为搞好培训，2004年井庄镇专门成立了民俗旅游协会，保证培训工作有人抓、有人管。2006年，井庄镇民俗旅游协会联合延庆县旅游局、县教委、县第一职业学校，在柳沟举办了"延庆县第一期民俗礼仪培训班"，收效良好。以后每年都举办各类培训班10次以上，培训内容涉及餐饮厨艺、服务规范、室内修饰、食品安全、突发事件应急处理等。2013年，配合实施北京市旅游委"百千万"培训工程，柳沟村组织了78名民俗旅游接待户人员参加了培训，受训内容包括民俗户的接待、与游客矛盾纠纷的处理等，取得了较好效果。

积极推进乡村旅游标准化建设。为使培训工作有的放矢，也使培训内容落到实处，2010年，组织专家编写了《柳沟乡村旅游一本通》，从柳沟村的地理环境、发展脉络、环境改造、文化内涵发掘、文物遗址保护利用、旅游活动组织、规章制度建设，到民俗旅游户的房屋建筑风格、庭院部置、室内设施、菜品制作、餐饮服务、礼仪规范、消防设施、应急处置等进行了规定，为民俗旅游户提供了接待指南，使他们一看就懂，回去后可“照方抓药”。2011 年 12 月，柳沟村通过了国家旅游局的乡村旅游标准化工作验收，成为全国乡村旅游标准化示范点。

（五）扩大宣传，开辟市场

宣传是培育品牌的重要手段。柳沟村在没有旅游景区、景点可以依托的情况下，实施“以活动带宣传、以宣传促旅游”的策略，持续不断地进行宣传推介，逐步扩大其影响，使“火盆锅·豆腐宴”这一特色餐饮享誉京城，并逐步形成一个知名品牌。

举办一系列促销活动，加大宣传推介力度。通过举办民俗婚礼、端午文化节、乡村欢乐节、首届“农商行杯”豆腐美食大赛、“累计接待 30 万游客庆典暨柳下醉酒发布仪式”“累计接待 100 万游客庆典”“延庆县首届乡村旅游节暨柳沟豆腐文化节”等活动，把柳沟推向了首都市场，拉近了与市民的距离，有效宣传了“火盆锅·豆腐宴”这一特色餐饮。与此同时，借助电视、报刊、网络等媒体，对柳沟进行大量宣传报道，其中仅中央电视台、北京电视台、人民日报、新浪网等主流媒体，就报道柳沟 30 余次，产生了良好的社会影响，使“柳沟”品牌受众不断扩大，知名度不断提升。

策划文化创意项目，打造“文化柳沟”形象。2012 年 5 月 26 日晚，延庆第十七届消夏避暑季暨柳沟豆腐文化节在柳沟村举办。在文化节上，延庆县有关部门为柳沟村量身打造的独具特色的文化创意节目——《柳沟记忆》成功推出，引起了强烈的社会反响。《柳沟记忆》对“火盆锅·豆腐宴”的文化底蕴进行了深刻阐释，对其发展历程进行了精彩演绎，极大地提升了柳沟乡村民俗旅游的文化内涵，赢得了广大游客的喜爱，促进了文化活动与旅游产业的互动发展。同年，在端午文化节上，推出了“擎龙灯起舞、祈幸福安康”端午之夜，赏九曲黄河灯活动；新打造的中药文化展示基地——艾草堂，正式对外开放；举办“颂离骚古韵、抒爱国情怀”端午古诗文咏诵大赛。这一系列新颖别致、原汁原味的文化节目与旅游项目，大大丰富了乡村民俗旅游的文化内涵，提升了柳沟民俗旅游的品位和档次。

三、存在的主要问题

在取得巨大成绩的同时，柳沟村的乡村民俗旅游发展也存在以下一些主要问题。

（一）发展后劲不足

10年来，柳沟作为A级旅游景区、“北京最美的乡村”，依靠“火盆锅·豆腐宴”作为主打产品，乡村民俗旅游得到了快速发展。但近年来，接待游客数量增速放缓，而且2012年下半年的接待量从绝对值上看较上年同期甚至出现小幅下降，发展后劲明显不足。深入分析，主要原因是：柳沟村旅游要素单一，仅停留在“吃”上；“火盆锅·豆腐宴”的创新不足，目前仍属于低端消费；资源整合不够，未来发展方向不明确。

（二）人均消费额低

以2012年为例，全村接待游客67.8万人次，旅游收入3 735万元，人均消费仅55元。从消费构成看，在55元/人中，餐饮基本消费为26元/人，约占一半（如果加上酒水消费，则餐饮消费大大超过一半）；其余为水果采摘，购买农产品、乡村旅游商品等，住宿消费所占比重很低，说明柳沟的乡村民俗旅游业还处在较初级的层次。从追求游客数量增长，向追求单体消费额增长，也就是从规模数量型向质量效益型发展模式转变，是柳沟村下一步努力的方向。

（三）环境压力大

大量游客的到来，一方面给柳沟带来了旅游收入，另一方面也产生了诸如交通堵塞、环境卫生承载压力大等问题。首先，在每年的“五一”“十一”及清明等小长假期间，柳沟的交通拥堵情况较为严重，有时汽车长龙能排到村外2～3千米。虽然井庄镇、柳沟村采取了交通疏导、开辟临时停车场等措施，但因供需缺口大，停车难、乱停车等现象仍较为普遍。

其次，游客的大量涌入也给村里带来了大量的生活垃圾及废弃物，造成了柳沟的环卫状况恶化。综合来看，如果把环境成本考虑进去，人均55元的消费额，远远无法弥补对当地生态环境造成的负面影响。如何兼顾经济、社会、生态效益，实现柳沟乡村民俗旅游的可持续发展，是需特别重视的另外一个问题。

（四）产业链延伸不够

柳沟村的旅游要素单一，没有形成规模优势。在旅游的“六要素”（吃、住、行、游、购、娱）中，除“吃”外，其他要素开发不够，尤其是附加值相对较高的“游、娱、购”发育相对滞后；以户为主体的分散经营，户与户之间合作少，民俗旅游与其他相关产业的联结不紧，利益机制形成慢，导致产业链条短，各产业之间没有形成良好的互动发展态势。目前，村内有民俗旅游户82户，豆腐加工户6户，果品采摘户20户，交通运输户20户，安排就业800人。除此之外，民俗旅游业对其他相关产业的拉动作用有限。

四、提升策略

针对上述问题，为实现柳沟乡村民俗旅游业的可持续发展，根据当地的资源、区位条件和产业基础，提出如下提升策略。

（一）明确发展方向，建设“京北休闲养生地”

柳沟村目前处于转型升级的关键时期。经过10年的发展，柳沟村的“火盆锅·豆腐宴”在北京地区已具有一定的知名度，“柳沟”俨然成了一个特色餐饮的品牌，具有鲜明的地方特色和不可复制性。但旅游资源不足，产业链条短，旅游功能不完善，导致游客逗留时间短，人均消费额低。从旅游地生命周期理论来看，柳沟正处于发展的平台期。如不寻找新的发展方向，柳沟很有可能逐渐步入衰退期；反而，如果能够成功转型，则会改变现状，开始进入新的快速发展期。综合考虑，下一步要以把游客留下来为方向，以挖掘凤凰古城文化为载体，以巩固提升“柳沟”品牌为基础，以打造特色核心住宿区为突破口，以丰富旅游内容为手段，把柳沟发展成为北京人的周末休闲养生地。

（二）开展景区化建设，实行景区化经营

景区化是指将整个柳沟村当作一个景区，按照专业旅游景区的模式，对其进行景区化经营管理和营销，内置各种休闲节点、标识系统、交通系统、旅游体验等，通过旅游要素的合理安排，实现柳沟村的转型升级。柳沟村已经是 A 级景区。根据其品牌知名度、产业基础、发展潜力，未来可考虑按 AAAA 级景区来打造。从功能分区看，柳沟景区可分为 4 个部分：凤凰古城区、柳沟村落区、户外健身区和农业观光采摘区（井庄镇政府，2013）。以凤凰古城区为例，下一步要深入挖掘凤凰古城的文化底蕴，以打造古代城堡文化体验区为目标，还原军屯环境；修缮或者重建城墙带和北城门，营造古城氛围；修复开发古庙、古井、古树、魁星阁、总兵府、瓮城等重要历史文化遗迹，重现古城风貌。在“吃”上，以柳沟酸浆豆腐、火勺等军粮作坊为主，建设古代酒馆等经营场所；在“住”上，可打造军屯住宿体验区，外观要与古堡环境相协调，内部装修档次要高；在“购”上，要开发个性化、唯一性、能够满足游客需求的旅游纪念品。按照国家《旅游景区质量等级评定与划分》中 AAAA 级景区的标准，对整个柳沟景区的道路交通、环境卫生、邮电通信等基础设施进行完善建设。要注重旅游资源和环境的保护，科学测算并管理游客容量，提高休闲旅游舒适性和游客满意度。

（三）完善旅游要素，丰富旅游功能

要在对“火盆锅 · 豆腐宴”创新发展的基础上，以建设“京北周末休闲养生地”为目标，完善旅游要素，增加休闲、体验、健身类项目，丰富休闲旅游功能，延长游客逗留时间。

推出系列菜品，坚持优质优价。在保证服务质量的前提下，建议引入竞争机制，结合星级民俗旅游户的打造，鼓励一部分民俗旅游接待户创新

菜品，推出“火盆锅·豆腐宴”的升级产品，给游客提供更多的选择。为便于游客识别，可考虑把菜品的档次与民俗旅游接待户的星级挂钩，比如，三星及以下的户，提供的是传统的“火盆锅·豆腐宴”，而四、五星户提供的是升级菜品；也可考虑从位置上进行区分，比如，永西路东侧的民俗旅游接待户提供的是传统菜品，永西路西侧的民俗旅游接待户提供的是升级菜品。当然，传统菜品与升级菜品的价格是不一样的。这样做，不仅给游客提供了更多的选择，而且可提高人均消费额，促进全村旅游收入的提升。

打造高端特色住宿区，让游客住下来。创新经营模式，通过招商引资等多种形式，盘活柳沟新区，使之成为柳沟高端住宿区。总结推广餐饮住宿提档升级示范户的做法与经验，在条件成熟时，适当扩大五星级接待户的数量与规模，争取成为柳沟的高端特色住宿区。从功能布局上看，对于柳沟古城以东、永西路两侧的居民区，要结合新民居建设，打造成以“火盆锅·豆腐宴”为特色的核心餐饮住宿集聚区。最终形成高中低档并存、区域布局合理、游客选择面广的住宿产品体系。

推出休闲体验类项目，提高游客的参与性。充分发挥柳沟的优势，结合当地传统特色，打造养生豆腐体验馆、豆腐文化博物馆，增加游客磨豆腐等参与性项目。在柳沟西山玉皇山带，建设户外健身区。结合柳西小流域治理项目，以延庆县旅游委打造“延庆国家登山步道”为契机，整合资源，修建驿站、远眺妫川观景台、标识牌、警示牌等设施，打造国家级登山步道。以延庆打造中国骑游第一大县为背景，组织开展健康养生家庭骑游活动，以家庭为单位组织骑游比赛，提高游客的参与度。

（四）创新体制机制，充分发挥农民的主体作用

柳沟村民俗旅游业的发展，在很大程度上得益于政府的指导和政策的扶持。从基础设施建设、环境打造、指路牌安装、品牌塑造、交通疏导，到民俗旅游户的庭院布置、餐桌餐椅餐具发放、营业执照办理等，无不包含着各级政府尤其是镇一级政府的支持指导和村党支部、村委会的直接付出。然而由于政府对微观事务管得过多、过细，导致农民过多地依赖政

府，缺乏对市场的敏感性和自我调节功能，在某种程度上也制约着农民主观能动性的发挥。今后应根据十八届三中全会精神，适当引入市场竞争机制，放手让农户拥有更多的自主权，让市场这只“无形的手”来推动民俗旅游接待户真正成为市场经营主体，实现优胜劣汰；同时，政府应逐步从微观事务中淡出，转向从中观和宏观层面进行调控，把本应该由村民自治和农户落实的事，放手让农民去干。

（五）整合资源，延伸产业链条

按照旅游业发展的规律，对柳沟的“吃、住、行、游、购、娱”六要素进行合理安排，延伸产业链，提高附加值。同时，要把柳沟村与周边的四季花海等乡村旅游带结合起来，巧借人气，整合资源，集聚发展。

发展休闲农业，延伸产业链条。要紧紧围绕附加值较高的“游、购、娱”要素，进行观光农业、休闲农业、有机农业、循环农业建设，开拓上下游，形成产业链，提高附加值。在柳沟村南部和北部，在现有苹果采摘园、玫瑰花园、菊花园的基础上，增加休闲功能，开发休闲小品，建设休闲农业区，培育优美大地景观，形成游客观光采摘集聚区。

整合资源，规模发展。要把柳沟村作为一个节点，放在延庆乡村旅游的大背景下统筹考虑，形成联动效应和规模效益。比如，四季花海沟域有众多的花海和丰富的大地景观，但餐饮业发展相对滞后。建议通过机制创新，以利益为纽带，通过旅游线路设计等方式，把柳沟与四季花海结合起来，使游客在柳沟吃饭，在四季花海观景，实现“双赢”。

优势互补，共同发展。目前，柳沟村与位于周边艾官营村的“山间别薯”农业休闲园区携手，由山间别薯园区为柳沟游客提供免费入园门票，民俗接待户负责代其免费向游客发放，既解决了一部分游客饭后游览的需求，也为“山间别薯”带来大量客源，实现了互惠互利。对于这些做法与经验，今后应大力推广。

第四节　蔡家洼村：全产业链开发模式

蔡家洼村位于北京市密云县县城东南，潮河东岸，北临101国道，距京承高速公路第17出口500米，地理位置优越，交通便利。近几年来，蔡家洼村依托良好的区位条件和自然景观，以休闲旅游需求为导向，以保护生态环境为基础，以完善基础设施为突破口，按照“全产业链”模式发展休闲农业，走出了一条农村一、二、三产业融合发展的新路子，跨入了全国新农村建设先进村，成为了“北京最美的乡村”和“中国最有魅力休闲乡村”。2012年，蔡家洼总人口2 600人，农村经济总收入达到5.5亿元，人均纯收入3.5万元。

一、概念与内涵

休闲农业“全产业链”开发模式是指以市民休闲旅游需求为导向，以建设魅力休闲乡村为目标，以三产联动、多业融合为理念，构建横跨农村一、二、三产业，融合生产、生活和生态功能，紧密连结农业、农产品加工业和服务业的休闲农业产业体系，更好地满足消费者的休闲旅游需要。

休闲农业“全产业链”模式的内涵是，在纵向上形成生产、加工、销售、服务一体化，在横向上满足旅游者“六要素”消费需求，通过相应节点，形成网状链条，实现人、资金、技术、信息、物流等要素的联接和资源整合，优化配置流程，提升农业休闲服务价值。该模式具有以下特征。

（1）农村一、二、三产业融合发展。农村三个产业之间，相互交融，你中有我，我中有你，界限不如传统农业产业那么分明。从发展格局上看，以一产促进二、三产业，以二、三产业带动一产，三个产业之间互相促进、共同发展，形成良性循环和可持续发展。

（2）各节点之间相互关联。产业链的各个环节都对其上游环节提出要求，又对其下游环节进行供给，与横向产业环节进行互补，从而不仅出现了相向的以某一产业链为主的供给与需求传递，而且构成了多产业链间的需求与供给的相互传递。

（3）资源循环利用。把循环经济理念与可持续发展思想应用于休闲农业全产业链中，以资源的高效利用和循环利用为核心，调控休闲农业经营和旅游消费活动，将传统的“农业资源—农产品—废弃物”的线性物质流动方式，改造为“农业资源—农产品—废弃物—再生资源”的循环流动方式，最大限度地提高资源利用效率，尽可能地降低资源损耗与污染排放，实现经济、生态和社会效益的统一。

（4）以满足市民休闲消费需求为核心。紧紧围绕满足旅游者“吃、住、行、游、购、娱”六要素，设计休闲农业产业链的节点，延长产业链条，大力发展农业观光采摘、农业生产体验、农产品加工、乡村文化、休闲度假等项目，提高旅游者的参与度，提升农村产业的附加值。

从本质上看，休闲农业产业链是以农业为核心，以分工协作为基础，满足市民或旅游者休闲旅游需要的功能链。休闲农业“全产业链”通过相关企业和组织的集聚，横纵向的网络联接，可以深化分工，减少外部不经济性，降低交易成本，共享文化价值，在满足市民与旅游者身心享受的同时，实现各利益相关方的更多收益。

二、基础与优势

蔡家洼村发展休闲农业与乡村旅游，具有良好的区位、资源条件，产权制度改革到位，发展思路明确，为构建“全产业链”休闲农业体系奠定了一定的基础。

（一）自然、区位条件较好

蔡家洼地处丘陵地带，地貌类型多样，林木覆盖率达到 80% 以上，山清水秀，这为发展休闲农业与乡村旅游提供了得天独厚的自然条件。从景观来说，蔡家洼初步形成“一环、两带、多点”的网络化绿地空间布局，可为市民及游客提供高品质的绿色公共活动空间。从交通来说，蔡家洼地处京承高速第 17 出口附近，地理位置优越，游客可进入性强。

（二）资源丰富

蔡家洼村域面积735公顷，其中一般农用地167公顷，山坡地230公顷，原村庄占地150公顷（其中新型农村社区30公顷），其余为山场，自然资源丰富，发展潜力巨大。从农业资源来说，蔡家洼的种植业、加工业体系完善，品种资源丰富，基本做到了“三季有花、四季有果”。从旅游资源来说，村域范围内有国家AAAA级景区——北京张裕爱斐堡国际酒庄、全国休闲农业与乡村旅游五星级园区——聚陇山庄，周边有首云铁矿公园等。特别是密云县为京郊休闲农业与乡村旅游大县，也是休闲农业与乡村旅游强县。2012年，在农业部和国家旅游局组织开展的“全国休闲农业与乡村旅游示范县”创建工作中，密云县脱颖而出，成为全国百个“休闲农业与乡村旅游示范县”之一。所有这些，为蔡家洼全产业链开发休闲农业提供了资源依托。

（三）产业基础雄厚

昔日的蔡家洼村是远近闻名的贫困落后村。近年来，蔡家洼村通过实施旧村改造，以完善基础设施为突破口，以推进综合改革为动力，以发展休闲旅游为主线，以提升生态环境为重点，以增加农民收入为目的，积极调整产业结构，大力发展农村一、二、三产业，走出了一条三个产业融合发展的新路子。2012年，蔡家洼村农村经济总收入达到5.5亿元，是2003年的近10倍。

（四）产权清晰

从2008年开始，蔡家洼村实施了农村集体经济产权制度改革，将村民共同所有的集体资产科学合理地进行股份量化。通过改革，实现了资产变股权、农民当股东，建立起归属清晰、权责明确、利益分享、保护严格、流转规范、监管有力的农村集体经济组织产权制度，明确了农村集体经济组织的管理决策机制和收益分配机制，形成了保护农村集体经济组织和成员利益的长效机制。在农村地区，产权清晰是发展休闲农业的重要前提，可以减少很多不必要的矛盾与纠纷。

（五）发展潜力大

蔡家洼地域面积735公顷，这在农村中村域面积是比较大的，为发展农村产业特别是休闲农业提供了空间。从产业布局上，蔡家洼结合周边环境与巨各庄镇建设“酒乡之路”产业带的契机，规划构建“一环、两带、五区”的空间结构，其中“一环”是指串接蔡家洼村主要旅游项目的特色景观环路，“两带”是指依托现有水体形成潮河绿化景观带、结合山体绿化形成中央休闲景观带，“五区”是指葡萄酒产业区、商业及旅游服务区、生态旅游区、都市观光农业区、农民生活区。

三、做法与成效

蔡家洼村立足于产业发展，按照全产业链开发模式，促进农村一、二、三产业的融合，以此来带动休闲农业的发展。基本模式是，以一产促进二、三产业发展，反过来又以二、三产业带动一产，三次产业之间互相促进、融合发展，初步形成了产业链。其中，“一产”主要为建设农业休闲园区，发展特色农业，生态农业、高效农业，改变传统的农业生产方式，在园区内实现休闲、观光、品尝、采摘、体验等功能于一体；“二

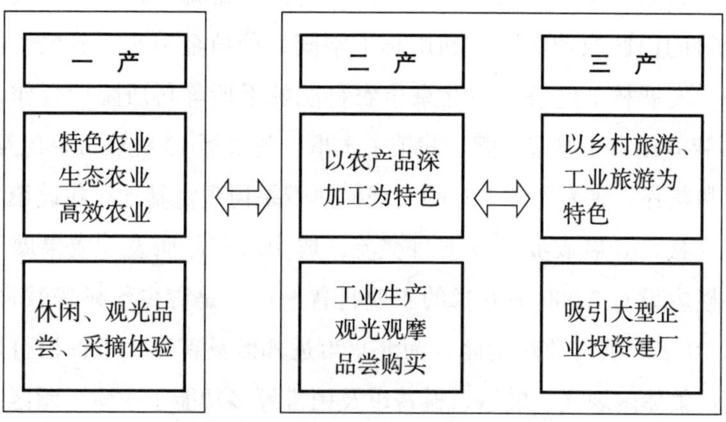

图 12-5　蔡家洼村产业发展模式

产”主要指与农产品相关的深加工，建设观光工业园区，实现了集农加品加工生产、观光临摹、品尝购买于一体，提高了农产品的附加值；“三产”则是以张裕爱斐堡国际酒庄为龙头，建设总部基地、海峡两岸农业交流中心、会议中心等，发展集度假、旅游、休闲、会议、培训为一体的多功能综合商务旅游区。整个模式如图 12-5 所示。

（一）主要做法

1. 整合土地资源，优化土地利用

蔡家洼村从整合土地资源入手，以流转合同的形式，把耕地、山场全部有偿流转到村集体，由村集体统一经营，实现由资源变资产、土地作股本、农民当股东。这些流转出来的耕地、山场，用于集中建设都市型现代农业园区，发展特色农业、观光农业、休闲农业项目。为节约村民居住用地资源，蔡家洼实施了旧村改造，新建的居住生活区占地 26.7 公顷，建成多层住宅楼 23 栋，置换出的 120 公顷原村庄建设用地全部用于发展二、三产业，建设观光工业园区。

2. 大力发展都市型现代农业，调整农业结构

建成 333 公顷的都市型现代农业园区，发展设施农业。栽植 7 万棵大樱桃，20 余个品种，成为华北地区最大的有机樱桃采摘基地。沿环山公路两侧，种植近百种本土化水果，如冬枣、海棠、桃、杏、李子、葡萄等，打造环山百果长廊，实现了“有路就有树、有路就有林、有路就有园”，成为独特的山区农业景观。利用林下空间，种植金银花、葛根、枸杞等中草药，发展林下经济。与北京市农科院林果所等科研院所合作，建成 53 公顷智能化阳光温室大棚，栽植了木瓜、芒果等 13 种热带果树及 20 多种蔬菜和花卉，成为北方少有的大规模热带果树观赏基地。建设聚陇山科技开发大楼，开展农业科技项目交流，成为农产品研发、成果展示的场所。大楼内设有 2 000 平方米的农业科普展厅，是青少年科普教育基地。培育了 70 多公顷的玫瑰情园，为北京市远郊区县首个人工种植打造的玫瑰花园，集休闲观光、展示、科普以及销售等多功能于一体。园区结合自然地形，在山坡丘陵地上依势而种，呈阶梯状，成片的玫瑰花海与周围的草地景观和背后的山体景观，形成一幅美轮美奂的浪漫乡村画卷。

3. 打造观光型农产品加工园区，大幅提高农产品附加值

加大招商力度，以集体土地入股的方式与企业合作，建设占地 27 公顷的农产品加工园区。利用当地丰富的干鲜果品、蔬菜、菌类、豆类等农副产品，开展深加工，生产休闲系列食品；利用蔡家洼山泉水资源，生产“聚陇山”小分子团饮用水；发展“一村一品”蔡家洼卤水豆腐，让传统小磨豆腐生产与现代工业生产形式并存，既传承发扬了传统手工豆腐的制作工艺，又使游客体验了现代化、规模化生产豆腐的流程；开辟了手工豆腐体验区，游客可自己亲手制作豆腐；拥有一个容纳 120 人的影视厅，游客可以坐下来观看录像视频和各个工厂生产现场。在所有生产车间设有观光走廊，游客可通过透明玻璃，将所有生产、制作过程尽收眼底。农产品加工园区将农产品加工、商品销售、科普教育融为一体，成为远近闻名的观光工业新亮点。

4. 努力改善旅游环境，发展商务旅游业

蔡家洼村以北京张裕爱斐堡国际酒庄为龙头，努力改善旅游环境，发展商务旅游业。张裕爱斐堡国际酒庄位于蔡家洼村北，是由烟台张裕集团融合美国、意大利、葡萄牙等多国资本，占地 100 公顷，投资 7 亿余元，于2007年6月全力打造完成的。该酒庄聘请前国际葡萄与葡萄酒局（OIV）主席罗伯特丁罗特先生为酒庄名誉庄主，参照 OIV 对全球顶级酒庄设定的标准体系，在全球首创了爱斐堡“四位一体”的经营模式，即在原有葡萄种植及葡萄酒酿造基础上，新增了葡萄酒主题旅游、专业品鉴培训、休闲度假 3 大功能，开启了中国酒庄新时代，被定义为“国际酒庄新领袖”。结合酒庄扩规，蔡家洼积极完善村容村貌，改善旅游环境。陆续建设游客接待中心、培训中心、文化艺术博物馆、演出场地、吕祖山观光平台、停车场及其他配套设施。在工业园区及周边，修建观光路 5 千米，建设了停车场、椰林广场、园区中心公园，建设了三叠水的大型瀑布景观和中心湖，栽植了各种观赏树和花草，开设了咖啡厅、茶艺厅。对新村社区、25 千米旅游公路两侧及农业园区，进行大规模绿化、美化，重新装修完善园区公厕，建成南山观景台，建设欧式风格的停车场、导视系统等服务设施，改造全村十二大景点，对接待、餐饮、住宿等各方面条件和设施进行了完善。所有这些，为建设 AAAA 级景区奠定了基础。

（二）发展成效

近几年来，蔡家洼村按照“全产业链”模式，发展休闲农业，取得了明显成效。休闲农业步入了持续、快速、健康发展的轨道，农民生活水平提高很快，旅游配套得到较大改善，农村环境质量显著提升。

1. 农业园区变成了景区

蔡家洼村以市民的休闲旅游需求为导向，立足当地良好的生态环境，应用前沿农业科学技术，引进现代化管理理念，优化产业结构，整合资源优势，科学规划，合理布局，将都市型现代农业园区建设成了集观光采摘、农耕体验、科普教育、技术示范、休闲度假等功能于一体的生态公园。2012 年，接待游客 20 万人次。

2. 农民变成了产业工人

本地农民在企业里上班，不仅拿工资，而且还能分红。蔡家洼不仅解决了本村劳动力就业，而且吸纳周边乡村剩余劳动力几百人。过去的穷山村走上了多彩的光明路，传统的农耕人开始了绚丽的新生活。

3. 农村变成了休闲空间

蔡家洼培育了市民的“第三空间”，成为市民除生活空间、工作空间以外的休闲空间，营造了“生活工作在现代都市、休闲度假在美丽乡村”的和谐氛围（张舜尧，2013）。目前，旅游者在蔡家洼村可以看新村美景、赏玫瑰花海、游工业园区、采奇珍果蔬、品红酒文化、住乡村酒店、喝健康泉水、吃豆腐全席，体验别具特色的乡村休闲旅游生活。

四、问题与建议

蔡家洼的休闲农业产业开发已取得重要成果，但对照“全产业链”模式的要求和 AAAA 级景区建设的方向，目前的成果还是初步的。主要问题是：目标定位还不清晰、产业链存在断环现象、经营管理比较粗放、宣传推介很不系统、文化内涵有待丰富。今后应围绕这些方面，进行优化调整和提升。

（一）进一步明确目标定位

综合考虑蔡家洼村的区位、资源、环境、产业等要素，顺应休闲产业发展趋势，蔡家洼应以休闲旅游市场需求为导向，以产业为主体，以文化为灵魂，以“酒乡之路”产业带为依托，以AAAA级旅游景区建设为目标，以商务旅游、市民休闲游为主要客源市场，建设成为京北高端休闲农业与乡村旅游目的地。

（二）添环成链，延伸产业链条

要按照“全产业链”的理念，把断环补上，延伸和拓宽休闲农业产业链。在纵向产业链上，突出发展三产，加快产业融合。要以爱斐堡国际酒庄为龙头，以休闲农业与乡村旅游业为主体，进一步丰富乡村旅游业态，增加休闲小品，延长游客的逗留时间。在横向产业链上，要按照“吃、住、行、游、购、娱”旅游六要素的要求，进一步丰富休闲旅游内容，争取把缺的要素补上。比如，在“吃”上，要按照生态、有机的理念，设法让游客吃好。在食材上，要让游客“吃在当地、吃在当季”；在风味上，除目前主打的素食外，增加其他的风味，让游客有更多的选择；在做法上，除为游客提供美食成品外，还可增设体验式餐厅，让游客把自采的蔬菜、自己磨的豆腐等食材，亲自加工，提高参与性。在“住”上，要按照高、中、低档相结合的原则，为游客提供风格不同、价位不同、档次不同的住宿产品，以满足不同层次游客的需要。建议通过机制创新，以利益机制把蔡家洼与张裕爱斐堡国际酒庄联接起来，以酒庄的欧洲小镇解决高端游客的住宿问题，避免重复建设；把蔡家洼村空闲的3栋住宅楼，改造成乡村酒店，按照市民的休闲旅游需求，进行装修，并对外经营，以解决中档次游客的需要；建议把家中有空闲住房、对发展民俗旅游业积极性高的农户，以合作社的形式组织起来，开办家庭旅馆，以满足部分市民、学生、外地游客等了解北京新农村建设、体验农家生活的愿望。

（三）创新经营机制，增强市场活力

建立和创新休闲农业产业链的联接机制、组织形式和经营机制，保障蔡家洼休闲农业产业的有序发展、快速发展和可持续发展。建议成立蔡家洼休闲农业产业集团，统筹全村都市型现代农业园区、农产品加工观光区和第三产业的发展，把休闲农业外部影响内部化，以减少中间环节和不必要的损耗，降低内部交易成本。要在负责农村一、二、三产业的分公司之间，通过产权设计、管理对象划分，或合约的方式，形成清晰的边界和明确的责权利划分，以防止管理、服务不到位或者越位。要创新休闲农业的经营体制，通过构建乡村旅游合作社等组织形式，广泛吸引农户参与，充分调动农民的积极性，提高农民的参与度，切实促进农民就业增收。要妥善解决利益分配问题，正确处理休闲农业发展后集体积累与农民增收的关系，实现景区建设、产业发展、集体经济实力增强和农民收入增加的多赢。因农村一、二、三产业相互融合，休闲农业的内涵较为丰富，容易形成管理服务的“真空”地带，故要通过经营机制和管理体制的创新来有效解决这些问题，切实增强市场活力。

（四）搞好“蔡家洼五音大鼓”的传承，丰富文化内涵

休闲农业与乡村旅游要想获得旺盛的生命力，要有吸引力，根本的要有文化凝聚力。要以北京市非物质文化遗产——蔡家洼五音大鼓的传承、弘杨与提高游客参与度为突破口，逐步丰富文化内涵。五音大鼓是一人持鼓板站立击节，说唱相间表演，另 4 人分别操持三弦、四胡、打琴（扬琴）和瓦琴伴奏的说唱曲艺形式。其产生于清代乾隆年间的陪都承德，在宫内称“清音会”，后流入民间，其中一支经河北省安次（今廊坊）、兴隆传入密云县巨各庄镇蔡家洼村保存至今，被称为“蔡家洼五音大鼓”。它是北方鼓书及鼓曲形式中一个十分独特而又颇为神秘的曲种，中央音乐学院刘晓平教授称之为“曲艺中的野生稻”。但目前面临着老艺人岁数大、后继无人、传承出现断层、新作品缺乏等困境，亟须引起足够重视，并切实做好保护、传承等工作。建议运用现代化的科技手段，以录音、录像等方式

保存现有节目，为后人留下一批直观的五音大鼓影像资料；鼓励、支持老艺人在亲属、子女之间进行家庭内部传承，或者组织县文化馆的专业骨干定期跟老艺人学艺，使五音大鼓这种艺术形式“活态”发展；在当地群众文化活动和有兴趣的游客中进行普及推广。总之，要把蔡家洼五音大鼓保护、传承好，使之成为蔡家洼独特的旅游吸引物。

（五）整合营销，塑造品牌

宣传推介是衔接供需、培育品牌、提高知名度的重要手段。但目前在宣传推介上存在着主题不明确、形式单一、受众针对性不强、缺乏系统策划等不足。要根据蔡家洼的资源、区位和景区特点，按照系统性、特色性、针对性、市场导向性等原则，抽象总结出蔡家洼的形象定位，明确宣传主题和宣传目标；要开展蔡家洼旅游形象策划，从理念技术、行为形象、视觉、听觉、风情等方面进行策划，合理设计LOGO，制定宣传口号；要开展整合营销，通过形象广告、公共关系、网络媒介等多种媒体与途径，根据投入产出比，合理选择媒介资源与投放力度；要结合蔡家洼的实际，策划设计有针对性的推介活动，比如：“发现蔡家洼‘五个一’系列活动”（朱万峰，2013），包括举办一个论坛“发现蔡家洼休闲农业发展论坛”、出版一本书《发现蔡家洼》、制作一个宣传片《发现蔡家洼》、举办一个展览“发现蔡家洼摄影展”、举办一个节“发现蔡家洼旅游节”。要通过宣传推介，拉近蔡家洼与广大消费者的距离，让更多的首都市民关注蔡家洼，走进蔡家洼，体验蔡家洼，宣传蔡家洼。

第五节　四季花海：产业集群发展模式

四季花海沟域（以下简称“四季花海”）位于延庆县东部山区，全长47千米，涉及刘斌堡、四海、珍珠泉3个乡镇，总面积375平方千米。沟域内环境优美，空气清新，水资源丰富，自然、人文景观众多，拥有九眼楼、凤凰驼、西沟里原始次生林等自然景观，以及珠泉喷玉、齐仙岭等历史文化遗迹。近几年来，延庆县对四季花海沟域进行了整体规划、开发，按照产业集群发展模式，以培育特色花卉产业为主导，建设了刘斌堡百花园、大吉祥百合园、南湾花海、留香谷等17处景观节点，初步形成了独特的大地景观，并以此为依托发展休闲旅游产业，实现了环境改善、产业发展、旅游提升、农民增收的目标。

一、产业集群的概念与内涵

所谓产业集群，是指在某个特定产业中相互关联的，在地理位置上相对集中的若干企业和机构的集合。产业集群的形式多样，没有统一和固定的模式。目前，世界上的产业集群大致有以下几种形式：①由产业纵向关联而形成的产业集群。集群中的企业同属于一个产业上、中、下游，企业彼此间存在着生产过程的投入产出联系，产业链成为维系集群生产与发展的动力，企业作为参与主体，在产业链上占据合适的位置，形成一种合理的分工和协作状态。②由产业横向关联而形成的产业集群。这类集群通常以区域内某一主导产业为核心，通过企业间的横向关系，外部形成多层次的产业群体。由于这些群体之间相互享受着彼此所带来的外部经济效应，因而充满了活力。③由区位优势指向而形成的产业集群。这类集群通常是由同一产业或不同产业的众多小企业组成，它们充分利用区位优势，如廉价劳动力集中地、信息和技术发达地、原料或燃料集中地、产品的主要市场地、交通运输枢纽地等，形成各类专业化的小型产业集群。

从区域经济角度来看，产业集群是一个区域创新系统。因为集群增加了产业内部的学习效应，促进了新知识与技术的创造和传播，因而有利于新企业的成长。从这里可以看出，产业集群至少包含了3个方面的含义：产业集群是经济活动在一定区域的空间集聚；产业集群是一个完备的组织系统，包括某一产业从投入、产出到流通的各个利益相关方；特定的地方优势产业是产业集群存在和发展的核心。

从产业经济的角度来看，产业集群是一种颇具特色的产业组织形式，是经济活动在地域空间上的集聚。通过深度的集群内部专业分工，促进了内部企业效率的提高，并通过企业之间、企业与其他机构之间的互补与经常性合作，实现企业的正外部经济，降低企业间互相交易和学习的成本，加速集群内信息、知识、技术的流动与积累（张元智、马鸣萧，2006）。

二、四季花海沟域的开发探索

沟域经济是北京市近年来探索出来的一种新的山区发展模式。为搞好四季花海沟域的开发，延庆县坚持以保护生态环境为前提，以加强基础设施建设为重点，以发展特色产业为核心，以促进农民就业增收为根本，坚持高标准规划，大力度推进。

（一）坚持规划先行，明确发展方向

四季花海沟域西起刘斌堡乡刘斌堡村，途经四海镇，东至珍珠泉乡南天门村，北与千家店镇“百里山水画廊”相连。这里曾经是典型的以林果为主导产业的穷山沟，产业结构单一，农民收入低下。为整体开发建设四季花海沟域，早在2010年，延庆县就通过国际招标的方式，聘请专业机构，编制了《延庆县四季花海沟域经济发展总体规划》。规划提出，四季花海沟域要紧紧围绕延庆县打造旅游大景区、构建宜居城市、建设美丽乡村、实现县景合一的战略目标，打破行政区域界限，按照“一三互动、二三互送、三三互融”的发展模式，对山、水、林、田、路、村和产业进行统一开发，创建高端低碳产业集聚带。同时，规划还设计了“一带、三核、十二区”，其中，“一带”指四季花海生态度假廊道；“三核”指3个旅游综合小镇，即绿苑小镇、花海小镇、珠泉小镇；“十二区”指10个花卉产业园区，以及榛子、苹果等经济作物种植区。规划的编制和实施，为四季花海沟域的整体开发提供了指引，避免了走弯路。

（二）培育主导产业，优化产业结构

四季花海沟域位于气候、土壤条件都非常适宜山地花卉生产的延庆东部山区。这里昼夜温差大、日照充足，海拔高、林木覆盖率高，生产的花卉不仅质量好，而且花期长、病虫害少、色泽鲜艳。从2006年开始，北

京农学院在四海镇建立了花卉基地，取得了成功，不仅为当地带来了成熟的花卉繁育栽培技术，而且扶持发展了一批花卉苗木专业户。通过科学论证、合理规划，四季花海沟域的产业定位为，以花卉产业为核心，以生态旅游业为主导，以循环农业为特色，形成一、二、三产业融合发展的新型农村经济结构。

（三）打造大地景观，塑造沟域特色

为配合延庆“县景合一”国际旅游休闲名区的建设，发展“一沟一品”，四季花海在整条沟域的可视范围内，大面积种植各种花卉，包括万寿菊、茶菊、玫瑰、熏衣草，以及集观赏、经济效益于一体的其他特色花卉品种，打造规模大地景观。同时，不断探索创新经营体制，实行由政府引导，以花卉生产企业和花卉种植大户为经营主体，以花卉科研院所为外部技术支撑，以农民合作组织为纽带，广大农户参与其中的有效运行机制。经过几年的发展，花卉种植规模已达 870 公顷，建成 10 个花卉产业观赏园区，形成令人震撼的大地花海景观。沟域内共建成花卉综合加工厂一处，引进花卉企业公司 3 家，组建农民专业合作社 9 家，花农涉及 18 个行政村 1 340 余农户。2012 年，花卉综合收入达到 4 550 余万元，带动农民就业 1 900 余人。

（四）完善基础设施，优化旅游环境

为满足游人的出行需要，积极推进基础设施和公共服务设施建设，努力提高四季花海沟域的整体接待服务水平。①整合资源，推进重点项目建设。根据四季花海沟域的总体规划，整合延庆县有关部门和刘斌堡、四海、珍珠泉 3 个乡镇的资金、项目，重点启动了菜食河流域地表水治理工程、绿色通道工程、森林健康经营工程等重点工程，取得了突破。②开展了旅游设施建设。建设了四季花海旅游咨询站、观景台、观光步道、登山步道、自行车骑游路、停车场、旅游标识、公厕等配套设施。③开展大规模环境整治。按照 A 级景区标准，根据“清、拆、整、理、联、绿、美、精、特、全”10 字方针，对沟域内山、水、林、田、路、村进行综合整

治，彻底改变农村脏、乱、差的面貌，让优美的大地景观、整洁的村庄环境与沟域经济发展融为一体。同时，开展生态示范户评比活动，引导农民树立良好的环境保护意识；建立长效管理机制，对3个乡镇的生态管护人员实行网格化管理。

（五）发展休闲旅游，带动产业融合

在大规模培育花卉等特色产业的过程中，充分发挥农民的主体作用，发展休闲旅游产业，促进农村产业融合和农民就业增收。①以花卉产业为依托，发展休闲农业。四季花海集中了万寿菊、茶菊、玫瑰、百合、草盆花、香草、美葵、金花葵等多种经济型花卉和观赏型花卉，连绵起伏的群山魔术般地将各色花品间隔成带状的“花海”。如此大规模、壮观的花海景观，吸引了首都市民纷至沓来。游客置身其中，蜂飞蝶舞，花香扑面。在这里，展现的不仅是花卉的经济功能，而且包括观光功能、休闲功能、科普功能、生态功能等。四季花海已成为延庆花卉休闲游的名片。②开发旅游产品，丰富休闲内容。在发展花卉产业的同时，结合当地实际，推出了自行车骑游、地质科普游、花卉观光游等旅游产品，丰富了休闲的内容，受到了市民的喜爱。此外，还规划建设西沟里国家登山健身步道等，为登山爱好者和游客提供一个全新的休闲方式。③加强管理，搞好服务。结合全国旅游标准化示范县创建工作，制定了旅游产业发展规划、民俗户评定标准和相应的管理制度，实现了管理规范、发展有序。通过落实这些规定和制度，四季花海形成了“四个统一”，即统一规划布局、统一旅游标准、统一施工建设、统一品牌特色。

（六）制定政策措施，促进沟域开发

为统筹四季花海沟域的开发建设工作，延庆县成立了由县主要领导任组长的四季花海沟域建设领导小组。①坚持“政策集成、资金聚焦、部门联动”，统筹沟域开发建设工作。延庆县财政设立3 000万元专项资金，用于支持四季花海沟域建设。同时，充分整合资源，把产业发展、生态建设、流域治理、基础设施、公共服务设施、新农村建设以及文化、体育等

相关政策和项目向四季花海沟域进行倾斜和集聚，集中力量办大事，为该沟域开发提供良好的资金保障。②制定招商引资政策，引进社会资本。已引进绿茵溪谷乡村酒店、四季花海国际颐养园等10余个社会投资项目，总投资额达到2.5亿元。③乡镇政府结合自己的实际，研究制定了支持产业发展的政策措施。比如，四海镇为培育壮大花卉产业，出台了花卉产业扶持政策，通过采取向农民提供种苗补偿的方式，激励农民参与到花卉产业发展中去；通过镇政府投资，先期建设花卉大棚，筑巢引凤，吸引规模种苗企业入驻；通过率先建立玫瑰加工厂，实现花卉产品深加工的新突破。珍珠泉乡出台政策，扶持民俗旅游业的发展。从2011年开始，珍珠泉乡政府为完成升级改造的民俗旅游户，按评定星级的不同，发放5 000元至5万元不等的现金与实物奖励，累计支出100余万元。

三、四季花海沟域开发的主要成效

经过几年的开发建设，四季花海沟域的大地景观浓彩重墨，蓝天、碧水、花海、茶园让人兴奋，吸引了众多的摄影爱好者、游客及北京市民。在这里，农业变成了休闲旅游产业，农村变成了山水主题公园，农民变成了园林工人。四季花海，京郊一处诠释花卉文化的浪漫度假地。

（一）农业变成休闲旅游产业

在四季花海沟域建设的过程中，特别重视主导产业的培育，把花卉产业的系列化开发与沟域的基础设施建设、流域治理、生态建设等同步规划、同步实施，防止了产业空洞化。在开发初期，通过形成大尺度大地花海景观，来吸引游人。经过策划、设计与打造，在四季花海沟域范围内，形成了万寿菊、百合、玫瑰等10个花卉集中观赏区，花卉种植总面积达到870公顷，打造出了北京乃至华北地区尺度最大、最具震撼效果的大地花海景观。随着花卉产业规模的扩大，及时引入深加工，延长产业链。到2013年，每种花卉都已基本形成独立的产业链条。其中，种子种苗抢占高端市场，万寿菊由企业收购，制作叶黄素，远销海外；玫瑰、茶菊由合作社收购，制作花茶，这些花茶在市场上供不应求；宿根花卉正成为城市绿化美化的新宠，草盆花供应北京市场，扮靓城市，每年可达 1 000 万盆。把花卉产业从单一的种植观赏、出售初级产品，向精深加工延伸，不仅为游客提供了具有当地特色的乡村旅游商品，而且提高了附加值。2012 年，沟域内花卉产业综合收入 4 550 万元，带动农民就业 1 900 人。

（二）农村变成山水主题公园

结合沟域的产业特点和生态环境状况，大规模开展景观化建设，推进环境整治，取得明显成效。①实施景观提升工程，建设景观节点。刘斌堡乡以多彩田园为主题，重点建设了“刘斌堡百花园”“大牛峪公园”，沿途以花卉为主要元素进行绿化美化，打造四季花海“第一印象”；四海镇对沟域沿线的大吉祥百合园、南海花海、沟域中心区进行重点打造，建设了观景台、观光步道，形成了花海集中观赏区；珍珠泉乡在“花”与“水”的交融上做文章，重点建设了菜食河流域沿线的珍珠峡谷、珠泉喷玉、彩石观景、山水人家、水洞漂流等 9 个景观节点，打造“珍珠山水”。②开展大规模环境治理，不留死角。已拆除私搭乱建 1.1 万平方米，清理柴草垃圾 8 万立方米，改造沿线村庄墙体外立面 1.3 万平方米，完成公路两侧及地被绿化美化 44 万平方米。修建 14 处生态停车场、13 处沿线观景台、6 处环保公厕，完善观光步道、骑乘路线 10 万平方米，道路升级改造 50 千米。③加强管理，合理引导。对 15 个村实施垃圾分类，创建生态文明户 340 户，建设了村容整洁、乡风文明的美丽乡村，为农民、游客提供了良好的生产生活条件与旅游环境。通过实施大规模的景观提升和环境整治工程，沟域沿线环境得到极大改善，呈现出“树在村中、村在林中、绿色掩映、树木相连”的景象。

（三）农民变成产业工人

沟域经济是北京山区破解“三农”问题，统筹城乡发展的重要突破口。农民增收是“三农”问题的核心所在，也是沟域经济建设的出发点和落脚点。因此，在沟域经济建设中，要始终把农民的就业增收问题当成头等大事来抓，不但确立其主人翁地位，而且要使其享受到沟域经济建设带来的实惠。四季花海在沟域开发和产业发展的过程中，充分发挥农民的主体作用，尊重农民的知情权、参与权、管理权、监督权、受益权。一方面，依托农民专业合作社这个载体，通过土地流转，实现花卉的统一种植和管理，产品则由企业通过定单收购和加工，形成“公司+合作社+农户”的产销模式。农民不再是传统意义上的农民，而变成产业工人；农民收入也不再是单一的种地收入，而是享受租金、佣金和股金“三金”收益。比如，南湾村妇女刘桂琴原来在家种了0.67公顷玉米，满打满算一年收入也就1万元。如今，她家土地流转给村里的花卉专业合作社种植万寿菊，每年能拿到土地流转费6 000元。同时，万寿菊开花时，她还在合作社摘花打工，两个月就能收入1.2万元，赚回了过去辛苦一年的钱。另一方面，为满足市民前来观光、摄影、登山、健身、旅游的需要，沟域沿钱和景观节点周边的一些村庄发展了民俗旅游，为游客提供餐饮、住宿等服务。据统计，四季花海沟域有民俗旅游村12个，民俗旅游接待户310户，年接待游客70万人次，实现旅游综合收入4 370万元。

四、四季花海的提升策略

四季花海的开发已取得初步成效，但对照产业集群的特征和要求，还有不少工作要做，未来发展的潜力很大。主要问题表现在：沟域沿线长，景观节点松散，尚未形成集群效应；旅游配套设施不够完善，餐饮、住宿条件满足不了游客需要，导致人均消费额偏低；体制机制创新不够，各乡镇、各企业之间还没有形成“一盘棋”，分割现象明显，企业自学习能力不足；宣传推介工作缺乏系统性，四季花海的品牌培育尚需时日。对此，从产业集群的角度，提出如下提升策略。

（一）树立全沟域一盘棋的思想，塑造四季花海品牌

四季花海沟域总长47千米，涉及刘斌堡、四海、珍珠泉3个乡镇，沟内人口、农村产业及旅游资源较为分散，景观节点之间的距离较远。这些

因素客观上容易造成地区之间、企业之间“各吹各的号、各唱各的调”，难以形成规模效益。为培育四季花海品牌，提升整体形象，应按照产业集群发展的要求，切实树立全沟域一盘棋的思想，并落实到各项工作中。①建立统一的对外形象。在对沟域的区位、资源、市场、特色、优劣势等进行系统分析的基础上，经过策划设计，建立沟域整体统一、具有鲜明个性的对外形象，设计统一的 LOGO，并据此进行宣传推介。②主沟、支沟及节点建设相协调。四季花海以沟域贯穿道路为主轴，形成主沟，在主沟两侧，支沟呈不规则分布。根据沟域经济的特点，在沟域开发的初期，以主沟发展为统领；在主沟内，建设一、二、三产业的重要节点，主要是花海；在四季花海沟域两侧尚分布着多条支沟，这些支沟环境优良，多处于未开发的原始状态，未来可作为沟域经济发展的重要空间。因此，综合考虑各方面因素，在坚持主沟、支沟、节点协调发展的前提下，可以按照“主沟开发——节点建设——支沟开发”的开发顺序有序进行。③重点工程统筹安排，梯次推进。沟域的开发建设，尤其是重点工程、重点项目，不应将 3 个乡镇割裂开来，而应统筹考虑，在总体规划的指导下，以道路为主轴，辐射沟域两翼，建立“三镇合一”的区域联动开发模式。④道路标识系统要统一策划、统一风格。在每一景观节点的解说牌，除介绍本节点内容外，还要有地理位置标识和在整个沟域的方位介绍，以形成景点与沟域的联动效应。

（二）配套旅游服务设施，完善旅游功能

产业集群发展的好处是，可以在一个区域的范围内，解决旅游“六要素”问题，而不局限在每一个点上都要“五脏俱全”。从四季花海沟域来说，因开发时间短，旅游配套只在四海镇南湾村、珍珠泉镇珍珠泉村等局部地区取得突破，但从整个沟域来说，还没有形成功能分区，“吃、住、行、游、购、娱”的配套还不完善，旅游功能的发挥也远远不够。建议从以下几方面入手：①搞好功能区的划分，形成几大版块。要按照旅游业发展的规律，结合四季花海的特点，形成科学合理的旅游功能分区，如观光区、餐饮区、住宿区、娱乐区、购物区等。在同一功能区内部，根据游客

需求的多元化和企业经营活动的层次性，可以再次细分。如花卉观赏区，又可根据花卉品种和盛花期时间的不同，划分为不同的景观节点，以延长沟域的产品线和产业链，避免同质化现象。②改造提升民俗旅游村，促进农民就业增收。四季花海沟域现有十几个民俗旅游村，但在市场定位、硬件设施、饭菜特色、住宿环境、服务内容、卫生条件等方面，与游客的需求还有距离。要推广珍珠泉乡的做法，通过政策引导，促进民俗旅游村、民俗旅游户，改进硬件设施，提高服务质量，培育各自特色。要通过改造升级，培育“一村一品”，把民俗旅游村打造成四季花海沟域餐饮、住宿的主要场所。③配套完善旅游设施。在景观节点上，继续完善配套停车场、公共卫生间、观光台、购物亭、休憩设施，提升旅游的舒适度。在景观节点之间，结合新农村建设，不断完善沿途的乡村旅游服务接待站、旅游小品，以及简易的休憩、餐饮、购物设施，增强旅游的便利性。④搞好主干道两侧的绿化美化。四季花海沟域沿线较长，目前沿途不仅存在景缺链断现象，而且在局部地区，道路两侧的环境差强人意。要用当地代表性的花卉及树种，坚持多树种、多植物、多层次、多色彩搭配，以乔木为主，乔灌结合，花草并举，实现“三季有花、四季常绿”和“绿不断线、景不断链”的绿化景观效果。要让沿途的风景成为四季花海的又一卖点。

（三）不断丰富休闲旅游产品，延长游客停留时间

目前四季花海的休闲旅游产品结构单一，产业链短，游客参与性不强，导致停留时间短，人均消费低。解决这一问题，可从以下几个方面考虑：①以花卉产业为基础，延长产业链。花卉产业是四季花海沟域的特色产业，也是开发休闲旅游产品的重要依托。要围绕开发花卉产业的生产、生活、生态功能，发展具有地方特色的休闲旅游产品，以花为媒，延伸产业链条，提升文化内涵。②以林果产业为基础，丰富旅游内容。林果产业是四季花海的基础产业。一方面，可开放林区，开发休闲、观赏、野营类旅游产品，经济林如果园等，可以开发为观赏、采摘类产品，林果产品可以作为特色旅游商品销售；另一方面，以林果产业及周边环境为依托，导入科技手段，引入创意元素，形成创意园艺、科技花木、养生植物、有机

林果等内容，发展野奢型旅游度假产品。③开发参与体验型旅游产品。长期以来，乡村旅游凭借景观环境和特色餐饮吸引了大量的城市客源，而乡村旅游的核心产品——参与性活动项目开发明显滞后。四季花海沟域要努力突破这个瓶颈，以满足休闲度假时代游客的体验需求为目标，积极开发具有地方特色的参与体验性产品。如依托沟域自然环境，发展自行车、骑马、滑草、投掷、射箭、垂钓、越野、漫步、野营等健身运动项目；依托民间艺术，开发雕塑、泥塑、陶艺、木雕、草编、剪纸、皮影等传统手工艺项目；依托地方节庆类活动，如乡下过大年、闹元宵、端午节包粽子、丰收节、中秋赏月等，经过策划包装，发展成为民俗节庆类旅游项目等。④创新景观农业的实现形式，提高综合效益。要调整景观农业内部结构，丰富景观农业产品异质性，逐步引入市场化的手段，提升产品附加值，促进景观农业综合效益提高。

（四）创新机制体制，形成集群效应

产业集群的各节点、各企业之间不应是一盘散沙。要通过机制创新，依靠市场手段，在各节点、各企业之间，形成“上下游有效联接、不同节点利益共享、降低单位成本、形成规模效应”的良性循环。①政府适时转变角色，变主导型为服务型。四季花海沟域的开发模式是典型的自上而下政府推动型，即政府为沟域开发建设制定总体框架，研究出台扶持特色产业发展的各项政策措施，开展基础设施建设，改善生态环境，投资建设主要景观节点，扶持参与集群的旅游企业和相关行业企业，构建集群内部的管理体制。这种模式在沟域开发建设初期是必要的，也是有效的。随着时间的推移，在初具规模后，政府应逐渐从主导型转变为服务型，集群主要依靠市场主体和市场机制来运行。②培育龙头企业。沟域的建设与发展有赖于龙头企业的带动。龙头企业如同集群的强磁场，可以创造集群品牌市场号召力，吸引区域旅游企业和其他相关企业集聚，从而成为沟域的旅游吸引物和集群的核心竞争力。针对四季花海的现状，应通过招商引资的方式，引进国际化旅游企业，借助其丰富的国际化市场运作经验，对四季花海沟域进行全面打造包装，将四季花海全面推向市场。③通过利益机

制，构建产业链。旅游要素供给企业是集群的核心，包括景观节点、旅游交通、民俗旅游村、观光农业园、旅游商业、休闲娱乐业等，其供给物正是旅游者在整个旅游过程中所直接消费的。要通过机制创新，以利益为纽带，把将民俗旅游村、观光农业园与景观节点等串联起来，形成产业链。也可通过打造新的旅游项目，如自行车骑游项目，借助自行车骑游线路和站点网络建设，将各旅游景点、民俗村、农业观光园、宾馆饭店、民俗户等旅游资源串联起来，把市民引入乡村、带入农家。④建立旅游协会等中介组织，培育产业联盟。旅游产业集群不是孤立于世外的，而是置身于激烈的旅游市场竞争之中。为了生存与发展，沟域内的企业可以在自愿的基础上，建立旅游协会等中介组织，形成以资源联盟和知识联盟为核心的竞合关系。⑤创造氛围，在沟域内部形成竞合与创新型文化环境。建立旅游企业共性技术研发和服务平台，大力推动各具特色的旅游集群企业发展，促进供给方面、需求方面的知识溢出和转移，培育学习与合作竞争的集群创新文化，增强集群市场竞争软实力（龚绍方，2007）。

（五）加强宣传推介，提高市场知名度

宣传推介是衔接供需，提高市场知名度，培育四季花海品牌的重要途径。要通过建立统一的对外形象，整合媒体资源，策划主题活动等多种形式，加大宣传推介力度。①搞好沟域形象策划。根据四季花海的特点，以自然和生态为切入点，以健康休闲和绿色产业为主题，着力营造人与自然的和谐、亲近、友好，强化“四季花海乐谷、百里生态金廊”总体形象。②实施整合营销战略。突出大区域、大旅游、大市场的整体观念，加强媒介资源的整合利用，切实搞好营销、宣传、推介工作。充分运用广播、电视、报纸、杂志、互联网、微博、微信等传播载体，建立科学有效的沟域旅游产业营销网络。通过在北京、天津、河北等主要客源地的繁华地段设置大型户外广告，参加各类旅游交易会，邀请客源地的旅行社代表和媒体代表参加等形式，增强宣传推介的针对性，切实提高宣传效果。邀请媒体记者团前来沟域集体采访，进行集中宣传报道，形成轰动效应。要坚持媒体宣传与促销活动、公关活动、节事活动等相结合，避免单打一。③策划

设计主题活动。近年来，四季花海沟域结合自身特点，举办了“畅游延庆四季花海、醉享画里乡村”、珍珠山水端午文化节、玫瑰剪枝大赛、大学生村官集体婚礼、水泉子村传统鸟节等一系列主题活动，取得了较好效果。今后应继续举行主题活动，并在创新活动形式、丰富活动内容、扩大活动影响、培育活动品牌上下功夫。

五、结　语

休闲农业集群化是实现休闲农业与乡村旅游提档升级的战略选择，是促进休闲农业与乡村旅游规模化发展的重要突破口。近年来，北京郊区休闲农业在点上遍地开花的同时，开始在线上和面上取得突破，形成一批都市型现代休闲农业产业带、沟域经济带等，呈现出规模化、集群化发展的特征。四季花海就是这方面的典型代表之一。实现休闲农业的集群化发展，涉及新产业的培育、生态环境的改善、产业政策的制定、管理体制的创新、部门与区域利益格局的调整、社区作用的发挥与农民利益的保护等一系列问题，已有的实践与探索还是初步的。四季花海沟域应在开发建设一段时间后，对开发方向、政策措施、生态环境、开发成效等方面进行一次系统评估，以便及时修正错误，防止走偏。

第十三章 海外休闲农业发展经验及启示

德国、法国、美国、日本、韩国等国家和我国台湾省的休闲农业起步早，历史悠久，成效也比较显著。认真研究海外发展休闲农业的做法，总结其经验，并与北京的休闲农业进行对比，以期有所启迪和借鉴。

第一节 国外休闲农业发展经验及启示

一、国外休闲农业发展状况

19世纪初期，欧洲国家就已经出现了农业旅游。1865年，意大利成立了“农业与旅游全国协会”，专门将城市的居民介绍到农村去休闲体验，与农民一同劳作，留宿农家；或在乡村土地上搭起帐篷野营。到二战之后，随着城市化的迅速发展，城市人口和建筑物的高度密集以及生态环境的日趋恶化，生活在城市的居民开始大规模地到城郊乡村休闲旅游。虽然这个时期，并没有明确的休闲农业概念，这些活动仅属于旅游活动，但发展势头强劲，进入了农场主和旅游组织者的视线。

到20世纪中后期，农业观光旅游不再是对田野景色的观赏，一些专门的休闲农业园区随之兴起。农园内的活动以观光为主，结合购物、食品、旅游、住宿等多种方式进行经营，并相应地产生了专职从业人员，这标志着休闲农业不仅从农业和旅游业中独立出来，而且找到了农业与旅游业共同发展、相互结合的交汇点，标志着新兴交叉产业的产生。

20 世纪 80 年代，随着人们休闲度假旅游需求的日益扩大，农业观光园也从单纯观光性质向休闲、度假、教育、体验、环保等多功能扩展，于是就出现了具有生产、生活、生态等多功能的观光采摘园、休闲农场、度假农庄、教育农园、市民农园等。到了 90 年代，一些国家又推出了乡村文化游、民族风情游、农事节庆活动、乡村旅游带等休闲农业与乡村旅游产品，使休闲农业的文化内涵、层次和品位进一步提高。

（一）德　国

德国的休闲农业发展历史悠久，也取得了极大的成功。主要类型有度假农场、乡村博物馆和市民农园。其中，度假农场可追溯到 1960 年，当时德国在经济不景气的情况下，农场为增加收入，将空余房间稍加整理，对市民开放，从而成为廉价的度假农场，而旅游者在花费不多的情况下也找到了新的度假方式，因而度假农场受到了广大民众的喜欢。随着旅游者的逐步增多，度假农场慢慢演变为一种新的旅游产品和休闲度假形态。从规模上看，度假农场一般为 20 ～ 30 公顷，由于德国的农场往往是家庭经营，所以一个农家就是一个度假农场。据估计，德国约有 20 000 个农场提供休闲度假服务。

乡村博物馆起源于 1973 年在奥地利展示的民俗村，是兼具区域性、文化性的农村民俗、乡土文化的展示场所，目前约有 80 多处。一般占地约 25 公顷，完全仿照百余年前的方式建造，陈列各种老式农宅建筑、农耕作业方式及农家生活写照，让游客体验农业生产与农家生活的变迁过程。在馆区内建筑物之间的空地上，仍生产农作物，但为了突出特色，农业生产不使用化肥，以畜力或人力耕种，以农场树木制作木炭。农产品的产量不高，但以健康、新鲜取胜。馆区内的土地，可提供给当地的农民或居民耕种，但是种植的作物种类要由博物馆管理当局决定，栽培方法也必须遵循古老的方式，同时在分配上，模仿过去的租佃制度，承租者要把 10% 的收获量支付给博物馆当局。

市民农园是由政府或农民将位于都市或近郊的农地出租给城市居民，以种植花草、蔬菜、果树或经营家庭农艺的场地。最初是由政府给市民提供小菜园，后来转化为市民农园。市民农园的土地来源于两大渠道：一部分是县、镇政府提供的公有土地，另一部分是居民提供的私有土地。每一市民农园的规模约有 20 000 平方米，大约 50 户市民组成一个集团，共同承租一个市民农园，每户市民的租地规模有大有小。租赁者要与政府签订为期 25 ～ 30 年的使用合同，但对于种什么、如何经营，政府都不加干涉，不过其产品不能出售。承租者中途可以退出或转让。1919 年，德国制定了《市民农园法》，成为世界最早制定市民农园法的国家。1983 年，对《市民农园法》进行了修订，把市民农园建设目标调整为给市民提供体验农家生活的机会，使久居都市的市民享受田园之乐，经营方向也由生产导向转向农业耕作体验与休闲度假为主，生产、生活、生态三位一体的经营方式。在这个过程中，德国市民农园的作用也发生了变化：20 世纪 80 年代以前，主要为市民提供农副产品；进入 80 年代以后，市民农园的旅游观光功能才越来越凸显。到 2006 年，德国市民农园的承租者已超过 80 万人，其产品总产值约占到全国农业总产值的 1/3（辛国荣，2006）。

（二）法　国

法国是一个充满浪漫氛围的国家，早在 1855 年，法国一个名叫欧贝尔的国家参议员带领一群贵族来到巴黎郊区农村度假，他们品尝野味、伐木种树、观赏田园、学习养蜂，与当地农民同吃、同住，开创了农业观光旅游的先河，这可以看作是法国休闲农业的萌芽（詹玲，2009）。然而，法国真正意义上的休闲农业浪潮是出现在 19 世纪 70 年代的农场旅游。之后，休闲农业得到了快速发展。

法国休闲农业的形式多样，主要有家庭农场、教育农场、家庭农园等。①家庭农场。据统计，法国现有农场 101.7 万个，其中，面积大于 50 公顷的农场有 17.2 万个，约占农场总数的 17%；50 公顷以下的中小型农场 84.5 万个，约占农场总数的 83%。这些农场基本上是专业化经营，大概包括 3 大类型（食品品尝、休闲、住宿）、9 种具体业态（农场客栈、点心农场、农产品农场、骑马农场、教学农场、探索农场、狩猎农场、暂住农场、露营农场）。②教育农场。教育农场是由政府向土地所有者租购土地，然后把其中的一部分开辟为“自然之家”教育中心，或作为农业部门所属培训中心的教育农场；把另一部分租给农业工作者耕种。③家庭农园。家庭农园类似于德国的市民农园，一般设在距市区较近、交通方便的地方，供没有土地的市民租用耕种。为使农园有章可循，1941 年，法国首次制定了《工人农园法》，并于 1946 年对该法作了修订；1976 年，制定了专门的《家庭农园法》。

1988 年，法国农会常务委员会（APCA）设立了农业及旅游接待服务处，并联合其他社会团体包括互助联盟（CNMCCA）、国家青年农民中心（CNJA）等，建立了“欢迎莅临农场”的组织网络，为法国农场划出明确定位区域，并联结法国各个大区的农场，成为法国农场强有力的促销策略。这一网络对法国休闲农业与乡村旅游的发展起到了推动作用。从历年的统计资料可以看出，几十年来，每年有将近 2/3 的法国人选择国内度假，其中 33% 的游人选择乡村度假，仅次于海滨度假（44%）。法国乡村每年接待的 200 万国内外游客中，50% 是高级雇员或自由职业者，这些游客非常稳定。据法国小旅店联合会统计，近 7 年来在这些人中一直采用乡村度假方式的度假者占 44%，主要采用乡村度假方式的度假者占 72%，这说明休闲农场与乡村旅游是稳定性较强的主要旅游目的地之一。

（三）美　国

美国休闲农业的兴起可追溯至 19 世纪上流阶层的乡村旅游。第一个休闲牧场（Duderanches）于 1880 年在北达科他州诞生。1925 年，为加强与铁路公司联系和整体推介休闲农业品牌，许多地区的休闲牧场成立了协会。1945 年前后，许多东部的富裕家庭前往西部的怀俄明州或蒙大拿州度长假，慢慢地这种颇具贵族化的度假方式逐渐普及到中产阶层，而成为一种大众化的休闲方式。虽然度假时间由最初的平均一个月以上，缩至后来的一两个星期，但由于度假人数大幅增加，休闲农场的数量增加较快。到 1970 年，仅美国东部就有 500 处以上的休闲农场。2005 年，全美约有 2 000 处以上的休闲农场，年接待游客 2 000 万人（郑健雄，2005）。以密西西比河为界，东部多为休闲农园，西部多为休闲牧场。

美国的休闲农业资源丰富，产品多样。经过多年的开发，已形成包括农业观光、森林旅游、农场度假、家庭旅馆等形态的产品体系。主要有依托农业资源或农牧场产品，开发农业观光、购物、农产品采摘、农业教育、乡村休闲等休闲农业项目，其中，最著名的是根据梵高的名画《向日葵》创作的20英亩（约为8公顷）"庄稼画"；依托农事活动，开发南瓜节、草莓节、樱桃节、大蒜节、汉堡节等乡村节庆活动；依托自然资源，开发汽车营地、鸟类观赏、自然探险等旅游项目；依托历史资源，开发废弃厂矿、农庄、采伐场、内战遗址、名人故居等乡村历史遗迹旅游项目等（陈雪钧，2012）。

在漫长的发展过程中，美国的休闲农业产品逐步形成了自己的特色。以市民农园为例，美国的市民农园采用农场与社区互助的组织形式，参与市民农园的居民与农场主共同分担成本、风险和赢利。市民农园尽最大努力为市民提供安全、新鲜、高品质的农产品，社区居民则为农园提供固定的销售渠道，双方互利共赢，在农产品生产与消费之间架起一座连通的桥梁。这种市民农园在北美发展很快，极大地加强了农民和消费者的关系，增加了区域食品的供给，有效促进了当地农业的发展。除市民农园外，美国的休闲农业十分注重发展休闲、观光类旅游产品，为游客提供大量的休闲旅游胜地。例如，华盛顿开辟10多处大型郊游区，供游客野营、郊游、骑马等。据不完全统计，美国北部地区有大型郊游区150多处，每年约有1 800万旅客前往休闲、观光、度假。

美国十分注重依靠节庆活动，对休闲农业进行推介营销。以农业节庆活动为载体，将田园风光、农作物、乡土风情、农耕文化等融为一体，吸引媒体、社会公众和消费者的关注与兴趣，以提高休闲农业与乡村旅游的知名度、美誉度。加利福尼亚州旧金山半月湬南瓜艺术节、吉洛伊（Gilroy）大蒜节，北卡罗来纳州、田纳西州的草莓节，威斯康星州的西摩（Seymour）汉堡节等是美国农业节庆旅游的典型代表。每年一些地方政府、农民协会或农场也会举办各种主题节庆活动，如农业博览会、赛马会、乡村游行等，以展现乡村的田园景色和民俗风情。农业节庆不仅吸引了大量游客，推动了乡村的农业、旅游、会展、贸易、广告等行业的发展，而且塑造了品牌形象，有效地拓展了乡村旅游市场。

（四）日　本

日本最早的休闲农场是小岩井农场，这是一个具有百余年历史的综合性大农场。从 1962 年起，农场主结合日常生产经营性项目，先后开辟了 40 多公顷观光农园，并兴建了多种观光娱乐设施，如动物广场、牧场馆、花圃、跑马场、射击场等。这种休闲农场利用富有诗情画意的田园风光、各具特色的设施和完善周到的服务，吸引了大量的游客，为农场赢得了可观的经济收入。随着小岩井农场的发展，日本休闲旅游热开始兴起。从 20 世纪 80 年代开始，日本的农业政策发生了变化，由以传统农业为中心转变到支持农业、工业与观光休闲业三位一体，推动了休闲农业的发展。

1990 年，日本制定并实施了《市民农园整备促进法》，政府在硬件配套设施方面给予许多优惠政策，大大减少了休闲农业建园的资金成本，从而推动 50 ～ 100 公顷大面积体验型市民农园的面世。该法案规定，承租市民与其承租的农园土地之间的距离，原则上在 30 分钟的车程以内，较大都市可以在一个或一个半小时，东京都可达二个半小时车程的距离；农园里允许设置移动性露营帐篷、简易住宿、停车场、自来水与用电设备、农具陈列室及活动中心、儿童活动绿地广场；租借农地平时可委托出租农地的农民代管，并付给适当的代管费用，也可委托其收获，然后邮寄到家；市民农园的农地可以租借，一次租借期以 5 年为限。这一法案的颁布使得农场主可赚取高额的土地租金和管理费。

1995 年 4 月，《农山渔村停留型休闲活动的促进办法》出台，该办法规定了“促进农村旅宿型休闲活动功能健全化措施”和“实现农林渔业体验民宿行业健康发展措施”，推动绿色观光体制、景点和设施建设，规定都府县及市町村要制订基本计划，通过国家协调融资，确保休闲农业发展所需资金的融通，从而规范绿色观光农业的发展和经营。该办法和后续修订的休闲农业政策，为在农村（山村、渔村）地区开发和整治休憩娱乐活动用地，丰富休闲娱乐项目，进而提升休闲农业质量提供了基础性动力。目前，日本休闲农业发展利用了自然、森林、传统手工艺、饮食、泉水、梯田、稻田等资源，是传统文化与自然风光相结合的产物。

从功能上看，日本学者认为，发展休闲农业，尤其是在大都市地区及周边发展休闲农业，具有多种功能：①提供都市居民生鲜的农产品。②绿地的机能。有关调查显示，离绿地近的住宅估价高，离农地近的住宅因有耕种活动估价更高。市民认为，没有农业的都市，由于建筑物密度过高，有令人窒息的感觉。③防灾及灾害发生时的疏散空间。④市民农园、学童农园等为市民接触农业提供了最佳场所。⑤农地为未来都市化发展预留空间。⑥农业在都市中应属最佳职业之一。在多样化的职业中，农业是最有趣和最有活力的产业之一。⑦农地是弥补都市设施单一化的重要空间。⑧农业是都市的“门面”和形象。在建设有“农”的都市理念中，农业以其重要角色及给都市带来的温馨与魅力，而被称为都市的“后花园”。

（五）韩　国

韩国的乡村旅游是随着大规模经济开发产生和发展起来的。韩国自20世纪60年代起经济开始腾飞，由农业国逐渐变为中等发达国家，实现了农村城市化。四通八达的交通网为韩国发展乡村旅游提供了便利条件。在韩国约4 800万总人口中，90%以上的人住在城市，农渔业人口不足10%；乡村旅游收入在韩国国内旅游收入中所占比重约为9.4%（张舜尧，2012）。

韩国乡村旅游内容十分丰富。在发展初期，主要形式是农场旅游。目前，海滩、山泉、小溪、人参、瓜果、民俗都成为乡村旅游的主题。在韩国大城市周边的农渔村，建有许多观光农园和周末农场，这些农场集休闲、体验、收获为一体，吸引了大批市民，生意十分火爆。以农事民俗节为例，韩国各地有约800个与乡村旅游有关的民俗节，如“蝴蝶节”“泡菜节”“人参节”“鱼子酱节”“拔河节”“漂流节”“钓鱼节”等，并且每个节都具有自己鲜明的乡土特色。

近年来，韩国乡村旅游又推出了不少新项目。“主题列车活动”让游客坐车走到哪里，看到哪里，吃到哪里；“韩定食旅行”让游客前往农村品尝颇具特色的韩式套餐；“茶园旅行”让游客到茶园采茶；“周末农场”

适应双休日的特点，供城市游客携一家老小去耕作和收获，体验劳动的艰辛和乐趣；韩国农林部推广的"绿色农村体验村庄"项目则是将自然生态、旅游、信息化和农民培训结合起来的高端乡村旅游。乡村旅游的住宿场所除普通农民家庭旅馆外，还有比较高档的别墅式家庭旅馆、原木屋和韩屋型家庭旅馆，可满足高收入的城市人群到乡村休闲、旅游的需要。

（六）新加坡

新加坡的休闲农业是建立在农业园区综合开发基础上的复合型产业。由于国土面积小，城市建设又导致耕地不断减少，新加坡的休闲农业以高科技为主，重点建设现代的农业科技园，与海外投资合作建立农业生产基地，最大限度地提高农业生产力。从 20 世纪 80 年代起，新加坡政府设立了 10 大高新科技农业开发区。农业科技园区内安排了作物种植，精心布局了展示花卉、观赏鱼、珍稀动物、名贵蔬菜和水果生产，还相应地建有一些娱乐场所，供市民观光，每年还吸引 500 万～ 600 万国外旅游者。新加坡农业园区已建成为高附加值农产品生产与购买、农业景观观赏、园区休闲和出口创汇等功能的科技园区，成为与农业生产紧密融合、别具特色的综合性农业公园。

新加坡农业是高科技、高产值的休闲农业，其主要模式有：一是现代化集约的农业科技园。基本建设由国家投资，然后通过招标方式租给商人或公司，租期为 10 年。为展示农业高科技成果，园内有一个利用气耕法种植蔬菜的单元，即在有空调设施的温室内种植植物，根部暴露在空气中，每隔 5 分钟喷洒一次含营养物质和肥料的雾水，不喷农药。它是世界上第一个在热带国家以气耕法来种植蔬菜，生产富有营养且安全的新鲜蔬菜的基地，蔬菜的生长期由常规土耕法的 60 天缩短到气耕法的 30 天。只是这种生产方式成本较高，当然如果生产高档蔬菜，则优于进口。二是农业生物科技园。主要进行农业新技术研究与开发工作，如动植物基因研究、新品种选育等。三是海水养殖场。主要有圣约翰岛水产养殖中心和使用浅水养殖法的樟宜鱼养殖研究处。

从更广泛的意义上看，科技依托型休闲农业发展模式是以农业科技研发作为特色旅游资源，在城市中心或近郊因地制宜、选址布局，结合农业生产，以科技园、科普基地、博物馆、展览中心等形式，集中展示现代农业技术，发挥其独特的科普教育作用。科技依托型模式的主体一般是具有较强科技研发能力的农业龙头企业。

二、国外休闲农业发展的经验

（一）政府对休闲农业的支持力度大

休闲农业是新生事物，它的发展离不开政府的倡导与支持。在大力扶持农业的大背景下，进一步加强对休闲农业的扶持力度，使得休闲农业有章可循，有法可依。政府的支持主要体现在3个方面：一是制定法律法规。国外休闲农业的发展，离不开完善的法律体系。例如，为给市民提供农地让市民耕种，德国就颁布了《市民农园法》；日本颁布了同样的法律，提倡大力开发和整治休闲农业用地。在美国，制定地区发展规划时，鼓励发展休闲农业，提供交通、住宿等配套设施，比如，1999年《农业住宿法案》明文规定，农家旅馆可以低于商业旅馆的最低规模和要求，对发展乡村旅游的村庄和个人在手续上予以简化等。二是给予政策或资金支持。例如，1992年，西班牙仅有36家乡村旅馆，但政府通过减免税收、补贴、低息投资贷款等支持，改造农村基础接待设施，到2004年合法的乡村旅馆就达7 000多家。三是制定管理标准和规范。国外一般对休闲农业用地、服务设施、文化条件、公共基础设施、从业人员资格等设立了标准和规范，推动了休闲农业持续健康发展。

（二）休闲农业的投资、融资渠道广

发展休闲农业仅仅靠政府投资是远远不够的。以政府投入为龙头，带动社会资金、信贷资金、外资、农民自有资金投入休闲农业，鼓励企业家到乡村开发休闲农业，最终形成多元投资主体并存的格局，其中，最为重要的是要使农民成为投资经营主体。比如，法国政府采取了公共资金补贴、放松银行贷款、设立专项费用等手段，将休闲农场作为一个时期政府优先

发展的项目来规划和落实。欧美的休闲农业大多数是在私营农场的基础上发展起来的，为鼓励农民家庭或私立农场作为投资主体，政府规定，农场用于提供民宿的房间数量一般为 2 ～ 6 个，床位一般为 4 ～ 15 个，低于这个限额可享受免税优惠。这样，农场主投入很少的资金（平均 5 万英镑左右）就可以发展农场度假，所雇佣的休闲农业从业者平均只有 10 名左右。这些政策对于调动农场主投资、促进农民就业等发挥了较好的作用。

（三）把休闲农业观赏与环境保护相结合

休闲农业的迷人之处在于它的乡村性，在于纯朴的乡村自然风景和乡土文化氛围，这种自然与生活景观相依托、相互耦合形成的景象在当地农民眼里是极为普通和平常的，但对城市市民却很有吸引力，所以在乡村旅游的开发过程中，创造带有独具特色的乡村景观是十分必要的。像日本、法国等国家，不仅结合当地生物的多样性展开活动，而且还注重挖掘和弘扬农村文化，增强休闲农业的活力。比如，日本就非常注重对乡村资源的保护，保持乡村自然人文环境的原真性。在进行乡村旅游资源开发和规划时，非常重视在原有的一些遗址上进行复原和整修，尽可能保持其传统的、旧式的、古董的、原貌的民俗景点或建筑物，使之成为乡土式的综合博物馆。法国为了体现乡村的美食特色，休闲农场必须采用当地的烹调方法，休闲农场建筑物的外观也须与当地的建筑风格保持一致，餐具要用粗陶、瓷器或其他具有地方代表性的材质制造。因此，把乡村景观、环境保护与休闲农业发展有机结合，是一条有益的经验。

（四）休闲农业的科技含量高

从国外一些国家的成功实践来看，休闲农业要走科技致富之路，就必须提高休闲农业的科技含量。先进的科学技术是休闲农业发展的重要支撑。发达国家在工业化、现代化的基础上，休闲农业进步很快，已经跳出了传统的以化肥、农药、机械为主要技术投入的常规现代农业阶段。广泛采用生物技术、农业技术变革，成为推动其发展的主要动力之一。产品技术附加值高、设施技术普及、技术绿色化等成为主要的技术特征。新加坡、荷兰的休闲农业就是积极采用先进技术，以降低生产成本、提高对旅游者的吸引力、扩大其科普教育功能的，这是值得认真借鉴的。

（五）宣传营销体系健全

国外的经验表明，休闲农业的发展壮大，必须以完善的营销推介网络作支撑。一是充分发挥协会等中介组织的力量，“抱团”搞宣传。法国乡村旅游企业大多都是小型企业，由于企业规模小，无法独立开展大规模的营销活动。因此，由政府专职部门牵头，协调多方力量，例如行业协会、会展企业、媒体、社会组织等，实施多主体参与的乡村旅游目的地营销，以宣传法国乡村旅游的整体形象。二是通过举办节庆活动、会展活动进行营销。法国政府每年组织各种类型的乡村旅游博览会等，通过节庆营销的方式提高乡村旅游地的知名度。三是充分利用互联网渠道搞宣传。美国除了花费大量资金用于电视、广播、报纸、橱窗等传统宣传媒介外，还十分重视互联网等高科技营销手段的运用。农事节庆网站成为美国向全世界宣传其农事节庆活动的重要窗口，旅游者可以通过访问政府或企业开办的农事节庆网站，了解农事节庆活动的举办时间、地点、活动安排等情况，同时可以了解当地的旅游接待设施情况，并获得相关旅游建议。

三、国外休闲农业发展对北京的启示

（一）政府应为休闲农业的发展提供良好外部环境

休闲农业作为一种城市郊区重点发展的农业产业形态，在政策上必须要与产业发展相融合。比如，在发展休闲农业过程中，必须有一部分土地要转而作为开发农业观光、休闲和体验等功能的基础性资源，但现行制度却限制了这种转移，制约了休闲农业的发展。政府应加快推进土地制度改革，建立和完善一套适合休闲农业发展的政策体制。又比如，休闲农业是一种高投入、高产出的产业，投资大，周期长，仅仅依靠农民或企业的自有资金是不够的，这就需要在政府支持的同时，为其融资创造良好的政策环境。一方面要加大政府支农资金对休闲农业的支持力度，另一方面要积极引导社会、企业、个人对休闲农业进行投资，扩大资金的来源渠道。此外，还应尽快制定和完善与休闲农业发展相关的法规条例，使休闲农业的发展建立在法治基础之上。

（二）休闲农业发展应坚持以市场为导向

发展休闲农业离不开资源优势，但资源优势不等于市场优势，资源优势必须同时与市场优势结合在一起，才能转化为竞争优势。要以市场为出发点和归宿，不断分析市场、研究市场、满足市场。一是要正确定位市场，坚持打造具有本地资源优势的特色休闲农业项目；二是找准目标市场，为市民参与农作、体验农村生活、回归乡愁等创造条件；三是努力提供科技含量高的休闲农业产品和服务，广泛应用生物技术、信息技术、绿色技术，采用新材料、新科技、新设施，提升休闲农业的档次，为旅游者提供尽可能多的有机农产品；四是注重对休闲农业的包装、宣传，不断开拓市场，提高市场占有率。

（三）休闲农业要体现特色，突出农民生活风貌和乡土文化内涵

原始、真实的乡村文化是乡村旅游吸引力的源泉，是吸引游客的核心旅游资源。因此，开发休闲农业产品，要扬长避短，突出自己的特色，做到“人无我有、人有我新、人新我特”，使游客每到一处都有新的意境、新的感受、新的收获。在休闲农业发展中，要注意挖掘多姿多彩、独具特色的乡土文化，包括传统的历史文化、独特的农耕文化、特色的民俗文化、淳朴的民风文化、宁静的田园文化等，使休闲农业产品有自己的“精神”或“内涵”；要切忌建造过多的人文景观，使环境和设施过于人工化、商业化，也不要刻意追求大投资、大规模、高档次、高消费。从发展趋势看，要注意开发农业对市民特别是青少年的教育功能，发展教育农园；开发农村民俗文化，发展民俗民风文化旅游。总之，要因地制宜，充分发挥北京郊区的区位优势和资源优势，突出个性和特色，把京郊建设成为独具魅力的乡村旅游目的地。

（四）休闲农业发展应坚持以高科技为支撑

从新加坡、日本、德国的实践来看，能如此成功地发展休闲农业，原因之一是发挥了科技优势，提高休闲农业的科技含量。北京地区人口多，人均耕地少，受资源、能源、环境保护等要素的约束大，发展休闲农业更应依靠科技进步。一是要推进休闲农业生产由传统技术向高新技术的转变。从总体上说，休闲农业生产的科学技术水平还不高，当前应下决心淘汰落后的传统技术，引进实用的高新技术，大力调整产业结构，引导休闲农业向高科技型经济过渡。二是要加强对休闲农业专用技术的研究、开发与组装配套，比如，结合北京郊区的实际，要加强对立体型农业技术、超级型农业技术、快繁型农业技术、设施型农业技术、无土栽培型农业技术、果品矮化技术、“南果北种”技术等相关农业技术的研发与配套，提高休闲农业产品的科技含量。三是提高休闲农业从业人员的素质，制定新的休闲农业人才战略，加大对休闲农业生产、经营、管理人员知识性、技能性培训的力度。

（五）休闲农业的发展应注重信息的传递

发展休闲农业，不但要在产业培育上下功夫，而且要在项目宣传上做文章。要通过平面媒体、电视媒体、网络媒体、新媒体等多种渠道，加强休闲农业信息的发布，使游客特别是北京市民全方位、多角度地接触和了解京郊的休闲农业发展状况，正在举办的农业节庆活动，以及有哪些好玩的休闲农业项目与场所。尤其是随着现代社会的发展，网络的力量愈加强大，微博、微信正以前所未有的速度影响着人们的生活。因此，要充分运用新媒体时代的资源，发挥网络营销、微信营销和微博营销的巨大作用，利用其受众广且具有持续性的特征，吸引游客主动参与休闲农业的营销，从接受者变成传播者。要通过信息的传递，把休闲农业供需双方衔接起来，既使北京郊区的休闲农业获利，也使首都居民获益。

第二节　我国台湾休闲农业发展经验及启示

我国台湾的经济发展，早期是以农业为主体，由农业扶持工业，带动其他产业腾飞。一方面，从农业的角度来说，随着工业商业的快速成长，农业在本地生产总值中所占比重迅速减少，而且农业本身面临着诸多问题，如农场规模过小、农民收入偏低、农业生态环境受污染而恶化、贸易自由化给农业带来冲击、某些农产品生产过剩等。为了逐步解决这些问题，提高农民所得，就需要调整农业结构，广泛利用农业和农村空间，扩大经营范围，来实现农业生产的附加值。另一方面，从城市的角度来说，随着人口的集中、经济的发展和都市化社会的出现，身居都市的人们逐渐被“水泥丛林”所包围，被“柏油沙漠”所环绕，面临着环境污染、交通拥挤、生活紧张、心理压力大等问题。为了调节人与自然的平衡，实现都市的可持续发展，在都市内部与周围必须保留足够的绿色空间。显然，仅靠少量的公园式绿地是远远不够的。这就需要在城市化进程中，充分重视农业，保护农业，发展农业。伴随着上述两方面的需要，休闲农业这种集农产品生产与观光、休闲、度假于一体的新型产业形态在台湾地区迅速发展起来，规模越来越大，深受社会大众的喜爱，成为台湾农业转型的重要方向。

一、我国台湾休闲农业的发展历程

我国台湾休闲农业在20世纪60年代开始萌芽，起初多为农场开放供游客采茶、摘果的活动。1980年，台北市政府在木栅推行“观光茶园”计划，当地政府开始正式辅导休闲农业。1992年，台湾“农委会”颁布《休闲农业区设置管理办法》，使发展休闲农业有规可循。此后，台湾休闲农业蓬勃发展起来，业态越来越多，规模逐步扩大。根据产业生命周期理论，结合台湾休闲农业发展轨迹，可将台湾休闲农业发展历程分为5个阶段，分别是萌芽期、探索期、倡导期、茁壮期、发展期（段兆麟，2013）。

（一）萌芽期（1979 年以前）

萌芽期从 1965 年在我国台湾省台北市成立第一家观光农园开始。此时期以观光农园形态经营，完全是农民自发性的尝试，目的在于借着开放农园供人采摘而节省劳力，又可吸引游客的兴趣，而达到农民增收的目标。从深层次原因看，工业化、城镇化的冲击，使农业开始出现萎缩，迫切需要寻求新的出路，而市民由于自然旅游热潮的兴起，产生了对农业休闲、乡村旅游的需求，两种力量的结合催生了一个新的交叉型产业——休闲农业。在这一时期，台湾共设立休闲农场 27 处，代表性的有苗栗县大湖观光草莓园、彰化县田尾公路花园等，他们是台湾休闲农业的先行者。

（二）探索期（1980—1988 年）

探索期的开端始于 1980 年我国台湾省台北市政府在木栅推行观光茶园计划，鼓励把茶园对市民开放，这是地方政府推广休闲农业的开始。1982 年，我国台湾省当局执行“发展观光农业示范计划”，将观光农业在省内推行，使观光农业的各项工作逐步纳入正规化和程序化。在这一时期，农政部门对观光农园辅导的重点是观光作物品质改良、产期调节、施肥管理、蔬果套袋、安全用药等栽培管理技术的改进，以及观光作物种类、品种的多样化，生产设施化和园内环境美化。随后彰化县农会东势林场、台南县农会走马濑农场、宜兰县香格里拉休闲农场相继设立营运。在其带动下，我国台湾省休闲农场蓬勃发展起来，并对休闲农业的定位与走向进行了探索。在本阶段的 9 年内，休闲农场增加 103 个。到 1988 年，其休闲农场总数增加至 130 个。

（三）倡导期（1989—1999 年）

倡导期的开端始于 1989 年我国台湾“农委会”委托台湾大学农业推广系举办“发展休闲农业研讨会”，会上统一了“休闲农业”的提法，名称的统一对休闲农业的定位与长远发展起到了关键性的影响。同年，“农委会”颁布实施《森林游乐区设置管理办法》，明确提出发展森林旅游。1990 年，台湾“农委会”在《改革农业结构提高农民所得方案》中，研订了发展休闲农业计划，包括设立休闲农业策划咨询小组，加强倡导及教育训练，重视休闲农业教育与研究，对休闲农业项目给予资金支持等。1992 年，“农委会”颁布《休闲农业区设置管理办法》，设定了“休闲农业标章”，规定面积 50 公顷以上为设置休闲农业区的条件，这是台湾发展休闲农业的首部法规。1994 年，首次引进市民农园制度，市民农园开始在岛内出现。1996 年，“农委会”将《休闲农业区设置管理办法》修订为《休闲农业辅导办法》，把休闲农业区与休闲农场区别开来，并明确了不同的辅导方式。这一时期，台湾农政部门及社会各界积极投入休闲农业，开辟新的项目，民众对休闲农业参与及体验的需求也很强烈。在本阶段的 11 年内，休闲农场数量增加 413 个。到 1999 年，台湾休闲农场总数增加至 543 个。

（四）茁壮期（2000—2003 年）

茁壮期的开端始于 2000 年，在“农业发展条例”中增加休闲农业的基本规定，把休闲农业从政策层面提升到法律层面，显示台湾当局对休闲农业的重视。休闲农业法规随之重新修订，同年颁布修订后的《休闲农业辅导管理办法》，新办法将申请休闲农场的面积放宽到 0.5 公顷，从而奠定了休闲农业在本阶段蓬勃发展的基础。值得一提的是，2001 年“行政院经建会”公布岛内旅游发展方案，“交通部观光局”颁布“二十一世纪台湾发展观光新战略”，二者均提出发展生态旅游、健康旅游的策略，使休闲农业与台湾观光旅游业发展相呼应。同年“农委会”推行“休闲农渔园区计划”，明确了 2001 年及以后 4 年休闲农业的辅导模式。2002 年，“交通部观光局”公布《民宿管理办法》，扩大休闲农业发展的空间。在本阶段短短 4 年间，休闲农场增加了 515 个。到 2003 年，台湾休闲农场总数增加至 1 058 个。

（五）发展期（2004 年至今）

休闲农场在上一个阶段达到了千家的高峰，故发展期不再追求数量的增加，而是企求品质的提升。《休闲农业辅导管理办法》于 2004 年、2006 年、2009 年、2011 年先后数次修订，主要变化在于提升服务质量，促进稳定发展。如开始执行休闲农场评选、休闲农业区评鉴等措施；为提升休闲农业的质量，鼓励创意开发，提高休闲农业信息化水平，建立质量认证制度等；为完善休闲农业服务，辅导休闲农场依法申请筹备、设立及登记，实现合法化经营；为促进休闲农业的国际化，鼓励休闲农场参加国际旅游展，评选具有国际观光水平的休闲农业区，并已选定宜兰县中山休闲农业区一处。2010 年，颁布《农村再生条例》，旨在促进农村整体环境改善、公共设施建设、宅院整建、产业开发、文化保存与活化利用、生态保护等活动，为实现休闲农业与农村旅游的长远发展奠定了基础。到 2007 年，台湾休闲农场总数达到 1 244 个，呈现一片繁荣景象。2013 年，经公告划定的休闲农业区达到了 74 处。整体而言，本阶段的特征是将休闲农业推向一个更高的层级，促进可持续发展，而这将是一项长期的任务与使命。

休闲农业的发展，使得农村土地增值，农民收入大幅增加。据不完全统计，到 2013 年，除休闲农场外，台湾还有观光果园 385 处、休闲农渔业园区 300 多处、民宿 1 856 家，乡村旅游年接待游客量达 4 000 多万人次，既丰富了市民的生活，也为农民带来了可观的收益。

二、我国台湾发展休闲农业的做法

我国台湾休闲农业经过多年的发展，现已进入“新乡村主义时期”，形成了以休闲农场、市民农园、观光果园、民宿四大产品类型为主体，产销、体验、游憩三大经营内容各有侧重，农、林、牧、渔四大行业融合发展，都市、乡村、海岛全面覆盖，生产、生活、生态功能三位一体的产业架构。

（一）坚持以农业经营为基础

休闲农业给民众提供的是农业和乡村的体验。休闲农业结合农林牧渔生产、农业经营活动、农村文化及农家生活，给人们提供了一种新的休闲方式，因此农业经营是休闲农业的基础和核心。如果背离了这个基础，休闲农业就失去了自己的特色，与一般的旅游景点相比也就没有什么两样了。从台湾 1 000 多个休闲农场的现状看，绝大多数休闲农场做到了这一点，实现了以农林牧渔的产销活动为轴心，不断丰富经营内容，延伸产业链条，达到了经营的可持续性。

（二）体验活动有创意

休闲农场结合资源特性，针对不同游客的需求，设计体验活动。大部分农场都能针对当地实际，灵活设计体验活动，而且推陈出新，建立农场自己的特色与品牌。一些大型休闲农场因为资源丰富、空间大、人力充足、开放性高，设计出主题式的体验活动，如农业体验、生态体验、文化体验等。例如，苗栗县大湖地区以盛产草莓闻名，大湖酒庄以当地的草莓产业为依托，开发了草莓酒，现为亚洲第一、世界第三的草莓酒生产基地。除此之外，该酒庄还建设了草莓文化馆、酒品销售区、伴手礼馆、大湖温泉会馆、大湖酒窖、草莓屋、湖莓恋花园等特色区域，是一个完整的草莓文化体验区。小型休闲农场犹如“小家碧玉”，运用有限的资源，单点突破，小题大做，如以波罗蜜、番茄、香草、水草、独角仙为主题，开发设计体验活动，把自身的优势发挥得淋漓尽致。此外，有的休闲农场还针对特定的客户群，开发设计专门的活动，如学生教育学习、专业团体考察观摩、银发族怀古忆旧等，取得了较好的效果。

（三）延长农业产业链

休闲农场除了将生鲜农产品直接提供给游客外，大多数农场通过不同层次的加工，将农产品制成蔬果汁、酱、干、醋、酒、糖果等，有的还加工成饮料，供游客就地品尝；有的加工成菜肴，烹调成风味餐，从而提高农产品附加值。休闲农场通过开发利用农林牧渔资源，延伸农业产业链，实现由一产延伸到二产（农产品加工），进而延伸到三产（农村服务业），不但可以发挥农业的多功能性，丰富游客的体验内容，而且可以增加农场的收入。比如，台湾不少规模较大的休闲农场，不仅注重基本的门票消费，而且在为游客提供吃喝玩乐消费的基础上，以全体验产品强调第二层次的餐饮消费、第三层次的体验消费和第四层次的伴手礼消费，形成了“一票、二游、三餐、四购”的收入结构。从实践看，比较容易延伸产业链的农畜产品种类有草莓、香草、波萝蜜、奶牛等。

（四）实行企业化经营

有些休闲农场经营者具有工商企业管理的经验，或是受到企业化经营培训的启发，对市场反应灵敏，资源利用效率高，场区规划符合规范，公共关系灵活，因此，表现出企业化经营的特质，营运绩效突出。这些休闲农场大多分布于都市郊区，以公司形态出现，规模较大，经营时间较长，且其经营者与社会互动较多，格局较开放，所以企业化经营程度较高，真正将休闲农场转型为涉农企业。

（五）经营富有人情味

台湾休闲农场以服务意识强烈、人情味浓见长，体现出文化软实力。台湾休闲农场多为农场转型经营，因此延续农家朴实勤俭、待人友善、富有亲和力的传统，休闲农场的经营风格亦富有人情味。与大的旅游景点不同，休闲农场的经营者与游客之间是个性化的直接接触，让游客感到特别亲切，备受尊重，因而有回家的感觉，或老朋友之间的再次重逢，这对来自城市的游客来说是特别难得的。由于是单独接触，农场经营者的人格魅力很容易影响到游客，不管经营者是经济型、社会型还是艺术家型的，都能在游客那里找到知音。因此，这种富有人情味的经营风格，是休闲农业区别于一般旅游业的最大不同。

（六）重视教育解说服务

教育解说服务是台湾休闲农场的一大特色。教育解说是指运用各种传播理念及教学原理，透过媒体、方法与技巧，协助游客了解所欣赏的景致、产品、生态、文化内涵的各种解说行为。良好的教育解说服务能够促使游客获得更高的旅游价值和旅游体验，同时也可提高休闲农场的文化品位和经营管理水平。根据台湾休闲农业学会 2007 年所做的调查统计，近 8 成休闲农场提供解说服务。最常见的景象是，游客一进农场就被解说员带开，解说员沿途对每个景点进行讲解，游客也听得津津有味。休闲农场员工普遍都参加过教育解说训练，有的是志愿工作者担任解说员。教育解说服务在有的休闲农场是免费的，有的是收费的。

（七）传承乡土文化

文化体验活动最能够表现休闲农场的地方特色。从文化体验设计的角度划分，文化内涵可分为产业文化与生活文化两类。从产业文化的角度来说，大多数休闲农场以台湾最主要的农作物——水稻为主题，把犁、耙、风鼓、打穀机、谷仓、水车、蓑衣、牛车等古农具进行陈列展示。从生活文化的角度来说，把清朝时代、日本殖民地时期，以至于光复后台湾地区的生活用品，包括古厝、家具、器皿、用品、童玩、书册、编织、雕刻、乐器、艺术品等，按衣、食、住、行、育、乐等进行分类展示。通过教育解说，游客从中可以怀古忆旧，感受当地浓浓的乡土文化。

（八）重视环境保护

生态环境优良是发展休闲农业的基础和根基。游客之所以来休闲农场，在很大程度上是想逃离城市污浊的环境。对此，台湾大多数休闲农场的经营者有深刻的认识，能够在实践中切实保护环境，设计生态体验活动，维护生态多样性。比如，不喷洒农药，不使用化肥，而改用有机肥；做好水土保持，不滥开垦土地；对于必要的休闲农业设施，采用绿色建筑，并使用生态方法；按规定处理污水及废弃物等。有些休闲农场还针对生态保护，开发设计了丰富多彩的生态体验活动。如飞牛牧场以大环境为基底，推出各项 DIY 体验，并在游览路线中随时提供自然环境、动植物等讲解，寓教于乐；台一生态休闲农场的八大片区，对青少年修学游、家庭亲子游及其他休闲游群体，提供主题不同、寓教于游的生态教育课程。这些措施对于开展环保教育、普及农业环保知识等起到了积极的作用。

（九）坚持网络营销

休闲农场要想吸引消费者，把农场的信息发布出去，传递给消费者，至关重要。随着计算机网络及信息技术的发展，除传统的口碑相传等营销方式外，网络营销的作用越来越大，因此，大部分农场都建有自己的网页，开展生动的农场介绍，自我推荐；与“农业易游网”联结，扩大接触面；与游客互动，接受预订及反馈意见。有的农场还针对年轻的消费群体，通过博客及 Facebook 粉丝专页进行互动交流，效果甚佳。随着手机及移动网络技术的发展和青年客户群体的增加，大力开发移动互联网应用，是休闲农场下一步努力的方向。

（十）发挥行业协会的组织功能

为把休闲农场组织起来，台湾成立了众多的休闲农业行业协会等组织，包括台湾休闲农业发展协会及各县市休闲农业发展协会，行政区域内的业者基本上都加入，成为其会员。这些协会，有的是属于台湾农政当局辅导体系内的，比如联合起来申请划定休闲农业区，区内休闲农场及民宿业者自发性成立推动管理委员会或协会的自治组织，从事游客服务、广告营销、解说导览、环境管理等公共服务工作；还有的是以行政区域为范围，成立休闲农业发展协会，属民间团体的性质，以促进休闲农业发展及服务会员为宗旨。无论是哪一种类型的协会，都在休闲农业实践中发挥了积极的作用，对于加强横向联系，搞好宣传促销，沟通行业信息等都十分有益。

三、我国台湾发展休闲农业的经验

海峡两岸发展休闲农业的条件接近，都为小农模式，人均资源占有量有限；都是中华民族，文化背景一致；游客需求相近。不同的是，台湾休闲农业起步较早，“推”“拉”两股力量都较强，所以，从产业生命周期的角度来说，台湾比北京要早一个阶段。正因为这样，台湾的经验对北京市来说，更具有借鉴意义。

（一）重视整体规划

台湾面积不大，资源有限，因此，休闲农业资源开发与项目建设，必须全岛一盘棋，不能搞乱，否则将产生难以挽回的影响。在这种理念指导下，台湾从一开始就非常重视休闲农业的整体规划和可持续发展。比如，为促进休闲农场与周边民宿等乡村旅游资源的整体开发，台湾出台了《休闲农业区设置管理办法》，要求休闲农业区面积要大于50公顷，而且必须连在一起，必须有当地农产品可以销售，有美丽乡村景观可供观赏。更为重要的是，该办法还要求休闲农业区必须维持农业的特色，保持乡村的原汁原味，以区别于一般的游乐区。为把该办法落到实处，防止在实施过程中走样，台湾农政当局还成立了审查考评小组，制定了一套行之有效的考察制度和评估办法。这种统一规划指导的方式，避免了各个经营主体因活动内容、资源利用不能很好地协调、配合所造成的各自为战局面，也通过旅游线路等整合了一个地区的各种乡村旅游资源，将分散的果园、农场、牧场、村庄等联合起来，最大限度地提升了游客体验，既增加了当地农民的收益，也促进了休闲农业的可持续发展。

（二）突出乡村性

乡村是世界的重要组成部分，纯正地道的乡村性是重要的旅游吸引物。乡村与城市是互补的，亦农亦乡的乡村体验才会引起城市居民的兴趣。如果生态环境破坏了，失去了乡村性的内核，休闲农业也就失去了市场。笔者曾两次去台湾考察，所到之处，最令人动容的是台湾民众对于乡村的尊重，对于乡村环境的敬意与保护，对于乡村性的张扬和表达，对于乡村环境的创意与生态开发。从“住”来说，在各个考察点，几乎没有发现一处豪华建筑，相关配套设施也多是利用原有的农业生产用房、棚舍等改造而成的，如飞牛牧场的养牛棚已被改造成了餐厅。从“吃”来说，台湾各地风味料理就地取材，强调“吃在当地、吃在当季”，既体现原汁原味，又能带动当地农副产品销售，如南投县埔里镇以当地茭白入菜，台一生态休闲农场推出特色花卉料理等。点点滴滴，无不体现出台湾民众对乡村的热爱与尊重。

（三）塑造主题

休闲农业的主题至关重要。一个鲜明的主题，既有助于市场营销，也有助于引导农业规模化生产，进而形成休闲农业的区域形象。台湾把休闲农业主题的挖掘与休闲农业的创意结合起来，将现有资源进行创意加工，使其转变为富有吸引力的旅游产品，达到了登峰造极的境界。比如，在南投县埔里镇“三茅屋”民宿，无处不见形态各异、大小不一的青蛙雕塑；“心之芳庭”休闲度假区则面向年轻情侣、时尚白领，凸显爱情主题，做足浪漫和小清新，将创意和文化做到极致；在大湖酒庄，随处可见草莓景观小品、可爱甜美的草莓标识和草莓特色伴手礼，小草莓做出大文章，让游客流连忘返。正是这种主题创意和“农业造神运动”，极好地凸显了台湾休闲农业的特色，也诠释了台湾深度开发休闲农业衍生产品的理念。

（四）将体验经济的思想融入营运活动

自 20 世纪 90 年代开始，发达国家已进入体验经济时代。顾客亲身参与，体验的感觉与感受已成为主流的商品，可以单独或混合销售。把体验经济的思想与精神应用到休闲农业的经营过程中去，针对游客的需求，开发设计出游客可以参与的活动，刺激游客的五官，使其产生美好的视、听、嗅、味、触的感受，会起到意想不到的效果。台湾新竹县金勇 DIY 观光农园号称“番茄联合国”，园内有众多的番茄品种，并对番茄开发出数十种吃法及玩法；金吉蛋休闲农场设计出一二十种玩蛋的方法，深受孩子的喜欢。因此，休闲农业应超越过去单纯喝茶、下棋、打牌、吃饭、采摘的范畴，而多运用创意的手段，设计出能让游客感动的项目，才是根本出路。

（五）加强经营管理，提高服务质量

虽然休闲农业的环境是传统的，产品是农味的，但是经营管理必须是现代的。要以秩序、效率、质量、服务的提升，来换回游客的满意度和提升休闲农业经营的收益。为此，休闲农场在庭院环境、田园生产、游憩

活动、餐饮与住宿、卫生设施、人力资源运用、营运收支、设施安全等方面，都需要有专业的经营管理和合理的运营。在台湾，有的休闲农场聘请了职业经理人和专业的管理团队来经营。

（六）完善农村公用基础设施

基础设施是发展休闲农业或乡村旅游的外部条件。设施完备，游憩质量才会提高。台湾休闲农场的服务设施一般较为齐全，包括道路、停车场、指示牌、公共厕所、水土保持设施、安全防护设施、环保设施、废弃物处理设施等公共服务设施，餐饮、住宿、农产品制作与加工、农具展示与存放、教育解说、游客服务中心等接待服务设施，以及凉亭、观景台、步道等相关的游憩设施。休闲农业大部分是在乡村地域范围内成片发展，所以休闲农业可与乡村社区建设紧密结合，共享部分道路等农村公共基础设施，提高资源利用率。

（七）把农家乐与休闲农场结合起来

农家乐是乡村旅游的一个点，若以“珍珠”比喻农家乐，乡村旅游则是一串“珍珠项链”。所以可把农家乐与休闲农场或其他乡村文化古迹、景点等结合起来，形成乡村旅游线路或产业链。这样做，可以把游客带出农家，走向田野，让游客感受更多的农业体验。对于经营业绩良好、规模较大的农家乐，可以考虑与相关休闲业态兼并重组，进一步扩大规模，并实施企业化经营，以提高市场竞争能力。

（八）政府应有周延的辅导方案及配套措施

台湾当局对发展休闲农业非常重视，从规划指导、法律法规、扶持政策，到委派专家对具体项目进行辅导等做了大量工作。具体包括：政府进行整体性规划，明确未来的发展定位，完善资源配置，避免重复投资；协助休闲农业经营者成立行业协会组织，由民间团体协调处理公共事务；出版倡导刊物，设置计算机信息网络，对休闲农业进行促销；提供必要的资金补助或贷款，支持发展休闲农业项目；对经营者进行培训教育，建立休闲农场的评鉴制度等。

（九）充分发挥专家的指导作用

由于休闲农业的经营者多数是农民，缺乏专业知识和技能，而休闲农业涉及的领域及知识面很宽。为解决这些问题，台湾的经验是充分发挥相关专家的作用。比如，对于休闲农场的设置条件、发展类型、经营成效、经营者职能、经营中遇到的问题、管理实务、评鉴制度、对农村社会经济的影响、未来发展走向等问题，都聘请专家给予指导。这里既包括对休闲农业产业发展的宏观指导，也包括对具体农场及项目的微观建议。从实践来看，台湾的“产、学、研”一体化做得确实很好，值得北京借鉴。

（十）承担社会责任

台湾休闲农业企业强调对所在社区、所处环境及居民的社会责任，想方设法回馈社会，促进了休闲农业项目与社区的和谐共处、共同发展。台一生态休闲农场擅长各项生态种植及资源回收利用方式，在 1999 年台湾“9·21”大地震后，台一生态休闲农场为当地学校的临时教室搭建了生态屋顶，保证学生在炎炎夏日能够在凉爽的教室上课。南投县埔里镇桃米生态村在“9·21”大地震后，通过地方政府辅导，与村民共同搭建纸教堂，共同建造游泳、戏水空间，共同营建公共环境等，创造了以乡村旅游带动社区重建的经验。“三茅屋”民宿主人说，我们做乡村景观不单纯是为经营民宿，而是为整个社区有更舒适的生活环境。总之，台湾休闲农业从业者以为社区创造良好生活环境为出发点，经营者以凭借企业力量能够促使社会发展为荣，管理部门以建设精致农业、致力于产业发展、促进社会经济为己任，充分体现了台湾休闲农业各利益相关者的社会责任。

四、台湾休闲农业对北京的启示

从京台两地发展休闲农业的优势来说，台湾休闲农业成功的关键因素是创新与经营管理，核心能力是知识获取及应用的能力，而北京休闲农业的优势在于市场潜力大，经营者的学习能力强（段兆麟，2013）。应借鉴台湾的经验，发挥北京的优势，向知识化、精致化、体验化的方向发展，促进京郊休闲农业的升级。

（一）搞好科学规划，突出农业特色

规划是发展的龙头，是指导发展的科学依据。然而从现实看，由于缺乏统一规划，乡村旅游资源开发盲目性大，经营主体各自为政，产品开发一轰而上，导到产品同质性强，相互之间缺乏特色。为有效解决这些问题，应进行顶层设计，从宏观层面统筹考虑。制定北京的休闲农业发展规划，一是坚持科学的发展观，贯彻“开发与保护相结合，生态效益和经济效益相结合，近期与远期相结合，因地制宜，合理布局，突出特色的原则”；二是认真调查和分析北京郊区的区位条件、资源优势、客源市场及周围环境条件，明确区域功能定位和发展方向，制订发展目标，开发主导产品，树立休闲农业与乡村旅游品牌；三是重视乡村文化资源的开发，突出乡村特色，增强休闲旅游产品的文化内涵；四是要重视乡村生态环境的保护，防止对生态环境和景观的破坏性开发，强化对原生环境的保护；五是密切结合当前新农村建设的要求，做好新农村的产业开发，在条件适宜的地方，积极发展休闲农业与乡村旅游，以此来带动农村社会经济全面发展。

（二）加强规范化管理，提高服务水平

台湾在休闲农业发展的过程中，非常注重依法建设管理和规范化发展，对休闲农场开放过程中涉及的土地使用、观光游憩、环境保护、农产品安全、餐饮、住宿、标示等方面做出规范，使得休闲农业经营者得以依法从事生产运作，避免了产业的无序发展，与此同时，消费者的权益也受到了保护，从而增强了休闲农业的可信度，休闲农业的经济效益也明显提升。北京应借鉴台湾经验，建立和完善休闲农业的管理辅导体制，充分发挥农业、旅游、土地、文化、交通等各部门的作用，分工负责，协调服务有序；制定休闲农业发展标准，从资源、环境、市场、服务、交通、效益

等多方面进行管理规范；建立各种规章制度，从项目审批、人员上岗、安全和卫生保障、参考价格、经营管理、接待服务等各方面都按规章办事；根据规范标准，定期进行评估，建立奖惩制度。

（三）挖掘体验活动中的美学和文化元素，提升体验活动的内涵和创意

台湾地区休闲农业体验活动的特点之一在于其鲜明的美学和文化元素。台一生态休闲农场、尖山埤江南度假村、南元休闲农场、澎湖湾民宿等无不展示着自然生态的美景，如同一幅幅优美的山水画卷，让置身其中的游客获得了远离城市喧嚣的审美体验（耿红莉，2011）。在这些活动中，文化元素的运用更是独具匠心。台一生态休闲农场的景观用餐桌、尖山埤江南度假村的老兵故事、南元休闲农场的儿童绘画展览、澎湖湾老船长的雕塑等，都给游客留下了深刻的印象。北京市休闲农业资源丰富，底蕴深厚，专业人才济济，体验活动的设计更应当注重内涵和创意，提升体验活动的品位。因此，建议将创意农业和休闲农业进行有机结合，不仅可以提高创意农业的成果转化率，而且能增加休闲农业体验活动的文化底蕴。除此之外，还可以向社会公开征集体验活动设计方案，这个环节本身就可吸引市民的参与体验。

（四）拓宽投资渠道，完善基础设施

发展休闲农业应该采取多元化投资方式。首先，政府要加大投资力度，特别是对乡村地区的区域性基础设施，应加大投资力度。主要是搞好乡村地区的交通、通讯、供水、排水、供电、环境治理、安全保障等，并规范住宿设施、饮食设施、卫生设施、安全设施等，做到设施齐全，符合标准规范，能满足乡村旅游的需要。其次，应通过制定产业政策，引导金融机构特别是涉农金融机构把支持休闲农业作为信贷支农的方向之一。再次，要认真落实国家关于吸引民营资本开发旅游业的要求，通过制定招商引资政策，设法吸引国内外企业，以股份制或合资经营的方式，开发休闲农业与乡村旅游资源，发展混合所有制经济，尽快把休闲农业与乡村旅游

这块“蛋糕”做大，更好地惠及北京郊区百姓。

（五）加大宣传，促进营销

休闲农业作为农业与旅游融合发展、以游客为目标消费者的新型产业形态，是典型的信息带动型产业，对信息化平台的依赖是毋庸置疑的。休闲农业信息的有效供给，具有降低交易成本、促进交易达成的作用。台湾地区休闲农业网站的主要内容包括相关新闻发布、农场景点介绍、园区游览地图、旅游线路推荐、住宿区展示、特色餐饮推介，有的可以提供在线预定住宿、门票、交通工具等服务。通过这些信息，客人可在前来游览之前，就可以充分了解园区的情况。要借鉴台湾经验，搞好北京休闲农业的宣传促销。应增加营销投入，充分利用各种宣传媒体，如广播、电视、报纸、网络等进行宣传促销；利用农村节庆假日，组织观光旅游，也可举办展览会和科普培训等活动，进行宣传；要加强与旅行社的合作，与周边景点、景区相结合，扩大乡村旅游半径，以吸引更多的游客。

（六）充分发挥协会的作用，不断提高从业人员的素质

休闲农业要以农民自主为基础，按照“开发有序、服务有质”的理念，强化休闲农业经营者和从业人员的培训。在培训的组织上，要充分发挥各级休闲农业行业协会的作用。在培训的方法上，可通过以点带面、典型示范，让更多农民自发参与到这个产业中来。有条件的区县，政府应支持相关协会，搭建“才艺大比拼”“乡村旅游商品开发大奖赛”等展示交流平台，激发农民不断学习的积极性。在培训的机制上，要结合郊区各区县实际，进行创新。对于培训经费，可采取政府拿大头，让参与培训的农民出小头的办法，以提高培训学习的效果。对农民不能要求过高、过急，让其循序渐进，真正掌握一技之长。要坚持学以致用，逐步从政府办培训，过渡到农民自发要培训。

第十四章 休闲农业升级的对策建议

第一节 研究总结

根据上述各章的研究，可得出如下结论。

（一）京郊休闲农业已到了提档升级的阶段

北京市休闲农业经过20多年的发展，历经自然发展、数量扩张、规范引导等阶段，已经成为北京都市型现代农业的重要组成部分、旅游业发展的战略空间、美丽乡村建设的重要产业基础、农民就业增收的重要载体、统筹城乡发展的重要抓手。但是，随着首都经济的快速发展，居民收入的提高和休假时间的延长，市民对休闲农业环境、产品和服务等提出了更高的要求。而从供给来说，存在着诸多的不适应。比如，在产业结构上，存在着“小、散、低”的问题，互补性差，特色不突出；在区域布局上，存在“单打独斗”的现象，难以实现规模效益；在项目建设上，比较粗糙，文化内涵不突出，地域特色缺乏，品位不高；在项目内容上，参与性、体验性活动较少，难以满足游客对“娱”的需求；在服务上，还不够规范。在这些现象的背后，是产业发展开始出现拐点。因此，在新的形势下，为了更好地满足市民的需要，实现供需平衡，京郊休闲农业亟须进行提档升级，提升休闲农业项目的硬件质量，延伸产业链条，丰富文化内涵，规范服务行为。否则，在供给不能满足需要的情况下，随着京津冀区域发展的一体化，北京市民有可能跨过北京郊区，到北京周边寻求新的休闲旅游空间。

（二）市场需求呈现多样化、个性化特征和参与性、体验性倾向

随着居民收入的增加，休闲意识的不断增强，北京市休闲农业与乡村旅游的市场需求呈现出了明显的多样化、个性化倾向。市场需求研究表明：从出游动机看，“释放压力”，获得情感的愉悦和满足，是居民参与休闲农业与乡村旅游的主要目的；从出行方式看，自驾车是主流，且这部分游客的消费水平为中、高端，因此，要想方设法改善京郊乡村旅游的交通条件，通过加强联接线和导引牌建设，解决“最后一公里”问题，实现出行便利化；从餐饮需求看，返璞归真是“食尚”，绿色养生成“新宠”；从住宿需求看，游客追求洁净、原真，对安全卫生、设施条件较好、具有乡村风情的住宿环境有较高的偏好；从娱乐需求看，市民追求本土化、参与性，观光体验性项目、夜间旅游项目和具有时尚娱乐性质的民俗或休闲活动是未来发展方向；从购物需求看，高品质、安全性是前提，本土化、特色化是方向；从旅游服务需求看，游客对乡村旅游接待服务人员服务态度的重视程度超过了服务技能，因此，京郊乡村旅游服务质量的改进应该从服务态度抓起；从旅游产品需求看，“单人行”产品和具有社交性质的产品，未来开发潜力较大，对此应引起有关方面的重视；从旅游线路的来源看，乡村旅游者不再顺从接受已有的、现成的旅游产品和服务，而是要求主动参与旅游线路的开发设计，表明游客的自主意识明显增强，个性得到张扬。这些消费需求特征，为打造升级版的休闲农业产品提供了依据。

（三）研究提出了京郊休闲农业升级的思路、方向与目标

根据对京郊休闲农业的现状和市场需求研究，结合海外发展休闲农业的做法、经验与启示，今后一个时期，京郊休闲农业升级的总体思路是，由规模数量型向质量效益型转变，走规模化、特色化、差异化的路子，引导休闲农业向集群化、主题化发展，提升郊区休闲农业与乡村旅游的水平。总的原则是“培育特色、提升档次、集中布局、规范服务、增加效益”。提档升级的方向是，乡村景观化、业态多样化、项目创意化、布局集群化、投资多元化、营销信息化、企业品牌化、产业融合化。要经过

“十二五”时期乃至更长时间的提档升级和开发建设，使京郊休闲农业的产业规模不断扩大，产业结构明显优化，产业布局趋于集中，休闲服务大幅提升，旅游者的满意度明显提高，经济、社会、生态效益有较大增长，北京郊区成为首都市民乡村休闲度假的主要目的地。

（四）着重从景观、产品、文化、规模、组织、营销6个方面入手，推进休闲农业的提档升级

实现北京休闲农业的提档升级，需要从环境、产品、技术、体制、政策等方面进行顶层设计，综合改革，合理配套，有序推进。近期应从景观升级、产品升级、文化升级、规模升级、组织升级、营销升级6个方面入手，寻求突破。要把乡村景观的建设列入公共政策支持范围，在开展北京市乡村景观特征评价的基础上，研究制定《乡村景观规划导则与技术规程》和《北京市乡村景观建设条例》，搞好农田景观、农业走廊景观和村落景观的建设。要以“十化”（特色化、精致化、体验化、知识化、健康化、度假化、连锁化、效率化、合法化、区域化）为方向，积极推进休闲农业园区、民俗旅游村等传统产品的升级，巩固提升乡村酒店、市民农园等特色业态，培育引进庄园经济、乡村休闲养老基地等高端乡村旅游产品，让游客有更多的选择。坚持多管齐下，通过发掘、保护、利用农业文化遗产，发展创意农业，开发利用民俗文化资源等措施，促进休闲农业的文化升级，提升休闲农业项目的文化内涵。为解决休闲农业“小散低”和“单打独斗”的问题，要通过政策引导和机制创新，实现休闲农业与乡村旅游相关业态的集群化发展，提高集群规模和产业集中度。要做到这一点，前提和核心是实现组织模式升级。要实施整合营销战略，提高乡村旅游资源的利用率和休闲农业项目的综合效益。当然，这6个方面不是孤立的，而是相互联系的。在实施的过程中，应统筹规划，循序渐进。

（五）通过典型解剖和案例研究，既明确了各个项目的提升方向，也为研究产业升级路径与策略奠定了基础

为把休闲农业提档升级的思路与措施落到实处，本课题选取在京郊有

代表性的两个休闲农业园区、两个市级民俗旅游村和一个乡村旅游带，进行案例解剖和深入研究。小毛驴市民农园是租赁农业模式的典型代表，在经营理念、业务内容、市场开拓、组织管理、服务模式等方面有创新，下一步应逐步完善公共服务配套设施，进一步公开农业生产信息，适时引入参与式保障体系，实施品牌经营与推广，并切实保护农民的利益。北京鹿世界主题园位于怀柔区杨宋镇，园区经营主题鲜明，拥有技术、资源、市场优势和群众基础，其中，有的优势是垄断性的，今后应以打造中国顶尖的鹿文化主题公园为目标，加快开发建设进度，保证项目质量，提升鹿文化内涵。延庆县柳沟村的"火盆锅·豆腐宴"远近闻名，它所采取的是典型的品牌餐饮经营模式。为突破发展瓶颈，在新的赶点上再创辉煌，研究建议，柳沟村应以把游客留下来为方向，以挖掘凤凰古城文化为载体，以巩固提升"柳沟"品牌为基础，以打造特色核心住宿区为突破口，以丰富旅游内容为手段，把柳沟发展成为北京人的周末休闲养生地。密云县蔡家洼村的休闲农业基础较好，产业要素齐全，是典型的"全产业链开发模式"，而位于延庆县东北部山区的"四季花海"则通过产业集群发展模式，把众多的休闲农业与乡村旅游点"联"在了一起，实现了带状发展。通过案例研究，不仅验证了休闲农业升级思路与策略的正确性，而且明确了各个项目的提升方向。

（六）搞好支撑体系建设，为休闲农业升级创造良好的外部环境

休闲农业投融资等支撑体系建设，对于实现休闲农业升级至关重要。要以财政资金为基础，以金融创新为核心，以投资服务平台建设为突破口，合理调配金融资源，探索建立具有北京特色的休闲农业金融支撑体系。土地作为农村的主导性资源，是休闲农业发展和提档升级的基础。要在保护农民利益的前提下，通过创新土地流转模式和利益分配机制，实现休闲农业发展与农用土地合理整合之间的均衡。积极推进休闲农业的标准化建设，规范休闲农业园区与企业的行为，提升服务质量，保障游客权益，提高休闲农业的竞争力。要研究确立休闲农业标准体系的合理架构，用基础标准保障公共利益，通用标准体现科学性和指导性，技术标准全方

位规范休闲农业园区与乡村旅游项目的发展；及时追踪国内外产业发展的最新进展，瞄准产业的标准化需求，对北京市休闲农业标准体系进行调整和补充；加速缺失标准的补充和制定，如细化乡村旅游合作社的管理规范、制定庄园等高端业态的标准，完善标准体系；将已有的规范性管理文件予以标准化和制度化，使之上升到标准层面，成为规范和推进休闲农业升级的重要标准。实现休闲农业的提档升级和可持续续发展，需要有人才做保障。要通过培训，建立一支守法纪、懂技术、会经营、讲诚信的休闲农业经营管理人才队伍和一支具有职业道德、明礼守信、专业技能强、热情大方的服务人员队伍。实现休闲农业升级，这几个体系互为支撑，缺一不可，既要各个突破，又要联动实施。

第二节　对策建议

为搞好京郊休闲农业的提档升级，促进休闲农业的持续、健康发展，结合本研究成果，提出如下对策建议。

（一）充分认识休闲农业在都市型现代农业中的主体地位

关于休闲农业在都市型现代农业中的地位，过去的提法是“休闲农业是北京都市型现代农业的组成部分”“休闲农业与乡村旅游是北京都市型现代农业的重要实现形式”等。但从休闲农业的发展趋势看，休闲农业是北京都市型现代农业的主体，是旅游业发展的战略空间，是促进农民就业增收的重要载体。从这个高度来认识休闲农业，有助于客观分析北京郊区都市型现代农业的现状，有助于判断都市型现代农业的未来发展方向，有助于提早研究推进休闲农业发展的政策措施，以便在未来的工作中少走弯路。

（二）实施“休闲农业与乡村旅游提档升级工程”

京郊休闲农业与乡村旅游已到了提档升级的新阶段。近几年来，北京市城乡居民收入逐年提高，人均 GDP 已超过 15 000 美元。随着市民需求的变化和可支配收入的提高，对休闲农业与乡村旅游提出了新的要求。但从产业自身看，存在着基础设施不配套、布局不合理、一些项目“小散低”、管理水平不高、服务不规范等问题。为给首都居民提供更好的近距离休闲旅游环境，提升城乡居民的幸福指数，亟须对北京郊区的休闲农业与乡村旅游进行改造提升，促其上档次、上规模、上水平。

“休闲农业与乡村旅游提档升级工程”的总体要求是：适应农业农村经济发展新变化，顺应城乡居民过上更好生活新期待，以促进北京郊区休闲农业与乡村旅游上档次、上规模、上水平为目标，以实现集群化、规模化、产业化、国际化发展为方向，以提高经济、社会、生态效益为核心，对京郊休闲农业与乡村旅游加强规划引导，完善基础设施，提高人员素质，创新开发模式，加快品牌培育，强化公共服务，推进规范性建设，提高组织化水平，达到“引进增量、盘活存量、提升质量、增加效益”，使“农业变快乐产业、农村变美丽家园、农民变富裕群体”，最终让消费者满意，让农民增收，让产业发展。

（三）推进资源整合与产业集聚，调整区域布局

通过机制创新，积极推进休闲农业与乡村旅游资源、项目、产业在空间上的相对集中。要经过一段时间的打造，形成近郊区以创意农业、体验农业（如市民农园）为主，远郊平原以休闲农庄、休闲农业园区为主，山区以沟域经济、乡村旅游带等主题性乡村旅游目的地为主的休闲农业与乡村旅游发展格局。

推进休闲农业与乡村旅游的集群化发展。为解决“小散低”，有效衔接供需，形成规模优势，休闲农业与乡村旅游要走集群化、规模化、产业化发展之路。根据现有基础，资源优势和发展特点，近期应着重规划开发“一环、四带、六区、多节点”，其中，“一环”是指六环路沿线的地区，包括朝阳、海淀、丰台区，以及远郊平原区县六环路沿线的地区；“四带”是指永定河带、潮白河带、通州大运河带、沙河—温榆河带；“六区”是指八达岭及十三岭地区、慕田峪地区、云蒙山地区、金海湖地区、十渡地区、灵山及百花山地区；“多节点”是指具备一定基础，开发潜力较大，

但短期内难以形成较大规模的休闲农业与乡村旅游点。

积极打造主题性乡村旅游带。环绕主要干道和沟域，通过资源整合和整体包装，将民俗旅游村、观光农业园与景区（景点）等串联起来，形成特色明显、资源互补、利益联结紧密、满足游客多元化需求的集群式乡村旅游目的地。同时，对基础条件较好、资源独特、有发展潜力的区域进行整体包装，通过资源整合和利益机制调整，建设观光休闲农业产业区。乡村旅游带和观光休闲农业区要以乡镇为单位打造，具备一定的规模，努力做到“五个突出”：即突出特色、突出整体的包装、突出环境改善与产业发展的融合、突出机制创新、突出农民参与且受益。

促进乡村旅游重大项目落地。要结合沟域经济开发，引进、落实一批休闲农业与乡村旅游重大项目，推动乡村旅游产业聚集发展。要在生态涵养发展区积极发展生态休闲度假项目，构建高起点、高质量、国际一流的“生态休闲旅游度假区”。要搞好房车项目和汽车营地的功能配套，满足游客的多元化需求。大力推动旅游集散特色镇建设，完善旅游配套设施，增强接待能力，形成以小镇文化为核心的特色旅游产品。

（四）坚持发展与提升并重，优化产业结构

创新农业观光园、休闲农庄、农业示范园、民俗文化、农家乐、农事节庆等发展模式，使新颖性、趣味性、文化性、体验性进一步增强，内容更加丰富，特色更为明显。同时，积极发展休闲农业与乡村旅游新业态，打造高品位的乡村精致休闲产品，更好地满足游客的休闲需求。经过一个时期的努力，布局科学、结构合理、服务完善、特色明显、管理规范的休闲农业与乡村旅游产业带、产业群基本形成，产业结构明显优化，产业地位显著提升。

改造传统业态。要以提档升级为目标，以完善基础设施、注入文化元素、规范服务方式为手段，对老化的休闲农业与乡村旅游经营场所进行改造提升。积极引导“农家乐”向具有地域特色的“京郊人家”和“山水人家”升级换代，提升乡村旅游的接待档次和整体品位。民俗旅游村要结合新农村社区、新民居建设，拉开档次，保留农村文化符号，以适应不同消

费者的需要。观光农业园要完善功能分区，搞好标志标识系统建设，丰富游览体验内容，延长产业链条。全面提升农事节庆活动内涵，实现“以节会友、以节拓市、以节富民”。

积极发展新业态。在继续发展国际驿站、采摘篱园、乡村酒店、养生山吧、休闲农庄、生态渔家、山水人家、民族风苑等业态的同时，鼓励各地根据资源、区位、市场条件，积极发展休闲农业与乡村旅游新业态。在怀柔、密云等生态涵养发展区，规划建设不同规模和标准的汽车营地，提供综合服务，满足游客的多元化需求。在房山、延庆、密云等具备条件的地区，可规划建设红酒庄园，为休闲度假游客提供独特的高端乡村旅游产品。支持发展“乡村非遗旅游”，传承北京地方乡土文化。要通过3～5年的努力，使新业态数量稳步增长，逐步成为郊区休闲农业与乡村旅游的主要业态。

延伸农业产业链条。积极开发农业的生活性功能，把农业的传统行业与观光休闲结合起来，延长产业链，打造生产标准化、经营集约化、服务规范化、功能多样化的现代农业休闲产业。积极发展阳台农业，让盆栽果蔬、花卉、农作物等创意农业走进市民家庭，拓展农业发展空间，改善市民起居环境。大力发展景观农业，改善乡村旅游环境。有针对性地对观光果园进行改造提升，完善功能配套，细化功能分区。特色养殖小区的开发，要引入观光休闲的理念。有条件的地方，要把农产品加工项目建设与旅游结合起来，打造具有观光、教育、科普功能的主题性农产品加工园区。大力发展创意农业，通过产品创意、园区创意、节庆创意、功能创意等形式，提高农业的可赏性、趣味性、参与性。

（五）强化品牌培育，促进产业升级

休闲农业与乡村旅游的发展，要走品牌化之路。要建立休闲农业与乡村旅游产业标准，科学设计评价指标体系，提高市场准入门槛。要通过示范基地、示范村、示范点创建，打造一批有影响的休闲农业与乡村旅游知名品牌。鼓励休闲农业与乡村旅游企业，参与有关国际、国内标准体系的认证，争创名牌。要通过品牌培育，形成一批名牌，达到合理引领休闲消

费热点，提升产业影响力、社会认知度和产品知名度的目的。

搞好休闲农业与乡村旅游示范基地的创建工作。以自然生态、田园文化、农耕文明为基础，以诚信经营、提升内涵、保障质量为重点，着力创建一批优势产业突出、发展潜力大、带动能力强的休闲农业与乡村旅游示范基地。组织北京郊区区县，积极参与农业部和国家旅游局“全国休闲农业与乡村旅游示范县”的创建工作。同时，结合北京实际，开展“北京市休闲农业与乡村旅游示范乡镇”的创建工作。对于达到标准的，授予相应牌匾。要通过创建工作，在北京郊区形成一批知名的休闲农业与乡村旅游集聚区。

积极培育休闲农业与乡村旅游示范点。加快培育一批经营特色化、管理规范化、服务标准化的休闲农业与乡村旅游示范点，形成一批休闲农业特色品牌。要积极组织申报“全国休闲农业与乡村旅游示范点”和“北京市星级观光休闲农业园区”。经过几年实施后，要对“北京市星级观光休闲农业园区”的评定标准和评定工作进行评估，总结经验教训，不断修正完善。

继续开展“北京最美的乡村”“北京市市级民俗旅游村”的评定工作。市有关部门要根据新形势、新情况，合理设计评定程序，研究完善评定标准，提高评定结果的社会认知度。“北京最美的乡村”“北京市市级民俗旅游村”的评定，要确保质量，控制数量。在此基础上，积极申报“中国最具魅力休闲乡村”，扩大北京市民俗旅游村的知名度和影响力。

（六）有效整合节庆活动，加强宣传推介

加强对休闲农业与乡村旅游资源的宣传推介，有效衔接供需，是休闲农业与乡村旅游市场化的重要一环。要充分利用多种媒体，采取多种形式，切实搞好宣传推介工作。

创新宣传形式。广泛运用报刊、电视、广播、车体广告、互联网、移动互联网等多种媒体和农业博览会、农产品展销会等大型会展，有计划、有重点地进行宣传推介。要精心策划举办各类农事节庆、节会活动，扩大对休闲农业与乡村旅游的宣传。充分发挥各级观光休闲农业与乡村旅游协

会的作用，在市民与会员之间当好桥梁与纽带。

整合农事节庆活动。加强对休闲农业与乡村旅游节庆活动的创意策划，使节庆活动的主题更加富有时代特色、形式和内容更加新颖、活动安排更加适合游客的体验感受。要树立全市一盘棋的理念，有效整合现有的农事节庆活动，发挥集聚和规模效应，提高知名度。北京农业嘉年华已搞了两届，已初步成为城乡居民以农业为载体交流互动的场所和休闲农业展示推介的平台，下一步要总结经验，突出特色，创新机制，争取培育成全市性的农事节庆活动和知名品牌。各区县、乡镇也要结合本地区的特色，依托自身的优势资源，积极开发个性化、差异化节庆活动，努力实现“一节一品”。通过扩大举办层次，提升节庆活动品质，塑造知名品牌，使节庆活动的影响力越来越大，辐射效应越来越强。

鼓励中介公司和服务机构营销休闲农业与乡村旅游产品。增加北京休闲农业与乡村旅游线路推介专柜，实现产品营销的常态化。邀请旅行社踩线，设计并提供针对不同消费群体的乡村旅游团队活动。大力开展“旅游下乡”和“乡村旅游节庆进社区”系列活动，促进城乡互动。鼓励中介机构走进城市社区、单位及学校，宣传、营销休闲农业与乡村旅游产品；及时发布乡村自助游信息，为乡村旅游者提供便捷的预订服务。

（七）搞好人员培训，提高经营水平

提高休闲农业与乡村旅游从业人员的素质，是改善服务质量、规范服务行为的前提和保证。依托职业院校、行业协会和产业基地，分层、分类开展管理人员和服务人员培训，提高从业人员素质。围绕休闲农业与乡村旅游产业发展的现实需要，科学设置培训内容，创新培训机制，提高培训效果。要建立休闲农业与乡村旅游培训基地，由有旅游教育和培训资质的学校和培训单位承担教学和培训任务。市、区县两级都要开展多种形式的培训，培训经费列入同级财政预算。到 2020 年，乡村旅游从业人员全部持证上岗，并由旅游管理部门负责监督检查。

（八）加大投入力度，有效发挥财政资金的杠杆作用

北京市级财政设立休闲农业与乡村旅游专项资金，用于支持休闲农业与乡村旅游的规划制定、基础设施建设、宣传推介和产业促进等工作。对于休闲农业重大项目、乡村旅游基础设施建设、信息网络建设等给予贷款贴息。对于评为国家休闲农业与乡村旅游示范县（点）、国家休闲农业与乡村旅游四星级及以上的单位、中国最有魅力休闲乡村，分别给予相应奖励。

北京市各有关职能部门应加大对休闲农业与乡村旅游在基础设施建设、产业结构调整、促进就业、人员培训等方面的资金投入。市级支农资金、市旅游产业发展专项资金、沟域经济开发资金，要向休闲农业与乡村旅游倾斜。要将休闲农业与乡村旅游的公共基础设施建设，纳入各地基础设施建设计划，予以支持。

北京郊区各区县政府要设立休闲农业与乡村旅游发展专项资金，主要用于休闲农业与乡村旅游的提档升级、重大项目的落实到位、新业态的发展和乡村旅游环境的建设等。

（九）创新投融资体制机制，加强金融信贷支持

鼓励金融机构为休闲农业与乡村旅游产业发展提供信贷支持，简化审批手续，适当扩大担保物范围，满足休闲农业与乡村旅游产业发展过程中的融资需求。积极利用村镇银行、农村资金互助社、小额贷款公司、商业银行和农村合作银行分支机构等多种融资渠道，为乡村旅游项目提供融资支持。拓展外商投资乡村旅游的领域，完善利用外资模式，以规模较大的乡村旅游项目为载体，争取国外金融机构提供中长期优惠贷款，通过转让项目特许经营权、抵押收费权等方式吸引外商投资。

认真落实国家有关兴办休闲农业与乡村旅游的税费优惠政策。妥善解决休闲农业与乡村旅游产业发展的用地问题，对其涉及的非农建设用地，在其选址符合土地利用总体规划的前提下，依法办理用地手续。鼓励各类经营主体通过对废弃园地、林地、荒地、荒山等进行开发整理，盘活集体存量土地发展休闲农业与乡村旅游项目。鼓励和支持各类资本以协作、参

股、合作、独资、土地入股等多种形式参与建设。

（十）加强组织领导，充分发挥协会等中介组织的作用

各级政府要建立以农业、旅游部门牵头，相关部门参与的休闲农业与乡村旅游联席会议制度，专题研究、及时协调解决休闲农业与乡村旅游发展中的重大问题。北京郊区各区县结合当地实际，研究制定休闲农业与乡村旅游发展规划，并纳入本地经济社会发展总体规划。区县农业行政主管部门要安排专人从事休闲农业管理工作，有条件的地方，可设立专门的休闲农业管理科室。要把休闲农业与乡村旅游产业发展纳入乡镇政府的考核内容。要加强政策研究工作，逐步把休闲农业与乡村旅游场所纳入政府采购体系。要加强对行业协会和中介服务组织的监督管理和政策支持，引导其为休闲农业与乡村旅游有序发展和规范经营搞好服务。

鼓励区县、乡镇一级建立休闲农业与乡村旅游行业协会，促进规范管理，增强行业自律。积极推广密云县集中洗涤床上用品的做法，积极搭建公共服务平台，努力解决一家一户干不了，或者虽然能干、但规模效益低的事。有条件的村，要在自愿的基础上，把民俗旅游户组织起来，成立乡村旅游合作社。郊区各区县有关部门、乡镇政府要加强对区域内民俗旅游户和休闲农业与乡村旅游企业的公共服务工作。要积极搭建技术服务平台，引导教学科研单位创新、集成和推广休闲农业与乡村旅游技术成果，建立技术体系，增强技术支撑保障能力。

第三节 发展展望

纵观北京市休闲农业与乡村旅游发展的宏观环境，既有机遇，也有挑战。但总体上看，机遇大于挑战。

（一）美丽中国、美丽北京的建设，为发展休闲农业与乡村旅游提供了新机遇

2012 年，党的“十八大”胜利召开。党的“十八大”报告把生态文明

建设放在突出地位，要求把生态文明建设融入经济建设、政治建设、文化建设各方面和全过程，努力建设美丽中国，实现中华民族永续发展。“十八大”之后，中共北京市委及时提出了建设美丽北京的目标。美丽乡村是美丽北京建设的重要组成部分。美丽中国、美丽北京和美丽乡村建设，对发展休闲农业与乡村旅游提出了新要求，也带来了新机遇。今后休闲农业与乡村旅游的发展，要与美丽乡村建设紧密结合，从量的扩张转到质的提高上来，实现二者和谐统一，共同发展，不能搞“两张皮”。要通过发展休闲农业与乡村旅游，实施农业景观创意、规划设计创意，推广生态高效的循环农业经济模式，利用节地、节水、节材、节能等各种技术，搞好村庄的绿化美化，实现村落建设、环境建设与产业发展的良性互动，促进人、自然、环境的和谐统一。

（二）《国民旅游休闲纲要》的颁布实施，为发展休闲农业与乡村旅游指明了新方向

《国民旅游休闲纲要》（2013—2020 年）（以下简称《纲要》）在充分讨论、广泛征求意见的基础上，已于 2013 年颁布实施。这是我国第一个立足于全体国民，改善旅游休闲生活的指导性文件，是一个民生工程、民心工程。《纲要》对于改善我国国民的旅游休闲生活，提升生活质量，对于促进休闲旅游产业包括休闲农业与乡村旅游的发展，都具有现实意义。具体到休闲农业与乡村旅游来说，《纲要》为其指明了方向。一是从服务对象来说，休闲农业与乡村旅游产业不仅要服务于城区居民，而且要服务于全体市民；不仅要服务于首都居民，而且要服务于外地居民。二是从产业发展方向来说，不仅要着眼于旅游，而且要着眼于休闲。休闲是一个比旅游更为宽泛的概念，比如，2012 年全国的旅游总收入约 25 700 亿元，如果从休闲的角度来说，大体上要翻一番，估计为 5 万亿（魏小安，2013）。在这样一个更大的范围内研究推进休闲农业与乡村旅游的发展，思路肯定不同，内容也会更丰富。三是从产品提供来说，要突破传统的观光休闲农业园区、乡村民俗旅游村等业态，按照休闲行为普遍化、休闲生产常态化、休闲市场全球化、休闲通行便利化、休闲消费个性化、休闲对象精准

化的总体要求，创新产品模式，延长产业链条，规范服务行为。

（三）首都市民可支配收入的提高，为发展休闲农业与乡村旅游提出了新要求

从2009年开始，北京市人均GDP突破1万美元大关，进入世界中等富裕城市行列。2013年，北京市人均GDP达到15 052美元。北京作为全国最大、最密集的消费市场之一，具有消费群体规模大、消费层次多、消费需求变化快、消费质量高等特点。市民多元化的消费市场需求，为北京发展休闲农业与乡村旅游提供了广阔的市场空间，也提出了更高的要求。比如，在一些园区，休闲农业从最初级的观光采摘，发展到市民对农业生产活动的全程参与，"乡下有我一分田"、现实版"开心农场"、"社区支持农业（CSA）"模式的市民农园已经成为休闲农业产业发展的生力军。可以看到，随着社会经济的进一步发展，"休闲"更多地从吃喝玩乐的消极休闲，转向参与农作、有机种植、促进城乡互动、农业知识获取、应对食品安全等积极休闲方面上去。休闲农业的产业融合功能、社会发展功能将会越来越突出，尤其是在推动创意农业、推动农产品安全保障、推动农产品流通、推动乡村文化保护与开发、推动农民专业合作组织发展、推动农村实用人才培养、推动乡村景观建设等方面，起的作用将会起来越大。

（四）京津冀协同发展战略的实施，为发展休闲农业与乡村旅游提供了新空间

京津冀协同发展，是优化区域布局、实现优势互补、培育新的经济增长极的战略举措。2014年2月26日，习近平总书记在北京考察时专题听取了京津冀协同发展工作汇报，强调实现京津冀协同发展，是面向未来打造新的首都经济圈、推进区域发展体制机制创新的需要，是探索完善城市群布局和形态、为优化开发区域发展提供示范和样板的需要，是探索生态文明建设有效路径、促进人口经济资源环境相协调的需要，是实现京津冀优势互补、促进环渤海经济区发展、带动北方腹地发展的需要，是一个重大国家战略。落实京津冀协同发展战略，建设首都乡村旅游圈，既是一

项重要而现实的任务，也为休闲农业与乡村旅游的发展提供了新空间。京津冀三地具有地缘区位优势，资源互补性强。北京拥有壮阔的山林、丰厚的历史文化资源，天津的水、河、湖、海、湿地资源丰富，河北地域空间大，乡村景观多样，开发潜力大。过去由于受行政区划和体制机制的限制，造成三地各自为政、产品同构、客源市场分散、资源利用率低、产业链短、效益不高。在京津冀协同发展的背景下，三地开展合作，共享市场、信息、资源、线路，可实现优势互补，共赢发展。因此，今后京津冀三省市应充分沟通协调，联合制定京津冀休闲农业合作发展规划，在市场对接、线路推介、项目策划及规划协调等方面开展合作，共同推出“京津冀休闲农业与乡村旅游”精品线路，努力形成京津冀休闲农业与乡村旅游一体化发展新格局。

（五）党的十八届三中全会精神的贯彻落实和市场取向的改革，为发展休闲农业与乡村旅游提供了新动力

党的十八届三中全会审议通过的《中共中央关于全面深化改革若干重大问题的决定》明确提出“使市场在资源配置中起决定性作用”，这为深化经济体制改革，进而牵引和带动其他领域的改革指明了方向；2014 年 1 月 19 日，中共中央国务院颁布了《关于全面深化农村改革加快推进农业现代化的若干意见》（中发〔2014〕1 号），再一次吹响了深化农业农村改革的号角，休闲农业与乡村旅游将成为这些改革政策措施的受益者；2014 年 7 月 2 日，国务院常务会议专题研究促进旅游业发展的政策措施，要求“推动旅游市场向社会资本全面开放，进一步深化对外合资合作，提升旅游业水平”。所有这些市场取向的改革措施必将促进民营资本进入休闲农业领域，加快休闲农业园区建设步伐，开发乡村旅游新业态，推动休闲农业与乡村旅游的转型升级。从实践看，民营资本进入休闲农业领域后，提高了农业观光园建设的效率，缩短了建设周期，扩大了园区规模，并把在其他行业积累的企业管理经验移植过来，提高了观光园的管理水平和服务质量。从长远看，民营资本的进入，将有助于形成产权清晰的企业结构，有助于农民与外来企业联合起来形成混合所有制经济，有助于增强企业活

力，有助于实现休闲农业的创新，有助于做大做强乡村旅游业。总之，市场取向的改革，将为休闲农业与乡村旅游的发展提供了强大动力。

综上所述，京郊休闲农业与乡村旅游发展的机遇与挑战并存。要实施“休闲农业与乡村旅游提档升级工程”，抢抓机遇，主动迎接挑战，以改革的精神，创新发展思路，引进增量，盘活存量，提升质量，增加效益，加快京郊休闲农业与乡村旅游升级的步伐，在新的历史起点上，实现更快更大的发展。

北京休闲农业的明天会更好！

参考文献

[1] Beeton S. Rural Tourism in Australia：Has the Gaze Altered? Tracking Rural Images through Film and Tourism Promotion[J]. International Journal of Tourism Research，2004，6（3）：125–135.

[2] Bramwell B，Lane B. Rural Tourism and Sustainable Rural Development[M]. UK：Channel View Publications，1994.

[3] Dernoi L A. Canadian Country Vacations：The Farmand Rural Tourism in Canada[M]. Canada Tourism Recreation Research，1991.

[4] Donald G Reid，Heather Mair，Wanda George. Community Tourism Planning—A Self-assessment Instrumentse[J]. Annals of Tourism Research，2004（31）：623–639.

[5] Evans N.J.，Ilbery B W. Farm-based Accommodation and the Restructuring of Agriculture：Evidence from Three English Countries[J]. Journal of Rural Studies，1992，8（1）：85–96.

[6] Geoffrey Wall. Perspectives on Tourism in Selected Balinese Villages[J]. Annals of Tourism Research，1996（23）：123–137.

[7] Gilbert D. Rural Tourism and Marketing：Synthesis and New Ways of Working[J]. Tourism Management，1989，10（1）：39–50.

[8] Gladstone J，Morris A. The Role of Farm Tourism in the Regeneration of Rural Scotland[A]. Hall D，Hanlon LO. Proceedings of Rural Tourism Management：Sustainable Options[C]. Auchincruve：The Scottish Agricultural College，1998，9-12：207–222.

[9] Greffe X. Is Rural Tourism a Lever for Economic and Social Development[J]. Journal of Sustainable Tourism，1994（2）：23–40.

[10] Hall D. Rural Tourism Development in Southeast Europe：Transition and Search for Sustainability[J]. International Journal of Tourism Research，2004，6（3）：165–176.

[11] Hussey A. Tourism in a Balinese Village [J]. Geogr. Rev，1989，79（3）：311–325.

[12] Inskeep E. Tourism Planning-an Integrated and Sustainable Development Approach[M]. US：Van Nostrand Reinhold，1991.

[13] Knowd I. Tourism as a Mechanism for Farm Survival[J]. Journal of Sustainable Tourism，2006，14（1）：24-42.

[14] Lane B. What is Rural Tourism[J]. Journal of Sustainable Tourism，1994，2（12）：7-21.

[15] Lane B. Rural Tourism and Sustainable Rural Development[M]. UK：Channel View Publications，1994.

[16] Martin Oppermann. Rural Tourism in Southern Germany，Annals of Tourism Research[J]. 1996（23）：86-102.

[17] McGehee N G，Kim K M. Motivation for Agri-tourism Entrepreneurship[J]. Journal of Travel Research，2004，43（2）：161-170.

[18] Nilsson P A. Staying On Farms—An Ideological Background[J]. Annals of Tourism Research，2002，29（1）：7-24.

[19] Sharply R，Sharply J. Rural Tourism：An Introduction[M]. London：Internantional Thomson Business Press，1997：61.

[20] Thompson C S. Host Produced Rural Tourism：Towa' s Tokyo Antenna Shop[J]. Annals of Tourism Research，2004，31（3）：580-600.

[21] Turnock D. Prospects for Sustainable Rural Cultural Tourism in Maramures，Romania [J]. Tourism Geographies，2002，4（1）：62-94.

[22] United States Travel and Tourism Administration. Rural Tourism Handbook：Selected Case Studies and Development Guide[M]. Washington，D.C.：U. S Department of Commerce，1995.

[23] Walmsley D J. Rural Tourism：A Case of Lifestyle-led Opportunities[J]. Australian Geographer，2003，34（1）：61-72.

[24] Weaver B D，Lawton J L. Resident Perception in the Urban-rural Fringe[J]. Annals of Tourism Research，2001，28（3）：439-458.

[25] Williams A. A Supply Side Examination of Farm Stay in Australia[C]. Canberra Bureau of Tourism Research，National Tourism and Hospitality Conference 1995.

[26] World Tourism Organization. Rural Tourism：A Solution for Employment，Local Development and Environment[M]. Madrid：WTO，1997.

[27] 安金明，北京发展乡村旅游的实践与思考 [N]. 中国旅游报，2011-1-7（008）.

[28] 包乌兰托亚. 我国休闲农业资源开发与产业化发展研究 [D]. 青岛：中国海洋大学，2013.

[29] 北京市旅游发展委员会. 2010 年度北京乡村旅游发展报告 [M]. 北京：中国旅游出版社，2011.

[30] 北京市旅游局. 乡村旅游“北京模式”实践与应用 [M]. 北京：中国旅游出版社，2010.

[31] 北京市旅游局. 乡村旅游“北京模式”研究 [M]. 北京：中国旅游出版社，2010.

[32] 北京市旅游业培训考试中心. 北京京郊旅游专题研究 [M]. 北京：旅游教育出版社，2013.

[33] 北京市旅游业培训考试中心. 京郊旅游案例——民俗旅游村精品汇 [M]. 北京：旅游教育出版社，2013.

[34] 北京市旅游业培训考试中心. 乡村旅游发展基本原理 [M]. 北京：旅游教育出版社，2013.

[35] 北京市农村经济研究中心. 利用专业合作社促进休闲农业与乡村旅游发展 [J]，决策参考，2012（26）.

[36] 北京特色农产品资源开发与利用研究课题组. 北京特色农产品资源开发与利用研究 [M]. 北京：中国农业科学技术出版社，2009.

[37] 北京乡村旅游升级换代 [DB]. http://sannong.cntv.cn/special/lhsn/20110225/114802_print.shtml.

[38] 陈锦，等. 道路建设对山区生态景观的影响及修复对策 [A]. 全国公路生态绿化理论与技术研讨会论文集. 2009.

[39] 陈觉. 基于前后台分离的乡村旅游集团化结构研究 [J]. 经济地理，2010（8）：1 378-1 382.

[40] 陈茜. 两岸产业合作之下的休闲农业合作研究 [D]. 厦门：厦门大学，2009.

[41] 陈雪钧. 国外乡村旅游创新发展的成功经验与借鉴 [J]. 重庆交通大学学报（社科版），2012（5）：56-59.

[42] 陈章旺，魏诚忠. 微博时代的旅游整合营销传播研究 [J]. 中国集体经济，2012（21）：162-164.

[43] 戴炜. 江苏仪征休闲农业产业化现状与组织创新构想 [J]. 江苏农业科学，2011（1）：502-504.

[44] 丁鸿，吉根宝. 江苏乡村旅游连锁经营研究 [J]. 当代经济，2009（11 下）：106-108.

[45] 杜姗姗. 大都市区观光农园效益影响机制及调控策略——以北京市为例 [D]. 北京：中国科学院，2012.

[46] 杜姗姗，蔡建明，郭华，等. 食品安全导向下的都市农业发展模式——以北京蔬菜生产为例 [J]. 地理科学进展，2012（6）：783-791.

[47] 杜姗姗，蔡建明，郭焕成，范子文. 都市农业的文化影响特征分析 [J]. 北京联合大学学报，2013（4）：11-18.

[48] 杜姗姗，范子文，等. 北京星级休闲农业园区经营现状与政策建议 [C]. 北京联合大学北京学研究基地. 中国城乡一体发展报告·北京卷（2013-2014）. 北京：社会科学文献出版社，2014：201-221.

[49] 段兆麟. 台湾休闲农业发展与提供大陆借鉴之经验 [C]. 北京市农村经济研究中心. 2013 年京台休闲农业发展合作交流会论文集. 2013：002-014.

[50] 段兆麟. 休闲农业——体验的观点 [M]. 台北：华都文化事业有限公司，2011.

[51] 范子文. 台湾的都市农业 [J]. 中国农村经济，1997（10）：76-79.

[52] 范子文. 京郊休闲农业提档升级的路径选择 [J]. 北京农业职业学院学报，2011（4）：10-14.

[53] 范子文. 坚持“五种模式”发展创意农业 [N]. 农民日报，2012-8-11（008）.

[54] 范子文. 提升休闲农业创意动力不竭 [N]，京郊日报，2012-8-16（2）.

[55] 范子文. 小毛驴市民农园的实践与创新 [N]. 旅游商报，2013-9-12（41-44）.

[56] 范子文. 创意农业发展的重点领域与对策建议 [J]. 中国乡镇企业，2013（6）：41-45.

[57] 范子文. 社区支持农业（CSA）：城市居民参与农业的新模式 [J]. 北京农业，2013（8 中）：6-11.

[58] 范子文. “全产业链”发展休闲农业——以北京市蔡家洼村为例 [J]. 北京农业，2013（11 中）：12-19.

[59] 范子文. 小毛驴市民农园发展研究 [J]. 北京农业职业学院学报，2013（5）：11-18.

[60] 范子文. 四季花海：休闲农业产业集群发展模式 [J]. 北京农业，2013（12 中）：4-13.

[61] 范子文. 关于休闲农业与乡村旅游发展的政策建议 [C]. 北京市农村工作委员会等. 北京市休闲农业与乡村旅游发展报告（2013）. 北京：中国农业科学技术出版社，2013：171-181.

[62] 范子文. 柳沟村：品牌餐饮模式下的民俗旅游村（上）[J]. 北京农业，2014（1 中）：26-31.

[63] 范子文. 柳沟村：品牌餐饮模式下的民俗旅游村（下）[J]. 北京农业，2014

（2 中）：20-25.

[64] 范子文，陈奕捷. 北京休闲农业与乡村旅游的实践与探索 [N]. 旅游商报，2013-8-9（41-43）.

[65] 范子文，陈奕捷. 河南省云台山地区乡村旅游考察报告 [J]. 京郊调研，2010（5）.

[66] 范子文，陈奕捷. 云台山景区开发的经验及其对北京的启示 [J]. 北京农业职业学院学报，2010（4）：51-56.

[67] 范子文，耿红莉，刘娟. 北京市乡村旅游消费行为调查分析 [J]. 北京农业职业学院学报，2012（5）：23-28.

[68] 范子文，任卫娜. 中国创意农业（北京）发展论坛综述 [J]. 北京农业职业学院学报，2010（1）：21-26.

[69] 范子文，张磊. 北京市休闲农业的市场需求特征与满意度评价 [J]. 农业工程技术，2013（8 中）：68-76.

[70] 樊忠涛. 产业集群理论指导下的乡村旅游产业升级研究 [J]. 江西农业学报，2012（10）：188-190.

[71] 冯清. 提升从业人员素质推动乡村旅游健康发展 [J]. 市场论坛，2010（7）：81-82.

[72] 冯建国. 创意农业的定义、与观光休闲农业的关系及其他 [J]. 农产品加工 · 创新版，2010（1）：40-42.

[73] 冯淑华，方志远. 乡村聚落景观的旅游价值研究及开发模式探讨 [J]. 江西社会科学，2004（12）：230-234.

[74] 高亚芳，蒋薇. 基于旅游者价值的乡村旅游目的地产品提升策略研究 [J]. 安徽农业科学，2012，40（15）：8573-8575.

[75] 耿红莉. 北京郊区乡村旅游产业组织发展的模式、特征及升级研究 [J]. 安徽农业科学，2013，41（3）：1189-1191.

[76] 郭焕成. 我国休闲农业发展的意义、态势与前景 [J]. 中国农业资源与区划，2010，31（1）：39-42.

[77] 弓志刚，原梅生. 休闲农业产业化发展的组织创新研究 [J]. 财贸经济，2009（1）：114-117.

[78] 管晶晶，等. 基于产业链的乡村旅游产品创新及开发研究 [C]. 农业部农村社会事业发展中心：《中国（安吉）休闲农业与乡村旅游发展高层论坛主题征文活动优秀论文集》. 2009.

[79] 何玲玲，等，建设乡村旅游综合体开创城乡统筹发展新模式 [N]. 中国旅游报，

2013-4-29（011）.
[80] 胡敏. 我国乡村旅游专业合作组织的发展和转型 [J]. 旅游学刊，2009（2）：70-74.
[81] 黄飞，袁燕生. 我国农业政策的运用与绩效分析——以乡村旅游政策为例 [J]. 农村经济与科技，2008（6）：35-37.
[82] 黄映辉，等. 休闲农业的相关经济学理论探析 [J]. 中国农学通报，2009（17）：316-319.
[83] 蒋培玲，我们如何安放乡愁 [N]. 农民日报，2014-3-12（006）.
[84] 江立华，陈文超. 传统文化与现代乡村旅游发展 [J]. 湖北大学学报（哲学社会科学版），2010（1）：92-96.
[85] 焦宏. 特色农产品“微营销”很火 [N]. 农民日报，2014-1-11（007）.
[86] 李林，蒋伟. 国内外休闲农业研究 [J]. 农业研究与应用，2011（3）：28-32.
[87] 李俊梅. 基于外部性的乡村旅游产业政策解析 [J]. 中国市场，2012（22）：21-22.
[88] 栗动琴. 城市旅游产业升级研究 [D]. 杭州：浙江工商大学，2008.
[89] 厉无畏，王慧敏. 创意农业的概念与模式研究 [J]. 农业经济问题，2009（2）：11-15.
[90] 刘娟，孙素芬，郭强. 发展生态休闲农业的理论与途径探析——以北京市为例 [J]. 安徽农业科学，2008，36（2）：812-813.
[91] 刘泓蔚，卢飞. 近十年国内休闲农业研究进展述评 [J]. 潍坊学院学报，2012（5）：55-58.
[92] 刘丽丽. 北京地区非物质文化遗产及其在乡村旅游中的利用研究 [J]. 首都师范大学学报（自然科学版），2011（6）：56-62.
[93] 刘丽伟. 发达国家创意农业发展路径及其成功经验 [J]. 学术交流，2010（8）：79-82.
[94] 刘思敏，庄园旅游思考 [N]. 中国旅游报，2013-7-22（007）.
[95] 刘文平，等. 北京都市型现代农业走廊生态景观建设存在的问题与对策建议 [C]. 北京市农村工作委员会等：北京市休闲农业与乡村旅游发展报告（2013）. 北京：中国农业科学技术出版社，2013.
[96] 刘小滨，杨振之. 以乡村度假引领乡村旅游产业转型升级 [N]. 中国旅游报，2012-11-14（014）.
[97] 林翊. 闽台农业合作发展的新战略定位 [J]. 福建农林大学学报（哲学社会科学

版），2009，12（1）：10.

[98] 陆添超，康凯．熵值法和层次分析法在权重确定中的应用 [J]．软件开发与设计，2009（10）：19-20.

[99] 卢云亭，等．观光农业 [M]．北京：北京出版社，1995.

[100] 罗辉．乡村旅游人才培训体系构建 [J]．玉溪师范学院学报，2009（3）：31-35.

[101] 牛沙沙，韩兴勇．我国休闲农业产业化发展的研究 [J]．山西农业科学，2010，38（5）：79-82.

[102] 农业部．全国休闲农业发展“十二五”规划 [R]．北京：农业部，2011.

[103] 潘顺安．中国乡村旅游驱动机制与开发模式研究 [D]．长春：东北师范大学，2007.

[104] 蒲树和，王富有．促进海南休闲农业发展的政策与科技支撑研究 [J]．农学学报，2013，（3）：60-63.

[105] 秦向阳，等．创意农业的概念、特征及类型 [J]．中国农学通报，2007（10）：29-32.

[106] 盛永进．体验营销在休闲农业中的应用 [D]．青岛：中国海洋大学，2011.

[107] 史亚军，等．对北京创意农业的再认识 [J]．农产品加工·创新版，2010（1）：53-56.

[108] 史亚军，秦远好．休闲农业概论 [M]．北京：中国农业出版社，2012.

[109] 陶表红，焦庚英，叶清．江西省休闲农业产业化发展分析 [J]．商业研究，2008，377（9）：177-182.

[110] 田亦平，陈奕捷，范子文．南京农业嘉年华考察报告 [J]．北京农业职业学院学报，2012（2）：12-17.

[111] 王军，石嫣，董谦．试论京津冀农业区域协作 [J]．天津行政学院学报，2007（8）：45-49.

[112] 王德刚．土地整合战略——乡村旅游土地流转模式研究 [M]．济南：山东大学出版社，2010.

[113] 王金凯．产业融合视角下的休闲农业发展机制研究 [D]．北京：中国人民大学，2012.

[114] 王俊英，等．北京农田景观建设 [M]．北京：中国农业科学技术出版社，2012.

[115] 王宏星，崔凤军．我国乡村旅游产品体系及其影响研究 [J]．西藏大学学报，2005（1）：84-89.

[116] 王胜平．规划与推动国际观光水平休闲农业区之成果与展望 [J]．农政与农情，

2008（196）：29-31.

[117] 王树进. 从市民农园到乡村市民社区 [J]. 农业经济与管理，2012（12）：74-78.

[118] 王云才，等. 乡村旅游规划原理与方法 [M]. 北京：科学出版社，2006.

[119] 夏超. 城乡统筹视野下的农家乐转型升级研究 [D]. 成都：成都理工大学，2012.

[120] 夏聪仁. "休闲农业辅导管理办法"之修正重点 [J]. 农政与农情，2004（142）：14-16.

[121] 夏显力. 大都市边缘区休闲农业发展内涵模式及其策略研究 [J]. 生态农业，2007（12）：48-53.

[122] 向富华. 乡村旅游企业组织形式研究 [J]. 石家庄铁道大学学报，2011（4）：5-9.

[123] 向富华，金颖若. 乡村旅游产业组织模式研究 [J]. 北京第二外国语学院学报，2011（7）：26-32.

[124] 徐广才，等. 北京休闲农业标准体系构建与推广模式研究 [J]. 中国农学通报，2013，29（20）：214-220.

[125] 徐广才，等. 休闲农业标准体系研究 [J]. 中国农学通报，2012，28（15）：306-311.

[126] 杨妮. 体验视角下西安市乡村旅游产品升级策略研究 [D]. 西安：西安外国语大学，2011.

[127] 杨怡. 基于整合营销传播（IMC）的旅游营销理论研究 [J]. 漯河职业技术学院学报，2012（4）：97-99.

[128] 杨阿莉，等. 基于土地流转的乡村旅游产业化发展研究 [J]. 开发研究，2012（6）：103-106.

[129] 杨英法，袁彪. 关于河北休闲农业发展的思考 [J]. 农业经济，2010（8）：18-20.

[130] 杨振山，蔡建明. 都市农业发展的功能定位体系研究 [J]. 中国人口·资源与环境，2006，16（5）：29-34.

[131] 杨振之，等. 城乡统筹与乡村旅游 [M]. 北京：经济管理出版社，2012.

[132] 殷平，等. 2012 年北京乡村旅游的发展与分析 [C]. 北京旅游学会：北京旅游发展报告（2013）. 北京：社会科学文献出版社，2013.

[133] 宇振荣，等. 北京市乡村景观特征评价和提升研究 [A]. 和谐共荣——传统的继承与可持续发展：中国风景园林学会 2010 年会论文集. 2010.

[134] 宇振荣，等. 乡村生态景观建设：理论和方法 [M]. 北京：中国林业出版社，2011.

[135] 亦农. 休闲农业土地取向研究 [J]. 中国乡镇企业，2012（7）：42-43.

[136] 詹玲．发展休闲农业的若干问题研究 [M]．北京：中国农业出版社，2009.

[137] 张强．关于完善城乡资源均衡配置促进乡村休闲产业发展的建议 [J]．成果要报，2012（36）.

[138] 张强，魏福芹．中国休闲农业的发展与探索 [J]．经济与管理研究，2008（5）：50-54.

[139] 张广海，等．国内外休闲农业研究进展 [J]．北方经济，2012（6）：101-103.

[140] 张功让，陈敏姝．产业融合理论研究综述 [J]．中国城市经济，2011（1）：67-68.

[141] 张舜尧．五彩纷呈的国外休闲农业 [J]．江西农业，2012（4）：40-41.

[142] 赵云翔，张永青．南京休闲农业提档升级的路径研究 [J]．江苏农村经济，2012（12）：64-65.

[143] 郑健雄，郭焕成，陈田．休闲农业与乡村旅游发展 [M]．徐州：中国矿业大学出版社，2005.

[144] 周建明，等．试论我国乡村旅游标准化发展历程及体系架构 [J]．旅游学刊，2011（2）：58-64.

[145] 朱华武，张剑．湖南省休闲农业金融支持体系构建探讨 [J]．中国乡镇企业，2012（12）：49-51.

[146] 朱至珍．“美丽乡愁”是乡村旅游发展的标尺 [N]．中国青年报，2014-01-03（11）.

附　录：

调查问卷

（问卷编号：　　　　）

尊敬的女士 / 先生：

您好！我们正在进行一项关于“北京郊区休闲农业与乡村旅游市场需求和游客满意度”的调研工作，很想听听您的宝贵意见。希望您抽出一点时间帮助我们填写下面的调查问卷。

1. 调研目的

为及时发现北京市休闲农业的新需求，掌握旅游者对乡村旅游的满意度，我们课题组设计了这套调研问卷。

2. 填写说明

请在每个题目的相应选项上，打“√”。有的题目是多选题（已注明），根据您的认识和看法，可打多个“√”。

3. 信息保密

我们郑重承诺，本次的调研数据仅用来做统计分析，并为问卷填写者绝对保密。

谢谢您的合作！

一、个人信息

1. 您的性别：□男　　　□女

2. 您的年龄：□ 25 岁及以下　　□ 26 至 50 岁

　　□ 51 至 75 岁　　□ 76 岁及以上

3. 您的学历：□高中 / 中专 / 技校　□大学专科 / 本科　□硕士 / 博士

4. 您的月均收入水平

A.4000 元及以下　　B.4001 至 6000 元

C.6001 至 8000 元　　D.8001 元及以上

二、需求意愿

5. 您去乡村旅游的主要目的（可多选）

A. 释放压力　　B. 增进亲情
C. 亲近自然　　D. 强身健体
E. 欣赏美景　　F. 体验农村生活
G. 了解农业知识　　H. 社交商务需要
I. 追求乐趣与快乐

6. 您去乡村旅游的交通工具通常会选择

A. 自驾车　　B. 拼车
C. 公共交通工具　　D. 旅行社大巴车
E. 自行车

7. 您平均每年去乡村旅游的频率

A. 两三年一次　　B. 每年 1 至 3 次
C. 每年 4 至 6 次　　D. 平均每月都去

8. 您平均每次在乡村旅游目的地的停留时间

A. 一天（不过夜）　　B. 两天
C. 三天　　D. 四天及以上

9. 您去乡村旅游时，每天的人均消费（包括吃、住、行、游、购、娱）

A.200 元及以下　　B.201 至 300 元
C.301 至 400 元　　D.401 元及以上

10. 您通常会通过以下哪些途径获取乡村旅游信息（可多选）

A. 亲朋推荐　　B. 电视广播和报刊杂志
C. 政府推介活动　　D. 旅游社
E. 旅游企业官方网站　　F. 第三方旅游资讯网站（如新浪旅游）
G. 旅游手册　　H. 微博、论坛等交流性平台

11. 您认为目前的乡村旅游宣传信息，普遍存在的首要问题

A. 宣传主题无特色　　B. 宣传形式单一
C. 宣传内容更新滞后　　D. 宣传内容夸大失真
E. 宣传缺乏持续性

12. 您通常会采用哪一种方式安排您的出行计划

A. 自己组织旅游产品和线路　　B. 跟旅行社随团

C. 网上拷贝“驴友”行程推荐书　　D. 向亲朋咨询

13. 您在选择乡村旅游目的地时，主要考虑因素（可多选）

A. 消费水平　　B. 口碑

C. 相关旅游信息的丰富程度　　D. 民俗文化资源

E. 自然山水资源　　F. 当地的社会治安

G. 交通便利　　H. 距离远近

14. 您在乡村旅游时，对餐饮方面比较看重哪些方面（可多选）

A. 干净卫生　　B. 饭菜可口

C. 地方特色　　D. 提供一次性消毒碗筷

E. 有顾客使用的洗手池、卫生间　　F. 有停车场

15. 您在乡村旅游时，对住宿的客房方面比较看重哪些方面（可多选）

A. 干净卫生　　B. 有通风设施

C. 有空调（冬暖夏凉）　　D. 隔音效果

E. 门锁的安全性　　F. 客用保险箱

G. 客房格调（主题特色）　　H. 提供免费上网

I. 有独立卫生间及淋浴设施　　J. 是否免费提供一次性洗漱用品

16. 您更愿意选择哪一种乡村旅游住宿产品

A. 农家小院　　B. 山间别墅

C. 主题酒店　　D. 经济酒店

E. 帐篷露营　　F. 房车（汽车营地）

17. 您在乡村旅游时，对休闲娱乐方面比较看重哪些方面（可多选）

A. 娱乐项目具有乡土特色

B. 设施完善（专业性、卫生、质量等）

C. 有专业的服务人员

D. 收费合理

E. 晚间有娱乐活动（如篝火晚会、KTV、民俗演出等）

18. 您在乡村旅游时，对以下哪些休闲娱乐项目感兴趣（可多选）

A. 观光体验型（如采摘、垂钓、划船等）

B. 文化休闲型（如品茶、看书、喝咖啡、棋牌、制作陶艺、温泉等）

C. 游乐刺激型（如 KTV、CS、骑马、狩猎、滑雪、漂流等）

D. 运动保健型（如乒乓球、羽毛球、保龄球、台球、游泳、健身、登山等）

E. 科普游艺型（如农业科普竞技赛、小动物互动等）

19. 您在乡村旅游时，对服务方面比较看重哪些方面（可多选）

A. 服务态度　　B. 服务效率

C. 服务礼节　　D. 文化素养

E. 业务技能熟练程度

20. 您在京郊选购乡村旅游纪念品时，主要考虑因素（可多选）

A. 乡土气息　　B. 纪念意义

C. 价格　　D. 质量

E. 包装　　F. 方便携带

G. 观赏性　　H. 实用性

I. 工艺性

21. 您在京郊选购土特农产品时，主要考虑因素（可多选）

A. 地方特色　　B. 新鲜（现摘现卖）

C. 价格　　D. 方便携带

E. 包装　　F. 品牌

G. 品质认证（无公害、绿色、有机）

22. 以下乡村旅游节庆活动，哪一种对您更具吸引力

A. 采摘节（如西瓜节、草莓节、板栗节）

B. 民俗表演（如中幡、舞狮、耍龙）

C. 民间集会（如丫髻山庙会、妙峰山娘娘香会）

D. 美食节（如鱼王美食节、啤酒节）

E. 赏花节（如桃花节、梨花节、杏花节）

23. 以下促销手段，哪一种更有可能吸引您前往乡村旅游

A. 免费体验　　B. 会员优惠

C. 团购　　D. 发放优惠券

E. 签到抽奖　　F. 有买有赠

G. 重游打折

三、满意度评价

24. 请您对以下乡村旅游指标进行判断，并在相应的位置划“√”表示您的评价：

项　目	非常满意	满意	一般	不满意	非　常不满意
您对旅游信息传播的满意度					
您对餐饮水平的满意度					
您对住宿水平的满意度					
您对交通状况的满意度					
您对娱乐方面的满意度					
您对旅游纪念品的满意度					
您对土特农产品的满意度					
您对接待服务的满意度					

后　记

本书是在我承担的北京市社会科学基金重点项目《北京市休闲农业提档升级的对策研究》(10AaJG349)基础上修改而成的。自20世纪80年代末至今，北京市的休闲农业与乡村旅游业发展已有20多个年头。在经历了自发萌芽、数量扩张、引导规范等阶段后，休闲农业与乡村旅游业发展出现了停滞、徘徊的局面，表现为增速放缓、效益不高、供需不平衡等，面临着转型升级的要求。该项目于2010年立项，试图回答3个方面的问题：一是产业发展阶段的科学判断。从产业周期看，京郊休闲农业与乡村旅游业处于哪个发展阶段；出现的哪些现象与特征是京郊所特有的，哪些是共性的；产业发展是否出现“拐点”。二是产业素质的提高与结构的优化。面对消费者需求的变化，京郊休闲农业与乡村旅游业如何提高自身素质，才能发生质的飞跃，才能在与周边地区的竞争中永立潮头。三是产业转型升级的路径与对策措施。从政府、行业和市场主体来说，从哪些角度切入和突破，才能实现休闲农业的升级，政策应该做出怎样的调整才能促进产业升级。在研究期间，笔者始终牢记目标，深入基层，向实践学习，认真总结休闲农业企业的做法与经验，倾听消费者的呼声与建议，共发表研究性论文、调查报告、案例解剖等文稿28篇。

在课题设计、项目调研、咨询论证的过程中，得到了许多领导、专家学者、企业家和朋友的关心、指导与支持。北京市农村工作委员会、北京观光休闲农业行业协会给予了大力支持，是做好本项目的坚强后盾。北京市农委王修达、任荣，北京市农村经济研究中心蒋洪昉、贺东升、冯建国、张英洪、杨秋玲、刘雯、杨玉山、陈奕捷等同志给予了关心和指导。北京农业职业学院耿红莉、何艳琳副教授，北京观光休闲农业行业协会张磊等，不仅自己实地参加调研，而且还组织学生发放调查问卷，并在数据整理、录入、计算等方面给予了大力支持。在调研的过程中，北京市郊区有关区县农委、部分乡镇、休闲农业与乡村旅游园区与企业不仅提供了第一手材料，而且为调研工作提供了方便。创意、策划、研究、设计公司是休闲农业与乡村旅游产业升级的一支生力军。北京绿维创景规划设计院、北京壹度创意营销策划机构、北京山合水易规划设计院、北京九鼎辉煌旅游规划发展研究院、北京盛世唐人旅游规划设计院、北京一方人杰企划有限公司等机构是策划设计领域的佼佼者，不仅为北京部分休闲农业与乡村旅游项目的发展做出了贡献，而且还与笔者分享了他们的观点。在课题研究的过程中，北京第二外国语学院魏翔副教授、中国科学院地理科学与资源研究所杜姗姗博士后、北京市农村经济研究中心张颖助理研究员参与了阶段性讨论，提出了建设性意见，对丰富课题内容、提高成果质量起到了重要作用。

本书在写作过程中，得到了业界专家学者和朋友的指点、指导与支持。北京第二外国语学院邹统钎教授、中国科学院地理科学与资源研究所闵庆文研究员、首都经济贸易大学旅游研究中心蔡红教授、北京市旅游发展委员会副主任安金明研究员、台湾屏东科技大学农企业管理系段兆麟教授等提出了有价值的观点、意见和建议，笔者利用讲座、研讨会、座谈会的机会，在与他们的交流中受益匪浅。北京市农业技术推广站朱莉、王忠义、李勋提供了最新研究成果和农田观光季活动总结。北京壹度创意规划设计研究中心于基隆，北京蓝海易通咨询有限公司吕彦，中国魅力城乡网张舜尧、解志涛，北京市农委协调联络处赵翔宇，北京观光休闲农业行业协会乔通等在案例提供、经验分享、图表制作等方面给予了很大支持，贡献良多。在初稿完成后，北京农业职业学院马俊哲教授认真通读了全文，提出了不少中肯的意见与修改建议。北京市人民政府参事、首都经济贸易大学张强教授在百忙中为本书作序，并就休闲农业发展与转型升级的背景、方向、体制等谈了自己独特而深刻的认识，便于读者从本质上把握这一问题。特别需要指出的是，在课题研究与写作过程中，笔者参考了国内外的许多资料和发表的论文、研究报告、调研材料等。在此，向他们一并表示感谢与敬意。

在京津冀协同发展的背景下，面对首都市民消费需求的提升和周边地区强有力的竞争，京郊休闲农业亟须转变发展方式，进行提档升级，实现由量的扩张向质的提高转变。在转型发展的过程中，有许多工作要做。愿本研究成果能对有关各方有所裨益，为京郊休闲农业的转型升级贡献微薄力量。

最后，我要感谢北京市哲学社会科学规划办公室给予项目支持和出版资助，感谢中国农业科学技术出版社及其综合编辑室在出版过程中提供的便利。正是由于他们的独具慧眼、无私帮助和高效率的工作，才使得本书顺利付梓，并很快与读者见面。

范子文

2014 年 7 月 7 日于北京